COMMUNICATION THEORY

| 개정판 |

최신 통신이론

윤남일 지음

생능출판

저자 소개

윤남일

연세대학교 전자공학과 졸업
연세대학교 전자공학과 공학석사
연세대학교 전자공학과 공학박사
삼성전자 정보통신부문(과장)
미국 캘리포니아 주립대학교(CSUF) 방문교수
명지전문대학 전자공학과 교수

〈저서〉
아날로그와 디지털 통신이론(2006년도 문화관광부 우수학술도서)
컴퓨터구조론

최신 통신이론

초판발행 2011년 8월 22일
제2판6쇄 2025년 1월 20일

지은이 윤남일
펴낸이 김승기, 김민수
펴낸곳 (주)생능출판사 / **주소** 경기도 파주시 광인사길 143
출판사 등록일 2005년 1월 21일 / **신고번호** 제406-2005-000002호
대표전화 (031)955-0761 / **팩스** (031)955-0768
홈페이지 www.booksr.co.kr

책임편집 신성민 / **편집** 이종무, 최동진 / **디자인** 유준범, 노유안
마케팅 최복락, 심수경, 차종필, 백수정, 송성환, 최태웅, 명하나, 김민정
인쇄 새한문화사 / **제본** 일진제책사

ISBN 978-89-7050-949-5 93560
정가 28,000원

- 이 도서의 국립중앙도서관 출판예정도서목록(CIP)은 서지정보유통지원시스템 홈페이지(http://seoji.nl.go.kr)와 국가자료공동목록시스템(http://www.nl.go.kr/kolisnet)에서 이용하실 수 있습니다.
(CIP제어번호: CIP2018017381)

머리말

이 책은 부분 개정판이 아닌 완전 개정판입니다. 이전 버전 책을 사용해 보신 분들은 장절의 구조, 수식, 그림 등이 언뜻 비슷해 보이지만 상당한 변화를 느끼실 것입니다. 책의 제목은 『최신』인데 이 책이 받은 사랑에 비해 지난 7년간 개정판이 없던 것에 큰 부담을 가지고 있었습니다. 반드시 좋은 품질로 보답하고자 마음만 먹다가 이번에 개정판을 보게 되었습니다. 길었던 지난 8개월간의 원고가 결실을 보게 되어 저 역시 무척 기쁘며, 특히 이 책의 완성도에 만족합니다.

이 책의 원고를 쓴 시기가 우연하게 2G, 4G, 5G가 선보일 때입니다. 과거와 연결되지 않은 미래는 없어 보입니다. 새로운 통신기술도 사실은 오래전부터 이미 개발되어 어느 날 시장에서 주목받기 시작한 것입니다. 많은 국내 대학들이 외국 원서나 번역본을 교재로 선호하는 이유가 최신이기 때문은 아닐 것입니다. 출간하지 오래되어도 그 내용이 검증되었다고 믿기 때문입니다. 기본에 충실한 책들이 교육하는 입장에서 중요하기는 합니다. 하지만 요즘은 인터넷으로 매일 새로운 기술들이 공유되는 세상입니다. 업그레이드가 필요한 부분들이 생겨납니다.

그동안 어려운 개념을 가능한 쉽게 설명하려고 수학적 개념을 건너뛰고 설명하다 보니 일부 부정확한 부분들도 있었습니다. 시상의 평가도 나기 전에 최신 기술을 소개하다보니 어느새 경쟁에서 도태된 기술도 있습니다. 너무 오래된 개념이나 시대에 따라 내용이 변한 부분들도 있습니다. 이런 점을 반영해 이번 개정판에서 강화되거나 갱신에 노력한 부분들은 다음과 같습니다.

■ 계속된 한글 순화의 노력

다양한 국가의 학자나 기술자들과 전공에 대해 소통하려면 영어식 용어가 단연 효율적입니다. 학생들에게 영어로 된 용어를 그대로 가르치고 그 의미를 한국어로 설명하는 것이 가장 효과적이라고 생각합니다. 그럼에도 한글 순화의 노력은 더 잘 이해시켜보자는 취지입니다. 그러나 우리말의 70% 정도가 한자어라 해서 일상적으로 잘 쓰지 않는 한자어까지 동원해 억지로 번역하는 것은 이치에 맞지 않습니다. 순수 한글로만 순화하면 뜻이 더 안통하고, 한자는 한자어 때문에 자승자박이 되어 오히려 뜻을 전달하기 더 어려워집니다. 게다가 중국은 간자체라 한자도 다릅니다. 같은 번자체를 쓰는 한국, 일본, 대만도 읽는 발음이 달라 필담이 아닌 말로는 소통이 안 됩니다. 이런 제 고민의 예를 들어 봅니다.

8장의 PSK(phase shift keying)를 저는 『위상 편이 변조』로 해석합니다. 『shift』는 국어도 아닌 한자사전의 힘을 빌려 이동(移動 : 옮길 이, 움직일 동), 편이(偏移), 천이(遷移) 정도로 해석할 수 있습니다. 이동의 이(移)는 이사, 이민 등에 씁니다. 편이의 편(偏 : 치우칠 편)은 주로 안 좋은 뜻이기는 하나 편중, 편파, 편집증 등에 쓰입니다. 그런데 천이의 천(遷 : 옮길 천)은 역사책의 천도 이외는 들어본 적이 없습니다. 한국이나 외국에서도 사용되지 않는 용어라면 더 이상의 의미가 없어 보입니다. 어학사전에 실린 단어도 당대의 사람들이 많이 사용해서 서로 소통이 가능해야 의미를 가질 것입니다. PSK에 대해 이동, 천이, 편이를 바꿔가며 구글링을 해보니 그나마 『위상 편이 변조』가 가장 많이 검색됩니다.

이번 개정판에서 한글로 순화한 용어는 5장의 주파수 편차, 7장의 순방향 에러 정정, 8장의 성좌도, 9장의 순방향 링크 등입니다. 4장의 이미지 주파수나 6장의 에일리어싱 등은 마땅한 한글 용어를 찾기 어려워 그대로 사용합니다. image는 『실상이 아닌 허상』, 영상처리에도 사용되는 aliasing은 『부족한 정보(샘플링이나 해상도)로 신호를 재생하기』정도에 해당합니다.

■ 새로 추가된 내용들

이번 개정판에는 1장의 복소수 표현, 6장의 DPCM과 ADPCM 코딩 방법, 7장의 해밍코드 이론과 [n,k] 블록 코드의 신드롬 디코딩 과정, 9장의 VoLTE, 10장의 5G 기술, 11장의 명령어 설명 등을 내용에 새로 추가 했습니다. 제외한 부분은 LTE에 밀려 존재감이 사라진 10장의 모바일 WiMAX 등 시장에서 도태했거나, 설명이 너무 지엽적이거나, 이 책의 범위를 벗어난다고 생각한 부분들입니다. 각장의 연습문제도 모두 전면 개편했습니다. 지난번 책과 마찬가지로 연습문제들은 비교적 난이도가 높지 않고 실용적이며 간단한 문제들로 다루었습니다.

■ 업그레이드나 업데이트 된 내용들

책의 모든 내용을 전면 재검토했습니다. 수학적 개념을 조금 더 추가해도 좋을 부분들은 가능한 이를 반영했습니다. 일부 애매하거나, 부정확하고 부족한 설명들은 가능한 쉽게 설명하는 방향은 유지하되 내용을 모두 업그레이드 했습니다. 수정된 내용은 너무 많으나, 특히 설명이 많이 달라진 부분은 다음과 같습니다.

(1장) 정보기술, 전자기 스펙트럼, 대역폭, (2장) 에너지 스펙트럼 밀도, DFT, 임펄스 함수, (3장) 시스템, 전달함수, (4장) 슈퍼헤테로다인 수신기, 직접 변환 수신기, 이미지 주파수, (5장) FM과 PM 신호 정의, 협대역, PLL, (6장) 심벌, 펄스 성형 기

술, (7장) 모듈로 연산, 블록 코드, (8장) 스펙트럼 효율, 성좌도, OQPSK, 직교 진폭 변조기, FSK, 디지털 변조방식의 비교, (9장) 다중접속, 확산 스펙트럼, OFDMA와 SC-FDMA 비교, 다이버시티, (10장) 이동통신 주파수, FDD와 TDD, LTE, 무선 랜, 위성통신, 위성 항법, (11장) MATLAB 명령어 설명 등입니다.

■ MATLAB 실습 예제의 전면 개편

각장의 MATLAB 실습 예제들을 모두 다시 작성해 전면 개편했습니다. 책의 내용들과 최대한 1:1로 매핑되면서 더 효율적이고 더 쉽게 내용을 이해하도록 제작했습니다. 주제는 같을 수 있어도 수학적 개념을 강화해 소스 코드를 새롭게 전면 개편했습니다. 1~5장의 통신이론 관련 예제들과 6~9장의 예제들 숫자가 비슷하도록, 즉 디지털 통신관련 예제들을 대폭 추가했습니다. 그 결과 페이지가 늘었습니다. 책에는 앞 MATLAB 예제와 중복된 소스는 제외하고 변경된 부분과 새로 나온 기법만 설명했습니다. MATLAB 예제를 보면 이 책이 마치 실습 교재인 것처럼 느낄 정도로 정밀하게 내용을 다듬었습니다. 한편 기존에 비교적 설명이 잘 되었나고 생각되는 MATLAB 예제 부분들은 그대로 유지했습니다. 특히 3장의 여파기 설계는 난이도가 높은 다른 통신이론 책에서도 볼 수 없는 꽤 괜찮은 내용들입니다. 8장의 BER 관련 예제들도 대부분 그대로 유지했습니다.

■ MATLAB 호환 프로그램 GNU Octave의 고려

이번 개정판은 그동안 제가 한 번도 시도하지 않았던 클론(clone, 호환 프로그램)에 대한 고려도 담았습니다. 이 책의 예제들은 현재 MATLAB의 가장 강력한 호환 프로그램인 옥타브(Octave)에서도 동작하도록 만들었습니다.

끝으로 이 책의 출판을 도와주신 김승기 사장님을 비롯한 생능출판사의 모든 직원분들의 도움에 깊이 감사드립니다.

2018년 6월
윤남일

차례

CONTENTS

Chapter 01 통신의 개요

Chapter 02 주파수 해석

Chapter 03 신호와 여파기

CONTENTS

CONTENTS

Chapter 06 디지털 통신의 기초

Chapter 07 부호화

Chapter 08 디지털 변조

CONTENTS

CONTENTS

Chapter 10 이동통신

Chapter 11 MATLAB 사용법

CONTENTS

Chapter 01

Communication Theory

통신의 개요

Chapter

Communication Theory

01 통신의 개요

1.1 통신의 개요

1.1.1 전자통신과 정보통신

예전에 일본의 모 대기업이 내걸면서 유행한 슬로건 중에 C&C라는 것이 있다. 그 의미는 알려진 대로 컴퓨터와 통신(computer and communication)의 결합을 나타내는 말이다. 산업계와 학계는 이미 1980년대에 요즘처럼 컴퓨터와 통신이 융합될 것이라고 예측했다. 영어사전에서 커뮤니케이션(communication)은 대화나 편지 등 상대방과의 의사소통이나 연락을 위한 모든 수단과 기술을 포함하는 매우 넓은 의미의 통신이다. 예컨대 컴퓨터와 주변기기와의 접속을 나타내는 인터페이스(interface)라는 표현도 넓은 의미에서는 모두 통신이라고 할 수 있다. 통신기술이 발전하면서 통신 분야를 좀 더 세분화할 필요가 생기자 디지털통신, 데이터통신, 컴퓨터통신, 무선통신, 이동통신 등의 용어가 등장하게 되었다.

텔레커뮤니케이션(telecommunication)이라는 용어도 있다. 이 말은 그냥 통신과 비교해서 무엇이 다를까? 어원을 따지면 멀리 떨어져 있다는 『tele-』라는 접두사의 의미대로 먼 거리에 있는 상대방과 연락하는 원격통신이다. 하지만 우리말로는 이를 대개 전기통신으로 해석한다. 변조의 목적에서 나오지만 전기의 힘을 빌리지 않고는 정보를 멀리 보낼 수 없기 때문이다.

텔레커뮤니케이션을 줄인 텔레콤(telecom)이라는 용어도 자주 사용된다. 전통적인 통신 사업자들은 영문상호 명에서 텔레콤이란 용어를 쓰는 것이 유행이었다. 영국의 브리티시텔레콤은 BT(British telecommunications), 프랑스의 프랑스텔레콤은 FT(France telecom), 한국의 KT(Korea telecom), SK텔레콤 등이 그런 예이다. 한편 통신회사들은 가정용 전화, 광대역 인터넷, 이동통신, 무선 인터넷 등 유무선 통합서비스를 내걸고 아예 자사의 주력 브랜드 명으로 회사 명칭을 바꾸기도 한다. 회사 이름은 없고 상품명만 앞에 내세우는 것은 흔히 제조업종에서 하던 마케팅 전략인데, 통신시장이 그만큼 치열해졌다는 뜻이다.

처음에 나온 전기통신은 단순한 전신이나 음성전화에서 시작되었다. 그 후 전자기술의 발달에 힘입어 사람과 컴퓨터 혹은 컴퓨터간의 음향, 영상, 데이터 등의 다양한 형태의 정보를 전송하는 전자통신 기술로 발전했다. 21세기에 들어서는 전자통신과 컴퓨터 네트워크가 결합하면서 정보화 산업이 눈부시게 발달했다. 이른바 콘텐츠(contents)를 제공하는 정보통신 및 정보서비스(information services) 분야가 중요한 기술 분야로 등장했다.

a. 통신기술의 발달

① 전기통신 ☞ 전기의 힘으로 전신이나 음성전화를 멀리 전송
② 전자통신 ☞ 전자기술과 컴퓨터의 결합으로 음향, 영상, 데이터를 전송
③ 정보통신 ☞ 전자통신과 컴퓨터 네트워크의 발달로 다양한 콘텐츠 전달

b. 정보기술

① 정보기술(information technology, IT)
☞ 정보를 다루는 모든 기술
② 정보통신기술(information and communications technology, ICT)
☞ IT의 확장 개념으로 통신과의 결합을 좀 더 강조한 말

금융기술(FinTech, financial technology)은 금융을 다루는 모든 기술을 통칭하는 말이다. 마찬가지로 정보를 다루는 모든 기술을 정보기술(IT)이라고 한다. 정보화 산업에서 가장 핵심이 되고 필수적인 기술들은 정보를 다루는 기술이다. 디지털 이동전화로 대화를 하거나 디지털 카메라로 사진을 찍어 전송하는 과정을 생각해보자. 정보를 생성, 가공, 저장, 처리, 전송, 공유, 검색하고 또한 재생하는 모든 작업들이 바로 정보기술이다. 통신기술은 IT산업 중에서도 특히 방대한 정보서비스를 제공하고 부가가치를 창출하는 핵심기술이다. 특히 4차 산업의 핵심인 인공지능과 융합에서 사람과 사물, 컴퓨터와 각종 자원을 결합시키는 모든 기술들과 통신기술은 결코 분리될 수 없다.

한편 통신기술의 발달과 대중화는 사회현상까지 바꾸어 놓는다. 예전에 간단한 통화나 문자로 전하던 일들도 이제는 실시간으로 사진이나 동영상을 보내고 여럿이 공유하며 의견을 주고받는다. SNS(social network service)로 맺어진 상호 의존적인 사회관계는 기존 방송 미디어의 한계를 넘어 여론을 선도하고 정치적 파급력을 발휘한다. 각종 네트워크 서비스의 질적, 양적 확산은 디지털 이동통신의 발달을 가속화 하고 방대한 양의 데이터와 다양한 요구를 발전시킨다. 엄청난 속도로 증가하는 방대한 양의 데이터 처리와 사용자들의 요구를 효율적으로 수용하는 일은 통신기술이 지속적으로 해결해 나가야 할 과제이다.

1.1.2 통신시스템의 구성

통신의 목적이나 일반적인 정의는 상대방과 정보를 서로 주고받는 것이라고 할 수 있다. 이를 위해서는 한 지점에서 다른 지점으로 정보신호를 전송할 때 정보를 효율적으로 보내고 받는 기술이 있어야 한다. 서로 간에 약속된 통신규칙도 미리 정해져 있어야 한다. 통신시스템의 기술발전 목표는 짧은 시간 내에 최대한 많은 양의 데이터를 효율적으로 전송하는 데 있다. 또한 합리적인 비용으로 보다 많은 이용자가 통신서비스를 누릴 수 있도록 하는 사회적인 책임도 있다.

통신시스템의 구성요소는 [그림 1-1]처럼 송신기, 수신기, 전송채널의 3가지로 크게 나눌 수 있다. 통신시스템에서 정보가 전달되는 기본적인 과정을 살펴보자. 송신측에서 보내고자 하는 정보신호를 송신기를 통해서 변조시켜 이른바 반송파라고 불리는 높은 주파수를 갖는 신호에 실어 전송한다. 이렇게 변조된 전송신호

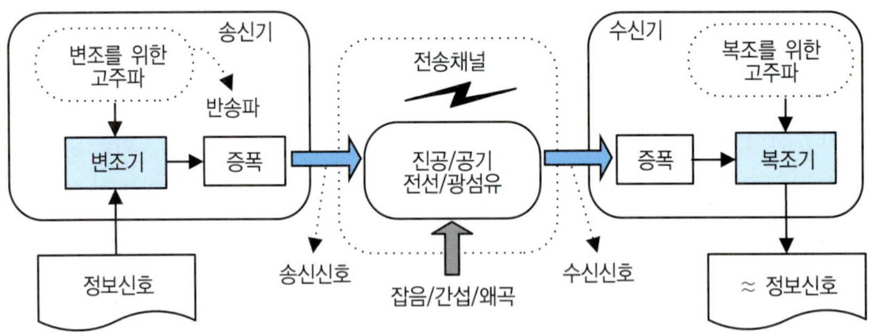

[그림 1-1] 통신시스템의 구성

는 진공, 공기, 전선, 광섬유 등의 매질로 이루어진 다양한 경로의 전송채널을 통해 수신측으로 전달된다. 수신측에서는 송신측과 반대로 반송파에 실려 온 정보신호를 수신기에서 복조해내어 원하는 정보신호로 다시 복원시킨다. 이 과정을 이른바 변복조과정이라고 한다.

통신시스템의 성능은 주파수 대역폭, 송신전력 등에 제한을 받는다. [그림 1-1]의 통신시스템에서 송수신 간의 전송채널에서 발생하는 원치 않는 방해요소로서 잡음, 간섭, 왜곡 등이 있다.

잡음(noise)은 통신시스템의 내외부에서 발생하는 불필요한 전기신호로 매우 무작위(random)하고 예측 불가능하다. 간섭(interference)은 잡음이 아니라 유선전화의 혼선과 마찬가지로 원래는 다른 곳에서 사용되고 있는 신호이다. 다른 시스템의 송신기, 전력선, 교환기 등에서 오는 외부 신호의 영향을 말한다. 왜곡(distortion)은 물리적인 현상이다. 전송로의 거리가 멀어지면 고주파 부분에 감쇠가 일어나거나 주변 환경 등의 영향으로 원래의 신호 파형이 변형되어 불완전하게 전달되는 파형의 손상을 말한다. 가정용 상용전원 220V의 파형을 실험실에서 측정해보면 이론적으로 깨끗한 정현파가 나오지 않는다. 실제의 파형은 [그림 1-2]와 같이 약간 왜곡된 파형이 나온다.

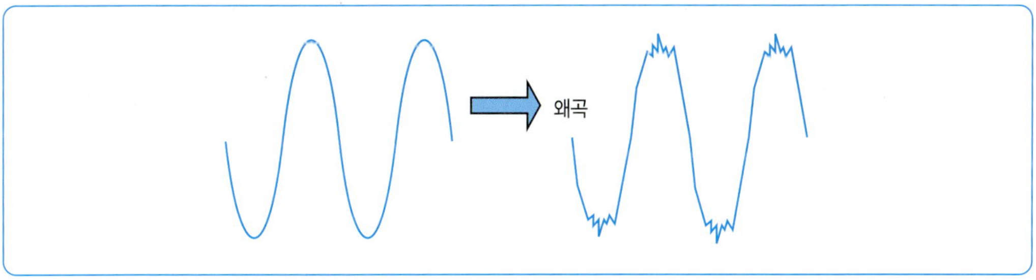

[그림 1-2] 신호의 왜곡

1.2 전파의 특성

1.2.1 전파의 정체

우리가 사용하는 전파(electric wave)라는 말은 전자기파(electromagnetic wave)를 줄여서 부르는 말이다. 다음 용어들은 모두 같은 용어라고 할 수 있다.

전파 = 전자파 = 전자기파 = 전기자기파
(電波 = 電磁波 = 電磁氣波 = 電氣磁氣波)

전자기학과 전기자기학도 같은 용어다. 비슷한 용어로 전파전파(電波傳播)라는 용어도 있다. 이것은 전파가 전달(propagation)되는 것을 말한다.

전파의 정체는 무엇인가? [그림 1-3]에 나타낸 것처럼 한마디로 전파는 전자기 에너지(electromagnetic energy)의 일종이다. 그림에서 각 영역을 보다 세분해서 부르면『전파, 광파, 선파』정도가 된다. 이들은 모두 전자기 에너지의 한 형태이다. 이 3가지 전자기 에너지를 전자기파 혹은 그냥 전자파로 줄여 부르기도 한다. 전자기 에너지를 규제하는 예로 TV나 모니터를 생산할 때 적용되는 전자파 장해규격이 있다. 이 규격은 보통의 무선주파수 대역의 전자파 방사는 물론이고 발생할 수 있는 양은 극히 미세하지만 X-선 등의 방출량까지 제한하고 있다.

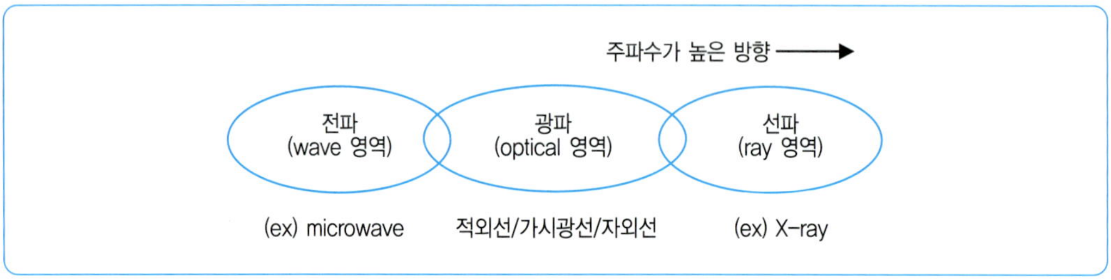

[그림 1-3] 전자기 에너지 영역

1.2.2 전파의 성질

전파의 특성은 빛의 성질과 유사하다. 전파는 일반적으로 직진성 혹은 지향성을 가지고 진행한다. 전파가 진행하면서 어떤 매질의 경계면에서는 반사(reflection)가 일어난다. 서로 다른 매질의 경계면을 투과할 때는 굴절(refraction)된다. 전파도 강한 중력장(gravitational field)이나 전자기장(electromagnetic field) 근처에서는 편향(deflection)되어 휜다. 또한 경계면에 도달한 전파가 새로운 파원(source)이 되어 진행하는 현상인 회절(diffraction)을 일으키기도 한다.

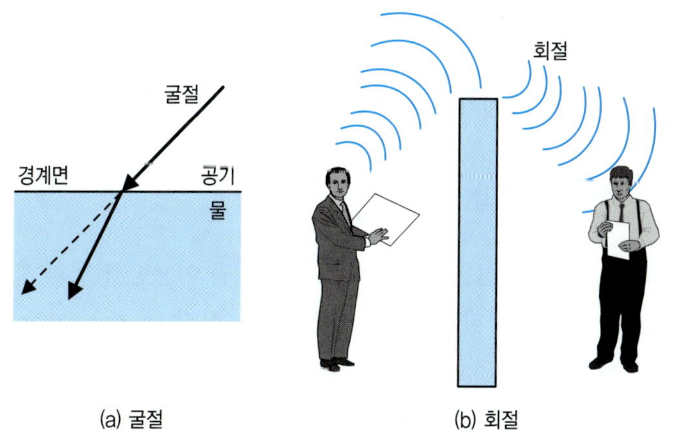

[그림 1-4] 굴절과 회절

장애물을 통과하는 전파의 회절 특성에 대해 의외로 생소한 사람들이 많다. [그림 1-4]는 장애물을 넘어 통과하는 전파의 회절 현상을 보여준다. 그림에서 두꺼운 콘크리트 벽은 지반이 단단할 때 진동 주파수가 보통 수 Hz 이하로 안정되어 있다. 벽을 사이에 두고 이야기하는 사람의 목소리에 콘크리트 벽이 진동되어 소리를 전달하지는 않는다. 그림과 같이 콘크리트 벽의 상단이 뚫려 있을 때 왼쪽 사람의 목소리가 콘크리트 벽의 상단에 닿게 되면 벽의 상단이 새로운 음원이 되어 오른쪽 사람에게 음파를 전달하게 된다. 이 현상을 회절된다고 한다.

전파의 직진과 반사 특성을 이용한 것으로 레이더(radar)가 있다. 레이더는 전파를 일정한 방향으로 쏘아 반사되어 되돌아오는 시간을 계산한다. 레이더에 사용된 전파의 주파수를 알고 있으므로 물체의 방향과 거리를 측정할 수 있다. 스텔스 폭격기는 어떻게 적의 레이더를 피할 수 있을까? 비행기의 외벽이 전파를 흡수하는 구조와 물질로 되어 있기 때문이다. 비행기에 도달된 전파가 반사되어 되돌아오지 않으면 레이더는 하늘의 무한 공간으로 전파가 날아간 것으로 간주해 버린다.

주파수가 높을수록 전파의 직진성이 좋아지고 주파수가 낮을수록 회절이 많아진다. 주파수가 높아지면 사용할 수 있는 주파수 대역폭이 넓어져 신호의 전송속도를 높일 수 있는 장점이 있다. 반면에 건물이나 장애물 벽을 통과할 때는 회절 능력이 떨어진다. 이동통신의 기지국 건설은 전파의 회절 능력을 보여준다. 2.1GHz 대역의 이동전화는 850MHz 대역의 이동전화에 비해 더 많은 기지국을 세워야 한다. 물론 이것만으로 이동통신의 전파서비스 품질을 논하기는 부족하다. 기지국이나 중계기를 얼마나 효율적으로 운용하느냐에 달려있기 때문이다.

1.2.3 전파의 전달

[그림 1-5]에 무선통신 안테나(antenna)를 이용한 전계와 자계의 발생과 전파의 전달 원리를 나타내었다. 그림에서 송신기(transmitter)를 Tx로 수신기(receiver)를 Rx로 적는 것은 통신에 관여하는 사람들의 오래된 습관이다.

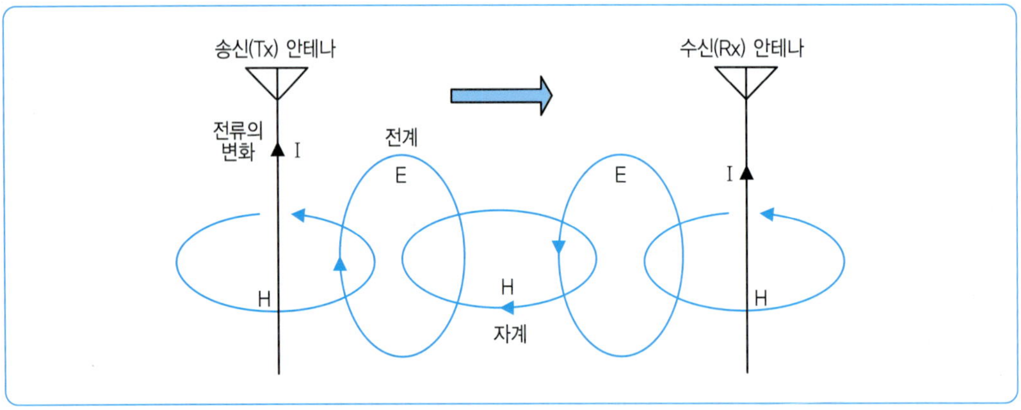

[그림 1-5] 전계와 자계의 발생과 전파의 전달

전파는 전계(electric field)와 자계(magnetic field) 성분을 가지고 있다. 전자기학에서 가장 기본이 되는 원리는 시간적으로 변하는 전계는 자계를 발생시키고, 시간적으로 변하는 자계는 전계를 유도한다는 것이다. 송신측 안테나에서 전류(I)의 흐름에 변화가 생기면 자계(H)가 발생되고 자계의 변화는 다시 전계(E)를 유도한다. 전파는 전계와 자계가 함께 어우러진 전자기파의 형태로 전달된다. 수신측 안테나에 자계가 도착하면 전파를 다시 전류의 변화로 유도시켜 송신측에서 보낸 신호를 추출할 수 있다.

전파의 전달 특성을 실생활에서 찾아보자. 전신주가 많이 설치되어 있거나 송전 케이블 탑이 설치된 지역을 지날 때는 이동전화기가 일시적으로 전파를 제대로 수신하지 못하는 것을 발견할 수 있다. 강한 전류가 흐르는 고압선에서 발생하는 전자파가 이동전화의 전파수신 환경을 방해하기 때문이다.

휴대전화의 전자파 피해 가능성은 계속 연구되고 있다. 각 나라마다 전파에 대한 안전규격을 강화하고 있다. 대부분의 국가는 전자제품의 전자파 발생량을 전파규격으로 제한한다. 아직까지 피해정도가 구체적인 수치로 정확히 보고된 바는 없다. 운전 중 휴대전화 사용을 도와주는 블루투스 핸즈프리 장치 대신에 이어폰 마이크를 사용하면 인체에 닿는 전자파의 양이 더 클 수 있다. 휴대전화와 이어폰 마이크에 연결된 전선이 전파를 수신하는 안테나의 역할을 할 수 있기 때문이다. 인쇄회로기판(printed circuit board)을 설계하는 엔지니어들은 접지(ground) 패턴이 루프(loop)가 되는 것을 꺼려한다. 설계한 회로패턴이 불필요한 전자파를 방사하거나 수신하는 안테나의 역할을 하지 못하도록 하려는 것이다.

1.2.4 파장

전파가 전달된다는 것은 전자기 에너지가 전달되는 것이다. 파장(wavelength)은 전파가 진행하면서 주기적으로 변화하는 에너지 레벨의 한 주기 동안 진행한 거리다. 즉, 파장은 전파의 에너지 레벨이 최고치가 되는 구간 사이의 공간적인 거리를 나타낸다. 파장은 진행속도와 주파수에 대해 식 (1.1)과 같은 관계가 성립한다. 빛이나 X-선 등도 전자기 에너지로서 주파수와 파장이 존재한다.

$$\text{파장}(\lambda) = \frac{\text{속도}(v)}{\text{주파수}(f)} \quad ☞ \; v = f\lambda \tag{1.1}$$

식 (1.1)에서 진공에서 전파의 전달속도 v는 빛의 속도 $c=3\times10^8$m/sec와 같다. 일반적으로 빛의 속도(speed of light)라고 하면 진공에서의 빛의 속도를 말한다. 좀 더 정확하게는 299,792,458m/sec이다. 진공이 아닌 매질에서의 전파의 속도나 빛의 속도는 이보다 느려지며 매질에 따라서 달라진다.

1.3 변조의 목적

1.3.1 변조와 복조

변조는 한 신호를 다른 신호에 의해 변화시키는 것을 말한다. [그림 1-6]은 변조와 복조의 개념을 나타낸다. 그림에서 송신측에서 보낼 정보신호는 변조과정을 거쳐 통신채널을 통해 전송된다. 수신측은 전송되어 들어오는 신호에 대해 복조과정을 거쳐 본래의 정보신호를 추출해서 복원한다.

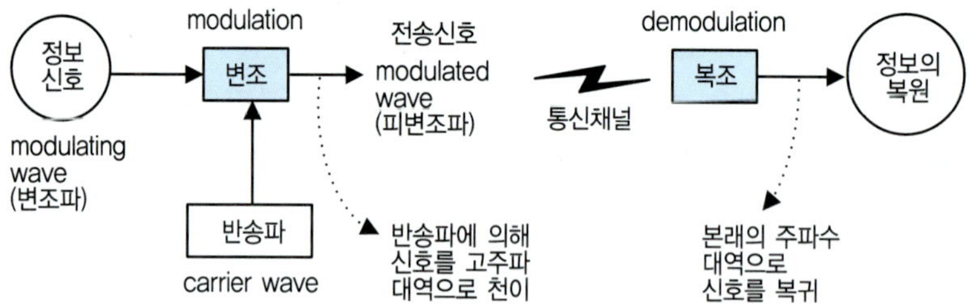

[그림 1-6] 통신에서 변조와 복조의 개념

[그림 1-6]에서 반송파(carrier wave)는 정보신호를 전달해 주는 역할만 한다. 정보신호는 정보를 반송파에 실어보내기 위해 반송파를 가공하는 능동적인 역할을 하므로 변조파(modulating wave)라고 한다. 혹은 변조 신호라고 한다. 변조에 사용된 정보신호의 주파수를 변조 주파수라고 한다.

한편 전송신호는 정보에 의해 반송파의 파형이 가공된 형태로 나온 결과이므로 『변조된 파』라는 의미로 피변조파(modulated wave)라고 한다. 일부에서는 피변조파를 그냥 변조파라고 부르기도 하는데 이는 정확한 표현이 아니다.

통신에서 변조(modulation)는 반송파의 진폭이나 주파수 또는 위상에 정보신호를 실어 보내는 것이다. 반송파는 정보신호를 효율적으로 실어 나르기 위해서 사용되는 고주파이다. 변조되기 전의 반송파는 깨끗한 형태의 정현파이다. 통신 채널에서 전송되는 신호는 [그림 1-6]처럼 반송파에 의해 정보신호를 높은 주파수 대역으로 천이시킨 신호이다. 수신측에서는 국부발진기나 국부반송파를 이용해 정보신호를 본래의 주파수 대역으로 복귀시킨다. 복조(demodulation)는 반송파의 진폭이나 주파수 또는 위상 부분의 변화로부터 본래의 신호를 검출해내는 것이다.

변조를 해서 얻는 이득이 무엇일까? 변조의 목적은 고주파를 사용하는 목적과 같다. 변조를 하는 이유는 정보신호를 효율적으로 전송하기 위해서 고주파에 실어 보내는 것이다. 고주파를 이용해야만 신호를 멀리 보낼 수 있기 때문이다. 변조의 목적을 다음과 같이 크게 3가지로 정리할 수 있다. 아래 ①~③은 모두 고주파를 이용해야만 가능한 일이다.

① 수신 안테나의 길이를 줄일 수 있다.
② 잡음이나 간섭의 영향을 덜 받고 신호를 멀리 보낼 수 있다.
③ 주파수 분할의 다중통신을 할 수 있다.

1.3.2 안테나 길이를 소형화

사람의 목소리로 만들어지는 주파수와 귀로 듣는 주파수의 범위는 대략 어느 정도가 될까? 사람들의 평균적인 가청주파수 대역은 20Hz~20kHz이다. 사람의 목소리는 100Hz~8kHz 정도이다. 이론적으로 이 주파수 대역의 음성신호는 멀리 보낼 수 없지만 3kHz의 음성신호를 보낸다고 가정해서 안테나 길이를 계산해보자. 안테나공학을 따로 배우지 않은 사람들을 위해 모든 안테나 이론을 생략하고 1/4 파장 안테나로 신호를 수신한다고 가정하여 다음과 같이 계산해보자.

$$\lambda = \frac{c}{f} = \frac{3\times10^{8}\,\text{m/sec}}{3\times10^{3}/\text{sec}} = 10^{5}[\text{m}]$$

☞ 1/4 파장 안테나의 길이 $\frac{\lambda}{4} = 25[\text{km}]$ (1.2)

앞 식에서 안테나의 길이는 거의 실현이 불가능해 보인다. 변조되지 않는 음성신호를 그냥 전송하는 일은 운동장에서 확성기를 통해서나 가능한 일이다. 상업용 FM 방송의 주파수 대역은 88MHz~108MHz이다. 100MHz 신호에 대한 수신 안테나의 길이를 계산해보면 이번에는 실현이 가능한 길이가 나온다.

$$\lambda = \frac{c}{f} = \frac{3\times10^{8}\,\text{m/sec}}{100\times10^{6}/\text{sec}} = 3\,[\text{m}]$$

☞ 1/4 파장 안테나의 길이 $\frac{\lambda}{4} = 75\,[\text{cm}]$ (1.3)

같은 방법으로 우리나라를 포함해서 국제적으로 사용되는 850MHz 대역과 2.1GHz 대역의 셀룰러 이동전화 단말기의 안테나 길이를 각각 구해보자.

$$\lambda = \frac{c}{f} = \frac{3\times10^{8}\,\text{m/sec}}{850\times10^{6}/\text{sec}} \simeq 35\,[\text{cm}]$$

☞ 1/4 파장 안테나의 길이 $\frac{\lambda}{4} \simeq 8.8\,[\text{cm}]$ (1.4)

$$\lambda = \frac{c}{f} = \frac{3\times10^{8}\,\text{m/sec}}{2.1\times10^{9}/\text{sec}} \simeq 14.3\,[\text{cm}]$$

☞ 1/4 파장 안테나의 길이 $\frac{\lambda}{4} \simeq 3.6\,[\text{cm}]$ (1.5)

앞의 계산에서 고주파를 사용할수록 안테나의 길이가 줄어드는 것을 알 수 있다. 안테나의 길이만 줄어드는 것이 아니다. 주파수가 높아지면 안테나뿐만 아니라 무선신호를 처리하는 고주파 회로들에서 부품 크기가 모두 작아지는 효과가 있다. 또한 부품이 작아지면 소비전력도 작아지는 효과가 있다.

1.3.3 잡음이나 간섭의 영향을 감소

[그림 1-7]에 안테나 방사패턴(radiation pattern)의 예를 나타내었다. 안테나 공학의 자세한 이론은 생략하고 개념만 살피도록 하자. 방사패턴은 안테나에서 방사되는 전자파의 전력이 공간적으로 미치는 범위를 표시한 것이다. 안테나의 전자파 방사패턴을 빔(beam)이라고 표현한다. 뻗어나가는 전자기파의 형태를 마

치 레이저 광선의 직진성에 비유한 표현이다. 송신을 위해서 발생시킨 원래 목적의 전자파 빔을 나뭇잎처럼 둥근 돌출부를 갖는다는 의미로 메인 로브(main lobe)라고 한다. 메인 로브 주변에 필연적으로 발생하게 되는 작은 기생 빔들을 사이드 로브(side lobe)라고 한다.

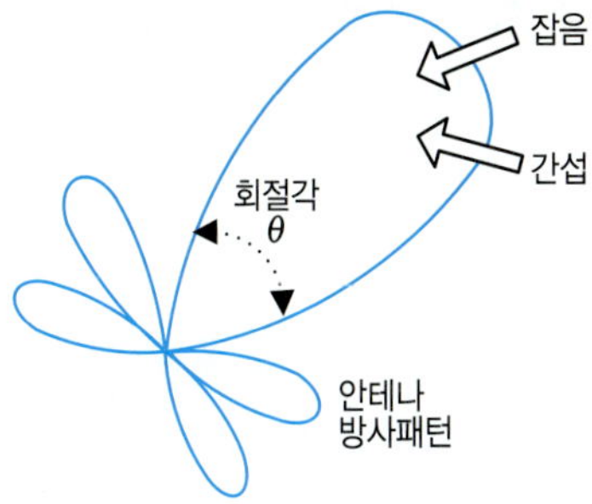

[그림 1-7] 안테나 방사패턴

[그림 1-7]에서 송신 안테나의 직경이 D라면 전자파 방사패턴의 회절각 θ는 파장 λ에 대해 $\theta \propto \frac{\lambda}{D}$의 성질을 갖는다. $\lambda = \frac{c}{f} \propto \frac{1}{f}$의 특성으로 표현하면 회절각 θ에 대한 식을 다음처럼 주파수 f와 안테나 직경 D로 나타낼 수 있다.

$$\theta \propto \frac{1}{fD} \tag{1.6}$$

위 식에서 송신 안테나의 직경 D가 일정하면 주파수 f가 높아질수록 회절각 θ는 작아진다. [그림 1-7]에서 주파수가 높을수록 안테나 방사패턴의 빔이 샤프(sharp)해지므로 주변에서 유입되는 잡음이나 간섭의 영향을 덜 받는다. 같은 송신 전력을 사용하더라도 고주파 신호의 빔은 회절각이 작아 에너지가 집중되므로 원하는 방향으로 멀리 갈 수 있다. 반면에 저주파 신호의 빔은 회절각이 크므로 전계 강도의 집중도가 떨어져 멀리 가지 못한다.

1.3.4 주파수 분할의 다중통신

공공장소인 도서관에서 큰소리로 이야기하면 주변 사람들이 듣게 된다. 사람들의 가청주파수 대역이 같기 때문이다. 도서관에 앉아 있는 사람들이 각자 자신의 FM 라디오와 이어폰을 가지고 89.1MHz, 91.9MHz, 107.7MHz에 맞추어 방송을 청취한다고 가정하자. 그러면 주파수 분할을 통해 자신이 원하는 FM 방송을 선택해서 들을 수 있다. 주파수를 분할하는 것은 전파자원을 효율적으로 사용하는 방법이다. 이것은 서로 다른 고주파 신호로 변조함으로써 가능해진다.

1.4 주파수 대역과 채널

하늘이 파란 이유는 무엇일까? 초등학교 때 미술상식 중에서 여러 가지 색깔의 빛이 합쳐지면 태양광선처럼 백색광이 된다는 것이 있다. 태양광선에는 여러 가지 파장의 빛이 섞여 있다. 전자기파인 태양광선이 지구로 들어오면 대기 중에 포함된 수많은 기체 분자들과 부딪쳐 여러 방향으로 빛이 흩어지는 산란(scattering) 현상이 일어난다. 이때 파장이 짧은 파란색 계통의 광선일수록 공기 분자에 의해 더욱 강하게 산란되어 하늘이 파랗게 보인다.

백색광선이 프리즘을 통과하면 파장에 따라 굴절률이 다르기 때문에 여러 가지 색깔의 빛으로 나누어지는 분광(spectrum) 현상이 일어난다. 비가 온 후 대기 중에 수증기가 많을 때 발생하는 하늘의 무지개와 CD의 반사면에서 볼 수 있는 무지개도 여러 가지 파장의 빛이 포함된 백색광이 분해되어 일어나는 현상이다.

1.4.1 전자기 스펙트럼

『무지개 색깔은 몇 가지인가?』하고 물으면 우리나라와 일본 사람들은 7가지라고 한다. 미국 사람들은 남색을 제외하고 6가지라고 한다. 유럽의 일부 국가는 남색과 보라를 빼고 5가지라고 한다. 서양 교육이 보편화되기 전에는 우리나라도 오색 무지개라고 했다. 무지개는 과연 몇 가지 색깔일까? 사실 무지개의 색상은 백색광에 대한 스펙트럼이기 때문에 무한대의 색깔 종류가 나오는 것이 정답이다. 5가지나 7가지는 사람들이 관습적으로 색깔을 영역으로 나눌 뿐이다.

빛의 분광처럼 여러 종류의 전자기파를 파장이나 주파수의 분포에 따라 나누는 것을 전자기 스펙트럼(electromagnetic spectrum)이라고 한다. 스펙트럼(spectrum)은 어떤 물리량을 기준으로 구한 분포도를 의미한다. [그림 1-8]에 나타낸 전자기 스펙트럼은 여러 개의 주파수 대역과 이에 해당하는 파장 분포로 나누어진다. 주파수 대역(frequency band)은 통신이나 방송을 위해 할당된 전파의 주파수 범위를 말한다. 각 영역의 이름과 구간은 통신시스템에 이용되는 주파수의 분포를 보다 편리하게 구분하기 위한 경계 표시이다. 그림에서 각 주파수 대역 간의 대역폭 크기는 고주파 대역으로 갈수록 10배씩 커진다. 통신에서 RF(radio frequency) 대역이라고 하면 대개 30MHz~300MHz 사이를 가리킨다. RF는 본래 통신에 사용되는 무선 주파수를 통칭하는 말이다. 여기서 라디오(radio)라는 표현은 라디오 수신기가 아니라 무선이나 전파라는 뜻으로 사용된다.

주파수 대신에 파장으로 영역을 표시할 수도 있다. 파장이 mm 단위가 되는 30GHz~300GHz 대역의 신호를 밀리미터파(millimeter wave)라고 한다. 이런 식이라면 혹시 마이크로파(microwave)는 파장이 마이크로미터(10^{-6}m) 대역인

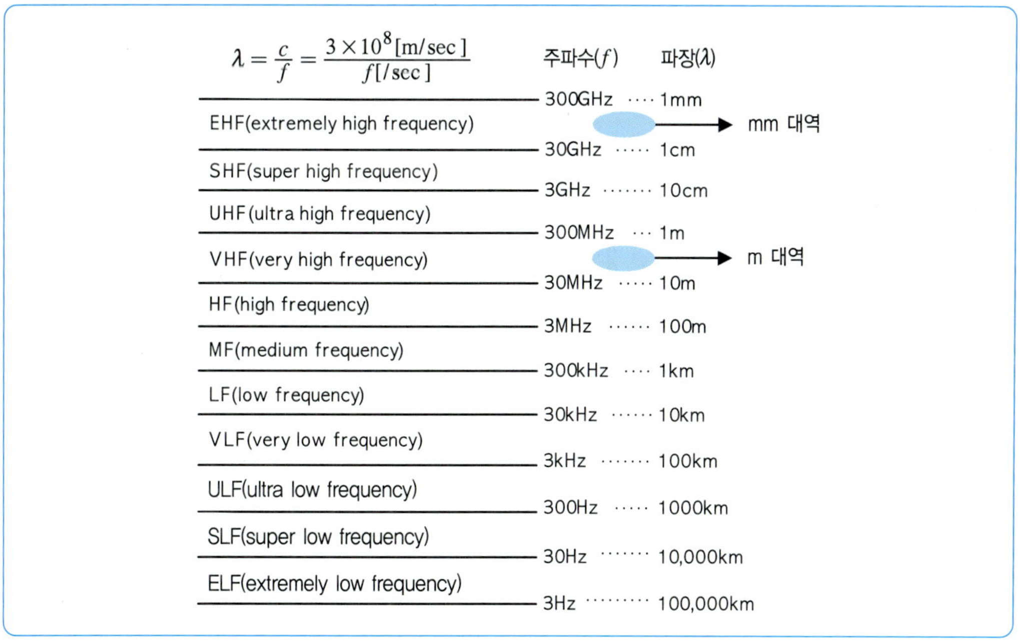

[그림 1-8] 통신시스템에 사용되는 전자기 스펙트럼

가? 실제로 파장이 ㎛인 대역은 10^5GHz 대역으로 빛의 영역이다. 통신에서 마이크로파 대역이라고 하면 보통 300MHz~30GHz 사이를 가리킨다. 마이크로파에서 『micro-』는 그냥 관습적으로 파장이 『작다』라는 표현이다. 경우에 따라서는 주로 300MHz~1GHz 사이를 마이크로파 대역이라고 하고, 1GHz~30GHz 사이를 준(quasi-) 마이크로파 대역으로 세분하기도 한다. 학자들에 따라서는 밀리미터파를 마이크로파 대역에 포함시키기도 한다.

주파수의 단위로 사용되는 헤르츠(Hertz, Hz)는 초당 진동수가 1사이클임을 나타내며 [/sec] 단위와 같다. Hz 앞에 k(kilo), M(mega), G(giga), T(tera), P(peta)를 붙여 각각 10^3, 10^6, 10^9, 10^{12}, 10^{15}Hz로 나타낼 수 있다.

흔히 전자레인지라고 불리는 마이크로웨이브 오븐은 2.45GHz 근방의 주파수를 사용한다. 그렇다면 마이크로파 대역의 통신 전파가 사람의 몸에 닿아도 과연 괜찮은 걸까? 통신에 사용되는 마이크로파 전파는 송신기가 매우 멀리 떨어져 있다. 우리 몸에 닿을 때는 마이크로웨이브 오븐 안에서 수분을 끓어오르게 하는 정도의 강력한 전력을 지닌 전자파가 아니다. 비슷한 예로 220V 상업용 전원에 잘못 감전되면 매우 위험하다. 반면에 습도가 낮은 가을철에 의류에서 발생하는 15kV 이상의 정전기에 우리 신체가 노출되어도 멀쩡하다. 까닭은 무엇일까? 전자파는 전자기 에너지, 즉 전력이 전달되는 것이다. 전압(voltage)이 높아도 전류(current)가 작아서 결국은 사람의 몸에 닿는 전력(power)이 작기 때문이다.

1.4.2 전파 관리

주파수와 공간이 한정된 천연자원이라는 인식이 확산되면서 나라마다 군사, 행정, 공공, 상업, 개인용으로 사용될 주파수와 공간자원을 규제하고 있다. 미국의 연방통신위원회(federal communications commission, FCC)처럼 각 국가의 통신규격 제정과 형식승인을 담당하는 PTT(postal, telegraph, and telephone service) 부서나 전파를 관리하는 정부기구가 이러한 정책을 담당하고 있다.

우리나라의 주파수 사용 현황은 [그림 1-9]와 같다. 그림에서 전파의 용도와 관련해서 각 대역의 특징을 간략히 살펴보자. VLF 대역의 신호는 지표면을 통하거나 바다를 통해 전파된다. 이를 이용해 장거리 항해와 해저통신에 사용된다.

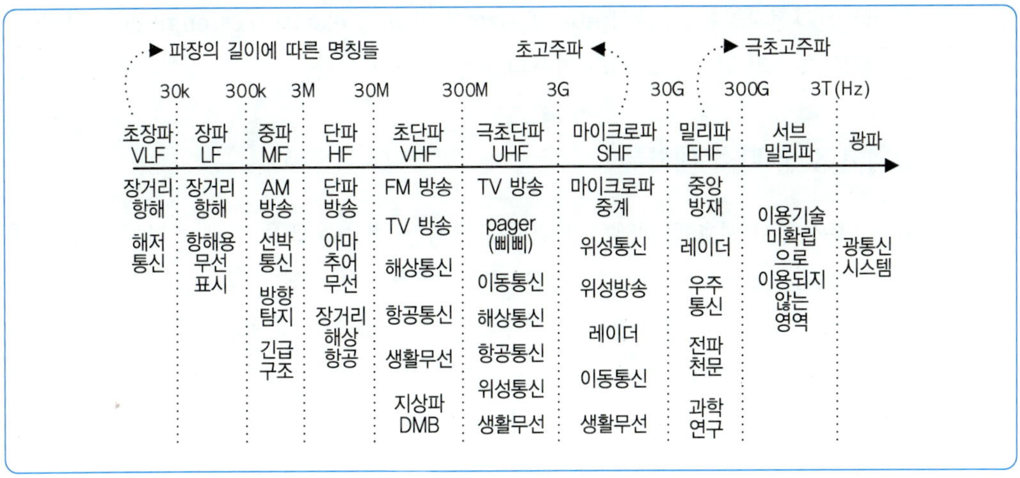

[그림 1-9] 우리나라의 주파수 사용 현황

LF 대역의 신호는 지표면을 통해 공기로 전파된다. 등대나 선박위치 확인 등 장거리 항해용 무선표시에 사용된다. MF 대역의 신호는 대기권의 가장 아래층인 대류권으로 전파된다. 이 때문에 전파가 전리층에서 흡수되어 들어가지 않는 각도로 사용이 제한된다. HF 대역은 전리층의 밀도 차이로 지상에서 발사한 신호를 반사하는 전파를 사용한다. VHF 대역은 TV 방송과 FM 라디오 등에 사용된다. UHF 대역은 TV 방송, 가정용 무선전화기 등에 사용된다. 또한 UHF 대역은 이동통신 사업자들끼리 가장 치열하게 경쟁하는 주파수 대역이다. SHF와 EHF 대역은 우주 공간으로 전달되는 전파를 이용해 위성통신 등에 사용된다. 개인용 무전기나 무선 마이크와 같은 생활무선은 대한민국 국민이면 누구나 사용할 수 있지만 타인의 통신을 방해하지 않게 운용하도록 정부에서 규제한다.

국제전기통신연합(international telecommunication union, ITU)은 전 세계 각 지역 간의 주파수 스펙트럼 계획과 조정을 담당한다. 또한 국제적인 통신표준을 제정하고 있다. ITU는 국제연합(united nations, UN)의 산하 기관이며, 각 국가의 PTT 부서나 정부기구 등이 주요 회원이다. 전파와 관련된 ITU의 표준화 분야는 전파통신부문(ITU-R), 전기통신부문(ITU-T), 정보통신개발부문(ITU-D) 등이다. ITU에서 국제표준화 활동으로 만들어지는 표준을 ITU 권고안(recommendations)이라고 한다. 그 밖에 산업분야 전반에 걸쳐 활동하고 있는 국제표준화기구(international organization for standardization, ISO)나 미국 전기전자공학회(institute of electrical and electronics engineers, IEEE) 등도 통신과 관련된 표준화 기구의 역할을 하고 있다.

1.4.3 주파수 대역폭

통신에서 신호를 전달하기 위해 사용하는 주파수 폭을 그 신호의 주파수 대역폭(frequency bandwidth)이라고 한다. 자동차의 통행에 필요한 도로 폭처럼 신호를 전달하기 위해 사용되는 주파수 폭이다. 주파수 대역폭은 대개 신호를 전송하도록 할당된 최고 주파수와 최저 주파수와의 차이로 표시한다.

소형차는 좁은 골목길을 지나갈 수 있지만 대형트럭은 넓은 도로 폭을 요구한다. 마찬가지로 신호의 정보량이 많을수록 넓은 주파수 대역폭이 필요하다. 공중파 TV 채널 하나는 초당 30장의 화면을 보내기 위해서 6MHz 폭이 필요하다. 신호가 전송되기 위해서 필요한 주파수 대역폭은 신호가 갖고 있는 정보량에 따라 다르다. 사람의 귀에 들리는 가청 주파수 대역은 20Hz~20kHz 범위가 필요하다. 사람의 음성을 모두 수용하려면 100Hz~8kHz 정도의 범위가 필요하다.

그런데 전송로를 이용하는 기술에 따라 물리적으로 사용이 가능한 최대 주파수 대역폭에는 한계가 있다. 대부분의 통신시스템은 한정된 전송로를 효율적으로 사용하기 위해서 신호가 갖는 본래 주파수 대역폭을 제한해서 처리한다. 전통적인 방식의 PSTN 유선전화는 전화국의 교환기가 받아들이는 주파수의 범위를 300~3400Hz 사이로 제한한다. FM 방송도 50Hz~15kHz 사이를 사용한다.

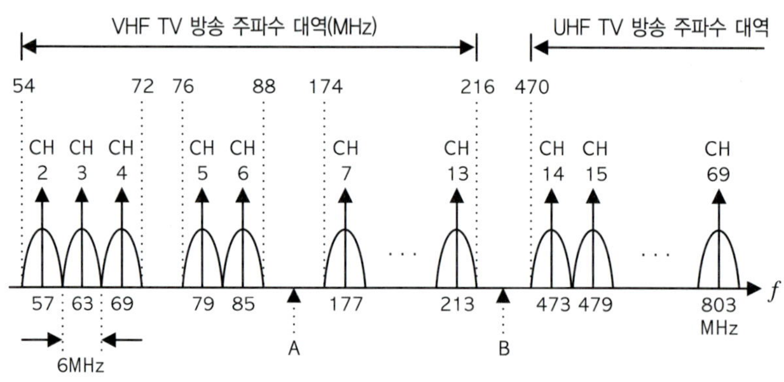

[그림 1-10] 우리나라의 지상파 TV 방송 대역

한정된 주파수 대역을 효율적으로 사용하려면 각 통신신호와 관련된 주파수 대역과 각 채널 간에는 할당 간격이 정해져 있어야 한다. 예를 들어 우리나라의 공중파 TV 혹은 지상파 TV 방송 대역은 [그림 1-10]과 같으며, 각 채널의 대역폭은 6MHz씩이다. 그림의 A 부분에는 88~108MHz의 FM 방송 대역이 들어 있다. 유선 케이블 TV는 채널 14부터 지상파와 다르게 할당한다. 이들은 그림의 A 부분과 B 부분까지 모두 활용해 100개가 넘는 케이블 TV 채널을 할당해 사용한다.

지상파 디지털 TV 방식은 미국의 ATSC(advanced television systems committee) 방식과 유럽의 DVB(digital video broadcasting) 방식이 있다. 우리나라는 하나의 반송파를 사용하는 8VSB(8-level vestigial side band) 변조 기술을 적용한 미국식을 채택했다. ATSC 방식은 전송속도가 빠르고 대용량 전송으로 화질이 유럽식보다 우수하다. 또한 기존에 미국식을 사용했던 국내 아날로그 TV 방식과 6MHz 대역폭이 동일해 적용이 용이했다. 하지만 이동 중이나 전파 방해가 많은 도심에서 수신율이 떨어지고 난시청 지역이 더 많다. 한편 유럽식 DVB 방식은 여러 개의 반송파를 사용하는 OFDM 기술을 적용해 한 채널로 여러 데이터를 전송할 수 있어 효율적이다. 또한 이동 중에는 미국식에 비해 화질이 뛰어나다.

1.4.4 전송속도와 비트율

디지털 데이터의 전송속도를 나타내는 가장 적합한 용어는 비트율(bit rate)이다. 영어식 표현에서 스피드(speed)는 거리를 시간으로 나눈 물체의 이동 속도나 일의 처리 속도를 나타낸다. 이 때문에 전송 스피드(transmission speed)는 물체의 전달 속도를 나타내는 말이지만 디지털 통신에서는 정확한 표현이 아니다.

데이터의 전송속도를 나타내는 전문적인 용어는 데이터 전송률(data transfer rate)이다. 이를 줄여서 전송률(transfer rate) 혹은 보통 데이터율(data rate)이라고 한다. 데이터율의 정의는 『단위 시간당 전송되는 정보량』으로 원래는 모든 단위 시간과 모든 정보량의 단위를 포괄하는 통칭이다. 초당 비트 수, 초당 바이트 수, 분당 비트 수, 분당 바이트 수, 시간당 글자 수 등이 모두 데이터율의 단위로 사용될 수 있다. 그 중에서 비트율이 가장 많이 사용되기 때문에 현재의 비트율은 데이터율의 동의어로 사용된다. 이 때문에 비트율(bit rate)의 본래 엄격한 정의는 『단위 시간당 전송되는 비트 수』이지만 비트율의 단위로 주로 초당 비트 수(bit/s)와 초당 바이트 수(B/s)를 함께 사용한다.

〈표 1-1〉 10진과 2진 비트율의 단위

10진 표현 (SI 표준)	기호	bit/s B/s	2진 표현 (IEC 60027 표준)	기호	bit/s B/s
kilobit per second kilobyte per second	kbit/s KB/s	10^3	kibibit per second kibibyte per second	Kibit/s KiB/s	1024
megabit per second megabyte per second	Mbit/s MB/s	10^6	mebibit per second mebibyte per second	Mibit/s MiB/s	1024^2
gigabit per second gigabyte per second	Gbit/s GB/s	10^9	gibibit per second gibibyte per second	Gibit/s GiB/s	1024^3
terabit per second terabyte per second	Tbit/s TB/s	10^{12}	tebibit per second tebibyte per second	Tibit/s TiB/s	1024^4

비트율의 국제 표준 단위는 〈표 1-1〉처럼 10진과 2진 방법이 혼용되고 있다. 10진 표현은 국제단위계(international system of units, SI), 즉 미터(m)법으로 잘 알려진 킬로(kilo-)나 메가(mega-) 등의 전통적인 접두어를 단위 앞에 붙인다. 2진 표현은 ISO 산하의 IEC 표준을 따른 키비(kibi-)나 메비(mebi-) 등의 새로운 접두어를 단위 앞에 붙인다. 초당 비트 수(bit per second)의 공식 약자는 bit/s이다. 비공식 단위로 bps와 b/s가 있다. bits/s는 잘못된 표현이다. 초당 바이트 수(byte per second)의 공식 약자는 B/s이다. 비공식 단위로 Bps가 있다.

1.4.5 채널 용량

채널 용량(channel capacity)은 『전송 채널에서 단위 시간당 전송할 수 있는 최대 정보량』이다. 해당 전송 채널이 처리할 수 있는 최대 용량으로 그 채널의 최대 전송능력을 나타낸다. 비트율이 어떤 특정 데이터의 전송속도인 반면, 채널 용량은 해당 채널이 허용하는 최대 비트율로 이론적인 최대 전송속도가 된다.

전송 채널의 대역폭을 B라고 하고, 잡음의 크기에 대비한 신호의 전력크기를 비율로 표시한 신호대잡음비를 S/N이라고 하자. 이 채널을 통해 이론적으로 전송할 수 있는 최대 정보량의 크기는 식 (1.7)과 같이 초당 전송할 수 있는 비트 수로 표현할 수 있다. 이 식을 섀넌(Shannon)의 채널 용량 공식이라고 한다.

$$C = B \times \log_2\left(1 + \frac{S}{N}\right)\text{[bit/s]} \tag{1.7}$$

$$\begin{matrix}\text{최대 전송속도}\\ \text{[채널 용량]}\end{matrix} = \begin{pmatrix}\text{신호의}\\ \text{대역폭}\end{pmatrix} \times \log_2\left(1+\frac{\text{신호전력}}{\text{잡음전력}}\right)[\text{bit/s}] \qquad (1.8)$$

식 (1.8)은 식 (1.7)을 설명한 것이다. 이 공식은 디지털 통신에서 신호의 주파수 대역폭과 전송속도와의 관계를 나타낸다. 식 (1.8)에서 많은 양의 데이터를 고속으로 전송하기 위해서는 넓은 주파수 대역폭이 필요하다. 또한 고속으로 전송하려면 신호의 구분이 쉽고 명확해야 하므로 수신신호의 S/N비를 높이려면 송신전력을 증가시켜야 한다. 식 (1.7)에서 원하는 최대 전송속도 C가 정해지면 신호의 주파수 대역폭 B나 신호대잡음비 S/N을 조절하여 이를 만족시킬 수 있다. 식 (1.7)을 이용하여 신호대잡음비가 63일 때 54kbit/s의 최대 전송속도 혹은 채널 용량을 만족하기 위해 필요한 대역폭을 계산하면 다음과 같다.

$$54000[\text{bit/s}] = B\times\log_2(1+63) = B\times\log_2 2^6 = B\times 6$$
$$\text{즉, } 54000 = 6B \quad ☞ \quad B = 9[\text{kHz}] \qquad (1.9)$$

1.5 통신 신호의 해석

1.5.1 위상과 주파수

통신신호의 해석에 기본이 되는 위상과 주파수의 개념을 알아보자. 먼저 [그림 1-11]에서 라디안(radian) 각도의 정의는 식 (1.10)에 나타낸 원주율의 정의에서

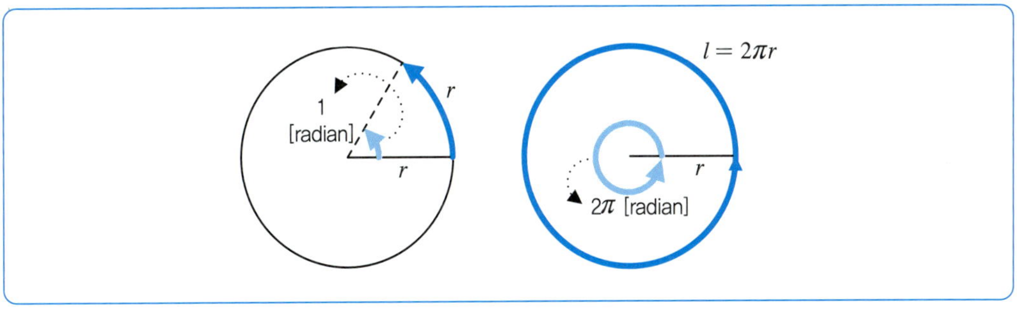

[그림 1-11] 라디안(radian)의 정의

나온다. 그림처럼 원 주위를 따라 반지름 r만큼 진행했을 때 움직이는 각도를 1라디안이라고 한다. 여기서 원주율을 길이와 각도 비로 표현하면 식 (1.11)과 같이 1라디안의 크기를 각도로 환산하여 구할 수 있다.

$$\text{원주율의 정의 } \pi = \frac{\text{원의 둘레 } l}{\text{원의 지름 } 2r} \tag{1.10}$$

$$l : r = 2\pi : 1 = 360^\circ : x \quad ☞ \quad x \simeq 57.3^\circ \tag{1.11}$$

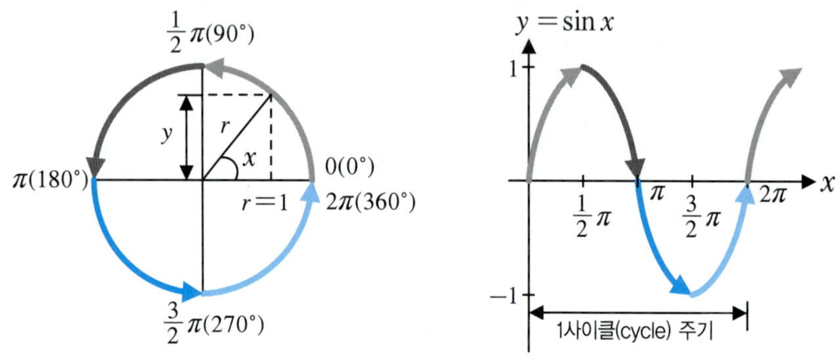

[그림 1-12] 사인파의 정의

[그림 1-12]의 사인(sine)파의 정의에서 위상, 각속도, 주파수의 개념을 좀 더 이해하도록 하자. 그림에서 신호가 원 주위를 따라 일정한 속도로 회전할 때 신호의 높이는 주기적으로 같은 크기를 갖는 사이클(cycle) 운동을 한다. 신호가 현재 위치하고 있는 곳의 위상이 x이고 신호의 현재 높이를 y라고 하자. 오른쪽 그림에서 위상 x가 진행할 때 신호의 크기 y의 변화를 원 운동에서 직선 운동으로 바꾸어 식 (1.12)와 같이 표현할 수 있다.

$$y = r\sin x \qquad ☞ \quad r = 1 \text{ 이면 } y = \sin x \tag{1.12}$$

[그림 1-13]의 코사인(cosine)파는 사인파보다 위상각이 $\pi/2$ 앞서 있다는 것 이외는 같은 개념이다. 위상 x가 진행할 때 신호의 크기 y의 변화를 원 운동에서

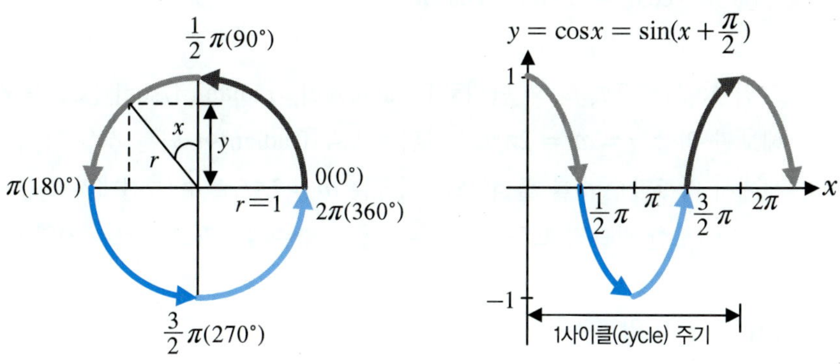

[그림 1-13] 코사인파의 정의

직선 운동으로 바꾸어 식 (1.13)과 같이 표현할 수 있다.

$$y = r\cos x \qquad ☞\ r=1 \text{ 이면 } y=\cos x \tag{1.13}$$

반복 운동에서 같은 상태가 1초 동안 몇 번 돌아오는가를 나타내기 위해 주파수가 사용된다. 주파수(frequency) 혹은 진동수 f는 단위 시간 동안 일어나는 반복 운동의 횟수로 헤르츠(Hertz, Hz)나 [/sec]를 단위로 사용한다. 주파수 f는 반복 운동의 주기 T의 역수가 되기 때문에 식 (1.14)와 같은 관계가 성립한다.

$$f = \frac{1}{T}\ [\text{Hz}] \text{ 또는 } [/\text{sec}] \tag{1.14}$$

이에 비해 각주파수(angular frequency) 혹은 각진동수 ω는 단위 시간 동안 진행하는 각도로 [radian/sec]를 단위로 사용한다. 각주파수 ω는 반복 운동의 주기 T 동안 2π씩 진행하기 때문에 식 (1.15)와 같은 관계가 성립한다.

$$\omega = \frac{2\pi}{T} = 2\pi f\ [\text{radian/sec}] \tag{1.15}$$

통신에서 정현파(sinusoidal) 신호를 표현할 때는 위상 x에 시간과 주파수의 특성을 동시에 표현하기 위해서 다음과 같은 식이 주로 사용된다.

$$y = \cos x = \cos \omega t = \cos 2\pi f t \qquad (1.16)$$

위 식에 ω, 2π, f, t의 단위로 [radian/sec], [radian], [/sec], [sec]를 각각 대입해보면 위상 $x = \omega t = 2\pi f t$의 단위는 모두 [radian]이 되는 것을 알 수 있다. 통신에서 각주파수 ω를 즐겨 쓰는 이유는 $\omega = 2\pi f$로 수식 전개가 간단해지기 때문이다. 또한 관습적으로 각주파수 ω를 그냥 주파수라고 부르는 경향이 있다.

1.5.2 신호의 표현

많은 공학이론에서 신호를 해석할 때 신호의 주파수를 단지 한 가지로 가정하고 사인파나 코사인파로 처리한다. 이것이 현실적으로는 가능한 일일까? 사람의 음성을 전화기의 버튼에서 나는 간단한 소리나 『삐-삐-』 거리는 세탁기의 전자음처럼 단지 몇 가지 주파수로 표현하는 것은 불가능하다. 오디오의 그래픽 이퀼라이저는 사람의 목소리나 음악 소리가 가청 주파수 대역에 걸친 여러 가지 주파수 성분으로 구성되어 있는 것을 보여준다. 음향 신호와 마찬가지로 영상 신호도 여러 가지 주파수 성분의 신호가 섞여 있다. 이런 신호의 파형은 시간적으로도 매우 불규칙하여 수식적으로 정확히 표현하는 것은 불가능하다.

통신 신호의 해석에서 기본 신호의 형태로 대부분 코사인이나 사인파를 사용하는 것은 단지 자연현상을 쉬운 모델로 골라 해석하자는 것이다. 축구에도 국가대표 선수가 있듯이 신호에도 대표 신호가 있다. 그들이 바로 사인파와 코사인파이다. 여러 가지 복잡한 신호가 섞여 있다면 그 중에서 가장 단순한 정현파를 대표 신호로 골라 표현하면 전체 신호의 해석이 매우 쉬워진다. 이것은 수학적으로도 타당하다. 여러 가지 주파수 성분을 갖는 본래의 신호는 코사인파나 사인파처럼 한 가지 주파수를 갖는 무수한 신호들이 모여서 만들어지기 때문이다.

어떤 책은 신호를 표현할 때 $\sin x$로 적고 어떤 책은 $\cos x$로 적는다. 어떤 책이 맞을까? 둘 다 맞다. 차이는 대표 신호로 사인파나 코사인파 중 하나를 고른 것뿐이다. 뒤따르는 수식 전개가 다를 뿐 개념을 설명하려는 것은 같다. 마찬가지로 AM 신호를 $f_{AM}(t)$라고 적든 $x_{AM}(t)$라고 적든 식도 정의하기 나름이다. 대부분의 공학용어가 서양에서 유래한 마당에 사인파를 정현파로, 코사인파를 여현파로 과거 일본식 용어로 구분해 부를 필요도 없다. $\cos\theta = \sin(\theta + \pi/2)$이기 때문에 둘 다 정현파라고 불러도 맞는 일이며 그냥 사인과 코사인이라고 구분한다.

1.5.3 아날로그와 디지털 정보

통신에서 사용되는 정보(information) 신호는 보내고자 하는 데이터, 음향, 영상을 포함한다. 정보 신호는 연속적으로 변화하는 물리적인 양을 나타내는 아날로그(analog) 정보와 한정된 이산(discrete) 원소로 구성된 디지털(digital) 정보로 나눌 수 있다. [그림 1-14]는 아날로그 신호와 8비트로 표현한 디지털 신호의 레벨 차이를 보여준다. 그림의 경우는 ±16V 구간 사이를 2^8=256단계로 나누었을 때 디지털 레벨 한 단계 차이는 아날로그 레벨로 0.125V 차이가 된다. 이처럼 디지털 정보의 표현은 아날로그 정보의 레벨 값을 인접한 디지털 레벨 값으로 바꾸어 최종적으로 1과 0으로 이루어진 값들로 표현하는 것이다.

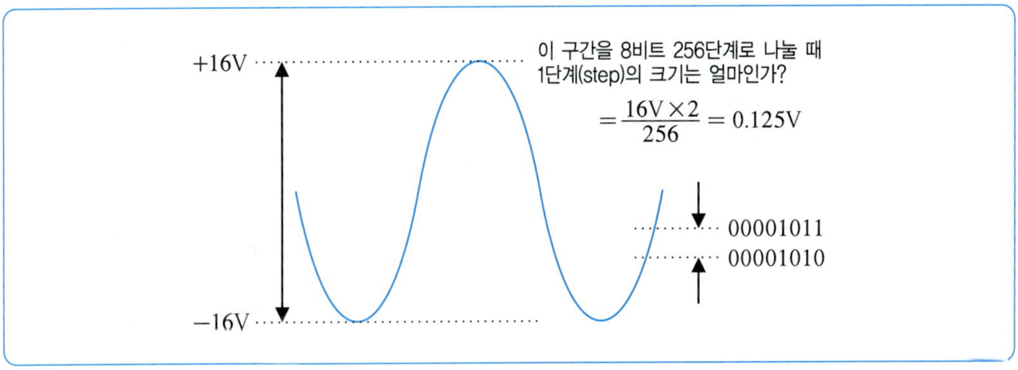

[그림 1-14] 아날로그 신호와 디지털 신호의 레벨

현재 대부분의 산업분야에서 만들어지고 처리되는 거의 모든 정보는 디지털 방식으로 전환되고 있다. 아날로그 정보에 비해 디지털 정보의 장점이 더 많은 것이 사실이기 때문이다. 디지털 정보의 장점을 몇 가지 꼽으면 다음과 같다.

① 탁월한 보존성으로 정보가 훼손되지 않는다.
② 편집과 재생산이 매우 용이하여 시간과 비용이 절감된다.
③ 방대한 자료를 쉽게 검색할 수 있다.
④ 여러 사람이 자료를 공유할 수 있다.
⑤ 필름이 없는 디지털 카메라처럼 자원절약 효과도 있다.

앞의 ①~⑤를 종합해보면 디지털 정보의 최대 장점은 생산성이 높다는 것이다. 반면에 디지털 정보의 약점은 무엇인가? 악의적인 목적의 완벽한 복제와 정보 유출이 매우 용이하기 때문에 정보의 보안성이 반드시 필요하다. 또한 데이터를 백업(backup)해 놓지 않으면 컴퓨터에 저장된 자료를 모두 잃을 수 있다.

1.5.4 복소수 표현

복소수(complex number)는 식 (1.17)과 같이 실수부(real part)와 허수부(imaginary part)로 이루어진다. 여기서 a와 b는 둘 다 실수(real number)이며 각각 실수부와 허수부의 값을 나타낸다. $i=\sqrt{-1}$는 허수부의 단위이다.

$$\text{직교좌표 형식 } z=a+bi \tag{1.17}$$

실수 중에서 어떤 수를 제곱해서 −1이 나오는 수는 실제로는 존재하지 않는다. 허수의 개념은 그런 수가 존재한다고 상상 속에서 수학적으로만 가정한 것이다. 왜 허수를 도입했을까? 그 이유는 실수부만 있는 1차원적인 수가 아닌 2차원적인 수를 다룰 수 있기 때문이다. 복소수를 사용하면 진폭과 위상 같은 2가지 성질을 함께 표현할 수 있다. [그림 1-15]의 복소평면(complex plane) 위에 복소수를 실수축(Re)과 허수축(Im)의 2차원 좌표로 나타낼 수 있다.

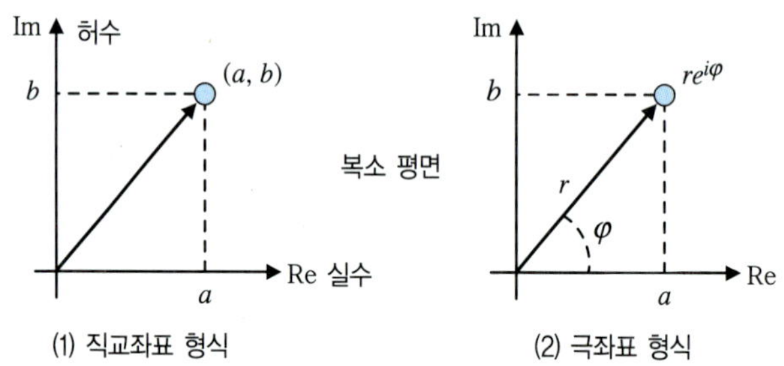

[그림 1-15] 복소수와 복소평면

직교좌표가 아닌 극좌표 형식을 원하면 식 (1.18)의 오일러(Euler)의 공식을 적용해 식 (1.19)처럼 나타낼 수 있다. 어떤 좌표 형식을 사용하든 식 (1.20), (1.21)

에서 복소수의 진폭과 위상을 구할 수 있다.

$$\text{오일러(Euler)의 공식} \quad e^{\pm j\theta} = \cos\theta \pm j\sin\theta \tag{1.18}$$

$$\text{극좌표 형식} \quad z = r\angle\varphi = re^{i\varphi} = r(\cos\varphi + i\sin\varphi) \tag{1.19}$$

$$\text{진폭} \quad r = |z| = \sqrt{a^2+b^2} = \sqrt{(\text{실수부})^2 + (\text{허수부})^2} \tag{1.20}$$

$$\text{위상} \quad \varphi = \angle z = \tan^{-1}\left(\frac{b}{a}\right) = \tan^{-1}\left(\frac{\text{허수부}}{\text{실수부}}\right) \tag{1.21}$$

허수부의 단위로는 i나 j를 사용한다. 일반적인 시간영역의 신호는 오직 실수부(real part)만 갖고 있다. 그러나 통신신호들을 복소수로 처리하면 편리하기 때문에, 경우에 따라서 실수부와 허수부로 나누어 신호를 처리할 수 있다.

1.6 MATLAB 예제

일러두기 **책에 수록된 소스와 실습 방법**

이 책의 소스는 실제 m 파일 함수를 작성할 때 꼭 필요한 부분들만 골라 실었으며, 앞의 다른 예제들과 중복되는 부분들은 설명을 생략했다. MATLAB을 처음 사용하는 사람들은 각 장에 실린 MATLAB 예제들을 작성하기에 앞서 11장을 먼저 공부하는 것이 좋다. 11장은 MATLAB 기본 명령어, 기호수학 도구상자, 데이터 입출력 등을 익힐 수 있다. 아래는 이 책의 MATLAB 예제들을 실습하는 순서다.

① MATLAB 문서 편집기나 메모장을 이용해 소스 프로그램을 작성한다.
줄 단위로 %가 표시된 이후는 숨은 설명이므로 작성하지 않아도 실행된다.

② 파일명은 각 예제의 제목 줄에 있는 것처럼 OOO.m 으로 저장한다.

③ 확장자 .m을 제외한 나머지 파일명 OOO과 엔터키[↙]를 치면 실행된다.

④ MATLAB 명령 창이나 그림 창에서 실행결과를 확인한다.

■ MATLAB 예제 1-1 (안테나 길이) - cm101.m

이 예제는 주파수가 f = 500MHz인 전송신호에 맞는 1/4 파장 안테나의 길이를 m 단위로 구하는 프로그램이다. 전파의 속도는 3×10^8 m/s로 계산하였다. 이 예제의 내용은 뒤에 실린 1장 연습문제 5번 문제의 풀이와 같다.

【 cm101.m 프로그램 】

```
clear                      % 기존의 변수 지우기
format compact             % 명령 창의 줄 간격 줄이기
clc                        % 화면 지우기
disp('>> cm101')           % 명령 프롬프트 흉내 내기

disp(' ')                  % 한 줄 띄우기
c = 3e8                    % 진공에서의 빛의 속도
f = 500e6                  % 주파수 500MHz

disp('1/4 파장 안테나의 길이 [m]')
L = 1/4*c/f                % v=f×λ ☞ ¼×λ=¼×v/f에서 v=c 대입
format                     % 명령 창의 줄 간격 다시 늘리기
```

■ MATLAB 예제 1-2 (주파수 대역폭 점유비율) - cm102.m

이 예제는 대역폭이 6MHz인 TV 방송주파수 채널 하나가 VHF 대역폭을 차지하는 비율은 몇 %인지를 구하는 프로그램이다. 이 예제의 내용은 뒤에 실린 1장 연습문제 9번 문제의 풀이와 같다.

【 cm102.m 프로그램 】

```
bw_tv = 6e6                % 6MHz ☞ TV의 대역폭
bw_vhf = 300e6-30e6        % 300MHz - 30MHz ☞ VHF의 대역폭

disp('TV 채널 하나가 VHF 대역을 차지하는 비율 [%]')
r = bw_tv/bw_vhf*100       % 상대비×100%
```

■ MATLAB 예제 1-3 (채널 용량) - cm103.m

이 예제는 대역폭이 246kHz이고 신호 전력이 60W, 잡음 전력이 4W일 때 채널 용량은 몇 kbit/s인가를 구하는 프로그램이다. 이 예제의 내용은 뒤에 실린 1장 연습문제 11번 문제의 풀이와 같다.

【 cm103.m 프로그램 】

```
b = 246e3                    % 신호의 대역폭
s = 60                       % 신호전력
n = 4                        % 잡음전력

disp('채널 용량 [kbit/s] ')
c = b*log2(1+s/n)/1e3        % 섀넌의 채널 용량 공식÷1000 [kbit/s]
```

■ MATLAB 예제 1-4 (복소수) – cm104.m

이 예제는 식 (1.17)~(1.21)을 이용해 MATLAB에서 복소수를 표현하는 방법과 내장함수(built-in function)로 복소수의 진폭과 위상 성분을 구하는 방법을 설명한 것이다. 복소수에서 허수부는 MATLAB의 내장변수로서 $\sqrt{-1}$을 의미하는 i나 j를 허수의 단위로 이용해 나타낼 수 있다. 이때 i나 j를 일반 변수로도 사용할 수 있기 때문에 복소수를 1+i, 1–j 혹은 1i, 1j 등으로 입력하면 쉽게 실수부와 허수부를 구분할 수 있다. 또한 아래 예제는 오일러의 공식을 이용해 복소수의 표현이 지수와 삼각함수로 편리하게 변환되는 것을 보여준다.

아래에 사용된 내장 함수 중 real 명령과 imag 명령은 복소수의 실수부와 허수부 값을 각각 구한다. abs 명령은 복소수의 진폭을 구하고 angle 명령은 복소수의 위상을 구한다. 진폭은 실수부와 허수부를 이용해 sqrt 함수로 구할 수도 있고, 위상은 atan 또는 atan2 명령을 사용해 탄젠트의 역함수(arctangent, $\tan^{-1}$)로도 구할 수 있다.

【 cm104.m 프로그램 】

```
a = 1 + i                    % help i ☞ 허수부의 단위 i
b = -1j                      % help j ☞ 허수부의 단위 j
x = 1j^2                     % (√-1)^2 = -1

disp('■복소수 표현하기')
z = 3 + 4j                   % 복소수 = (실수부) + (허수부)*i
re = real(z)                 % 복소수의 실수부 구하기
im = imag(z)                 % 복소수의 허수부 구하기

disp('■복소수의 진폭 구하기')
m = abs(z)                           % 복소수의 진폭 구하기 1 ☞ 권장
m2 = sqrt(imag(z)^2 + real(z)^2)     % 복소수의 진폭 구하기 2
```

```
disp('■복소수의 위상 구하기')
theta = angle(z)                    % 복소수의 위상 구하기 1 ☞ 권장
theta2 = atan(imag(z)/real(z))      % 복소수의 위상 구하기 2
theta3 = atan2(imag(z),real(z))     % 복소수의 위상 구하기 3
theta4 = imag(log(z))               % 복소수의 위상 구하기 4
theta_radian = unwrap(theta)        % 그릴 때 부드럽게 위상을 정정
theta_degree = 180/pi*theta         % 라디안 대신 degree

disp('■오일러의 공식에서 진폭과 위상으로 복소수 다시 구하기')
z2 = m*exp(i*theta)                 % 오일러의 공식에서 지수함수
z3 = m*[cos(theta)+i*sin(theta)]    % 오일러의 공식에서 삼각함수
```

연습문제

1. 다음 서술이 맞는지 O, X로 답하라.
   (1) 【전파의 특성】 밀리미터파는 파장의 길이가 밀리미터 대역인 전파다.
   (2) 【전파의 특성】 주파수가 더 높은 대역은 EHF > SHF이다.
   (3) 【전파의 특성】 전파의 주파수가 낮을수록 직진성이 좋아진다.
   (4) 【전파의 특성】 전파의 주파수가 높을수록 장애물을 통과하는 회절 능력이 좋아진다.
   (5) 【전파의 특성】 전파가 전달된다는 것은 전자기 에너지가 전달되는 것이다.
   (6) 【전파의 특성】 파장은 전파의 에너지 레벨이 최고치가 되는 공간적인 거리다.
   (7) 【전파의 특성】 전파는 전계와 자계 성분을 가지고 있다.
   (8) 【전파 관리】 ITU는 국제적인 통신표준을 제정하는 UN 산하의 국제전기통신연합이다.
   (9) 【통신 신호】 원주율 π의 정의는 원의 지름을 원의 둘레로 나눈 것이다.
   (10) 【통신 신호】 데이터의 전송속도를 나타내는 가장 적합한 용어는 바이트율이다.

2. 전송채널에서 신호의 전송을 방해하는 요소들을 모두 골라 번호를 적어라.
   ① 반송파 ② 잡음 ③ 변조 ④ 간섭 ⑤ 왜곡 ⑥ 복조

3. 변조를 함으로써 얻을 수 있는 이득을 모두 골라 번호를 적어라.
   ① 안테나 소형화 ② 소비전력 감소
   ③ 대역폭 감소 ④ 주파수 분할
   ⑤ 회로가 간단 ⑥ 신호를 멀리 전송

4. 다음 주파수 대역에 대해서 파장이 긴 순서대로 번호를 나열하라.
   ① UHF ② EHF ③ SHF ④ VHF

5. 전송신호의 주파수가 f=500MHz일 때 이 신호에 맞는 1/4 파장 안테나의 길이는 몇 m인가? (전파의 속도는 3×10^8m/s)

6. 어떤 전송신호에 맞는 1/2 파장 안테나의 길이가 0.48m일 때 이 신호의 주파수는 몇 MHz인가? (전파의 속도는 3×10^8m/s)

7. SHF 대역의 대역폭은 VHF 대역의 대역폭의 몇 배 크기인가?

8. ITU에서 정한 국제 FM 방송대역은 88~108MHz이다. 이 FM 방송대역에 100개의 방송 주파수를 할당할 때
(1) 각 방송의 채널당 대역폭은 몇 MHz인가?
(2) 반송파 주파수의 최소치와 최대치는 몇 MHz인가?

9. 대역폭이 6MHz인 TV 채널 하나가 VHF 대역폭을 차지하는 비율은 몇 %인가?

10. 파장이 0.02m~0.75m인 구간의 주파수 대역폭은 몇 GHz인가? (전파의 속도는 3×10^8m/s)

11. 대역폭이 246kHz이고 신호 전력이 60W, 잡음 전력이 4W일 때 채널 용량은 몇 kbit/s인가?

12. 신호전력이 124W이고 잡음전력이 4W일 때 37615bit/s의 채널 용량을 위해 필요한 대역폭은 몇 Hz인가?

13. 채널 용량이 59400bit/s이고 대역폭이 5400Hz인 전송채널에서, 잡음전력이 2W일 때 필요한 신호전력은 몇 W인가?

Chapter 02

Communication Theory

주파수 해석

Chapter

Communication Theory

02 주파수 해석

2.1 시간 영역과 주파수 영역

시간 영역(time domain)과 주파수 영역(frequency domain)에 대한 해석은 물리적으로 동일한 신호를 단지 서로 다른 관점에서 관찰하는 것이다. 전기신호의 파형을 시간 영역에서 측정하는 장비로 오실로스코프(oscilloscope)가 있다. 또한 주파수 영역에서 측정하는 장비로 스펙트럼 분석기(spectrum analyzer)가 있다. 이들 장비를 이용하면 같은 신호를 시간 영역과 주파수 영역에서 관찰할 수 있다.

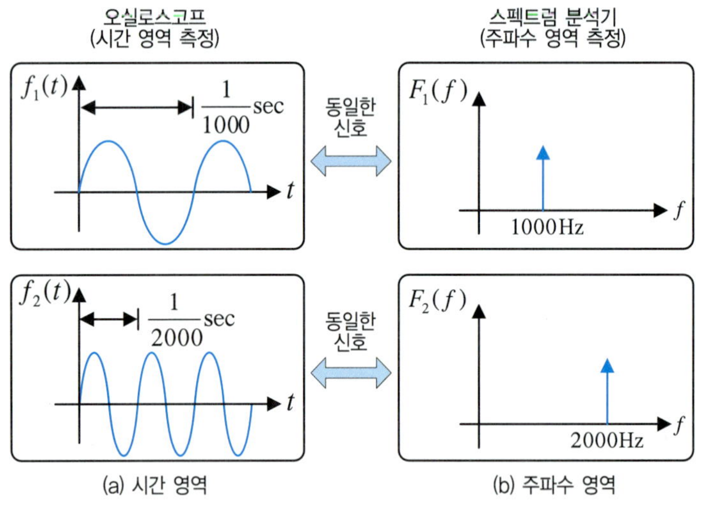

[그림 2-1] 신호의 시간 영역과 주파수 영역 표현

[그림 2-1]은 1kHz와 2kHz의 주파수를 갖는 두 가지 정현파 신호를 시간 영역과 주파수 영역에서 각각 관찰한 모습이다. (a)는 신호를 시간 영역에서 관찰하여 시간에 따른 신호의 크기를 시간 축과 전압 축의 그래프로 나타낸다. (b)는 주파수 영역에서 관찰하여 각 주파수 성분별 전력의 크기를 나타낸 그림이다.

시간 영역과 주파수 영역에서의 신호 표현을 [그림 2-2]의 예로 비교하였다. 우리 주변에서 사용되고 있는 통신 신호의 전파를 생각해보자. AM, FM, TV 방송은 물론 셀룰러 이동전화와 같은 각종 무선 단말기들의 전파가 함께 섞여 들어오고 있다. 이들 전파를 시간 영역의 측정 장비로 한 번에 모두 나타낼 수 있다고 가정하자. 이들 전파는 전압 레벨이 매우 작은 여러 가지 신호로 뒤섞여 들어오므로 시간 영역의 측정 장비로 이를 관찰한다면 실제로는 마치 잡음처럼 보일 것이다. 이 때문에 [그림 2-2(a)]처럼 시간 영역에서는 어느 것이 어떤 신호인지 구분하기가 불가능해진다.

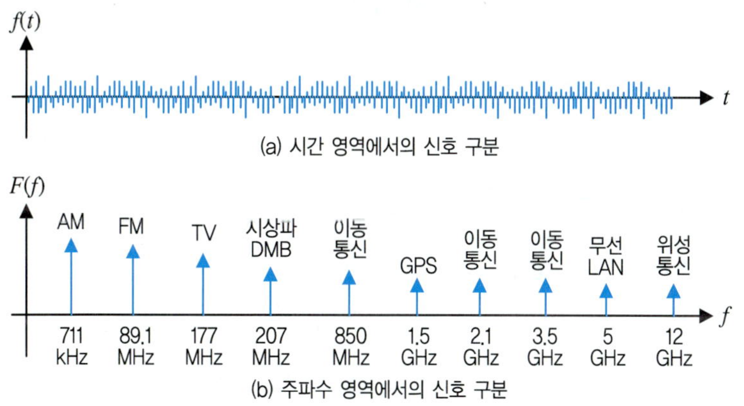

[그림 2-2] 시간과 주파수 영역에서의 신호 구분

반면에 모든 통신 신호는 고유한 주파수대역을 가지고 있으므로 [그림 2-2(b)]처럼 주파수 영역의 측정 장비로 이를 나타낸다면 신호를 쉽게 구분할 수 있다. 원하는 TV 방송채널을 수신하기 위해서는 해당되는 주파수대역을 찾아 그 신호의 대역폭 안에서 신호를 추출하면 된다.

이처럼 통신 신호를 해석할 때 시간 영역의 신호를 주파수 영역으로 종종 옮겨서 해석한다. 주파수 영역에서 통신 신호를 해석하는 것이 편리하기 때문이다. 이를 위해서 시간 영역의 신호를 주파수 영역의 형태로 변환시켜주는 푸리에 변환을 사용한다. 푸리에 변환은 공학이론에 등장하는 다른 모든 변환들과 마찬가지로 신호의 해석을 용이하게 해주는 수학적 수단이다.

2.2 푸리에 해석

주파수 영역에서 통신 신호를 해석하는 것을 주파수 해석 또는 일명 푸리에(Fourier) 해석이라고 한다. 푸리에 해석은 다시 푸리에 급수(Fourier series)와 푸리에 변환(Fourier transform)으로 나눈다. 푸리에 급수나 푸리에 변환의 이용 목적은 결국 신호의 주파수 특성을 얻고자 하는 것이다. 푸리에 급수는 주기함수의 해석에 사용된다. 푸리에 변환은 주기함수를 포함한 모든 함수의 해석에 사용된다. 푸리에 급수는 푸리에 변환의 특별한 경우에 해당되며 푸리에 변환에 포함된다.

2.2.1 주기함수와 푸리에 급수

주기함수는 [그림 2-3]처럼 푸리에 급수로 표현되는 불연속한 주파수 스펙트럼을 갖는다. 주파수 스펙트럼(frequency spectrum)은 시간 영역의 신호를 주파수 영역에서 나타내어 진폭이나 위상 특성을 주파수의 함수로 표현한 것이다. 주기함수의 주기를 T라고 할 때 식 (2.1)에 나타낸 기본 주파수 ω_0의 배수 $n\omega_0$(n은 정수)에 대응하는 고조파의 간격으로 이산적인 주파수 스펙트럼이 나타난다.

$$\omega_0 = \frac{2\pi}{T},\ f_0 = \frac{1}{T} \quad ☞\ \omega_0 = 2\pi f_0 \tag{2.1}$$

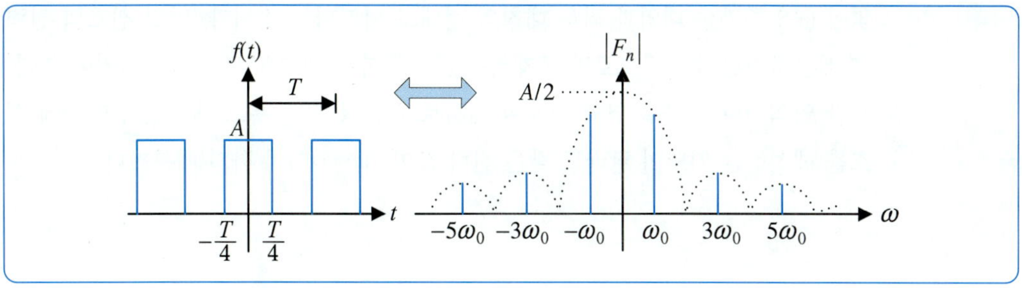

[그림 2-3] 푸리에 급수로 구한 주기함수의 주파수 스펙트럼

2.2.2 일반 함수와 푸리에 변환

일반적인 함수는 푸리에 변환으로 [그림 2-4]와 같이 연속함수 형태의 주파수 스펙트럼을 가질 수 있다. 비주기함수이면 식 (2.2)처럼 $T \to \infty$이므로 [그림 2-3]에서 푸리에 급수의 고조파 간격이 $\omega_0 = 0$으로 그래프가 연속되기 때문이다.

$$T \to \infty \quad ☞ \ \omega_0 = \frac{2\pi}{T} \to 0,\ f_0 = \frac{1}{T} \to 0 \tag{2.2}$$

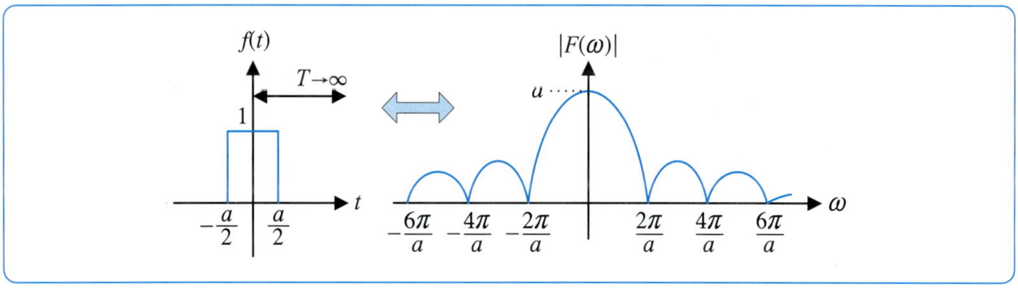

[그림 2-4] 푸리에 변환으로 구한 일반적인 함수의 주파수 스펙트럼

[그림 2-3]과 [그림 2-4]의 주파수 축의 표현에서 (−) 주파수가 그려져 있는 것을 볼 수 있다. 과연 (−) 주파수 대역이 존재할까? 실제로는 존재하지 않는다. 푸리에 해석이란 신호를 시간 영역과는 다른 주파수 영역에서 관찰한 것이다. 그런데 이 방법을 동원하다보니 물리적으로는 아니지만 단지 수학적으로 (−) 주파수 대역이 나타나는 것이다. 푸리에 변환의 주파수 특성에서 진폭 스펙트럼은 우함수의 성질을 가지므로 $\omega = 0$ 축에 대해서 대칭이다. 그 결과로 (−) 주파수 대

역이 (+) 주파수 대역과 좌우 대칭의 형태로 나타나는 것이다. 만일 신호의 전력을 계산하려면 수학적으로만 존재하는 (−) 주파수 대역도 모두 포함시켜야 한다. 시간 영역이나 주파수 영역의 표현은 서로 같은 신호를 두고 해석했기 때문에 신호를 해석하는 영역이 달라도 같은 전력 값이 계산되어야 하기 때문이다.

2.3 푸리에 급수

급수(series)는 일정한 수학 법칙에 따라 어떤 함수를 다른 함수의 합으로 표현한 것이다. 급수를 전개한다는 것은 다른 함수들의 합으로 수식을 펼치듯이 적는 것을 말한다. 급수는 보통 무한급수 형태로 나타낸다. 식 (2.3)과 같이 무한급수를 한정된 원소까지의 개수만 합하면 근사식이 된다.

$$f(t) = \sum_{n=-\infty}^{\infty} g_n(t) \quad ☞ \ f(t) \simeq \sum_{n=-100}^{100} g_n(t) \tag{2.3}$$

2.3.1 푸리에 급수 표현

프랑스 수학자 푸리에(Fourier, 1768~1830)는 임의의 주기함수가 사인과 코사인의 무한급수로 전개됨을 최초로 증명하였다. 이를 푸리에 급수(Fourier series)라고 한다. 다른 말로 사인 급수(sine series) 혹은 코사인 급수(cosine series)라고도 한다. 주기가 T인 주기함수를 식 (2.4)와 같이 정의할 수 있다. 대표적으로 삼각함수는 주기함수이며 상수(constant)도 주기함수이다.

$$f(t+nT) = f(t) \quad ☞ \ n = 0, \pm 1, \pm 2, \cdots, \pm \infty \tag{2.4}$$

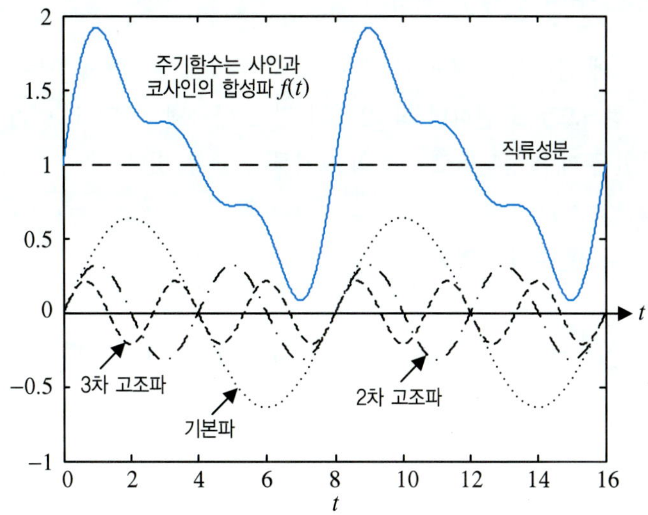

[그림 2-5] 푸리에 급수로 전개한 주기함수

주기함수는 [그림 2-5]의 $f(t)$와 같이 여러 가지 주파수 성분을 갖는 신호들이 더해진 합성파의 형태이다. 푸리에 급수는 주기함수에서 각기 다른 주파수 성분을 분리하는 것이다. 이때 각 주파수 성분별로 신호의 크기를 구하면 이 주기함수의 주파수 특성을 얻을 수 있다.

$f(t)$가 주기함수이면 식 (2.5)와 같이 푸리에 급수로 전개할 수 있다. 여기서 a_0는 $\omega=0$일 때의 직류성분이다. ω_0를 포함한 신호는 기본파(fundamental wave) 성분, $2\omega_0$를 포함한 신호는 2차 고조파(second harmonics) 성분, $n\omega_0$를 포함한 신호는 n차 고조파(nth harmonics) 성분이라고 한다. 기본파에 대한 기본 주파수(fundamental frequency) ω_0는 식 (2.1)과 같이 $\omega_0 = 2\pi/T$이다.

$$\begin{aligned} f(t) = a_0 + a_1 \cos \omega_0 t + a_2 \cos 2\omega_0 t + \cdots + a_n \cos n\omega_0 t \cdots \\ + b_1 \sin \omega_0 t + b_2 \sin 2\omega_0 t + \cdots + b_n \sin n\omega_0 t \cdots \end{aligned} \tag{2.5}$$

2.3.2 푸리에 계수 구하기

푸리에 급수를 전개한다는 것은 결국 푸리에 계수를 구하는 것이다. 식 (2.5)를 급수 형식으로 표현하면 식 (2.6)과 같이 나타낼 수 있다. 여기서 푸리에 계수를 구하면 주파수 성분별로 신호의 크기를 구할 수 있다.

a. 주기함수의 푸리에 급수 표현

$$f(t) = a_0 + \sum_{n=1}^{\infty} (a_n \cos n\omega_0 t + b_n \sin n\omega_0 t) \tag{2.6}$$

b. 푸리에 계수

식 (2.6)에서 a_0, a_n, b_n을 푸리에 계수(coefficient)라고 하며 서로 다른 주파수 성분의 크기를 나타낸다. 여기서 식 (2.7)처럼 놓으면 $[t : 0 \nearrow T]$일 때 $[x : 0 \nearrow 2\pi]$이므로 한 주기 구간 표시는 ① $-T/2 < t < T/2$ ② $0 < t < T$ ③ $-\pi < x < \pi$ ④ $0 < x < 2\pi$와 같이 여러 종류를 사용할 수 있다. 이 중에서 ①과 ③의 구간 표시를 사용해 푸리에 계수를 공식으로 나타내면 식 (2.8)~(2.10)과 같다.

$$x = \omega_0 t = \frac{2\pi}{T} t \quad ☞ \quad dx = \omega_0 dt = \frac{2\pi}{T} dt \tag{2.7}$$

$$a_0 = \frac{1}{T} \int_{-\frac{T}{2}}^{\frac{T}{2}} f(t)\, dt = \frac{1}{2\pi} \int_{-\pi}^{\pi} f(x)\, dx \tag{2.8}$$

$$a_n = \frac{2}{T} \int_{-\frac{T}{2}}^{\frac{T}{2}} f(t) \cos n\omega_0 t\, dt = \frac{1}{\pi} \int_{-\pi}^{\pi} f(x) \cos nx\, dx \tag{2.9}$$

$$b_n = \frac{2}{T} \int_{-\frac{T}{2}}^{\frac{T}{2}} f(t) \sin n\omega_0 t\, dt = \frac{1}{\pi} \int_{-\pi}^{\pi} f(x) \sin nx\, dx \tag{2.10}$$

■ **기본 예제 2.1 (푸리에 급수)**

다음 그림의 주기함수 신호를 푸리에 급수로 나타내어라.

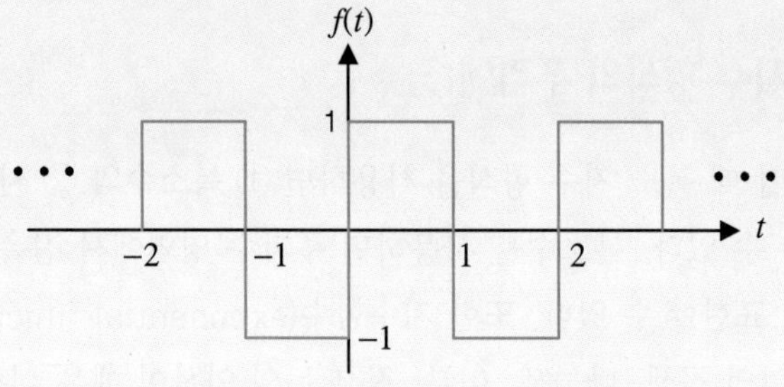

[그림 2-6] 푸리에 급수 전개 예제

$T=2,\ \omega_0=\frac{2\pi}{T}=\pi$와 $f(t)$가 기함수인 점을 이용하여

☞ $a_0=\frac{1}{T}\int_{-\frac{T}{2}}^{\frac{T}{2}} f(t)\,dt=\frac{1}{2}\int_{-1}^{1}(\text{기함수})\,dt=0$

$a_n=\frac{2}{T}\int_{-\frac{T}{2}}^{\frac{T}{2}} f(t)\cos n\omega_0 t\,dt=\int_{-1}^{1}(\text{기함수}\times\text{우함수=기함수})\,dt=0$

☞ $b_n=\frac{2}{T}\int_{-\frac{T}{2}}^{\frac{T}{2}} f(t)\sin n\omega_0 t\,dt=\int_{-1}^{1}(\text{기함수}\times\text{기함수=우함수})\,dt$

$=2\int_0^1 \sin n\pi t\,dt=\frac{2}{n\pi}[-\cos n\pi t]_0^1=\frac{2}{n\pi}[1-\cos n\pi]$

$=\frac{2}{n\pi}[1-(-1)^n]=\frac{4}{\pi}\times\frac{1}{2m-1}\cdots\ (n=2m-1\text{은 홀수})$

$\therefore f(t)=a_0+\sum_{n=1}^{\infty}[a_n\cos n\omega_0 t+b_n\sin n\omega_0 t]$

$=\frac{4}{\pi}\sum_{m=1}^{\infty}\frac{1}{2m-1}\cdot[\sin(2m-1)\pi t]$

$=\frac{4}{\pi}[\sin\pi t+\frac{1}{3}\sin 3\pi t+\frac{1}{5}\sin 5\pi t+\frac{1}{7}\sin 7\pi t+\frac{1}{9}\sin 9\pi t+\cdots]$

앞 예제에서 n이 증가할수록, 즉 고조파 항이 추가될수록 고주파 성분이 많아지고 [그림 2-6]의 사각파 신호 모양에 점차 근접하게 된다. 또한 주기 T가 짧을수록 더 높은 주파수 성분을 갖게 되고 주파수 대역도 넓어진다.

2.3.3 복소 지수 형식의 푸리에 급수

신호를 표현할 때 복소 지수 형식을 사용하면 ① 복소수와 ② 지수함수의 장점을 모두 이용할 수 있다. 복소수를 사용하면 주파수 영역에서 진폭과 위상의 2가지 성질을 함께 표현할 수 있다. 또한 지수함수(exponential function)를 사용하면 지수함수끼리의 곱셈, 나눗셈, 미분, 적분 등의 연산이 매우 쉬워진다. 통신에서 신호를 표현할 때 지수함수와 삼각함수와의 관계는 오일러(Euler)의 공식 $e^{\pm j\omega t} = \cos\omega t \pm j\sin\omega t$를 종종 이용한다.

주기신호 $f(t)$에 대한 복소 지수 형식의 푸리에 급수와 푸리에 계수 F_n을 다음 식과 같이 나타낼 수 있다. 푸리에 계수 F_n을 구하면 $f(t)$에 대한 주파수 특성으로 [그림 2-7]처럼 진폭 스펙트럼과 위상 스펙트럼을 얻을 수 있다.

$$f(t) = \sum_{n=-\infty}^{\infty} F_n e^{jn\omega_0 t} \qquad ☞\ \omega_0 = \frac{2\pi}{T} \tag{2.11}$$

$$F_n = \frac{1}{T}\int_{-\frac{T}{2}}^{\frac{T}{2}} f(t)e^{-jn\omega_0 t}\,dt \qquad ☞\ n = 0, \pm 1, \pm 2, \cdots, \pm\infty \tag{2.12}$$

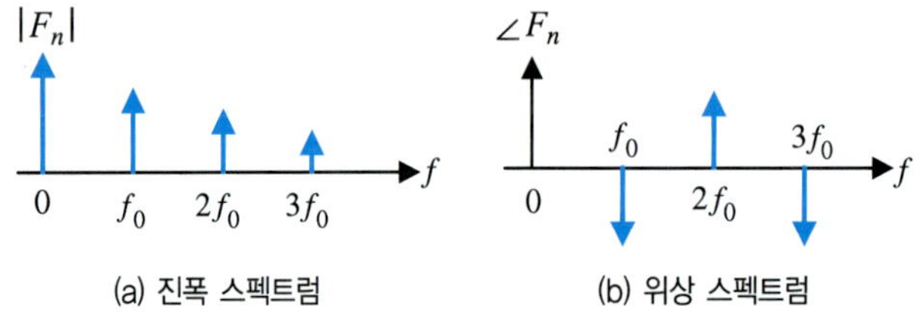

[그림 2-7] 복소 지수 형식의 푸리에 계수와 주파수 특성

2.4 푸리에 변환

2.4.1 푸리에 변환식

시간적으로 주기신호와 비주기신호를 모두 포함한 일반적인 신호들은 푸리에 변환(Fourier transform)으로 해석해 주파수 특성을 얻을 수 있다. 푸리에 변환식은 복소 지수 형식의 푸리에 급수에 주기 $T \to \infty$의 조건을 적용하고 적분의 정의를 이용하면 유도할 수 있다. 푸리에 변환(Fourier transform)과 역변환(inverse Fourier transform)에 대한 정의식은 다음과 같다.

a. 푸리에 변환의 정의

$$F(\omega) \equiv \int_{-\infty}^{\infty} f(t)\, e^{-j\omega t}\, dt \quad ☞ \text{ 여기서 } \int_{-\infty}^{\infty} |f(t)|\, dt < \infty \tag{2.13}$$

b. 푸리에 역변환의 정의

$\omega = 2\pi f$에서 $d\omega = 2\pi df$이므로

$$f(t) \equiv \frac{1}{2\pi} \int_{-\infty}^{\infty} F(\omega)\, e^{j\omega t}\, d\omega = \int_{-\infty}^{\infty} F(\omega)\, e^{j\omega t}\, df \tag{2.14}$$

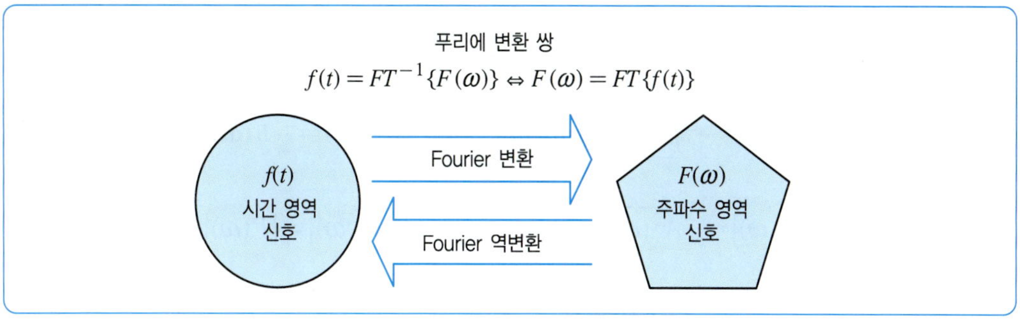

[그림 2-8] 푸리에(Fourier) 변환 쌍의 정의

$F(\omega)$는 임의의 주파수 ω에 대한 주파수 성분을 표시한다. 식 (2.13)에서 $f(t)$가 전압일 때 $F(\omega)$의 단위는 전압신호 $f(t)$의 시간에 대한 적분이므로 시간이 단

위에 곱해져 [volt · sec]가 된다. 식 (2.13), (2.14)에서 시간 영역의 신호를 알면 푸리에 변환을 이용해 주파수 영역의 신호를 구할 수 있다. 반대로 주파수 영역의 신호를 알면 푸리에 역변환을 이용해 시간 영역의 신호를 구할 수 있다. 푸리에 변환과 역변환으로 이루어진 쌍을 푸리에 변환 쌍(pair)이라고 한다.

2.4.2 푸리에 변환의 주파수 특성

푸리에 변환은 신호의 주파수에 대한 진폭 특성과 위상 특성을 구하는 데 사용된다. 푸리에 변환을 이용하면 신호가 주파수 영역에서 갖는 진폭 스펙트럼과 위상 스펙트럼을 구할 수 있다. 오일러의 공식 $e^{-j\omega t} = \cos\omega t - j\sin\omega t$를 식 (2.13)에 적용하고 복소수의 성질을 이용하면 다음과 같이 적을 수 있다.

$$\begin{aligned} F(\omega) &= \int_{-\infty}^{\infty} f(t)e^{-j\omega t}\,dt = \int_{-\infty}^{\infty} f(t)(\cos\omega t - j\sin\omega t)\,dt \\ &= A(\omega) + jB(\omega) = |F(\omega)|\angle\phi(\omega) \end{aligned} \tag{2.15}$$

a. 주파수 스펙트럼

푸리에 변환에 대한 식 (2.15)의 관계에서 주파수 영역의 진폭 스펙트럼 $|F(\omega)|$와 위상 스펙트럼 $\phi(\omega)$를 아래와 같이 구할 수 있다. 즉, 모든 ω에 대해 $|F(\omega)|$는 $\omega=0$ 축에 좌우대칭인 우함수이며 $\phi(\omega)$는 원점에 대칭인 기함수이다.

$$A(\omega) = \int_{-\infty}^{\infty} f(t)\cos\omega t\,dt \qquad ☞\ A(-\omega) = A(\omega) \tag{2.16}$$

$$B(\omega) = -\int_{-\infty}^{\infty} f(t)\sin\omega t\,dt \qquad ☞\ B(-\omega) = -B(\omega) \tag{2.17}$$

$$|F(\omega)| = \sqrt{A^2(\omega) + B^2(\omega)} \qquad ☞\ |F(-\omega)| = |F(\omega)| \tag{2.18}$$

$$\phi(\omega) = \tan^{-1}\left[\frac{B(\omega)}{A(\omega)}\right] \qquad ☞\ \phi(-\omega) = -\phi(\omega) \tag{2.19}$$

b. $F(\omega)$와 $|F(\omega)|$

[그림 2-9]는 푸리에 변환으로 얻은 복소수 성분의 주파수 스펙트럼 $F(\omega)$와

절대 값을 취해준 진폭 스펙트럼 $|F(\omega)|$의 차이를 보여준다. $|F(\omega)|$는 $F(\omega)$의 그림에서 ω축 아래의 스펙트럼을 ω축 위로 접어 올린 형태이다.

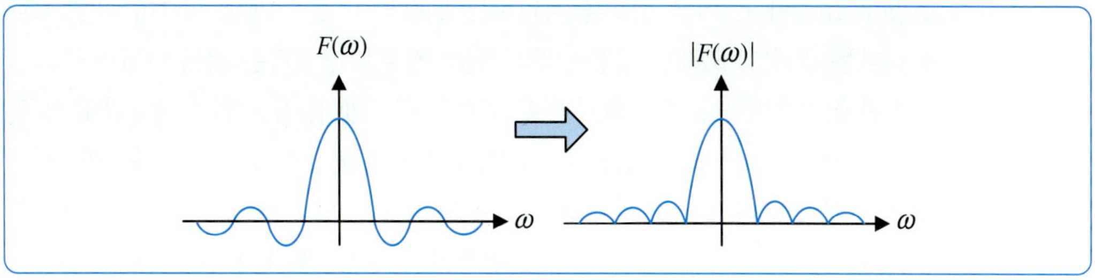

[그림 2-9] 푸리에 변환 $F(\omega)$와 진폭 스펙트럼 $|F(\omega)|$

2.4.3 DFT와 FFT

a. 이산 푸리에 변환(DFT)

이산 푸리에 변환(discrete Fourier transform, DFT)과 역변환(inverse DFT, IDFT)은 불연속한 이산 신호에 대한 푸리에 변환의 한 종류이다. DFT는 유한한 개수의 균등한 간격을 갖는 시간 함수의 샘플에 대해 동일한 개수의 균등한 간격을 갖는 복소수 값의 주파수 함수로 변환하는 푸리에 해석이다. 통신시스템에서 이런 신호들은 주로 디지털 신호를 읽기 위해 연속인 함수를 시간적으로 샘플링(sampling) 할 때 만들어진다. 이산적인 원소로 구성된 신호이므로 컴퓨터를 통해 연산하기 용이하다. DFT와 IDFT의 정의식은 다음과 같다. 여기서 n과 k는 각각 시간 영역 신호 x_n과 주파수 영역 신호 X_k의 원소 번호이다. 각 영역의 총 원소 개수는 M개이다.

$$X_k \equiv \sum_{n=0}^{M-1} x_n e^{-\frac{2\pi i}{M}kn} \qquad ☞\ k=0, 1, \cdots, M-1 \tag{2.20}$$

$$x_n \equiv \frac{1}{M}\sum_{k=0}^{M-1} X_k e^{\frac{2\pi i}{M}kn} \qquad ☞\ n=0, 1, \cdots, M-1 \tag{2.21}$$

b. 고속 푸리에 변환

고속 푸리에 변환(fast Fourier transform, FFT)과 역변환(inverse FFT, IFFT)은 DFT와 IDFT를 고속으로 계산하기 위해 개발된 효과적인 알고리즘(algorithm)이다. 이산 신호를 처리하는 DFT의 단점은 계산 시간이 너무 오래 걸린다는 것이다. FFT는 이산 신호의 원소 전부를 변환하는 것이 아니라 필요한 신호만 골라내 연산을 최소화시킨 후 변환을 실행한다. 이를 위해 다양한 FFT 알고리즘들이 만들어진다. 예를 들어 DFT로 M개의 원소를 모두 계산하려면 M^2개의 연산이 필요하지만 같은 결과를 얻는데 FFT는 오직 $M\log_2 M$개의 연산만 필요하다. 심지어 대강 비례한 결과를 얻으려면 $M/\log_2 M$개의 연산만으로 가능하다. 이러한 이유로 대부분의 실제 시스템은 DFT 대신에 FFT를 사용한다.

2.5 특이함수 모델

콘덴서에서의 전압이나 코일에서의 전류는 급격하게 변하지 못한다. 물리적인 신호가 0V에서 5V로 변하려면 최종 안정 값에 도달하기 위해서 다소간의 시간이 걸린다. 이때 자연현상에서 실제로 얻을 수 있는 신호들을 수학적으로 정확하게 표시하기란 쉽지 않은 일이다. 이를 위해서 특이함수가 도입되었다.

2.5.1 특이함수

특이함수(singularity function)는 실제 신호를 근사적으로 표현하기 편리해 자주 사용된다. 자연현상이나 정상적인 물리계에는 나타나지 않고 수학적인 방법으로만 존재하는 함수들이다. 특이함수는 불연속이 되는 특이점(singularity)들을 갖는다. 특이점이란 일반 수학적인 대상으로 정의할 수 없거나 무한대나 미분이 불가능한 것처럼 제대로 연산이 되지 않는 극히 예외적인 지점이다.

실제의 자연현상과 이를 근사화한 특이함수 모델을 예로 들어 [그림 2-10]에 나타내었다. 통신에서 그림 (a)의 자연계 신호 대신에 (b)의 특이함수 모델을 사용하면 보다 쉽게 신호를 해석할 수 있다. 자연계에서 얻는 전기신호는 특이함수처럼 급격히 변할 수 없기 때문에 수식으로 표시하기 어렵다. 더욱이 자연계의 신호 형태를 그대로 수식에 넣어 신호를 해석하는 것은 거의 불가능한 일이다.

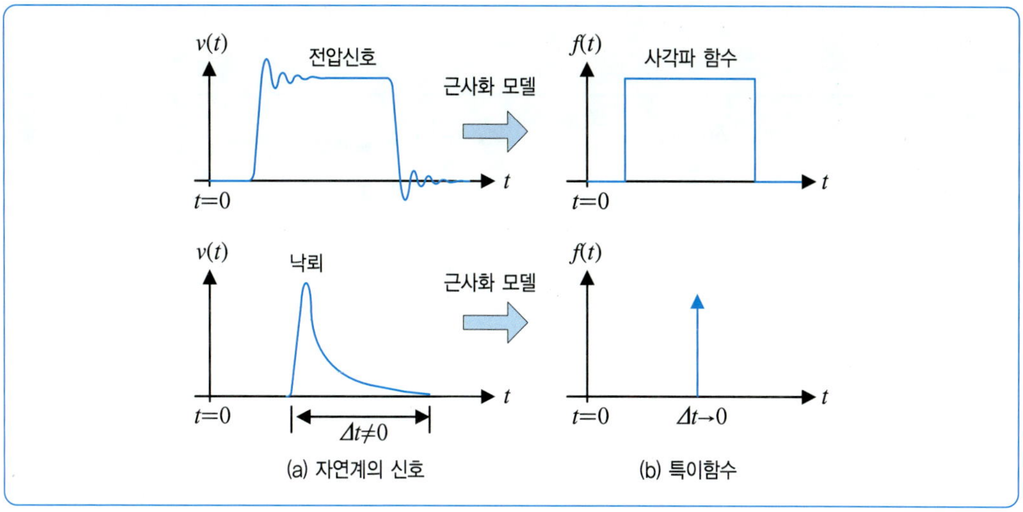

[그림 2-10] 자연계와 특이함수

2.5.2 단위 임펄스 함수

단위 임펄스 함수(unit impulse function) 혹은 단위 충격 함수를 디락 델타 함수(Dirac delta function)라고도 한다. 단위 임펄스 함수를 정의할 때는 대개 단위 계단함수를 미분해서 나타낸다. 또한 임펄스 함수의 수학적인 의미를 나타내기 위해서 주로 크기와 면적을 아래와 같이 표시한다. 임펄스 위치에서는 그 크기를 정할 수 없고 나머지 위치에서는 0이며, 근방의 적분 값은 1이 된다.

① 단위 임펄스 함수 $\delta(t)$의 정의

$$\delta(t) \equiv \frac{du(t)}{dt} \tag{2.22}$$

② 단위 임펄스 함수의 크기

$$\delta(t-t_0) = \begin{cases} \text{부정} & (t = t_0) \\ 0 & (t \neq t_0) \end{cases} \tag{2.23}$$

③ 단위 임펄스 함수의 면적

$$\int_a^b \delta(t-t_0)\,dt = 1 \qquad (a < t_0 < b) \tag{2.24}$$

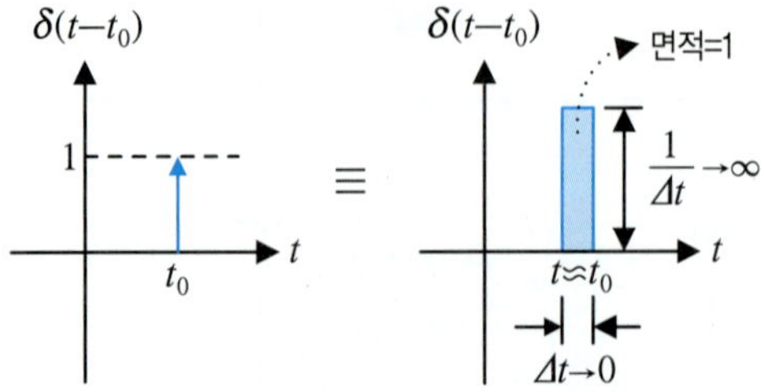

[그림 2-11] 단위 임펄스 함수의 크기와 면적

2.6 푸리에 변환 쌍

통신 신호의 해석에 많이 사용되는 몇 가지 기본적인 형태의 신호들에 대해 푸리에 변환 쌍을 정리해보자. 푸리에 변환 쌍을 이용하면 시간 영역의 신호 형태를 알고 있으면 주파수 영역의 스펙트럼 형태를 짐작할 수 있다. 반대로 주파수 영역의 신호 형태를 알면 시간 영역의 신호 형태를 짐작할 수 있다.

2.6.1 대표적인 푸리에 변환 쌍

a. 시그넘 함수의 푸리에 변환 쌍

[그림 2-12]의 시그넘 함수(signum function) $sgn(t)$의 정의식과 푸리에 변환 쌍을 식 (2.25)에 나타내었다. 또한 푸리에 변환의 성질 중 쌍대성(duality)에 따라서 식 (2.26)과 같이 나타낼 수 있다.

$$sgn(t) \equiv \frac{|t|}{t} = \begin{cases} 1\ ;\ (t>0) \\ 0\ ;\ (t=0) \\ -1\ ;\ (t<0) \end{cases} \Leftrightarrow \frac{2}{j\omega} \tag{2.25}$$

쌍대성 $F(t) \Leftrightarrow 2\pi f(-\omega)$ ☞ $\frac{j}{\pi t} \Leftrightarrow sgn(\omega)$ (2.26)

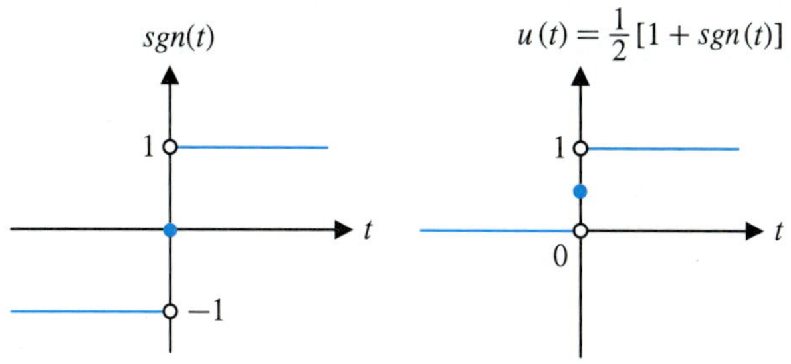

[그림 2-12] 시그넘 함수와 단위 계단 함수

b. 단위 계단 함수의 푸리에 변환 쌍

[그림 2-12]의 단위 계단 함수(unit step function) $u(t)$의 정의식과 푸리에 변환 쌍을 아래에 나타내었다.

$$u(t) \equiv \frac{1}{2}[1+sgn(t)] \Leftrightarrow \pi\delta(\omega) + \frac{1}{j\omega} \tag{2.27}$$

시그넘 함수 $sgn(t)$와 단위 계단 함수 $u(t)$의 $t=0$일 때의 함수 값은 엄밀히 말해 수학적으로 이전과 이후의 중간 값인 0과 0.5가 된다. 많은 책들은 수식전개의 편의상 이런 값들을 나름대로 정의한다. 이렇게 조각나며 연속인 형태를 구분연속(piecewise continuous)이라고 한다. 함수가 미분이 가능하기 위해서는 연속이어야 하고 구분연속인 점에서 미분하면 임펄스(impulse) 함수가 된다.

c. 지수 함수의 푸리에 변환 쌍

$e^{-at}u(t) \Leftrightarrow \frac{1}{a+j\omega}$ ☞ $a>0$ (2.28)

$$e^{-a|t|} \Leftrightarrow \frac{2a}{a^2+\omega^2} \qquad ☞\ a>0 \tag{2.29}$$

$$e^{\pm j\omega_0 t} \Leftrightarrow 2\pi\delta(\omega \mp \omega_0) \tag{2.30}$$

d. 사각파 함수의 푸리에 변환 쌍

사각파 함수(rectangular function) $rect(t,\ T)$의 일반적인 정의식과 푸리에 변환 쌍을 아래에 나타내었다. 여기서 $T(T>0)$는 함수의 폭이다. 사각파를 한자식 표현으로 구형파(矩形波, square wave)라고도 한다.

$$rect(t,\ T) \equiv \begin{cases} 1 & ;|t|<\frac{T}{2} \\ 0.5 & ;|t|=\frac{T}{2} \\ 0 & ;|t|>\frac{T}{2} \end{cases} \tag{2.31}$$

$$rect(t,\ T) \Leftrightarrow T\frac{\sin\left(\frac{T}{2}\omega\right)}{\left(\frac{T}{2}\omega\right)} = T\mathrm{sinc}\left(\frac{T}{2\pi}\omega\right) \tag{2.32}$$

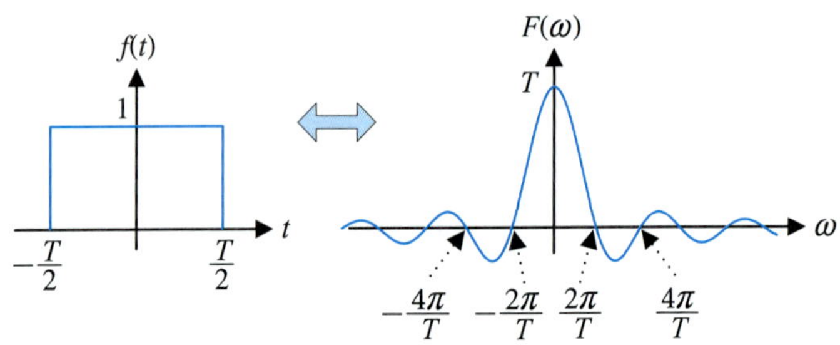

[그림 2-13] 사각파 함수의 푸리에 변환 쌍

e. 삼각파 함수의 푸리에 변환 쌍

삼각파 함수(triangular function) $tri(t,\ T)$의 일반적인 정의식과 푸리에 변환 쌍을 다음에 나타내었다. 여기서 함수의 폭은 $2T(T>0)$이다.

$$tri(t, T) \equiv \begin{cases} 1 - \dfrac{|t|}{T} & ; |t| \le T \\ 0 & ; |t| > T \end{cases} \tag{2.33}$$

$$tri(t, T) \Leftrightarrow T \mathrm{sinc}^2\left(\frac{T}{2\pi}\omega\right) \tag{2.34}$$

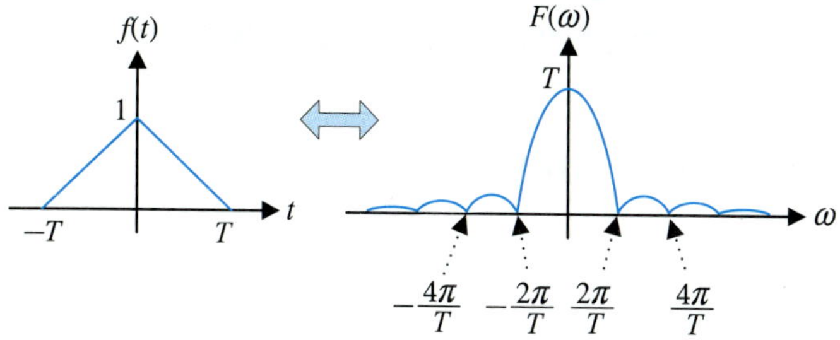

[그림 2-14] 삼각파 함수의 푸리에 변환 쌍

f. 싱크 함수의 푸리에 변환 쌍

싱크 함수(sinc function) sinc(t)의 정의식과 푸리에 변환 쌍을 아래에 나타내었다. [그림 2-15]에서 싱크 함수의 푸리에 변환은 사각파 함수가 된다. 반대로 [그림 2-13]에서 사각파 함수의 푸리에 변환은 싱크 함수가 된다.

$$\mathrm{sinc}(t) \equiv \frac{\sin(\pi t)}{\pi t} \tag{2.35}$$

$$\mathrm{sinc}(t) \Leftrightarrow rect(\omega, 2\pi) \tag{2.36}$$

$$\mathrm{sinc}(at) \Leftrightarrow \frac{1}{a} rect(\omega, 2a\pi) \tag{2.37}$$

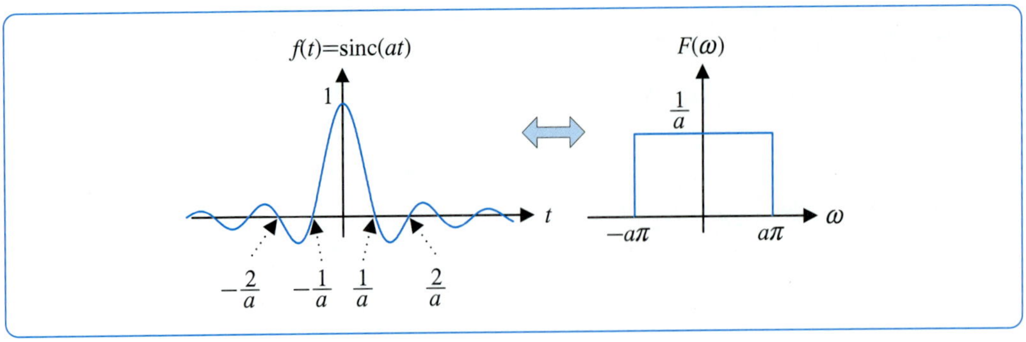

[그림 2-15] 싱크 함수의 푸리에 변환 쌍

g. 상수의 푸리에 변환 쌍

$$1 \Leftrightarrow 2\pi\delta(\omega) \quad \text{또는} \quad 1 \Leftrightarrow \delta(f) \tag{2.38}$$

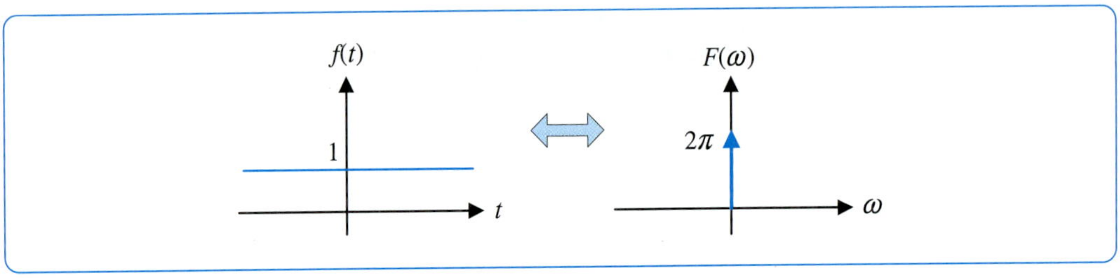

[그림 2-16] 상수의 푸리에 변환 쌍

h. 단위 임펄스 함수의 푸리에 변환 쌍

$$\delta(t) \Leftrightarrow 1 \tag{2.39}$$

$$\delta(t-a) \Leftrightarrow e^{-j\omega a} \tag{2.40}$$

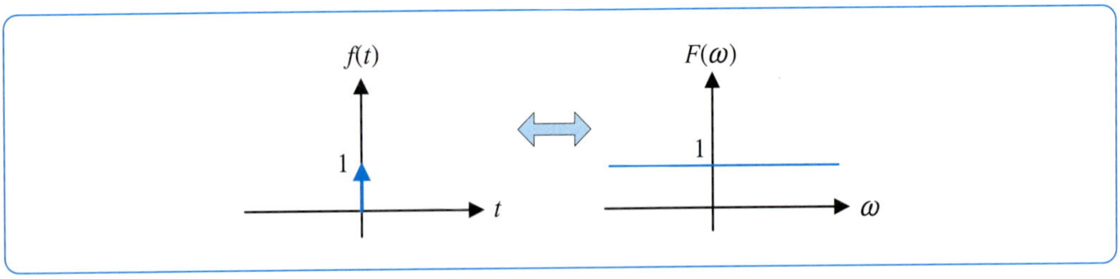

[그림 2-17] 임펄스 함수의 푸리에 변환 쌍

i. 정현파 함수의 푸리에 변환 쌍

$$\cos\omega_0 t \Leftrightarrow \pi[\delta(\omega+\omega_0)+\delta(\omega-\omega_0)] \quad (2.41)$$

$$\sin\omega_0 t \Leftrightarrow j\pi[\delta(\omega+\omega_0)-\delta(\omega-\omega_0)] \quad (2.42)$$

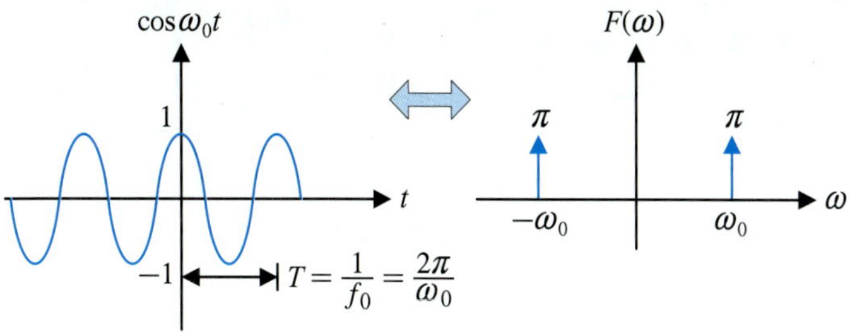

[그림 2-18] 코사인(cosine)파 함수의 푸리에 변환 쌍

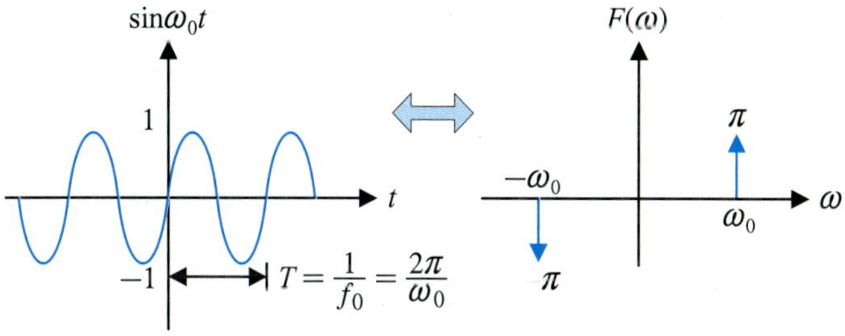

[그림 2-19] 사인(sine)파 함수의 푸리에 변환 쌍

j. 주기 임펄스 함수의 푸리에 변환 쌍

주기 임펄스(periodic impulse) 함수 $\delta_T(t)$의 정의식과 푸리에 변환 쌍을 아래에 나타내었다. 여기서 주기는 T이다. $\delta_T(t)$를 디락 콤(Dirac comb) 함수, 임펄스 열(impulse train) 혹은 샘플링(sampling) 함수라고도 한다.

$$\delta_T(t) \equiv \sum_{n=-\infty}^{\infty}\delta(t-nT) \quad ☞ \ \omega_0 = \frac{2\pi}{T} \quad (2.43)$$

$$\delta_T(t) \Leftrightarrow \frac{2\pi}{T}\sum_{k=-\infty}^{\infty}\delta(\omega - k\frac{2\pi}{T}) = \omega_0\sum_{k=-\infty}^{\infty}\delta(\omega - k\omega_0) \qquad (2.44)$$

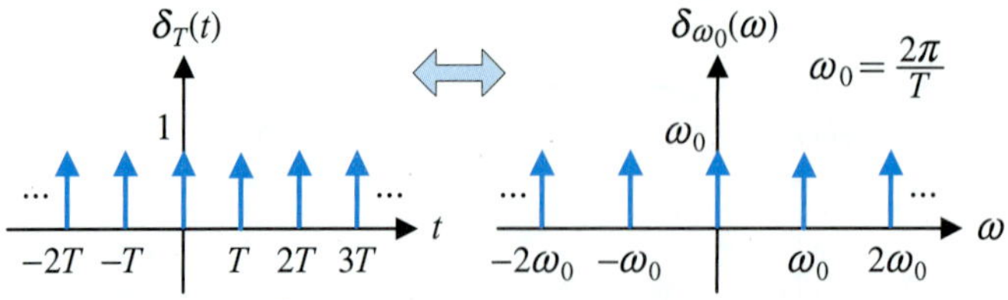

[그림 2-20] 주기 임펄스 함수의 푸리에 변환 쌍

2.6.2 $F(\omega)$와 $F(f)$

a. 임펄스 함수가 나타나지 않는 경우

주파수 축을 ω나 f로 바꾸어도 해당되는 주파수에서의 스펙트럼 크기 $F(\omega)$와 $F(f)$는 물리적으로 같을 수밖에 없다. 사실상 같은 주파수인 $f=0$일 때의 스펙트럼 크기와 $\omega=0$일 때의 크기가 다를 수 없다. 또 $f=1000$일 때와 $\omega=2\pi\times 1000$일 때의 스펙트럼의 크기가 다를 수 없기 때문이다.

주파수 스펙트럼에서 임펄스가 나타나지 않는 푸리에 변환에서 $F(\omega) \Rightarrow F(f)$ 변환은 식 (2.45)처럼 해주면 된다. [그림 2-21]에 예를 들어 나타내었다.

$$\frac{\omega}{2\pi} \rightarrow f, \quad F(\omega) \rightarrow F(f) \text{ 같은 크기} \qquad (2.45)$$

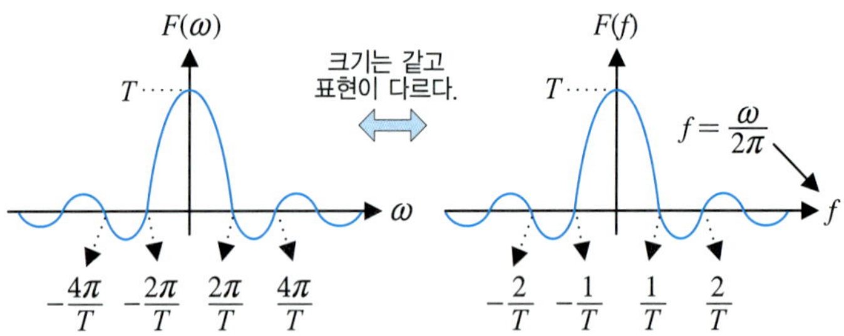

[그림 2-21] 임펄스 함수가 나타나지 않는 $F(\omega)$와 $F(f)$

b. 임펄스 함수가 나타나는 경우

임펄스 함수를 그림이나 식으로 표현할 때 단위 임펄스 함수의 크기를 1로 표시하기 때문에 종종 오해가 생긴다. 식 (2.23)에 의하면 임펄스 함수의 위치에서는 실제로 그 크기가 정확히 얼마인지 수학적으로 정의할 수 없다. 하지만 식 (2.24)와 [그림 2-11]에서 단위 임펄스 함수의 면적이 되는 근방의 적분 값이 1이어야 한다.

주파수 스펙트럼에 임펄스가 나타나는 푸리에 변환에서 $F(\omega) \Rightarrow F(f)$ 변환은 식 (2.46)처럼 해주면 된다. 주파수 축을 ω에서 f로 바꾸었다고 해서 해당 주파수에서의 임펄스의 크기가 달라진 것은 아니다. 임펄스 함수가 나타나는 주파수 스펙트럼은 임펄스 함수의 수학적 정의 때문에 수식 표현이 달라질 뿐이다. [그림 2-22]처럼 단위 임펄스 함수 $\delta(\omega)$와 $\delta(f)$의 수학적인 표현 방법만 다르다.

$$\frac{\omega}{2\pi} \rightarrow f, \quad 2\pi\delta(\omega) \rightarrow \delta(f) \tag{2.46}$$

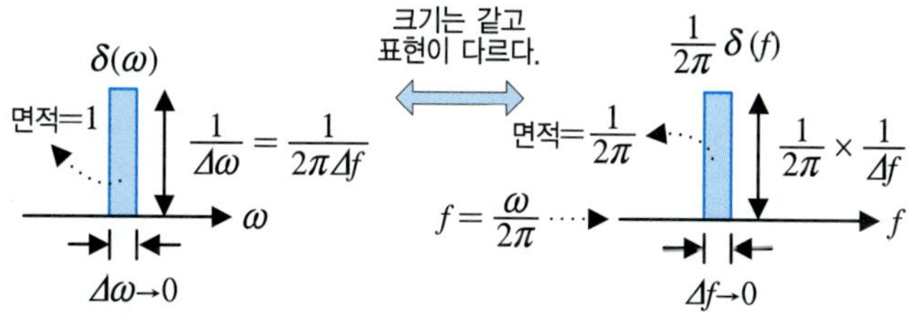

[그림 2-22] 임펄스 함수가 나타나는 $F(\omega)$와 $F(f)$

식 (2.46)의 $F(\omega) \Rightarrow F(f)$ 변환을 예로 들면 식 (2.41), (2.42)의 정현파 함수에 대한 푸리에 변환 쌍은 다음과 같이 ω를 f로 바꾸어 나타낼 수 있다.

$$\cos 2\pi f_0 t \Leftrightarrow \frac{1}{2}[\delta(f+f_0)+\delta(f-f_0)] \tag{2.47}$$

$$\sin 2\pi f_0 t \Leftrightarrow \frac{j}{2}[\delta(f+f_0)-\delta(f-f_0)] \tag{2.48}$$

2.7 푸리에 변환과 관련된 정리들

2.7.1 중첩의 원리

중첩의 원리(principle of superposition)는 모든 선형 시스템의 전체 응답은 각각의 자극에 의해 발생하는 응답을 합친 것과 같다는 법칙이다. 이를 중첩 원리(superposition principle) 혹은 중첩 특성(superposition property)이라고도 한다.

안테나에서 방사되는 전파도 중첩의 원리가 적용된다. 공기 중으로 방사되는 전자기파는 여러 개의 무선 안테나 소자들에 의해서 발생하는 전자기파의 합이 된다. 주파수 스펙트럼에 대한 중첩의 원리도 성립한다. 여러 가지 주파수 성분이 합쳐진 신호의 전체 주파수 스펙트럼은 각 주파수 성분에 대한 스펙트럼의 합이 된다. 어떤 주파수 성분의 크기가 변하면 해당 스펙트럼의 크기만 변한다. 대부분의 정보신호는 한 가지 주파수 성분만 가지고 있지 않고 여러 가지 주파수 성분을 포함하고 있다. 주파수 스펙트럼에서도 이러한 중첩의 원리가 성립되어야만 통신 채널에서 주파수 대역의 할당과 주파수 분할이 가능해진다.

2.7.2 파시발의 정리

파시발의 정리(Parseval' s theorem)는 동일한 신호에 대해 시간 영역과 주파수 영역에서 각각 구한 전력이나 에너지는 서로 같다는 것이다. 레일리의 에너지 정리(Rayleigh' s energy theorem) 혹은 레일리의 항등식(Rayleigh's identity)이라고도 한다. 같은 신호를 해석한 것이므로 해석하는 영역이 달라도 같은 신호에 대해 계산한 전력이나 에너지가 같아야 한다는 이론이다.

a. 주기신호의 평균 전력에 대한 파시발의 정리

저항 1Ω에 걸린 주기신호의 평균 전력은 다음 식과 같이 시간 함수 $f(t)$나 복소 지수 형식의 푸리에 계수 F_n의 둘 중 하나만 알면 구할 수 있다.

$$P = \frac{1}{T}\int_{-\frac{T}{2}}^{\frac{T}{2}} |f(t)|^2\, dt = \sum_{n=-\infty}^{\infty} |F_n|^2 \tag{2.49}$$

$f(t)$가 전류나 전압일 때 식 (2.49)에서 $|f(t)|^2$의 단위는 전력이지만 시간에 대한 적분이므로 시간이 단위에 곱해진다. 적분 후 시간 구간 T로 나누기 때문에 시간이 단위에서 다시 나누어져 신호의 평균 전력 P는 [Watt] 단위가 된다.

■ 기본 예제 2.2 (정현파 신호의 평균 전력)

저항 1Ω에 걸린 정현파 신호 $f(t)=A\cos\omega t$의 평균 전력을 구하라.

주기가 T라면 $\omega=\frac{2\pi}{T}$ ☞ $\omega T=2\pi$에서 우함수의 성질을 이용하면

$$P=\frac{1}{T}\int_{-\frac{T}{2}}^{\frac{T}{2}}|f(t)|^2\,dt=\frac{1}{T}\int_{-\frac{T}{2}}^{\frac{T}{2}}A^2\cos^2\omega t\,dt$$

$$=\frac{2}{T}\int_0^{\frac{T}{2}}\frac{A^2}{2}(1+\cos 2\omega t)\,dt=\frac{A^2}{T}\left[t+\frac{1}{2\omega}\sin 2\omega t\right]_0^{\frac{T}{2}}$$

$$=\frac{A^2}{2}+\frac{1}{2\omega}\sin\omega T=\frac{A^2}{2}$$

$|f(t)|^2$을 전력을 나타내는 식으로서 이해하려면 식 (2.50)의 직류 전류 I와 직류 전압 V를 이용한 전력 계산과 식 (2.51)을 비교하면 쉽다. 식 (2.51)의 전력 계산에서 신호 $f(t)$는 시간적으로 변하는 전압 $v(t)$나 전류 $i(t)$를 나타낸다.

$$P=I^2R=\frac{V^2}{R} \quad ☞\ R=1\Omega\text{이면 } P=I^2=V^2 \tag{2.50}$$

$$P=|f(t)|^2=|v(t)|^2=|i(t)|^2 \tag{2.51}$$

b. 일반적인 신호의 에너지에 대한 파시발의 정리

저항 1Ω에 걸린 일반적인 신호의 에너지는 다음 식과 같이 시간 영역이나 주파수 영역에서 각각 구할 수 있다. $|F(\omega)|^2$는 우함수이므로 다음처럼 정리된다.

$$E=\int_{-\infty}^{\infty}|f(t)|^2\,dt=\frac{1}{2\pi}\int_{-\infty}^{\infty}|F(\omega)|^2\,d\omega=\frac{1}{\pi}\int_{0}^{\infty}|F(\omega)|^2\,d\omega \tag{2.52}$$

$f(t)$가 전류나 전압일 때 신호의 에너지 E의 단위는 식 (2.52)에서 $|f(t)|^2$의 시간에 대한 적분으로 시간이 단위에 곱해져 [W · sec]가 된다. 한편 와트(watt, W)로 표시하는 전력의 크기를 전력량(wattage)이라고 한다. 에너지 소비량(energy consumption)의 단위로 1W의 전력을 1초간에 소비하는 일의 양을 줄(Joule, J) 혹은 와트초(watt · sec)라고 한다. 1W의 전력을 1시간 동안 계속해서 사용했을 때의 에너지 소비량을 와트시(watt hour, Wh)라고 한다. 일반 가정용 전기 요금은 보통 킬로와트시(kilowatt hour, kWh)로 표시해 나타낸다.

한편 $\omega=2\pi f$에서 $d\omega=2\pi df$이므로 위 식을 다음과 같이 다시 쓸 수 있다.

$$E=\int_{-\infty}^{\infty}|f(t)|^2\,dt=\int_{-\infty}^{\infty}|F(f)|^2\,df \tag{2.53}$$

식 (2.53)은 주파수 f에 대해 $|F(f)|^2$을 적분하는 형태로 에너지를 구한다. 이 때문에 $|F(f)|^2$을 단위 주파수당 신호가 갖는 에너지 스펙트럼 밀도(energy spectral density) 함수라고 한다. 이 경우 어떤 주파수 f에 위치한 좁은 구간 df에서 $E(f)$의 에너지가 소모될 때, 에너지 스펙트럼 밀도의 값은 $E(f)/df$로 추산되므로 단위는 [J/Hz]가 된다.

2.8 MATLAB 예제

■ MATLAB 예제 2-1 (합성파) - cm201.m

MATLAB 예제 2-1~3은 푸리에 급수에 대한 프로그램을 작성한 것이다. 이 예제는 [그림 2-5]를 프로그램으로 작성한 것이다. 주기함수는 사인과 코사인의 합으로 전개할 수 있다. 역으로 사인과 코사인의 합으로 합성파를 만들면 주기함수가 된다. 이 예제의 실행결과로 얻어지는 그림은 본문의 [그림 2-5]와 같다. legend 명령은 각 그래프에 범례 목록을 넣어 그림을 그린 순서대로 표시한다.

【 cm201.m 프로그램 】

```
% --- 신호를 주파수로 해석할 변수들 결정 ---
t = 0:.01:16;                    % 시간 축 만들기
T = 8;                           % 주기
f0 = 1/T; w0 = 2*pi*f0;          % 기본 주파수
A = 2/pi;                        % 진폭 임의로 설정

% --- 직류성분과 고조파 만들기 ---
y0 = ones(1,length(t));          % 직류성분
y1 = A/1*sin(1*w0*t);            % 1차 고조파 (기본파)
y2 = A/2*sin(2*w0*t);            % 2차 고조파
y3 = A/3*sin(3*w0*t);            % 3차 고조파

% --- 합성파 만들기 ---
y = y0 + y1 + y2 + y3;           % 합성파 만들기

disp('■주기함수는 사인과 코사인의 합으로 표현할 수 있다.')

% --- 푸리에 급수 그리기 ---
figure(201)                      % 그림 창 번호 매기기

plot(t,y,t,y0,t,y1,t,y2,t,y3)
legend('합성파','직류성분','기본파', ...
       '2차 고조파','3차 고조파');  % 범례 넣기
xlabel('t');                     % x축의 제목
ylabel('f(t)');                  % y축의 제목
grid                             % 격자모양 넣기

% print -dsvg -f201 fig201
% figure(201) 그림 창을 fig201.svg 파일로 저장
```

■ MATLAB 예제 2-2 (푸리에 계수) - cm202.m

이 예제는 주기함수에 대한 푸리에 계수를 구하는 본문의 기본 예제 2.1에 대한 풀이를 MATLAB 프로그램으로 작성한 것이다. 기호수학 도구상자를 이용해 적분계산을 간단히 할 수 있다. 실행결과 MATLAB 프로그램으로 얻은 계수 값과 본문의 기본 예제 2.1 풀이에서 얻은 결과를 고조파 차수 n=1~9에 대해 비교하면 일치하는 것을 확인할 수 있다.

MATLAB 내장함수인 eval( )은 ( )안의 MATLAB 텍스트 명령을 실행한다. 역시 MATLAB 내장함수인 rem(a,b) 함수는 나눗셈 a/b의 나머지를 구한다.

rem(n,2)~=0의 뜻은 n을 2로 나눈 나머지가 0이 아닌, 즉 n이 짝수가 아닌 홀수일 때를 말한다. 이 함수들은 각각 평가하다(evaluate)와 나머지(remainder)라는 뜻을 갖는다.

【 cm202.m 프로그램 】

```
% --- 신호를 주파수로 해석할 변수들 결정 ---
T = 2;                          % 주기
w0 = 2*pi/T;                    % 기본 각주파수

% --- 기호수학의 변수 선언 ---
syms t n
x = t/(abs(t));                 % -T/2<t<0일 때 x=-1, 0<t<T/2일 때 x=1
xa = x*cos(n*w0*t);
xb = x*sin(n*w0*t);

disp('■기호수학 도구상자로 푸는 푸리에 급수 계수식')
a0 = 1/T*int(x, t, -T/2, T/2)
an = 2/T*int(xa, t, -T/2, T/2)
bn = 2/T*int(xb, t, -T/2, T/2)

% --- 푸리에 계수 bn 계산하기 ---
for n = 1:9                             % n=1~9에 대해
   b(n) = eval(bn);                     % (1) 기호수학 도구상자 풀이
   m(n) = 4/pi/n*(rem(n,2)~=0);         % (2) 책의 기본 예제 2.1 풀이
end

disp('■기호수학 도구상자 풀이로 9차 고조파까지 구한 진폭')
n = [1:9], b                            % 화면에 1~9 출력 후, 푸리에 계수 값 표시

disp('■책의 기본 예제 2.1 결과와 비교'), m
```

■ MATLAB 예제 2-3 (푸리에 급수) - cm203.m

푸리에 급수전개에서 $n \rightarrow \infty$의 고조파 항까지 파형을 더할수록 원래의 주기함수와 일치하게 된다. 이 예제는 본문의 기본 예제 2.1의 풀이로 얻은 n=9차 고조파 항까지만 더해서 합성파를 만든다. 실행결과의 그림과 [그림 2-6]을 비교해보아라. n=9차 고조파 항까지만 더해도 본래의 주기함수와 근사한 결과를 얻는 것을 알 수 있다.

【 cm203.m 프로그램 】

```
% --- 신호를 주파수로 해석할 변수들 결정 ---
t = 0:.01:3;                    % 시간 축 만들기
T = 2;                          % 주기
f0 = 1/T; w0 = 2*pi*f0;         % 기본 주파수

% --- 직류성분과 고조파 만들기 ---
y0 = zeros(1,length(t));        % 직류성분
y1 = 4/pi/1*sin(1*w0*t);        % 1차 고조파 (기본파)
y3 = 4/pi/3*sin(3*w0*t);        % 3차 고조파
y5 = 4/pi/5*sin(5*w0*t);        % 5차 고조파
y7 = 4/pi/7*sin(7*w0*t);        % 7차 고조파
y9 = 4/pi/9*sin(9*w0*t);        % 9차 고조파

% --- 합성파 만들기 ---
y = y0 + y1 + y3 + y5 + y7 + y9;
% + y11 + y13 + ... 무한 급수로 표현할 수 있다.

disp('■푸리에 급수로 다시 합성한 주기함수')

% --- 푸리에 급수 그리기 ---
figure(203)                     % 그림 창 번호 매기기
```

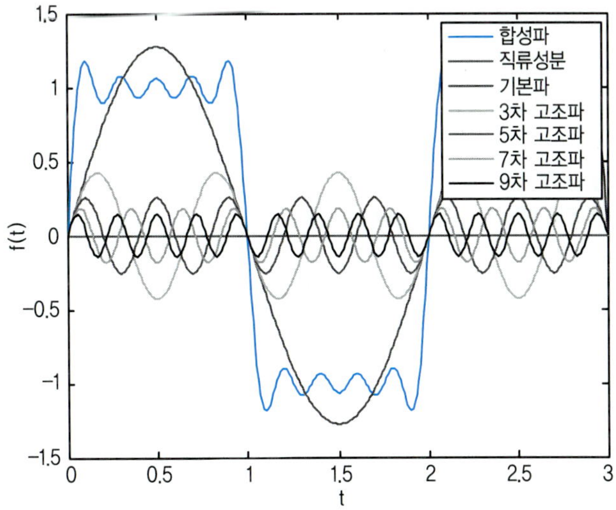

[그림 2-23] MATLAB 예제 2-3 실행결과

```
plot(t,y,t,y0,t,y1,t,y3,t,y5,t,y7,t,y9)
legend('합성파','직류성분','기본파','3차 고조파',...
        '5차 고조파','7차 고조파','9차 고조파');    % 범례
xlabel('t'), ylabel('f(t)')
```

★ 외부 함수의 작성

MATLAB 예제 2-4~10은 푸리에 변환에 관한 프로그램이다. 이중에서 일부 예제들은 시간 영역 신호로 사용되는 아래의 m 파일 함수들을 미리 작성해 놓아야 한다. 이런 m 파일 함수는 별도의 *.m 파일 형태로 존재하며, 이를 호출하는 MATLAB 프로그램과 같은 폴더에 있어야 한다. MATLAB 명령 창에서 예를 들어 ⟩⟩ help rect ↙를 입력하면 rect.m 파일 함수의 내용 중에서 %로 표시된 줄만 도움말로 보여준다.

【 rect.m 함수 】

```
function y = rect(x,T)
% y = rect(x,T)는 사각파 함수의 신호를 만든다.
% T : 사각파 함수의 폭
% -T/2 < x < T/2일 때 y = 1,
% x = -T/2, x = T/2일 때 y = 1/2, 나머지는 y = 0
%
% y = (abs(x)<T/2)*1 + (abs(x)==T/2)*0.5;
y = (abs(x)<T/2)*1 + (abs(x)==T/2)*0.5;
```

【 tri.m 함수 】

```
function y = tri(x,T)
% y = tri(x,T)는 삼각파 함수의 신호를 만든다.
% -T/2 < x < 0일 때 y = x/T+1, 0 < x < T/2일 때 y = -x/T+1,
% x = 0일 때 y = 1, 나머지는 y = 0
%
% y = (1-abs(x)/T).*(abs(x)<T);
y = (1-abs(x)/T).*(abs(x)<T);
```

【 sinc.m 함수 】

```
function y = sinc(x)
% y = sinc(x)는 싱크 함수의 신호를 만든다.
% y = sin(pi*x)/(pi*x), x = 0일 때 y = 1
% (x==0)은 분모가 0이 되는 것을 방지
```

```
%
% y = (sin(pi*x)+(x==0))./(pi*x+(x==0));
y = (sin(pi*x)+(x==0))./(pi*x+(x==0));
```

■ MATLAB 예제 2-4 (사각파의 푸리에 변환 1) - cm204.m

MATLAB 예제 2-4~10은 푸리에 변환에 대한 프로그램을 작성한 것이다. 주파수 변환에 대한 프로그램을 완성해 놓고, 시간 입력만 외부 함수로 만들어 바꾸어 주며 사용하면 편리할 것이다. 이 예제는 [그림 2-13]의 사각파 함수에 대해 $f(t) \Rightarrow F(\omega)$ 형태의 푸리에 변환을 실시한다. 우선 MATLAB을 이용한 주파수 변환 방법에 대해 설명하자. 편의상 프로그램에 사용된 변수들을 위주로 설명한다. 이 변수들은 나중에 다양한 방법으로 활용될 것이다.

★ MATLAB 내장 함수를 이용한 푸리에 변환

이 책에서는 푸리에 변환으로 MATLAB 내장 함수인 fft 명령과 fftshift 명령을 사용한다. fftshift 함수는 푸리에 변환결과로 나타난 주파수 스펙트럼의 중심에 f=0Hz가 위치하도록 중심축을 이동(shift zero-frequency component to center of spectrum)시킨다. 다음은 fft(fast Fourier transform) 함수를 이용해 푸리에 변환을 실시하는 방법이다.

■ MATLAB 내장 함수를 이용한 푸리에 변환

(1) fft 명령을 실행 ☞ FFT 알고리즘으로 계산한 DFT 연산

(2) fftshift 명령을 실행 ☞ 주파수 영역의 중심축을 좌우 대칭이 되게 이동

(3) 샘플링 주파수 fs로 나눈다.

★ 주파수 축의 설정

디지털 연산인 MATLAB에서 시간 영역의 함수 관계인 시간 축 t와 신호 x(t)는 원소 개수가 같아야 한다. 마찬가지로 주파수 영역의 함수 관계인 주파수 축 f와 주파수 영역의 신호를 만드는 fft(x(t)) 함수의 연산 결과도 원소 개수가 같아야 한다. 즉, fft 함수를 사용하면 시간 축과 주파수 축의 원소 개수가 같아진다. 주파수 축의 범위만 결정되면 주파수 축에 시간 축의 개수만큼 원소를 균등 배열해 주파수 축을 완성할 수 있다. MATLAB의 fft 함수를 사용할 때 주파수 축을

설정하는 방법은 다음 순서와 같다.

■ fft 함수를 이용할 때 주파수 축을 만드는 방법

(1) 시간 축의 증분 dt = t(2)−t(1) ☞ 시간 축을 구성하는 간격

(2) 샘플링 주파수 fs = 1/dt

(3) fft 함수는 Nyquist 율을 가정 ☞ fs = 2*BW 조건

(4) fft 함수의 주파수 대역폭은 BW = fs/2

(5) length(f) = length(t) ☞ 주파수 축과 시간 축의 원소 개수는 같다.

(6) (−)영역을 고려해 ±BW 대역폭으로 주파수 축을 균등 분할

(7) 주파수 축의 증분 df = f(2)−f(1) ☞ 주파수 축을 구성하는 간격

(8) 주파수 축을 ω로 나타내려면 간단하게 $\omega=2\pi f$

MATLAB은 디지털 연산이므로 시간 축을 표본화(sampling, 샘플링)하게 된다. 이때 시간 축을 구성하는 시간 간격, 즉 시간 축의 증분이 dt일 때 시간 축의 샘플링 주파수는 그 역수인 fs=1/dt가 된다. 6장의 표본화정리에서 배울 내용은 신호의 유효한 최대 주파수 폭은 표본화 주파수의 절반이 된다. 예를 들어 시간 축을 8000Hz로 표본화하면, (−) 방향의 주파수도 고려해 주파수 영역의 범위는 ±4000Hz를 차지하게 된다. 신호가 갖는 최대주파수의 2배가 되는 이 주파수를 나이키스트(Nyquist) 율이라 하고 이를 표본화정리라고 한다. 6장은 나중에 자세히 배우기로 하고 여기서는 이를 우선 프로그램에 적용하도록 한다.

이 예제의 실행결과는 그림 창을 (3×1)의 3칸으로 나누어 시간 영역의 함수, 주파수 영역의 스펙트럼, ω=0을 중심으로 주파수 영역을 확대한 그림으로 나타내었다. 이 예제에서 주파수 축은 주파수 f[Hz]대신 각주파수 ω[radian/sec]로 나타내므로 단순히 2π를 곱해 $\omega=2\pi f$로 ω축을 만들어 그린다. 사용된 함수 중 abs(f)<=0.2*BW 명령의 의미는 전체 대역폭의 20%를 줌 인(zoom in)해서, 즉 ω=0 근방을 5배로 확대하라는 뜻이다.

【 cm204.m 프로그램 】

```
% --- 시간 축 만들기 ---
t = linspace(-10,10,1000+1);                % 시간 축
dt = t(2) - t(1);                           % 시간 축의 시간 증분
```

```
% --- 시간 영역의 신호 f(t) 만들기 ---
% 시간 영역의 신호를 프로그램 내부에 포함해서 만들기
% -T/2 < t < T/2일 때 x = 1,
% t = -T/2, t = T/2일 때 x = 1/2, 나머지는 x = 0
T = 1;                                              % 함수의 폭
x = (abs(t)<T/2)*1 + (abs(t)==T/2)*0.5;             % 사각파 함수 x(t)

% --- 주파수 축 만들기 ---
fs = 1/dt;                   % 신호의 샘플링 주파수 [Hz]

% fft 함수는 Nyquist 율을 가정하므로 fs = 2*BW에서
BW = fs/2;                   % 신호의 대역폭 (6장 표본화정리 참조)

% fft 함수는 시간 축과 주파수 축의 원소의 개수가 같다.,
f = linspace(-BW,BW,length(t));      % 주파수 축
df = f(2)-f(1);                      % 주파수 축의 주파수 증분

% --- MATLAB 내장 함수를 이용한 푸리에 변환 ---
F = fftshift(fft(x))/fs;             % 주파수 영역의 신호 F(f)

% --- 푸리에 변환 결과 그리기 ---
figure(204)                          % 그림 창 번호 매기기

subplot(3,1,1,'align')               % 시간 영역의 신호
plot(t,x), rangex = max(x)-min(x);
axis([min(t) max(t) min(x)-rangex/4 max(x)+rangex/4])
xlabel('t'), ylabel('f(t)')

subplot(3,1,2,'align')               % 주파수 영역의 신호
mF = abs(F); w=2*pi*f; plot(w,mF)    % 진폭 스펙트럼
axis([min(w) max(w) min(mF) max(mF)])
xlabel('\omega [radian/sec]'), ylabel('|F(\omega)|')

i = find(abs(f)<=0.2*BW);            % 조건에 대응하는 i번째 찾기
subplot(3,1,3,'align')               % 진폭 스펙트럼
plot(w(i),mF(i)), grid               % zoom in 확대
axis([min(w(i)) max(w(i)) min(mF(i)) max(mF(i))])
xlabel('\omega [radian/sec]'), ylabel('|F(\omega)|')

% --- 신호의 에너지에 대한 파시발의 정리 ---
disp('■같은 신호는 시간 영역과 주파수 영역의 에너지가 같아야 한다.')
```

```
% 샘플 값을 얻은 신호가 존재하는 시간 구간에 대한 총 에너지
disp('(1) 시간 영역의 에너지 [Watt*sec]')      % 시간 영역의 크기 x
energy_time_domain = sum(abs(x).^2)*dt        % dt = 시간 증분

% fft 함수로 얻은 신호가 존재하는 주파수 구간에 대한 총 에너지
disp('(2) 주파수 영역의 에너지 [Watt*sec]')  % 주파수 영역의 크기 mF
energy_frequency_domain = sum(mF.^2)*df      % df = 주파수 증분
```

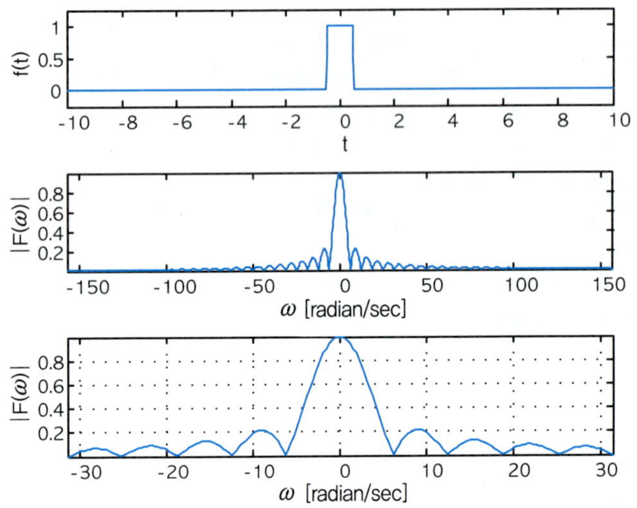

[그림 2-24] MATLAB 예제 2-4 실행결과

★ 푸리에 변환 프로그램의 정확도 검사

이 책에서는 시간 영역의 함수를 주파수 영역의 함수로 변환하는 푸리에 변환 프로그램들을 다룬다. 그런데 이 프로그램들이 수학적으로 정확한지 검사할 수 있는 방법은 없을까? 이것은 파시발의 정리를 이용해 시간 영역과 주파수 영역에서 저항 1Ω에 걸린 에너지를 계산해보면 가능하다. 같은 신호를 두고 다른 영역에서 해석한 것이므로 시간 영역이든 주파수 영역이든 그 신호의 에너지는 같아야 한다. 이를 확인하기 위해 MATLAB 예제 2-4의 뒷부분에 신호의 에너지에 대한 파시발의 정리를 검사하는 부분을 추가했다.

MATLAB은 디지털 연산이므로 샘플 값으로 얻은 이산적인 시간 축과 주파수 축을 갖는다. 또한 샘플 값을 얻은 신호가 존재하는 시간 구간도 유한하고, fft 함

수로 푸리에 변환하여 얻은 신호가 존재하는 주파수 구간도 ±∞가 아니고 유한하다. 이 때문에 일반적인 신호의 에너지에 대한 파시발의 정리 식 (2.53)을 적용하기 위해 이를 면적에 대한 적분처럼 합으로 근사화하면 다음과 같다. 즉, 식 (2.54)는 식 (2.53)의 근사식이다.

$$E \simeq \sum_{i=1}^{n} |f_i(t)|^2 dt = \sum_{k=1}^{m} |F_k(f)|^2 df \tag{2.54}$$

즉, MATLAB 연산은 아날로그가 아닌 디지털 연산이므로 적분대신 합한다. 여기서 시간 영역의 신호 $f(t)$는 변수 x로 나타내고 주파수 영역의 신호 $F(f)$는 변수 F로 나타낸다. 또한 시간 축의 간격을 시간 증분 dt로, 주파수 축의 간격을 주파수 증분 df로 나타낸다.

MATLAB 예제 2-4를 실행하면 시간 영역과 주파수 영역의 에너지는 각각 0.9900과 0.9910(Watt*sec)로 서로 근사한 값이 나온다. 디지털 연산은 원소 개수를 제한하기 때문에 이것은 필수적인 오차다. linspace 명령을 사용해 t = linspace(10,10,1000+1);로 시간 축의 원소를 1001개로 정하였다. 이것을 10001개로 늘려 t = linspace(−10,10,10000+1);로 바꿔 보자. 이 경우 시간 영역과 주파수 영역의 에너지는 각각 0.9990, 0.9991로 계산된다. 즉, 시간 축의 원소 개수를 늘리면 시간 축과 주파수 축의 증분이 작아져 정밀해지므로 두 영역의 계산 값은 더욱 가까이 근접한다. 이러한 작업을 통해 이 책에서 푸리에 변환에 대한 프로그램들이 정확하게 작성되었다는 것을 증명할 수 있을 것이다.

또 다른 점도 증명이 된다. 이 예제는 주파수 영역의 에너지를 계산할 때 (+) 주파수 부분만 계산하면 절반 값밖에 나오지 않는다. 이것도 본문의 [그림 2-4]를 설명하면서 (−) 주파수 부분도 포함시켜야 제 값이 나온다고 한 내용과 일치한다. (−) 부분은 물리적으로 실제 존재하지 않지만, 푸리에 변환의 결과로 수학적으로 나타나기 때문에 포함시켜야 한다.

■ MATLAB 예제 2-5 (사각파의 푸리에 변환 2) - cm205.m

이 예제도 사각파 함수에 대한 주파수 변환으로 $f(t) \Rightarrow F(f)$ 형태의 푸리에 변환을 실시한다. MATLAB 예제 2-4와 다른 점은 사각파 신호 rect(t,T) 함수의 내용을 외부 파일에 별도의 rect.m 함수로 작성해 놓고 이를 불러들여 사용한다.

이 예제가 실행되려면 앞에서 설명한 rect.m 파일이 같은 폴더에 있어야 한다. 앞 예제와 비교해 가장 크게 다른 점은 그리는 방법이다. 또한 푸리에 역변환을 추가했으며, 주파수 축의 단위를 ω에서 f로 변경했다. 수식을 전개할 때는 ω축이 간결하지만, 개념을 이해할 때는 f축이 더 좋을 것이다.

【 cm205.m 프로그램 중 】 - cm204.m과 다른 부분 (1)

```
% --- 시간 영역의 신호 f(t) 만들기 ---
% 다음 내용의 rect.m 함수가 같은 폴더에 있어야 한다.
% -T/2 < t < T/2일 때 x = 1,
% t = -T/2, t = T/2일 때 x = 1/2, 나머지는 x = 0
T = 1;                  % 함수의 폭
x = rect(t,T);          % 사각파 함수 x(t) = rect(t,T)
```

실행결과 그림은 (2×2)의 4칸으로 나누어 ① 시간 영역의 신호, ② 진폭 스펙트럼, ③ 에너지 스펙트럼 밀도, ④ 푸리에 역변환 신호로 나타낸다. ②, ③에서 주파수 스펙트럼을 나타낼 때는 주파수 f=0을 중심으로 확대한 그림으로 그린다. ①, ④의 시간 영역도 시간 t=0을 중심으로 확대한 그림으로 그린다. ③의 에너지 스펙트럼 밀도 함수는 식 (2.53)에서 설명을 참조하면 된다. ④의 푸리에 역변환 방법은 앞에서 설명한 푸리에 변환의 역순이다.

★ 푸리에 역변환 방법

이 책에서 푸리에 역변환에는 MATLAB 내장 함수인 ifft 명령과 ifftshift 명령을 사용한다. 앞 예제에서 실시한 푸리에 변환의 역순으로 그 방법은 아래와 같다.

■MATLAB 내장 함수를 이용한 푸리에 역변환

(1) 샘플링 주파수 fs로 다시 곱해준다.

(2) ifftshift 명령을 실행 ☞ 주파수 영역의 중심축을 다시 원래대로 이동

(3) ifft 명령을 실행 ☞ iFFT 알고리즘으로 계산한 iDFT 연산

ifftshift 함수는 fftshift 명령으로 이동시킨 주파수 스펙트럼의 좌우측을 다시 교환해 중심축을 원래대로 다시 이동시킨다. ifft 함수는 fft 함수의 역변환이다.

【 cm205.m 프로그램 중 】 - cm204.m과 다른 부분 (2)

```
% --- MATLAB 내장 함수를 이용한 푸리에 역변환 ---
iF = ifft(ifftshift(F*fs));                    % 시간 영역의 신호 f(t)

% --- 푸리에 변환 결과 그리기 ---
figure(205)                                     % 그림 창 번호 매기기

i = find(abs(t) <= max(t)/4);                   % 조건에 대응하는 i번째 찾기
subplot(2,2,1,'align')                          % 시간 영역의 신호
plot(t(i),x(i)), range = max(x(i))-min(x(i));   % zoom in 확대
axis([min(t(i)) max(t(i)) min(x(i))-range/4 max(x(i))+range/4])
ylabel('f(t)'), title('① 시간 영역의 신호')

subplot(2,2,3,'align')                          % 푸리에 역변환
plot(t(i),iF(i),'c')                            % zoom in 확대
axis([min(t(i)) max(t(i)) min(iF(i))-range/4 max(iF(i))+range/4])
xlabel('t'), ylabel('iF(t)'), title('④ 푸리에 역변환 신호')

i = find(abs(f) <= BW/8);              % 조건에 대응하는 i번째 찾기
subplot(2,2,2,'align')                          % 진폭 스펙트럼
mF = abs(F); plot(f(i),mF(i),'g')              % zoom in 확대
range = max(mF(i))-min(mF(i));
```

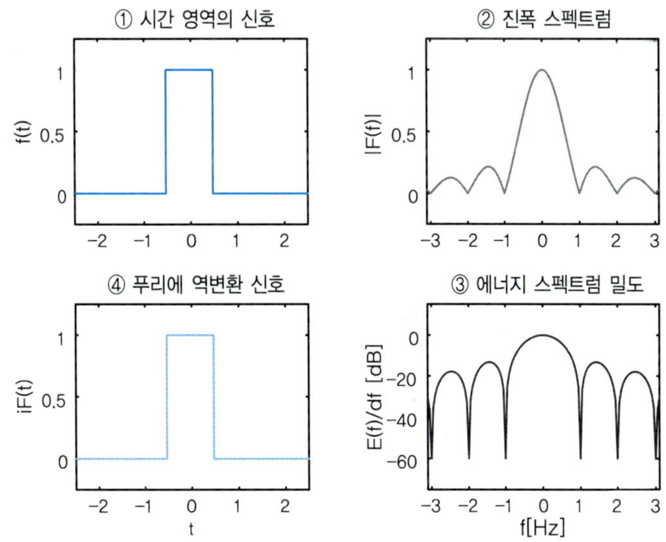

[그림 2-25] MATLAB 예제 2-5 실행결과

```
axis([min(f(i)) max(f(i)) min(mF(i))-range/4 max(mF(i))+range/4])
ylabel('|F(f)|'), title('② 진폭 스펙트럼')

Esd = 10*log10(mF.^2);                          % 에너지 스펙트럼 밀도 함수
subplot(2,2,4,'align')                          % zoom in 확대
plot(f(i),Esd(i),'m'), range = max(Esd(i))-min(Esd(i));
axis([min(f(i)) max(f(i)) min(Esd(i))-range/4 max(Esd(i))+range/4])
xlabel('f [Hz]'), ylabel('E(f)/df  [dB]')
title('③ 에너지 스펙트럼 밀도')
```

■ MATLAB 예제 2-6 (삼각파의 푸리에 변환) - cm206.m

이 예제는 [그림 2-14]의 삼각파 함수에 대한 푸리에 변환을 실시한다. 삼각파 신호 tri(t,T) 함수의 내용을 외부 파일에 별도의 tri.m 함수로 작성해 놓고 이를 불러들여 사용한다. 이 예제가 실행되려면 앞에서 설명한 tri.m 함수 파일이 같은 폴더에 있어야 한다. 앞 예제와 비교해 다른 부분은 시간 영역의 신호이며 다음과 같다.

【 cm206.m 프로그램 중 】 - cm205.m과 다른 부분

```
% --- 시간 영역의 신호 f(t) 만들기 ---
```

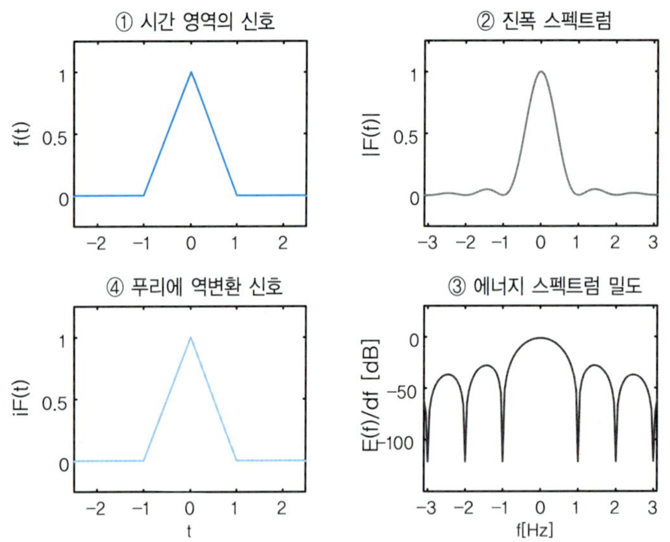

[그림 2-26] MATLAB 예제 2-6 실행결과

```
% 다음 내용의 tri.m 함수가 같은 폴더에 있어야 한다.
% -T/2 < t < 0일 때 x = t/T+1, 0 < t < T/2일 때 x = -t/T+1,
% t = 0일 때 x = 1, 나머지는 x = 0
T = 1;                              % 함수의 폭 2T
x = tri(t,T) ;                      % 삼각파 함수 x(t) = tri(t,T)
```

■ MATLAB 예제 2-7 (싱크 함수의 푸리에 변환) - cm207.m

이 예제는 [그림 2-15]의 싱크 함수에 대한 푸리에 변환을 실시한다. 싱크 신호 sinc(t) 함수의 내용을 외부 파일에 별도의 sinc.m 함수로 작성해 놓고 이를 불러들여 사용한다. 이 예제가 실행되려면 앞에서 설명한 sinc.m 함수 파일이 같은 폴더에 있어야 한다. MATLAB 예제 2-5와 다른 부분은 시간 영역의 신호이며 다음과 같다. 또한 실행결과 그림의 ①, ④에서 시간 t=0을 중심으로 확대하지 않고 전체 구간을 그대로 그렸다.

【 cm207.m 프로그램 중 】 - cm205.m과 다른 부분

```
% --- 시간 영역의 신호 f(t) 만들기 ---
% 다음 내용의 sinc.m 함수가 같은 폴더에 있어야 한다.
% x = sin(pi*t)/(pi*t), t = 0일 때 x = 1
x = sinc(t) ;                % 싱크 함수 x(t) = sinc(t)
```

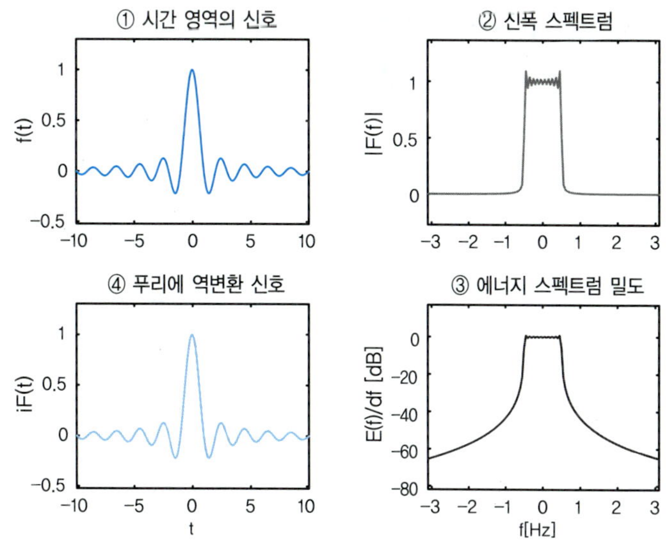

[그림 2-27] MATLAB 예제 2-7 실행결과

■ MATLAB 예제 2-8 (상수의 푸리에 변환) - cm208.m

이 예제는 [그림 2-16]의 상수에 대한 푸리에 변환을 실시한다. MATLAB 예제 2-5와 다른 부분은 시간 영역의 신호이며 다음과 같다. 또한 실행결과 그림의 ①, ④에서 시간 t=0을 중심으로 확대하지 않고 전체 구간을 그대로 그렸다.

【 cm208.m 프로그램 중 】- cm205.m과 다른 부분 (1)

```
% --- 시간 축 만들기 ---
t = linspace(-0.1,0.1,1000+1);              % 시간 축
dt = t(2) - t(1);                            % 시간 축의 시간 증분

% --- 시간 영역의 신호 f(t) 만들기 ---
x = ones(1,length(t)) ;                      % 상수 함수 x(t) = 1
```

이 예제는 앞의 예제들과 달리 실행결과의 진폭 스펙트럼 상에 임펄스 신호가 나타난다. 이런 경우에 만약 주파수 축의 증분이 달라지면, 진폭 스펙트럼에 표시할 임펄스 신호의 크기가 달라진다. 단위 충격 함수 혹은 단위 임펄스 함수의 정의는 (1) 임펄스 위치에서는 그 크기를 정할 수 없고 (2) 근방의 적분 값, 즉 면적이 1이기 때문이다. 100분의 1초 동안 100V의 전압이 발생한 것과 백만분의 1초 동안 백만V가 발생한 것은 면적이 둘 다 1이므로 단위 임펄스 함수의 크기를 모두 1로 표시한다. 즉, MATLAB에서 임펄스 함수의 크기는 시간 축이나 주파수 축의 증분을 어떻게 잡느냐에 따라 달라진다.

주파수 변환 결과로 발생한 임펄스 크기가 수학적으로 맞는지 검증하기 위해 아래 소스를 추가하였다. (1) 주파수 축의 증분이 바뀌면 (2) 진폭 스펙트럼의 최대치가 바뀐다. 이때 (1)×(2) 값은 일정해야 한다. 실행결과 화면에 출력되는 (1)×(2) 값 1은 식 (2.38)과 같다.

【 cm208.m 프로그램 중 】- cm205.m과 다른 부분 (2)

```
% --- 임펄스 함수가 나타나는 푸리에 변환 ---
disp('■임펄스 위치는 크기를 정할 수 없고, 근방의 적분 값(면적)으로 나타낸다.')
disp('(1) 주파수 축의 증분 df'), df
disp('(2) 진폭 스펙트럼의 최대치 max(|F(f)|)'), max(mF)
disp('(1)x(2) = 임펄스 함수의 크기'), df*max(mF)
```

또한 임펄스 함수를 표현하기 용이하도록 실행결과에서 주파수 영역의 ②, ③

을 그릴 때 plot 명령 대신 아래와 같이 stem 명령을 사용한다. 또한 ②, ③에서 주파수 f=0을 중심으로 확대한 비율만 앞의 예제들과 다르다.

【 cm208.m 프로그램 중 】 – cm205.m과 다른 부분 (3)

```
i = find(abs(f) <= BW/80);          % 조건에 대응하는 i번째 찾기
subplot(2,2,2,'align')              % 진폭 스펙트럼
mF = abs(F); stem(f(i),mF(i),'g')   % zoom in 확대
range = max(mF(i))-min(mF(i));
axis([min(f(i)) max(f(i)) min(mF(i))-range/4 max(mF(i))+range/4])
ylabel('|F(f)|'), title('② 진폭 스펙트럼')

Esd = 10*log10(mF.^2);              % 에너지 스펙트럼 밀도 함수
subplot(2,2,4,'align')              % zoom in 확대
stem(f(i),Esd(i),'m'), range = max(Esd(i))-min(Esd(i));
axis([min(f(i)) max(f(i)) min(Esd(i))-range/4 max(Esd(i))+range/4])
xlabel('f [Hz]'), ylabel('E(f)/df  [dB]')
title('③ 에너지 스펙트럼 밀도')
```

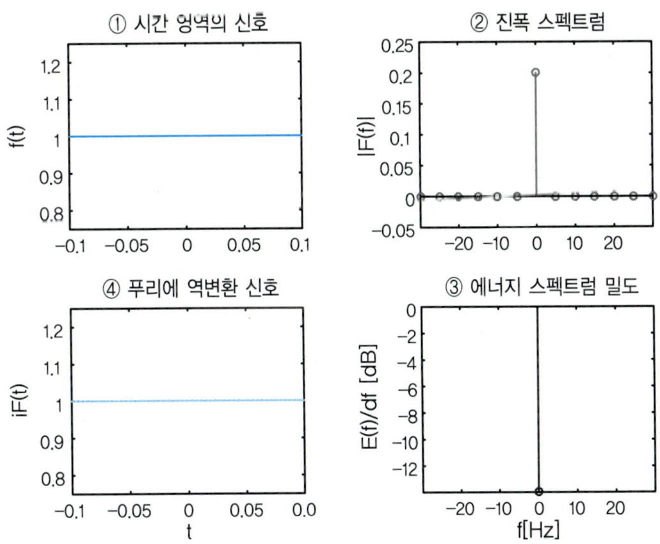

[그림 2-28] MATLAB 예제 2-8 실행결과

■ MATLAB 예제 2-9 (정현파의 푸리에 변환) - cm209.m

이 예제는 [그림 2-18]의 코사인 함수에 대한 푸리에 변환을 실시한다. cos(t)와 같은 일반적인 함수들은 MATLAB 자체에 내장되어 있어 굳이 별도로 만들 필요가 없다. 이 예제의 실행결과도 주파수 영역에 임펄스 신호가 나타난다. 실행결과 화면에 출력되는 (1) 주파수 축의 증분과 (2) 진폭 스펙트럼의 최대치를 곱한 (1)×(2) 값은 1/2로 식 (2.47)의 임펄스 함수의 크기와 같다. MATLAB 예제 2-8과 다른 점은 시간 영역의 신호로 다음과 같다.

【 cm209.m 프로그램 중 】- cm208.m과 다른 부분

```
% --- 시간 영역의 신호 x(t) 만들기 ---
f0 = 10;
x = cos(2*pi*f0*t);          % 코사인 함수 x(t) = cos(t)
```

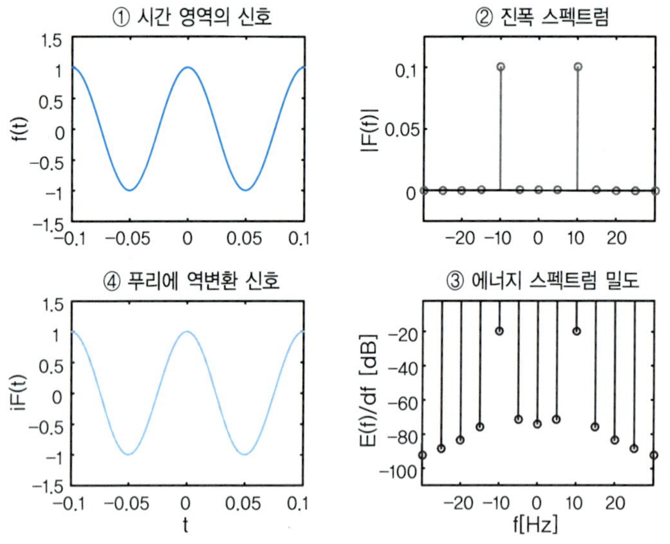

[그림 2-29] MATLAB 예제 2-9 실행결과

■ MATLAB 예제 2-10 (주기 신호와 비주기 신호의 스펙트럼 비교) - cm210.m

이 예제는 [그림 2-3]과 [그림 2-4]에 나타낸 주기함수와 비주기 함수의 주파수 스펙트럼을 비교하는 프로그램이다. 주기함수는 비주기함수의 특수한 경우이

다. 마찬가지로 푸리에 급수는 푸리에 변환의 특수한 경우이다. 이 때문에 푸리에 변환으로 주기함수에 대한 주파수 변환을 실시하여 비교 하였다. MATLAB 예제 2-5를 기반으로 하며, 가장 크게 다른 점은 시간 영역의 입력신호로 사각파를 주기함수와 비주기함수로 만들어 비교한 것이다.

【 cm210.m 프로그램 중 】 - cm205.m과 다른 부분 (1)

```
% --- 시간 영역의 신호 f(t) 만들기 ---
% 다음 내용의 rect.m 함수가 같은 폴더에 있어야 한다.
% -T/2 < t < T/2일 때 x = 1,
% t = -T/2, t = T/2일 때 x = 1/2, 나머지는 x = 0
T = 1;                          % 함수의 폭
x = rect(t,T);                  % 사각파 함수 x(t) = rect(t,T)

% 사각파 함수 x(t) = rect(t,T)를 이용한 주기함수의 합성
x2 = x;
for n = 1:5
    x2 = x2 + rect(t-n*2,T) + rect(t+n*2,T);
end
```

실행결과 그림은 (2×2)의 4칸으로 나누어 주기함수와 비주기함수의 시간 영역에서의 신호와 주파수 영역에서의 진폭 스펙트럼을 비교한다. 주파수 영역의 진폭 스펙트럼에서 주기함수는 [그림 2-3]처럼 불연속한 주파수 스펙트럼을 가지며, 비주기함수는 [그림 2-4]처럼 연속함수 형태를 갖는 것을 실행결과로 보여준다.

【 cm210.m 프로그램 중 】 - cm205.m과 다른 부분 (2)

```
% --- MATLAB 내장 함수를 이용한 푸리에 변환 ---
F = fftshift(fft(x))/fs;                   % 주파수 영역의 신호 F(f)
F2 = fftshift(fft(x2))/fs;                 % 주파수 영역의 신호 F(f)

disp('■주기 신호와 비주기 신호의 주파수 스펙트럼 비교')

% --- 푸리에 변환 결과 그리기 ---
figure(210)                                % 그림 창 번호 매기기

subplot(2,2,1,'align')                     % 시간 영역의 신호
plot(t,x2), range = max(x)-min(x);
```

```
axis([min(t) max(t) min(x)-range/4 max(x)+range/4])
xlabel('t'), ylabel('f(t)'), title('주기함수')

subplot(2,2,2,'align')                        % 시간 영역의 신호
plot(t,x), range = max(x)-min(x);
axis([min(t) max(t) min(x)-range/4 max(x)+range/4])
xlabel('t'), ylabel('f(t)'), title('비주기함수')

i = find(abs(f) <= 0.2*BW);              % 조건에 대응하는 i 번째 찾기
subplot(2,2,3,'align')                        % 진폭 스펙트럼
mF2 = abs(F2); plot(f(i),mF2(i),'g')          % zoom in 확대
range = max(mF2(i))-min(mF2(i));
axis([min(f(i)) max(f(i)) min(mF2(i))-range/4 max(mF2(i))+range/4])
xlabel('f [Hz]'), ylabel('|F(f)|'), title('진폭 스펙트럼')

subplot(2,2,4,'align')                        % 진폭 스펙트럼
mF = abs(F); plot(f(i),mF(i),'g')             % zoom in 확대
range = max(mF(i))-min(mF(i));
axis([min(f(i)) max(f(i)) min(mF(i))-range/4 max(mF(i))+range/4])
xlabel('f [Hz]'), ylabel('|F(f)|'), title('진폭 스펙트럼')
```

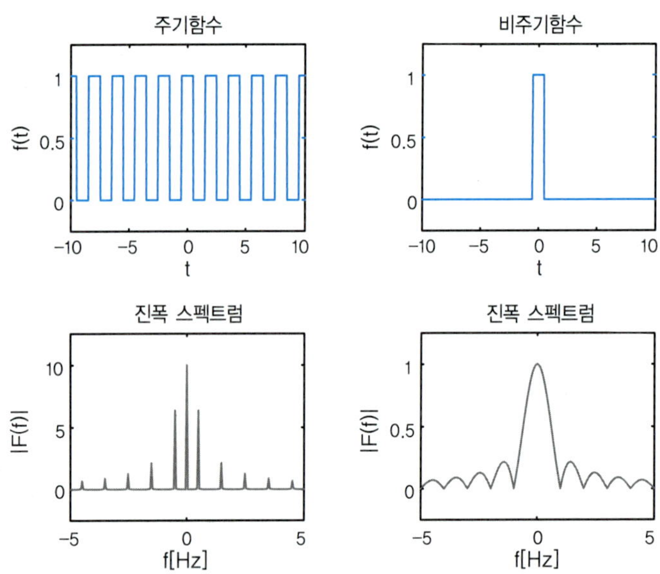

[그림 2-30] MATLAB 예제 2-10 실행결과

연습문제

1. 다음 서술이 맞는지 O, X로 답하라.
   (1) 【주파수 해석】 임의의 주기함수가 사인과 코사인의 무한급수로 전개됨을 최초로 증명한 사람은 푸리에이다.
   (2) 【주파수 해석】 주기함수의 주파수 스펙트럼 형태는 연속적이다.
   (3) 【주파수 해석】 주기가 무한대인 일반함수의 주파수 스펙트럼 형태는 불연속적이다.
   (4) 【주파수 해석】 푸리에 변환에 의한 신호의 진폭 스펙트럼은 $\omega=0$ 축에 대해 좌우 대칭이다.
   (5) 【주파수 해석】 푸리에 변환에 의한 신호의 위상 스펙트럼은 ω에 대해 기함수이다.
   (6) 【주파수 해석】 푸리에 변환의 이용 목적은 신호의 미분방정식을 풀고자 하는 것이다.
   (7) 【주파수 해석】 푸리에 변환은 결국 푸리에 계수를 구하는 것이다.
   (8) 【주파수 해석】 푸리에 급수는 시간적으로 주기함수인 신호로부터 전개가 가능하다.
   (9) 【주파수 해석】 푸리에 변환은 주로 복소수영역에서 신호를 해석한다.
   (10) 【주파수 해석】 이산 푸리에 변환(DFT)은 불연속한 이산 신호에 대한 푸리에 변환의 한 종류이다.

2. 푸리에 급수를 이용해 주파수 영역의 신호를 구할 수 있는 시간 영역의 신호를 모두 골라라.

   ① $y=11$ ② $y=5t^4+t^2$ ③ $y=3e^{-2t}$

   ④ $y=6\sin 10t$ ⑤ $y=2t^2+3$ ⑥ $y=20\cos 30t$

3. 푸리에 급수 $v(t)=10.7+\sum_{n=1}^{\infty}\frac{19.8}{n}[1-(-1)^n]\cos n\omega_0 t$에서 질문에 답하라.
   (1) 직류성분의 크기는 얼마인가?
   (2) 기본파의 진폭은 얼마인가?
   (3) 15차 고조파의 진폭은 얼마인가?

4. 푸리에 급수 $v(t) = 25.7 + \sum_{n=1}^{\infty} \frac{11.7}{n}\left[1-(-1)^n\right]\sin n\omega_0 t$에서 직류성분의 크기와 3차 고조파의 진폭의 차이는 얼마인가?

5. 푸리에 급수 $v(t) = 10.8 + \sum_{n=1}^{\infty} \frac{14.3}{n}[1-(-1)^n]\cos n\omega_0 t$에서 5차 고조파의 진폭은 13차 고조파의 진폭에 대해 몇 배의 크기인가?

6. 다음 그림의 주기함수 신호 $f(t)$에서 직류성분의 크기는?

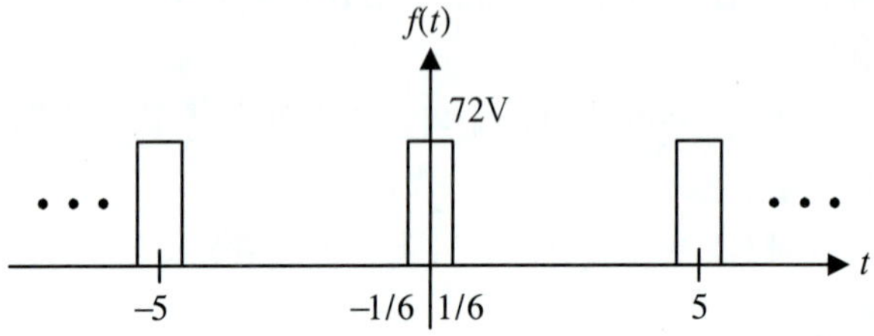

Chapter 03

Communication Theory

신호와 여파기

Chapter

03 신호와 여파기

3.1 신호의 rms 값

교류 파형은 시간에 따라 주기적으로 값이 달라진다. 어느 한 순간의 교류 신호의 크기를 표시하려면 순시치를 사용해야 한다. 교류를 직류로 대체했을 때 이와 동일한 에너지를 발생시키는 직류의 크기를 실효치(effective value)라고 한다. 실효치는 교류 신호의 크기를 나타내는 방법 중 하나다. 교류 신호의 실효치는 일반적으로 신호의 자승 평균 제곱근(root mean square), 즉 rms 값으로 나타낸다. 신호의 rms 값을 구하는 방법은 [그림 3-1]과 같으며 신호의 형태에 따라 이를 구하는 몇 가지 방법이 있다.

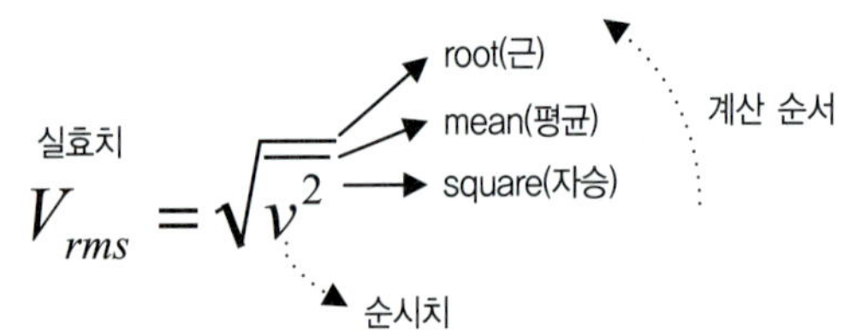

[그림 3-1] rms 값의 계산

3.1.1 이산 신호에 대한 rms 값

$$V_{rms} = \sqrt{\frac{\sum_{n=1}^{M} v_n^2}{M}} \tag{3.1}$$

■ 기본 예제 3.1 (rms 계산 1)

이산(discrete) 신호 { 12, −8, $\sqrt{11}$, 0.2 }의 rms 값을 계산하라.

$$V_{rms} = \sqrt{\frac{12^2 + (-8)^2 + (\sqrt{11})^2 + 0.2^2}{4}} = \sqrt{\frac{144 + 64 + 11 + 0.04}{4}}$$

$$= \sqrt{\frac{219.04}{4}} = 7.4$$

3.1.2 주기 신호에 대한 rms 값

$$V_{rms} = \sqrt{\frac{1}{T}\int_{-\frac{T}{2}}^{\frac{T}{2}} v^2\,dt} \tag{3.2}$$

주기(periodic) 신호에 대한 대표적인 예는 사인과 코사인 같은 정현파 신호이다. 기본 예제 2.2을 참조하면 식 (3.2)의 정현파 신호의 rms 값과 저항 1Ω에 걸린 평균 전력은 다음과 같이 정현파의 진폭으로 간단하게 표시된다. [그림 3-2]의 가정용 220V 전압은 rms 값으로 교류 신호를 표현한 좋은 예이다.

정현파의 rms 값 $$V_{rms} = \frac{\text{진폭}}{\sqrt{2}} \tag{3.3}$$

정현파의 평균 전력 $$P = \frac{(V_{\text{진폭}})^2}{2} = \left(\frac{V_{\text{진폭}}}{\sqrt{2}}\right)^2 = V_{rms}^2 \tag{3.4}$$

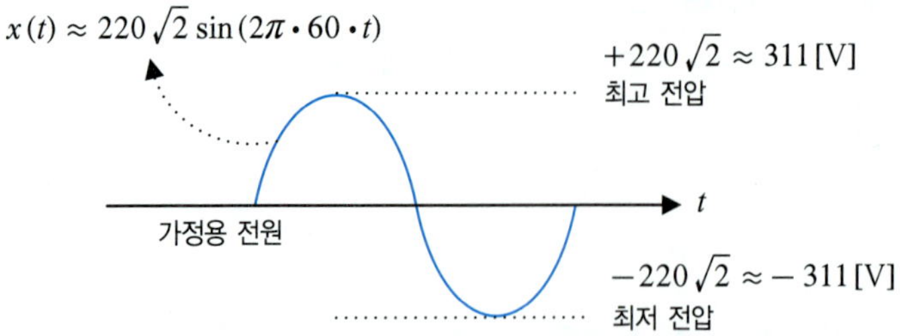

[그림 3-2] 220V 전압의 rms 값

3.1.3 여러 가지 파형이 섞인 rms 값

$$V_{rms} = \sqrt{V_{dc}^2 + V_{1rms}^2 + V_{2rms}^2 \cdots} \tag{3.5}$$

■ **기본 예제 3.2 (rms 계산 2)**

전압신호 $v(t) = 0.3 + 18\sqrt{2}\sin 5t + 8\sqrt{2}\cos(60t + 45°)$의 rms 값은?

$$V_{rms} = \sqrt{(0.3)^2 + \left(\frac{18\sqrt{2}}{\sqrt{2}}\right)^2 + \left(\frac{8\sqrt{2}}{\sqrt{2}}\right)^2} = \sqrt{0.09 + 324 + 64}$$

$$= \sqrt{388.09} = 19.7$$

3.2 신호의 데시벨 크기

데시벨(decibel, dB)은 신호의 크기 레벨(level)을 나타내는 단위 중 하나다. 데시벨 계산은 주로 상용로그($\log_{10}$ 혹은 log)가 사용된다. 신호를 표현할 때 로그 척도(logarithmic scale)를 사용하는 이유는 다음과 같다.

① 넓은 범위의 값을 한 그래프에 나타내기 편리하다.
② 상대비나 변화량을 표시하기 쉽다.

데시벨 표현은 공학적으로 다방면에 활용된다. 전기 신호는 전력, 전압, 전류 신호의 크기 레벨을 종종 데시벨로 표시한다. 공기 중 소음의 크기를 음파의 압력으로 나타낼 때도 데시벨 척도를 사용한다. 통신 신호의 전송 레벨을 데시벨로 표현할 때는 몇 가지 방법이 있다.

3.2.1 상대 레벨의 표시 dB

신호의 상대적인 레벨을 표시할 때는 dB를 사용한다. [그림 3-3]의 회로망에서 입출력 전기신호에 대한 상대 레벨의 정의를 다음과 같이 전력, 전압, 전류에 대한 이득으로 각각 표현할 수 있다.

$$\text{전력이득 [dB]} \equiv 10 \log \frac{P_o}{P_i} \text{[dB]} \tag{3.6}$$

$$\text{전압이득 [dB]} \equiv 20 \log \frac{V_o}{V_i} \text{[dB]} \tag{3.7}$$

$$\text{전류이득 [dB]} \equiv 20 \log \frac{I_o}{I_i} \text{[dB]} \tag{3.8}$$

[그림 3-3] 회로망의 입출력 전기신호

통신에서는 반송파의 크기에 대비한 신호의 크기를 dBc(decibels relative to the carrier)로 나타내기도 한다. 식 (3.6)~(3.8)은 사실상 모두 같은 식이라고 할 수 있다. 실효치 전력을 계산하는 식 (3.9)~(3.11)로 이를 증명할 수 있다.

$$V = IR, P = VI \quad ☞ \quad P = I^2 R = \frac{V^2}{R} \tag{3.9}$$

$$10\log\frac{P_o}{P_i} = 10\log\left(\frac{V_o^2/R}{V_i^2/R}\right) = 20\log\frac{V_o}{V_i}\,[\text{dB}] \tag{3.10}$$

$$10\log\frac{P_o}{P_i} = 10\log\left(\frac{I_o^2 R}{I_i^2 R}\right) = 20\log\frac{I_o}{I_i}\,[\text{dB}] \tag{3.11}$$

3.2.2 이득과 손실

회로의 입력신호에 대한 출력신호의 크기를 비교한 상대 레벨 dB를 회로의 이득(gain, G)이라고 한다. 반대로 회로의 출력신호에 대한 입력신호의 크기를 비교한 상대 레벨 dB를 회로의 손실(loss, L)이라고 한다.

$$\text{회로이득 } G = 10\log\frac{P_o}{P_i}\,[\text{dB}] \tag{3.12}$$

$$\text{회로손실 } L = 10\log\frac{P_i}{P_o}\,[\text{dB}] \tag{3.13}$$

필터(filter, 여파기)의 설계에서 +3dB 지점은 입력에 비해 출력의 전력이 2배, 전압이 $\sqrt{2}$배로 증가하는 지점이다. −3dB 지점은 입력에 비해 출력의 전력이 1/2배, 전압이 $1/\sqrt{2}$배로 감소하는 지점이다.

① 0dB : 입출력신호의 크기를 비교해서 0dB이면 이득도 없고 손실도 없다.

$$P_i = 1\text{W},\ P_o = 1\text{W} \quad ☞ \quad \text{전력레벨} = 10\log\frac{1}{1} = 0\,[\text{dB}] \tag{3.14}$$

② 3dB 이득 : 식 (3.15), (3.16)에서 신호의 크기가 +3dB씩 커질 때마다 전력의 크기는 2배로 커지고 전압의 크기는 $\sqrt{2} \fallingdotseq 1.414$배로 커진다.

$$P_i = 1\text{W},\ P_o = 2\text{W} \quad ☞ \quad \text{전력레벨} = 10\log\frac{2}{1} \simeq +3\,[\text{dB}] \tag{3.15}$$

$$\frac{P_o}{P_i} = 2 \Rightarrow \left(\frac{V_o^2/R}{V_i^2/R}\right) = \left(\frac{V_o}{V_i}\right)^2 = 2 \quad \therefore \frac{V_o}{V_i} = \sqrt{2} \tag{3.16}$$

③ 3dB 손실 : 식 (3.17), (3.18)에서 신호의 크기가 -3dB씩 떨어질 때마다 전력의 크기는 1/2배로 작아지고 전압의 크기는 $1/\sqrt{2} \fallingdotseq 0.707$배로 줄어든다.

$$P_i = 2\text{W},\ P_o = 1\text{W} \quad ☞ \text{ 전력레벨} = 10\log\frac{1}{2} \simeq -3[\text{dB}] \tag{3.17}$$

$$\frac{P_o}{P_i} = \frac{1}{2} \Rightarrow \left(\frac{V_o^2/R}{V_i^2/R}\right) = \left(\frac{V_o}{V_i}\right)^2 = \frac{1}{2} \quad \therefore \frac{V_o}{V_i} = \frac{1}{\sqrt{2}} \tag{3.18}$$

3.2.3 다단 시스템의 이득

통신은 송신 측에서 수신 측까지 여러 단계와 과정을 거쳐야 한다. 이런 경우 전체 시스템의 이득이나 손실은 절대 레벨보다 상대 레벨의 크기 dB로 나타내는 것이 더 편리하다. dB를 이용하면 [그림 3-4]의 다단 시스템에서 각단의 이득 A, B, C를 더하면 전체 시스템의 총 이득이 된다. 식 (3.19)~(3.21)에서 이를 증명할 수 있다.

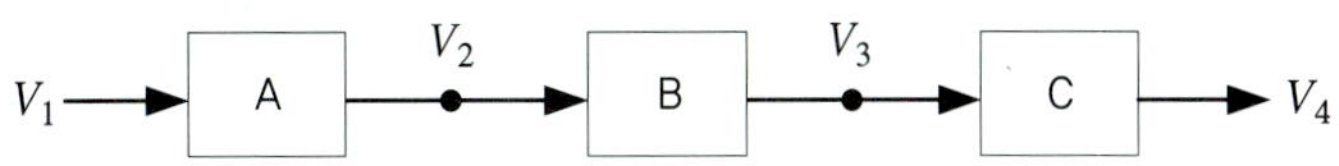

[그림 3-4] 다단 시스템에서의 이득 계산

$$20\log\left(\frac{V_4}{V_1}\right) = 20\log\left(\frac{V_2}{V_1} \times \frac{V_3}{V_2} \times \frac{V_4}{V_3}\right) \tag{3.19}$$

$$20\log\left(\frac{V_4}{V_1}\right) = 20\log\left(\frac{V_2}{V_1}\right) + 20\log\left(\frac{V_3}{V_2}\right) + 20\log\left(\frac{V_4}{V_3}\right) \tag{3.20}$$

$$\text{위 시스템의 총 이득} = A + B + C \tag{3.21}$$

3.2.4 신호의 절대 레벨 표시

신호의 절대적인 레벨은 크기로 표현할 때 dBm, dBW, dBmV, dBV처럼 dB 뒤에 기준 레벨의 단위를 붙여 상대 레벨과 구분한다.

① dBm 단위 : 1mW를 기준으로 한 전력 P_o의 절대 레벨을 표시

$$\text{전력 레벨 [dBm]} \equiv 10\log\frac{P_o}{1\text{mW}}\,[\text{dBm}] \tag{3.22}$$

② dBW 단위 : 1W를 기준으로 한 전력 P_o의 절대 레벨을 표시

$$\text{전력 레벨 [dBW]} \equiv 10\log\frac{P_o}{1\text{W}}\,[\text{dBW}] \tag{3.23}$$

③ dBmV 단위 : 1mV를 기준으로 한 전압 V_o의 절대 레벨을 표시

$$\text{전압 레벨 [dBmV]} \equiv 20\log\frac{\text{V}_o}{1\text{mV}}\,[\text{dBmV}] \tag{3.24}$$

④ dBV 단위 : 1V를 기준으로 한 전압 V_o의 절대 레벨을 표시

$$\text{전압 레벨 [dBV]} \equiv 20\log\frac{V_o}{1\text{V}}\,[\text{dBV}] \tag{3.25}$$

3.3 잡음의 영향

통신시스템이 목표로 하는 것은 이용 가능한 대역폭, 채널, 전력으로 허용된 시간 안에 가능한 한 많은 양의 데이터를 전송하는 것이라고 할 수 있다. 전송채널에서 발생할 수 있는 잡음, 간섭, 왜곡 등으로 수신신호가 영향을 받으면 정상적인 정보신호를 복원하는데 방해받게 된다. 통신시스템의 내, 외부에서 발생하는 잡음은 수신신호를 심각하게 훼손시킨다. 통신시스템에 오동작을 유발하거나 전송 에러를 발생시켜 재전송을 요구하는 등 통신시스템의 효율을 저하시킨다.

대부분의 잡음은 예측 가능하도록 결정된 신호가 아니다. 거의 예측이 불가능

한 무작위 신호로서 랜덤(random) 잡음이다. 랜덤 잡음과 그 영향은 일반적인 수식으로 정확하게 표현하지 못한다. 이 때문에 수학적으로 확률과 통계이론을 이용해 잡음이 수신신호와 통신시스템에 미치는 영향을 예측한다. 통신시스템의 내, 외부 위치에서 발생하는 잡음과 신호의 형태에 따른 분류는 다음과 같다.

3.3.1 잡음의 발생 위치에 따른 분류

a. 통신시스템의 내부 잡음

① 열잡음 : 저항체의 열에너지에서 발생하는 잡음이다. 도체 내의 자유전자가 열에너지에 의해서 불규칙적으로 움직이는 브라운 운동을 하여 발생한다.

② 산탄잡음 : 반도체 소자에서 발생하는 잡음이다. p—n 접합에서 캐리어가 접합면을 통과하기 위해 전위장벽에 부딪치는 것과 같다. 진공관이나 반도체에 흐르는 시간적으로 불균일한 전류에 의해 발생한다.

③ 저주파잡음 : 전기접점에서 발생하는 접촉잡음 등으로 보통 1kHz 이하의 신호에 영향을 준다.

④ 시스템잡음 : 통신시스템에서 필연적으로 발생하는 잡음이다. 디지털 신호를 만들 때 발생하는 양자화잡음 등 신호가 있을 때만 발생한다.

b. 통신시스템의 외부 잡음

① 자연잡음 : 자연적으로 발생하는 잡음이다. 대기 중의 낙뢰 방전은 보통 HF 대역 이하의 통신신호에 영향을 미친다. 태양과 우주에서 날아오는 전자기파에 의한 잡음은 보통 VHF 대역 이상의 통신신호에 영향을 미친다.

② 인공잡음 : 인공적으로 발생하는 잡음이다. 자동차 점화 플러그나 릴레이의 접점에서 스파크로 인해 발생하는 불꽃(arc) 방전, 초고압 송전선에서 발생하는 코로나(corona) 방전, 형광등에서 발생하는 글로우(glow) 방전 등이다.

③ 온도잡음 : 대지나 대기 중의 수증기, 구름, 비, 물방울 등 전파를 흡수하는 물질들은 온도에 비례해 전파를 방사한다. 이때 발생하는 잡음으로 비가 올 때는 전파의 강도가 미약한 위성통신을 방해하는 주요 원인이

되기도 한다.

④ 간섭잡음 : 다른 시스템에서 유도되어 방사되는 잡음이다. 전원장치의 스위칭잡음과 모터를 사용하는 기기에서 코일의 온-오프(on-off)로 인해 발생하는 임펄스잡음 등이 있다.

3.3.2 스펙트럼 형태와 통계적 속성에 따른 분류

잡음을 주파수 스펙트럼 형태와 통계적 속성에 따라 분류할 수 있다. [그림 3-5]에 통계적 확률 해석에 많이 사용되는 가우시안(Gaussian) 함수의 푸리에 변환 쌍을 나타내었다. 가우시안 함수는 특이하게도 시간 영역과 주파수 영역의 형태가 같은 함수라는 것을 알 수 있다. 가우시안 분포는 정규(normal) 분포라는 이름으로 더 잘 알려져 있다. 이는 통계적으로 모집단이 클수록 신장이나 지능의 분포 등 자연에서 찾아볼 수 있는 수많은 현상들은 그 발생 확률이 가우시안 함수(Gaussian function)에 가깝게 일어난다는 것이다.

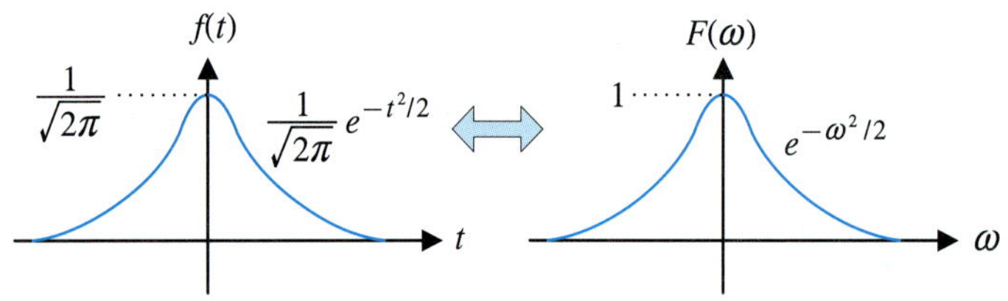

[그림 3-5] 가우시안 함수의 푸리에 변환 쌍

a. 백색 잡음

백색 잡음(white noise)은 [그림 3-6]과 같이 모든 주파수 대역에서 같은 세기를 갖는 무작위한 잡음이다. 모든 주파수 범위에서 균일한 전력 스펙트럼 밀도(power spectral density)를 갖는다. 잡음의 주파수 스펙트럼 속성을 나타낸 말로 백색이란 모든 파장에 대해 균일한 전력분포를 갖는 백색광에서 유래한 표현이다.

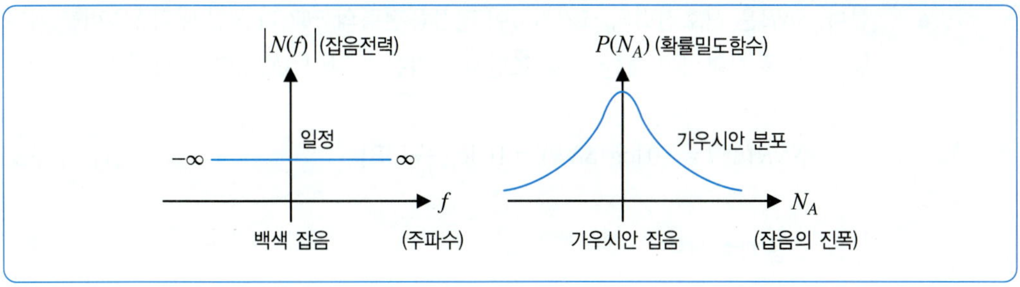

[그림 3-6] 잡음의 스펙트럼 형태와 통계적 속성에 따른 분류

b. 가우시안 잡음

가우시안 잡음(Gaussian noise)은 잡음의 진폭이 가우시안 분포의 확률밀도 함수(probability density function)를 갖는 통계적 잡음이다.

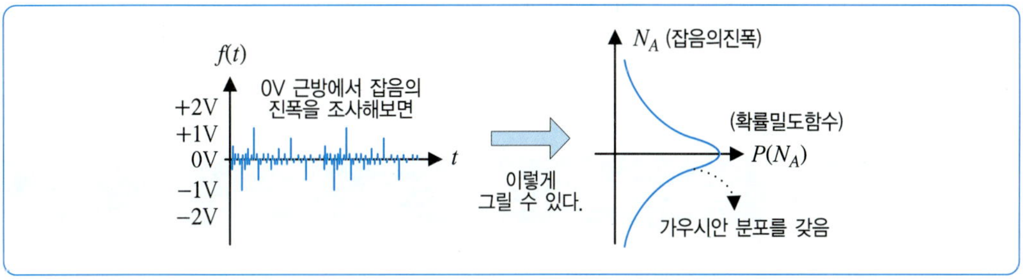

[그림 3-7] 잡음의 진폭이 가우시안 분포를 갖는 예

c. 백색 가우시안 잡음

백색 가우시안 잡음(white Gaussian noise)은 잡음의 스펙트럼은 [그림 3-6]처럼 모든 주파수 범위에서 균일한 전력밀도를 가지며, 동시에 잡음의 진폭은 가우시안 분포의 확률밀도함수를 갖는 잡음이다.

3.3.3 잡음 측정

a. 신호대잡음비 SNR

신호대잡음비(signal to noise ratio, SNR 혹은 S/N)는 잡음에 대비해 신호가 얼마나 깨끗한지를 나타내는 대표적인 측정 방법이다. 신호대잡음 전력비로 표시한다. SNR은 신호전력의 크기가 S이고 잡음전력의 크기가 N일 때의 S/N비를 나타낸다. 이를 전력비에 대한 dB로 표현하여 다음과 같이 SNR[dB]로 나타낸다.

$$SNR[\text{dB}] = 10\log(SNR) = 10\log\frac{S}{N}[\text{dB}] \tag{3.26}$$

b. 잡음지수 NF

잡음지수(noise figure, NF)는 신호가 어떤 소자나 회로를 거치면서 SNR이 저하되는 정도를 측정한다. 즉, 얼마나 잡음이 늘어나는지를 의미하므로 작을수록 좋은 값이다. 같은 의미로 로그를 취하지 않은 잡음지수를 잡음인자(noise factor, F)라고 한다. 입력신호와 출력신호의 S/N비를 각각 $(S/N)_i$, $(S/N)_o$라고 하고 각각의 dB 값을 SNR_i[dB], SNR_o[dB]라고 하면 다음과 같이 나타낼 수 있다.

$$NF[\text{dB}] = 10\log\left[\frac{(S/N)_i}{(S/N)_o}\right][\text{dB}] = SNR_i[\text{dB}] - SNR_o[\text{dB}] \tag{3.27}$$

3.4 임펄스 응답과 전달함수

시스템이란 무엇일까? 시스템(system)에 대한 일반적인 의미는 제도나 체계, 체제, 장치, 절차 등이다. 통신에서 시스템의 구체적인 의미는 필요한 기능을 구현하기 위한 회로나 장치, 프로그램 등이다. [그림 3-8]에 시스템의 예로 입력 신호 중 원하는 대역의 주파수만 출력으로 걸러내는 대역 통과 여파기를 들었다.

어떤 시스템의 전달특성을 나타내는 전달함수를 알면 컨벌루션 연산을 통해 그 시스템의 입력에 대한 출력을 구할 수 있다. 통신시스템의 해석에서도 이를 이용해 출력에서 시간 영역과 주파수 영역의 응답을 구할 수 있다.

3.4.1 선형 시불변 시스템

[그림 3-8]에서 시스템의 입출력신호가 다음 두 조건을 만족할 때를 선형 시불변 시스템(linear time-invariant system)이라고 한다. 식 (3.28), (3.29)에서

a, b, c는 상수이다. 선형 시불변 시스템에서는 전달함수를 사용해서 입력에 대한 출력을 구할 수 있다. 임펄스 응답을 알고 있으면 임의의 신호를 입력으로 가했을 때 출력에서의 결과 값을 예측할 수 있다.

a. 선형(linear) 시스템

$x_1(t) \Rightarrow y_1(t)$, $x_2(t) \Rightarrow y_2(t)$일 때

☞ $ax_1(t) + bx_2(t) \Rightarrow ay_1(t) + by_2(t)$ (3.28)

b. 시불변(time invariant) 시스템

$$x(t-c) \Rightarrow y(t-c) \quad (3.29)$$

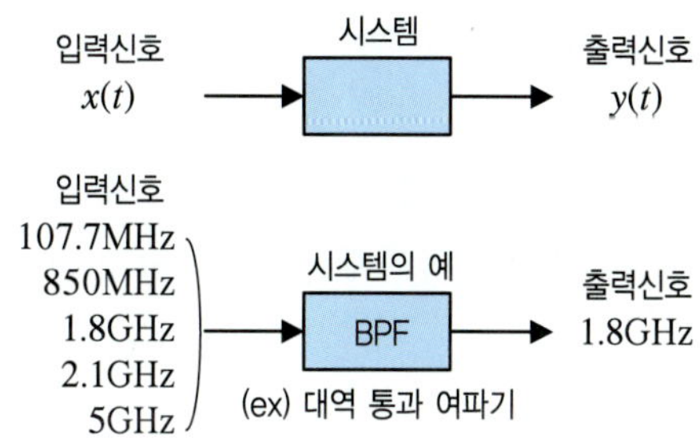

[그림 3-8] 시스템과 입출력신호

3.4.2 컨벌루션 연산

컨벌루션 연산자 *는 [그림 3-9]로 정의된 컨벌루션 연산임을 나타낸다. 컨벌루션(convolution)에 대한 영어사전의 의미는 『대단히 복잡한 것, 난해한 것』이라는 뜻이다. 이 연산은 실제로 매우 복잡한 적분 과정을 거친다. 함수 중 하나를 대칭으로 뒤집어 [그림 3-9]의 화살표처럼 이동시켜 두 개의 함수를 중첩시켜가면서 적분한다. 입력이 인가된 $t=0$ 이전에는 시스템의 출력이 나오지 않는다고 가정하면 컨벌루션 연산의 정의를 식 (3.30)처럼 다시 쓸 수 있다.

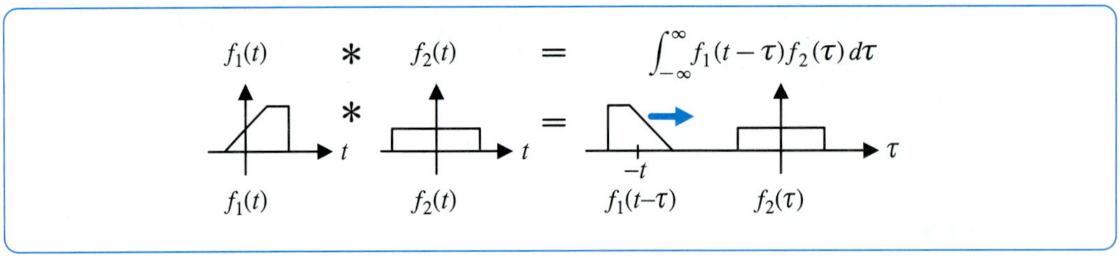

[그림 3-9] 컨벌루션 연산의 정의

$$f_1(t) * f_2(t) \equiv \int_0^{\infty} f_1(\tau) f_2(t-\tau)\, d\tau = \int_0^{\infty} f_1(t-\tau) f_2(\tau)\, d\tau \tag{3.30}$$

a. 시간 컨벌루션의 푸리에 변환 쌍

시간 영역의 컨벌루션 연산은 주파수 영역에서 곱이 된다.

$$f_1(t) * f_2(t) \Leftrightarrow F_1(\omega) F_2(\omega) \tag{3.31}$$

b. 주파수 컨벌루션의 푸리에 변환 쌍

시간 영역의 곱은 주파수 영역에서 컨벌루션 연산이 된다.

$$f_1(t) f_2(t) \Leftrightarrow \frac{1}{2\pi} F_1(\omega) * F_2(\omega) \tag{3.32}$$

3.4.3 임펄스 응답 함수

임펄스(impulse) 신호를 어떤 시스템에 입력으로 가했을 때 출력에서 나타나는 시간 응답을 그 시스템의 임펄스 응답(impulse response) 혹은 임펄스 응답 함수라고 한다. 마찬가지로 계단(step) 신호를 입력으로 가했을 때 시스템의 출력에서 나타나는 시간 응답을 계단 응답(step response)이라고 한다.

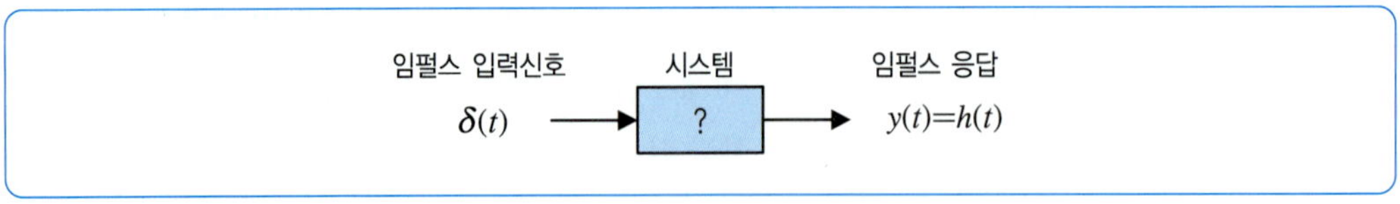

[그림 3-10] 임펄스 응답 함수 $h(t)$

[그림 3-10]처럼 임펄스 응답은 현재는 특성을 알 수 없는 어떤 시스템의 입력에 임펄스 신호를 인가했을 때 그 시스템을 통과해서 출력에서 나오는 반응을 시간 영역에서 구한 함수이다.

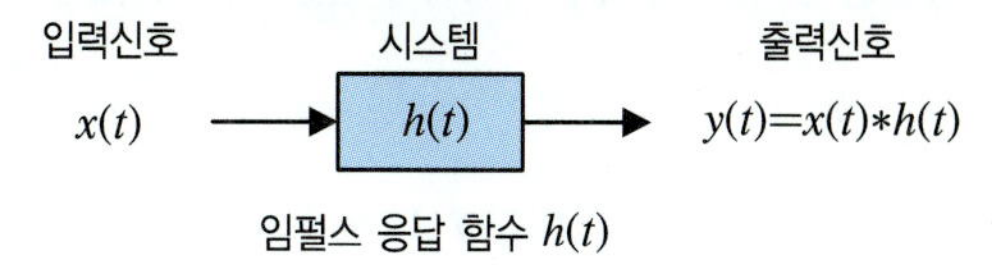

[그림 3-11] 시간 영역에서 임펄스 응답 함수의 역할

어떤 시스템의 임펄스 응답 함수를 알면 그 시스템의 임의의 입력에 대한 출력으로 시간 영역의 응답을 구할 수 있다. [그림 3-11]에서 이 시스템의 특성을 임펄스 응답 함수 $h(t)$으로 나타내었다. 이 시스템의 출력에서 얻어지는 시간 영역의 응답은 그림과 같이 $y(t)=x(t)*h(t)$로 구해진다. 즉, 시간 영역에서의 출력신호는 입력신호와 임펄스 응답 함수를 컨벌루션 연산해서 구할 수 있다.

3.4.4 전달함수와 주파수 응답

전달함수(transfer function)는 어떤 선형 시불변 시스템의 입력과 출력 사이의 관계를 주파수의 개념으로 표현한 것이다. 다른 말로 시스템 함수 혹은 네트워크 함수라고도 한다. 대부분의 전기신호는 시간에 대한 주파수의 개념으로 전달함수를 표현한다. 광학(optical)이나 안테나 이론 등은 공간적인 거리를 주파수의 개념으로 사용하기도 한다. 전달함수는 신호처리, 통신, 제어 등에서 여파기를 해석하는데 공통적으로 사용된다.

[그림 3-12]에서 전달함수 $H(\omega)$는 [그림 3-11]의 시간 영역에서의 임펄스 응답 함수 $h(t)$에 대한 주파수 영역에서의 표현이다. 식 (3.33), (3.34)는 입력신호, 임펄스 응답 함수, 출력신호의 푸리에 변환 쌍을 나타낸다. [그림 3-11]의 시간 영역에서 컨벌루션 연산은 [그림 3-12]의 주파수 영역에서 곱이 된다. 즉, 주파수 영역의 출력신호 $Y(\omega)$는 입력신호 $X(\omega)$와 전달함수 $H(\omega)$와의 곱이 된다.

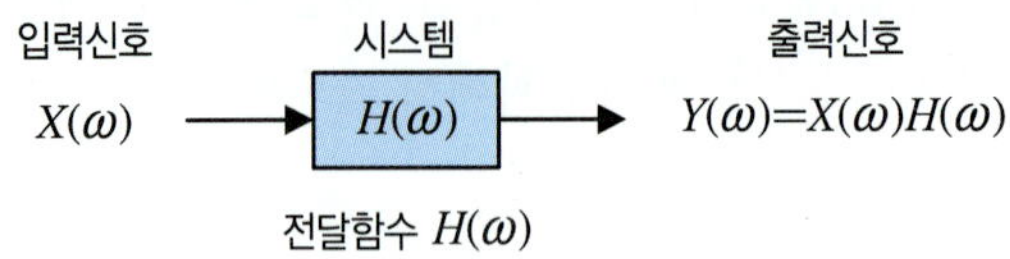

[그림 3-12] 주파수 영역에서 전달함수의 역할

$$x(t) \Leftrightarrow X(\omega),\ h(t) \Leftrightarrow H(\omega),\ y(t) \Leftrightarrow Y(\omega) \tag{3.33}$$

$$y(t) = x(t) * h(t) \Leftrightarrow Y(\omega) = X(\omega)H(\omega) \tag{3.34}$$

주파수 응답(frequency response)은 입력신호가 어떤 시스템을 통과해서 출력으로 나오는 반응을 주파수 영역에서 나타낸다. 다른 말로 주파수 특성이라고 한다. 마찬가지로 이를 시간 영역에서 나타내면 시간 응답 혹은 시간 특성이라고 한다. 주파수 응답은 주파수에 대한 진폭(amplitude)과 위상(phase) 특성으로 나타낸다. 이를 다른 말로 진폭 스펙트럼과 위상 스펙트럼이라고 한다.

주파수 영역의 입력신호 $X(\omega)$, 전달함수 $H(\omega)$와 출력신호 $Y(\omega)$를 진폭 특성과 위상 특성으로 표시해보자. $|X(\omega)|$ 형태로 표시한 것이 진폭 특성이고 $\angle X(\omega)$ 형태로 표시한 것이 위상 특성이다. 식 (3.36)처럼 주파수 영역에서 출력신호의 진폭 특성은 입력신호와 전달함수의 진폭이 곱해지고, 위상 특성은 입력신호와 전달함수의 위상이 더해진다. 그 결과 식 (3.37)에서 전달함수의 주파수 응답은 입력신호에 대한 출력신호의 진폭의 비와 위상의 차이로 나타난다.

$$X(\omega) = |X(\omega)|\angle X(\omega),\ H(\omega) = |H(\omega)|\angle H(\omega) \tag{3.35}$$

$$Y(\omega) = |Y(\omega)|\angle Y(\omega) = |X(\omega)||H(\omega)|\angle[X(\omega) + H(\omega)] \tag{3.36}$$

$$H(\omega) = |H(\omega)|\angle H(\omega) = |Y(\omega)|/|X(\omega)|\angle[Y(\omega) - X(\omega)] \tag{3.37}$$

3.5 라플라스 변환과 전달함수

3.5.1 라플라스 변환

공학이론에서 모든 수학적인 변환(transform)은 어떤 함수를 다른 함수로 변환시켜 신호의 해석을 보다 쉽게 하는 것이 목적이다. 라플라스 변환(Laplace transform)은 프랑스 수학자 라플라스(Laplace, 1749~1827)의 이름을 따서 붙여졌다. 라플라스 변환은 회로망 해석이나 제어공학 등에서 신호의 변환이나 전달, 재생 과정에서 풀어야 하는 선형 미분 방정식의 해를 구할 때 주로 사용한다. 선형 미분 방정식을 복소수 영역의 대수 방정식으로 변환시켜 해를 쉽게 구한 후 다시 역변환 과정을 거쳐 시간 응답을 구해낸다.

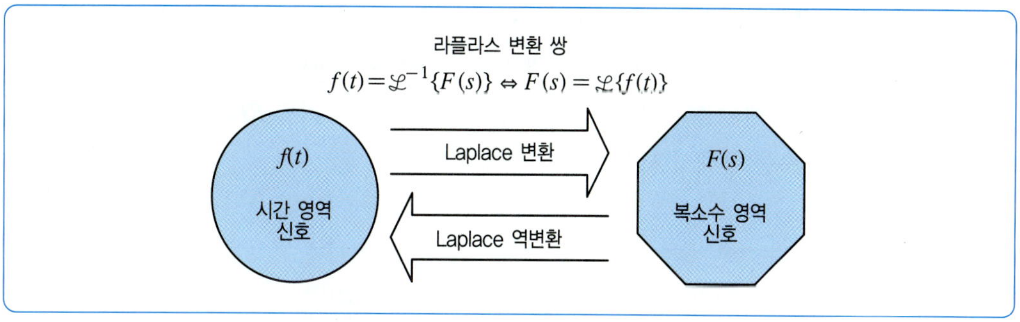

[그림 3-13] 라플라스(Laplace) 변환 쌍의 정의

라플라스 변환은 실수 영역의 시간 $t(t \geq 0)$에 대한 함수 $f(t)$를 복소수 영역의 복소수 s에 대한 함수 $F(s)$로 변환하는 연산이다. 라플라스 변환과 라플라스 역변환(inverse Laplace transform)에 대한 정의식은 다음과 같다.

a. 라플라스 변환의 정의

$$F(s)=\mathcal{L}[f(t)]=\int_0^\infty f(t)e^{-st}\,dt \tag{3.38}$$

(여기서 $s=\sigma+j\omega$, $\int_0^\infty \left|f(t)e^{-\sigma t}\right| dt<\infty$)

b. 라플라스 역변환의 정의

$$f(t)=\mathcal{L}^{-1}[F(s)]=\frac{1}{2\pi j}\int_{c-j\infty}^{c+j\infty} F(s)e^{st}\,ds \tag{3.39}$$

여기서 실수 c는 $F(s)$에 대한 적분이 수렴하도록 모든 특이점들이 $s=c$ 평면의 왼쪽에 존재하도록 선택된다. 특이점(singularity 혹은 singular point)은 수학적인 대상으로 정의할 수 없거나 무한대나 미분이 불가능한 것처럼 제대로 연산이 되지 않는 지점을 말한다(2장 참조). 라플라스 변환을 구하기 위해 복잡하게 직접 적분하기 보다는 보통의 계산에서는 주로 라플라스 변환 쌍을 이용한다.

3.5.2 전달함수로 시간 응답 구하기

시간 영역의 신호를 주파수 영역의 신호로 변환해서 특성을 보려면 푸리에 변환이 유용하다. 하지만 구체적으로 회로를 해석하고 전달함수를 통해 시간 응답과 주파수 응답을 구할 때는 라플라스 변환이 유용하다. 여기서 간단한 예를 들어 라플라스 변환을 사용해보자. [그림 3-14]와 같은 직렬 RLC 수동소자 회로에서 전달함수를 구해서 시간 응답을 구해보자.

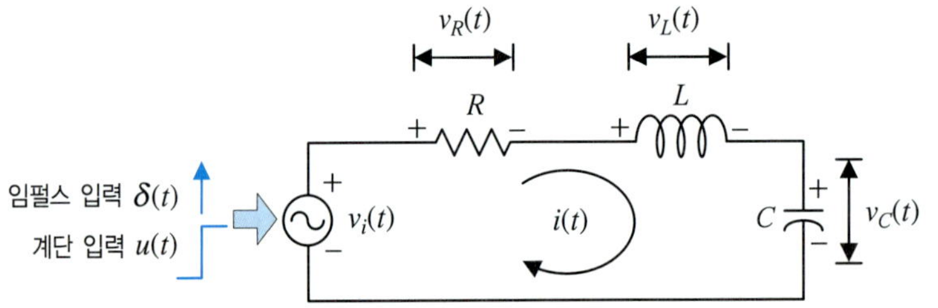

[그림 3-14] 직렬 RLC 회로 해석

[그림 3-14]에서 입력신호 $v_i(t)$를 가했을 때 RLC 각 소자에 걸린 출력 전압을 각각 $v_R(t)$, $v_L(t)$, $v_C(t)$라고 하자. R, L, C는 각 소자의 저항(register), 인덕턴스(inductance), 커패시턴스(capacitance) 값을 나타낸다. 시간이 $t<0$일 때의 초기 조건은 모두 0으로 가정한다. 이 회로에서 전류 $i(t)$에 대한 루프(loop) 방정식

과 각 소자에 걸린 전압에 대한 식은 다음과 같다.

$$v_i(t) = Ri(t) + L\frac{di(t)}{dt} + \frac{1}{C}\int i(t)\,dt \tag{3.40}$$

$$v_R(t) = Ri(t),\ v_L(t) = L\frac{di(t)}{dt},\ v_c(t) = \frac{1}{C}\int i(t)\,dt \tag{3.41}$$

식 (3.40)과 (3.41)을 라플라스 변환하면 RLC 각 소자에 걸린 전압을 출력으로 얻는 전달함수 $H_R(s)$, $H_L(s)$, $H_C(s)$를 다음과 같이 구할 수 있다.

$$V_i(s) = RI(s) + sLI(s) + \frac{1}{sC}I(s) \tag{3.42}$$

$$V_R(s) = RI(s)\text{에서 } H_R(s) = \frac{V_R(s)}{V_i(s)} = \frac{R}{R + sL + \frac{1}{sC}} \tag{3.43}$$

$$V_L(s) = sLI(s)\text{에서 } H_L(s) = \frac{V_L(s)}{V_i(s)} = \frac{sL}{R + sL + \frac{1}{sC}} \tag{3.44}$$

$$V_C(s) = \frac{1}{sC}I(s)\text{에서 } H_C(s) = \frac{V_C(s)}{V_i(s)} = \frac{\frac{1}{sC}}{R + sL + \frac{1}{sC}} \tag{3.45}$$

식 (3.43)~(3.45)는 RLC 각 소자에 대한 복소수 영역의 전달함수이다. 이를 라플라스 역변환하면 각 소자에서 출력되는 시간 영역의 임펄스 응답을 구할 수 있다. 이를 이용하면 다른 입력에 대한 출력도 구할 수 있다.

이 과정은 앞의 [그림 3-10]~[그림 3-12]에서 설명한 내용과 같다. 복소수 영역의 전달함수를 사용하려면 식 (3.33)~(3.37)에서 ω대신 s 변수를 적용해 사용하면 된다. 즉, 식 (3.33)~(3.34)에서 시간 영역과 복소수 영역의 라플라스 변환 쌍을 입력신호 $x(t) \Leftrightarrow X(s)$, 전달함수 $h(t) \Leftrightarrow H(s)$, 출력신호 $y(t) \Leftrightarrow Y(s)$라고 하자. 이때의 출력신호는 $y(t) = x(t) * h(t) \Leftrightarrow Y(s) = X(s)H(s)$가 된다.

[그림 3-14]에서 R=1[Ω], L=1[H], C=1[F]로 하고 각 소자에 대한 임펄스 응답과 계단 응답을 3.8절의 MATLAB 예제로 구하면 [그림 3-15]를 얻을 수 있다.

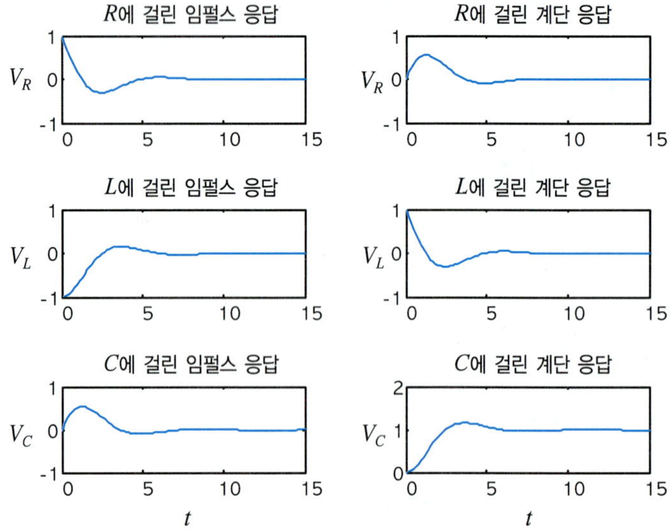

[그림 3-15] 직렬 *RLC* 회로의 임펄스 응답과 계단 응답

3.6 여파기와 대역 제어

3.6.1 대역제한과 전력제한

[그림 3-16]의 수신기의 대역 통과 여파기와 증폭기에서 대역제한과 전력제한 문제가 발생한다. 그림에서 A의 대역 통과 여파기는 원하는 주파수 성분의 신호

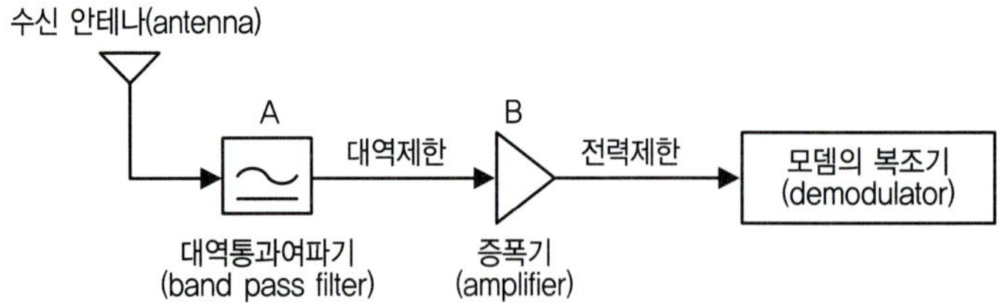

[그림 3-16] 대역제한과 전력제한이 필요한 이유

만 구분해내기 위해서 대역을 제한해야 한다. B의 증폭기는 능동소자의 특성상 신호가 포화되지 않도록 전력을 제한해야 한다.

a. 대역제한

통신 신호의 주파수 대역폭에 제한이 있어야 각 신호 간에 간섭이 발생하지 않는다. [그림 3-17]의 (a)처럼 대역이 제한된 경우는 신호의 구분이 용이하다. (b)처럼 대역이 제한되지 않은 경우는 신호가 겹쳐져 구분이 안 된다.

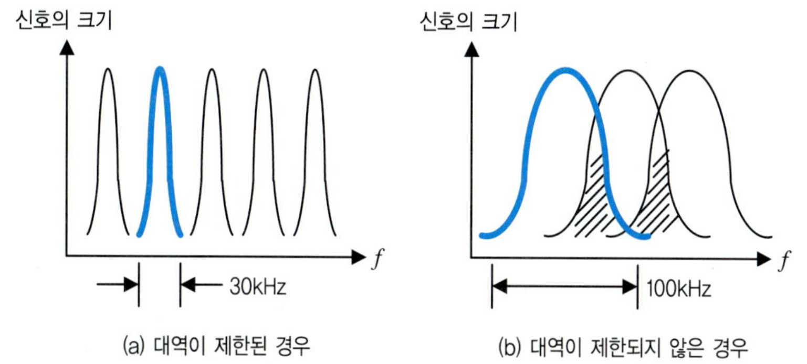

[그림 3-17] 주파수 대역제한의 예

b. 전력제한

송신기에서 송출 전력을 제한하지 않아 능동소자를 사용하는 수신기의 증폭기에서 신호가 포화(saturation)되면 모뎀에서 신호를 제대로 받아들이지 못한다.

[그림 3-18]은 트랜지스터와 같은 능동소자로 만드는 증폭기의 입출력 특성 그래프이다. 증폭기의 동작구간은 [그림 3-18]처럼 차단(cutoff), 능동(active), 포화(saturation) 영역을 갖고 있으며, 정상적인 증폭이 일어나는 곳은 능동영역이다. 이 영역은 입출력 특성이 직선 그래프로 표시되는 선형(linear) 구간으로 증폭기의 출력이 입력에 비례한다. $y=3x$처럼 만약 (출력)=3×(입력)이라면 모든 입력에 비례해 출력은 3배로 증폭된다. 곡선 그래프로 표시된 비선형(non-linear) 구간은 증폭기의 출력이 입력에 비례하지 않는다. 비선형 구간에서 입력신호를 증폭시키면 출력신호가 찌그러져 본래의 입력신호가 왜곡된다. [그림 3-18]의 A처럼 입력신호가 너무 커서 포화영역으로 넘어가면 비선형 구간에서 증

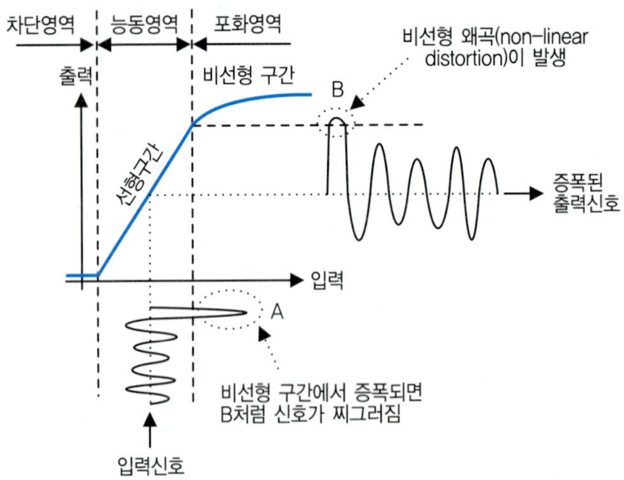

[그림 3-18] 증폭기의 입출력 특성과 비선형 왜곡

폭되므로 B처럼 출력신호가 찌그러져 왜곡된다.

수신기로 입력되는 전력을 제한시키면 입력에 비례해 증폭기의 선형 구간에서 왜곡 없이 출력이 증폭되므로 정상적인 증폭이 가능하다. 만일 수신기로 들어오는 전력에 제한을 두지 않아 입력신호가 커지면 비선형 구간에서 증폭하게 되어 신호가 왜곡된다. 이 때문에 PSTN 방식의 유선전화기는 0dBm 이하로 신호를 송출하도록 통신 규격으로 정하고 있다. 이동통신에서도 기지국과 이동 단말기 사이에 전력제어(power control)가 필요하다. 대부분의 이동통신 단말기는 송출 전력이 일정하게 고정되어 있다. 이 때문에 수신되는 전파의 세기로 이동 단말기와의 거리를 판단해 기지국에서 전력제어를 실시한다.

3.6.2 이상적인 여파기

여파기(wave filter)는 회로시스템에서 원하는 주파수 신호만을 골라내는 장치이다. 이를 줄여 관습적으로 그냥 필터(filter)라고 표현한다. 필터는 본래 일반적인 여과장치를 뜻하지만, 회로장치에서는 원하는 신호의 파형을 걸러낸다는 뜻이다. 여파기 혹은 필터의 사용 목적은 회로장치로 입력되는 여러 가지 신호 중에서 원하는 주파수 대역의 신호만 통과(pass)시키거나 저지(stop)시키는 것이다. 기본적인 여파기의 종류는 다음과 같다.

① 저역 통과 여파기(low pass filter, LPF) : 저주파 부분만 통과시키고 고주파 대역은 차단한다. 고주파 대역의 원치 않는 신호를 걸러내고 저주파 대역에 존재하는 본래의 신호만 골라낼 때 폭 넓게 사용한다.

② 고역 통과 여파기(high pass filter, HPF) : 고주파 부분만 통과시키고 저주파 대역은 막는다. HPF는 전원 장치에서 필요 없는 저주파 리플(ripple)을 제거하는 등의 한정된 용도로 사용한다.

③ 대역 통과 여파기(band pass filter, BPF) : 특정 주파수 대역만 통과시킨다. BPF는 주파수 대역을 제한해 여러 개로 잘게 나누어 쓸 때 원하는 주파수 대역만 정확하게 골라내야 하는 역할을 한다.

④ 대역 저지 여파기(band stop filter, BSF) : 특정 주파수 대역만 차단한다. BSF는 특정 대역의 주파수만 통과시키지 않을 때 사용한다.

[그림 3-19]에 이상적인 여파기의 진폭 특성을 나타내었다. 여파기는 원하는 주파수 성분만을 골라내는 통과대역(passband)과 반대로 통과를 막는 저지대역(stopband)을 설치하는 역할을 한다. 통과대역과 저지대역의 경계가 되는 주파수를 차단주파수(cutoff frequency)라고 한다.

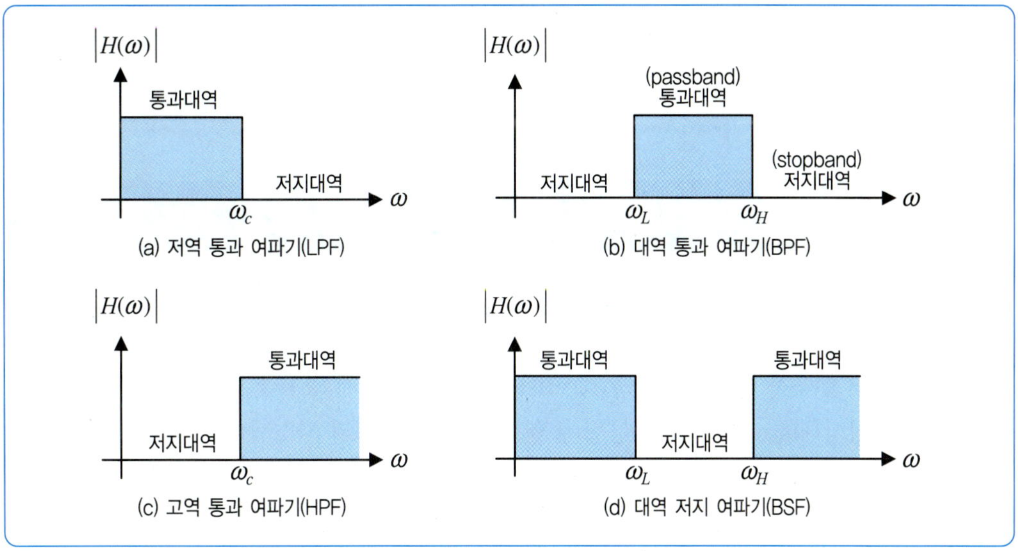

[그림 3-19] 이상적인 여파기(filter)의 진폭 특성

3.6.3 실제의 여파기

실제의 여파기는 [그림 3-19]와 같은 이상적인 진폭 특성을 갖지 못한다. 실제의 여파기는 [그림 3-20]과 같은 형태로 진폭 특성이 나타나기 때문에 『과연 어디까지를 여파기의 설계 대역폭으로 봐야 하는가?』하는 문제가 생긴다.

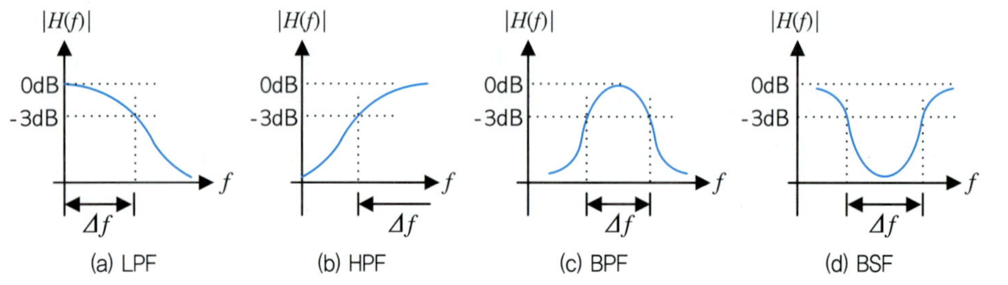

[그림 3-20] 실제 여파기의 진폭 특성과 3dB 대역폭

실제 여파기에서 사용할 대역폭은 따로 정의할 필요가 있다. 실제 여파기에 적용될 대역폭의 정의로 가장 많이 사용되고 있는 것은 [그림 3-20]과 같이 최대 응답치에 대해 -3dB가 되는 지점을 경계로 한 3dB 대역폭이다. -3dB점은 입력 신호에 비해 출력의 전력이 1/2배로 전압이 $1/\sqrt{2}$배로 줄어드는 지점이다.

3.7 여파기와 주파수 응답

라플라스 변환에 사용되는 복소수 $s=\sigma+j\omega$의 특성을 시간 영역에서 살펴보면 실수부 σ는 과도 응답(transient response)에 영향을 미치고 허수부 ω는 정상상태(steady state) 응답에 영향을 준다. 설계된 시스템이 안정되어 있으면 과도 응답은 곧 사라지고 정상상태 응답만 남기 때문에 주파수 응답을 얻을 때는 $s=j\omega$로 가정하고 구할 수 있다. 식 (3.46)의 전달함수는 복소함수이므로 식 (3.47)과 같이 실수부와 허수부로 이루어진다. 이때 진폭과 위상을 구하는 방법은 식 (1.20), (1.21)과 같다. 이를 이용해 식 (3.47)의 전달함수에 대한 주파수 응답을 진폭 특성과 위상 특성으로 나누어 식 (3.48), (3.49)처럼 표현할 수 있다.

$$H(j\omega)=|H(j\omega)|\angle H(j\omega) \tag{3.46}$$

$$H(j\omega)=Re[H(j\omega)]+jIm[H(j\omega)] \tag{3.47}$$

$$|H(j\omega)|=\sqrt{Re^2[H(j\omega)]+Im^2[H(j\omega)]} \tag{3.48}$$

$$\angle H(j\omega)=\tan^{-1}\left(\frac{Im[H(j\omega)]}{Re[H(j\omega)]}\right) \tag{3.49}$$

3.7.1 저역 통과 여파기(LPF)

[그림 3-21]은 직렬 RC 수동소자를 이용한 간단한 구조의 저역 및 고역 통과 여파기를 나타낸다. 이를 이용해 LPF와 HPF의 주파수 응답을 구해보자. 이 방법 외에도 직렬 RL 소자를 이용한 방법과 연산증폭기(OP amplifier)를 이용한 능동 여파기 등을 사용 목적에 따라 다양한 방법으로 구현할 수 있다.

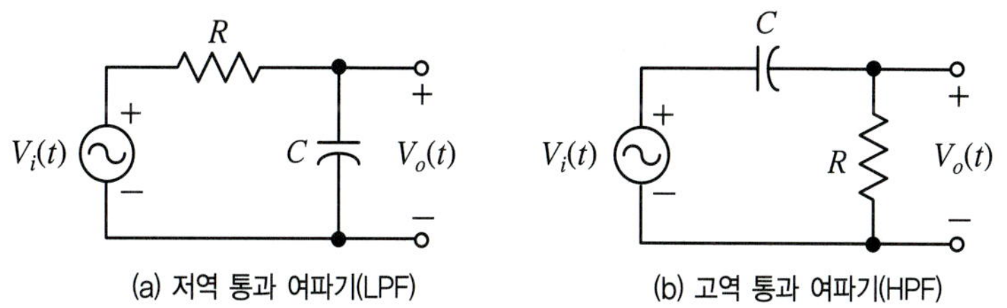

[그림 3-21] RC 저역 통과 여파기 및 고역 통과 여파기

[그림 3-21(a)]의 LPF에 대한 전달함수를 먼저 구하고 $s=j\omega$를 대입하면 다음 식과 같이 주파수 응답을 구할 수 있다.

$$H(s)=\frac{V_o(s)}{V_i(s)}=\frac{\frac{1}{sC}}{R+\frac{1}{sC}}=\frac{1}{1+sRC} \tag{3.50}$$

$$|H(j\omega)| = \left|\frac{V_o(\omega)}{V_i(\omega)}\right| = \left|\frac{1}{1+j\omega RC}\right| = \frac{1}{\sqrt{1+(\omega RC)^2}} \tag{3.51}$$

여기서 −3dB 지점의 전압비가 $|V_o(\omega)/V_i(\omega)| = 1/\sqrt{2}$이 되려면 $\omega RC = \pm 1$일 때이다. $\omega > 0$을 고려하면 이때의 차단주파수 f_c는 다음과 같이 구해진다.

$$\omega_c = \frac{1}{RC} \text{에서 } f_c = \frac{1}{2\pi RC} \tag{3.52}$$

식 (3.51), (3.52)를 이용하면 소자 값을 조정해 원하는 차단주파수를 갖는 LPF를 설계할 수 있다. 여기서는 C=0.01[μF]으로 놓고 −3dB 차단주파수를 4kHz로 설계하자. 이 LPF의 주파수 응답을 구하기 위해 3.8절의 MATLAB 예제를 실행하면 [그림 3-22]를 얻을 수 있다.

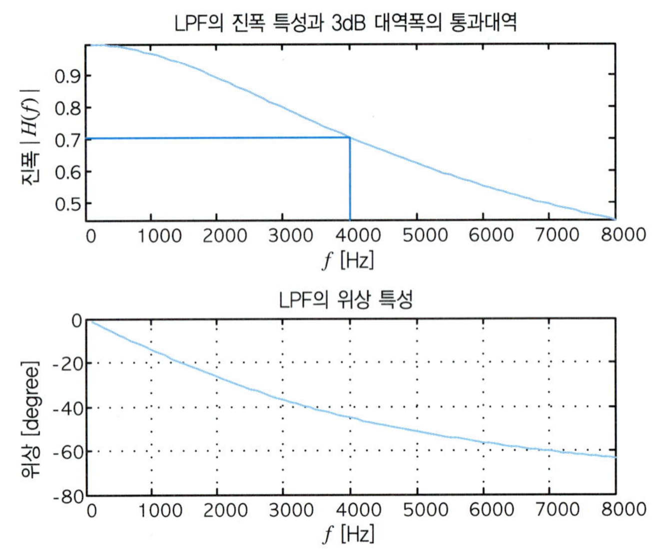

[그림 3-22] LPF의 주파수 응답

3.7.2 고역 통과 여파기(HPF)

마찬가지로 [그림 3-21(b)]의 HPF에 대한 전달함수를 먼저 구하고 $s = j\omega$를 대입하면 다음 식과 같이 주파수 응답을 구할 수 있다.

$$H(s)=\frac{V_o(s)}{V_i(s)}=\frac{R}{R+\frac{1}{sC}}=\frac{sRC}{1+sRC} \tag{3.53}$$

$$|H(j\omega)|=\left|\frac{V_o(\omega)}{V_i(\omega)}\right|=\left|\frac{j\omega RC}{1+j\omega RC}\right|=\frac{\omega RC}{\sqrt{1+(\omega RC)^2}} \tag{3.54}$$

여기서 −3dB 지점의 전압비가 $|V_o(\omega)/V_i(\omega)|=1/\sqrt{2}$이 되려면 $\omega RC=\pm 1$일 때이다. $\omega>0$을 고려하면 이때의 차단주파수 f_c는 다음과 같이 구해진다.

$$\omega_c=\frac{1}{RC}\text{에서 } f_c=\frac{1}{2\pi RC} \tag{3.55}$$

식 (3.54), (3.55)를 이용하면 소자 값을 조정해 원하는 차단주파수를 갖는 HPF를 설계할 수 있다. 여기서는 C=0.01[μF]으로 놓고 −3dB 차단주파수를 4kHz로 설계하기로 하자. 이 HPF의 주파수 응답을 구하기 위해 3.8절의 MATLAB 예제를 실행하면 [그림 3-23]을 얻을 수 있다.

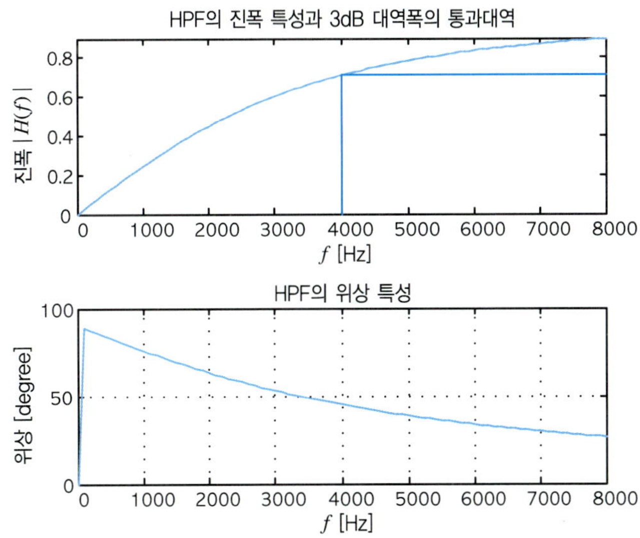

[그림 3-23] HPF의 주파수 응답

3.7.3 대역 통과 여파기(BPF)

[그림 3-24]는 직렬 *RLC* 수동소자를 이용한 간단한 구조의 대역 통과 및 대역 저지 여파기이다. BPF와 BSF의 주파수 응답을 구해보자. 이 방법 외에도 병렬 *LC* 소자를 이용한 방법과 연산증폭기를 이용한 능동 여파기 등을 다양한 방법으로 구현할 수 있다. 인덕턴스 L은 고주파일수록 통과를 막는 특성이 있고, 반대로 커패시턴스 C는 저주파일수록 통과를 방해한다. *LC* 소자 값을 잘 조정하면 원하는 주파수 통과 특성을 갖는 여파기를 만들 수 있다.

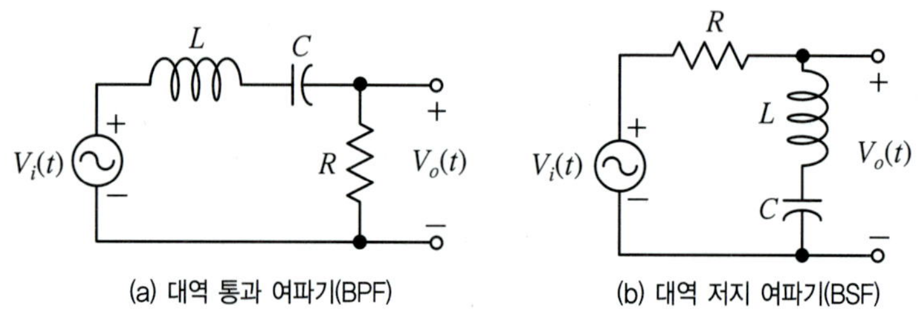

[그림 3-24] *RLC* 대역 통과 여파기 및 대역 저지 여파기

[그림 3-24(a)]의 BPF에 대한 전달함수를 먼저 구하고 $s=j\omega$를 대입하면 다음 식과 같이 주파수 응답을 구할 수 있다.

$$H(s)=\frac{V_o(s)}{V_i(s)}=\frac{R}{R+sL+\dfrac{1}{sC}} \tag{3.56}$$

$$\begin{aligned}|H(j\omega)|=\left|\frac{V_o(\omega)}{V_i(\omega)}\right|&=\left|\frac{R}{R+j\omega L+\dfrac{1}{j\omega C}}\right|\\&=\left|\frac{R}{R+j\left(\omega L-\dfrac{1}{\omega C}\right)}\right|=\left|\frac{R}{\sqrt{R^2+\left(\omega L-\dfrac{1}{\omega C}\right)^2}}\right|\end{aligned} \tag{3.57}$$

이 BPF의 중심주파수 f_0는 식 (3-57)에서 전압비가 $\left|V_o(\omega)/V_i(\omega)\right|=1$로 최대가 되는 $\omega L=1/(\omega C)$일 때로 $\omega>0$을 고려하면 다음과 같이 구해진다.

$$\omega_0=\frac{1}{\sqrt{LC}}\text{에서}\quad f_0=\frac{1}{2\pi\sqrt{LC}} \tag{3.58}$$

또한 −3dB 지점은 $\left|V_o(\omega)/V_i(\omega)\right|=1/\sqrt{2}$이 되는 $\omega L-1/(\omega C)=\pm R$일 때이다. $\omega>0$에 대해서 이를 풀면 −3dB 지점의 두 개의 차단주파수와 3dB 대역폭 BW를 다음과 같이 구할 수 있다.

$$\omega_c=\frac{\sqrt{R^2C^2+4LC}\pm RC}{2LC}\text{에서 } BW=f_H-f_L=\frac{R}{2\pi L} \tag{3.59}$$

식 (3.57)~(3.59)를 이용하면 소자 값을 조정해 원하는 중심주파수와 대역폭을 갖는 BPF를 설계할 수 있다. 여기서는 C=0.01[μF]으로 놓고 중심주파수를 FM 방송대역인 100MHz, 3dB 대역폭은 200kHz로 설계하자. 이 BPF의 주파수 응답을 구하기 위해 3.8절의 MATLAB 예제를 실행하면 [그림 3-25]를 얻을 수 있다.

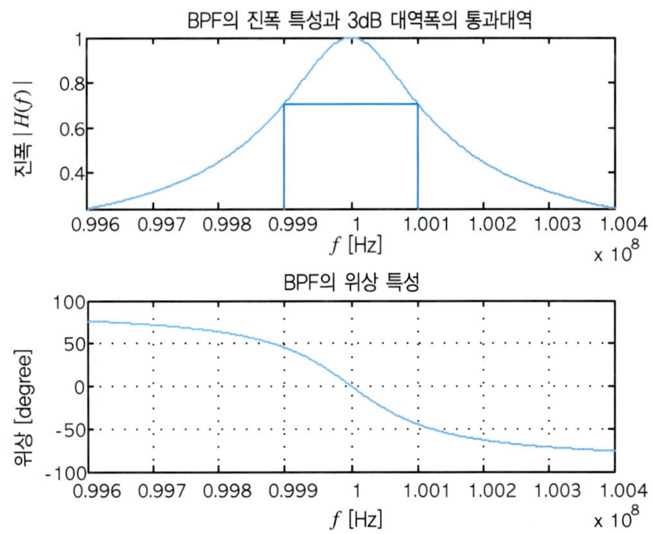

[그림 3-25] BPF의 주파수 응답

3.7.4 대역 저지 여파기(BSF)

마찬가지로 [그림 3-24(b)]의 BSF에 대한 전달함수를 먼저 구하고 $s=j\omega$를 대입하면 다음 식과 같이 주파수 응답을 구할 수 있다.

$$H(s)=\frac{V_o(s)}{V_i(s)}=\frac{sL+\frac{1}{sC}}{R+sL+\frac{1}{sC}} \tag{3.60}$$

$$\begin{aligned}|H(j\omega)|&=\left|\frac{V_o(\omega)}{V_i(\omega)}\right|=\left|\frac{j\omega L+\frac{1}{j\omega C}}{R+j\omega L+\frac{1}{j\omega C}}\right|\\&=\left|\frac{j\left(\omega L-\frac{1}{\omega C}\right)}{R+j\left(\omega L-\frac{1}{\omega C}\right)}\right|=\left|\frac{\left(\omega L-\frac{1}{\omega C}\right)}{\sqrt{R^2+\left(\omega L-\frac{1}{\omega C}\right)^2}}\right|\end{aligned} \tag{3.61}$$

이 BSF의 중심주파수 f_0는 식 (3-61)에서 전압비가 $|V_o(\omega)/V_i(\omega)|=0$으로 최소가 되는 $\omega L=1/(\omega C)$일 때로 $\omega>0$을 고려하면 다음과 같이 구해진다.

$$\omega_0=\frac{1}{\sqrt{LC}} \text{에서 } f_0=\frac{1}{2\pi\sqrt{LC}} \tag{3.62}$$

또한 −3dB 지점은 $|V_o(\omega)/V_i(\omega)|=1/\sqrt{2}$이 되는 $\omega L-1/(\omega C)=\pm R$일 때이다. 역시 $\omega>0$에 대해서 이를 풀면 −3dB 지점의 두 개의 차단주파수와 3dB 대역폭 BW를 다음과 같이 구할 수 있다.

$$\omega_c=\frac{\sqrt{R^2C^2+4LC}\pm RC}{2LC} \text{에서 } BW=f_H-f_L=\frac{R}{2\pi L} \tag{3.63}$$

식 (3.61)~(3.63)을 이용하면 소자 값을 조정해 원하는 중심주파수와 대역폭을 갖는 BSF를 설계할 수 있다. 여기서 C=0.01[μF]으로 놓고 중심주파수를 FM 방송대역인 100MHz, 3dB 대역폭은 200kHz로 설계하자. 이 BSF의 주파수 응답을 구하기 위해 3.8절의 MATLAB 예제를 실행하면 [그림 3-26]을 얻을 수 있다.

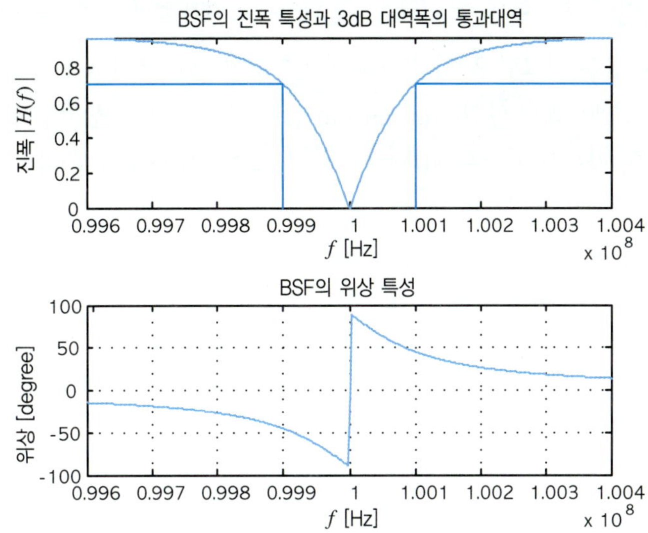

[그림 3-26] BSF이 주파수 응답

3.8 MATLAB 예제

★ 외부 함수의 작성

MATLAB 예제 3-1을 위해서는 다음의 gaussian.m 함수를 먼저 작성해 놓아야 한다. 이 함수는 가우시안 함수의 푸리에 변환을 위한 시간 영역의 신호로 사용된다. 이 m 파일 함수는 이를 호출하는 MATLAB 프로그램과 같은 폴더에 있어야 한다. MATLAB 명령 창에서 >> help gaussian ↙를 입력하면 아래의 내용 중 %로 표시된 줄만 도움말로 보여준다.

【 gaussian.m 함수 】

```
function y = gaussian(x)
% y = gaussian(x)는 가우시안 함수의 신호를 만든다.
%
% y = 1/sqrt(2*pi)*exp(-x.*x/2);
y = 1/sqrt(2*pi)*exp(-x.*x/2);
```

■ MATLAB 예제 3-1 (가우시안 함수의 푸리에 변환) - cm301.m

이 예제는 [그림 3-5]의 가우시안 함수에 대한 푸리에 변환을 실시한다. 이 예제가 실행되려면 앞의 gaussian.m 함수 파일이 같은 폴더에 작성되어 있어야 한다. 즉, 가우시안 함수 $x(t)=e^{-t^2/2}\Big/\sqrt{2\pi}$의 내용을 외부 파일에 별도의 함수로 작성해 놓고 불러들여 사용한다. 실행결과 가우시안 함수는 시간 영역과 주파수 영역의 형태가 같은 함수라는 것을 확인할 수 있다. MATLAB 예제 2-5와 다른 부분은 시간 영역의 신호이다. 또한 실행결과 ①, ④번 그림에서 시간 t=0을 중심으로 확대한 비율이 다르고, ②, ③번 그림에서 주파수 f=0을 중심으로 확대한 비율만 다르다.

【 cm301.m 프로그램 중 】- cm205.m과 다른 부분

```
% --- 시간 영역의 신호 f(t) 만들기 ---
% 다음 내용의 gaussian.m 함수가 같은 폴더에 있어야 한다.
% x = 1/sqrt(2*pi)*exp(-t.*t/2);
x = gaussian(t) ;                    % 가우시안 함수 x(t)
```

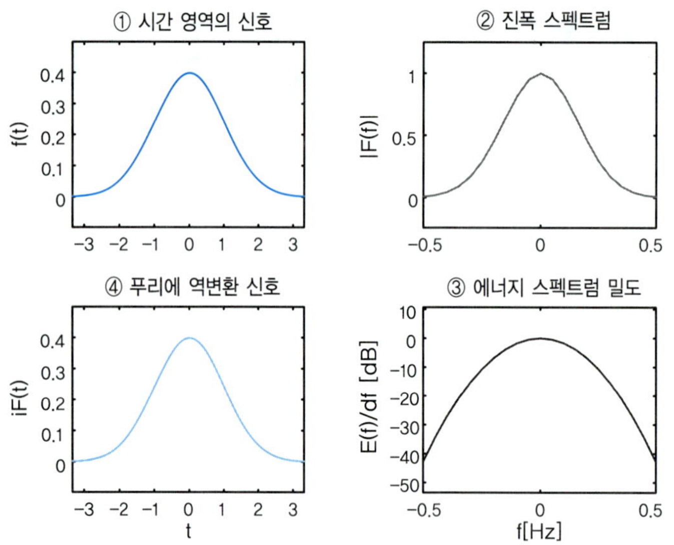

[그림 3-27] MATLAB 예제 3-1 실행결과

■ MATLAB 예제 3-2 (직렬 RLC 회로 시스템의 해석) - cm302.m

이 예제는 [그림 3-14]의 직렬 RLC 회로에서 전달함수를 통해 시간 응답을 구하는 방법을 보여준다. 이를 위해 본문의 식 (3.40)~(3.45)가 사용되었다. 라플라스 변환을 통해 RLC 회로를 해석하고 복소수 영역의 전달함수를 먼저 구한 후, 라플라스 역변환을 통해 원하는 입력에 대해 시간 영역의 응답을 구할 수 있다.

단위 임펄스 입력을 넣었을 때의 임펄스 응답을 h(t)라고 하고 단위 계단 입력을 넣었을 때의 계단 응답을 y(t)라고 하자. 이 시스템의 시간 영역과 복소수 영역의 라플라스 변환 쌍은 임펄스 응답 h(t) ⇔ 전달함수 H(s), 계단 입력 x(t)=u(t) ⇔ X(s)=1/s, 계단 응답 y(t)=h(t)*x(t) ⇔ Y(s)=H(s)X(s)=H(s)/s로 구해진다. 먼저 복소수 영역에서 RLC 각 소자에 걸린 전압을 구하는 전달함수 H(s)를 구한다. 그런 후 H(s)와 Y(s)에 대해 라플라스 역변환을 실시해 시간 영역의 임펄스 응답 h(t)와 계단 응답 y(t)를 구한다. 실행결과로 얻어지는 그림은 본문의 [그림 3-15]와 같다.

【 cm302.m 프로그램 】

```
R=1, L=1, C=1              % 초기 조건은 모두 0으로 가정하고 간략히 계산
%--- Laplace 변환 ---
syms s                               % 기호수학 도구상자를 이용
HR = R/(R+s*L+1/(s*C));              % R에 걸린 전압을 구하는 전달함수 H(s)
HL = (s*L)/(R+s*L+1/(s*C));          % L에 걸린 전압을 구하는 전달함수 H(s)
HC = (1/(s*C))/(R+s*L+1/(s*C));      % C에 걸린 전압을 구하는 전달함수 H(s)

%--- Laplace 역변환 ---
% h(t)는 시스템에 단위 임펄스 입력 δ(t)⇔1을 넣었을 때의 출력응답
h1 = ilaplace(HR);         % 출력 ☞ y(t)=h(t)*x(t) ⇔ Y(s)=H(s)X(s)
h2 = ilaplace(HL);         % 임펄스 입력 ☞ x(t)=δ(t)⇔1 ☞ Y(s)=H(s)*1
h3 = ilaplace(HC);         % 임펄스 응답 ☞ y(t)=h(t) ⇔ H(s)

% y(t)는 시스템에 단위 계단 입력 u(t)⇔1/s을 넣었을 때의 출력응답
y1 = ilaplace(HR*1/s);     % 출력 ☞ y(t)=h(t)*x(t) ⇔ Y(s)=H(s)X(s)
y2 = ilaplace(HL*1/s);     % 계단 입력 ☞ x(t)=u(t)⇔1/s
y3 = ilaplace(HC*1/s);     % 계단 응답 ☞ y(t) ⇔ Y(s)=H(s)*1/s

%--- 그래프 데이터 구하기 ---
% t에 대한 임펄스 응답 h(t)와 계단 응답 y(t) 값을 계산
% h(t)와 y(t)는 t에 대한 함수로 아직 t의 값이 정해지지 않았다.
```

```
time = linspace(0,15,100);          % 시간 t를 구체적인 값으로 정의
len = length(time);
for n = 1:len
    t = time(n);
    hR(n) = eval(h1); yR(n) = eval(y1);      % R에 걸린 출력응답
    hL(n) = eval(h2); yL(n) = eval(y2);      % L에 걸린 출력응답
    hC(n) = eval(h3); yC(n) = eval(y3);      % C에 걸린 출력응답
end

% --- 임펄스 응답과 계단 응답 그리기 ---
figure(302)                         % 그림 창 번호 매기기

subplot(3,2,1)
plot(time,hR), ylabel('V_R'), title('R에 걸린 임펄스 응답')
subplot(3,2,3)
plot(time,hL), ylabel('V_L'), title('L에 걸린 임펄스 응답')
subplot(3,2,5)
plot(time,hC), ylabel('V_C'), title('C에 걸린 임펄스 응답')
xlabel('t')
subplot(3,2,2)
plot(time,yR), ylabel('V_R'), title('R에 걸린 계단 응답')
subplot(3,2,4)
plot(time,yL), ylabel('V_L'), title('L에 걸린 계단 응답')
subplot(3,2,6)
plot(time,yC), ylabel('V_C'), title('C에 걸린 계단 응답')
xlabel('t')
```

■ MATLAB 예제 3-3 (LPF의 주파수 응답) – cm303.m

이 예제는 [그림 3-21(a)]의 LPF에 대한 전달함수를 구해 저역 통과 여파기의 주파수 응답을 설계한 예를 보여준다. 이 LPF의 전달함수와 –3dB 차단주파수를 얻기 위해 본문의 식 (3.50)~(3.52)가 사용되었다. 먼저 차단주파수를 정하고 소자 값을 조정해 주파수 응답을 구하였다. 실행결과로 얻어지는 그림은 본문의 [그림 3-22]와 같다.

이 예제는 선을 긋는 line 명령을 사용한다. line([x1 x2],[y1 y2]) 명령은 (x,y) 좌표의 두 개의 점인 (x1,y1)과 (x2,y2)를 선으로 연결한다. 이를 이용해 –3dB 지점을 표시하였다.

【 cm303.m 프로그램 】

```
% --- 신호를 주파수로 해석할 변수들 결정 ---
fc = 4000;                  % 3dB 차단주파수 설계 ☞ -3dB 지점

C = 0.01e-6;                % C = 0.01uF으로 설정
R = 1/(2*pi*fc*C);          % -3dB 차단주파수 wc=1/(R*C)에서 R 구함

f = 0:100:2*fc;             % 주파수 축 만들기
w = 2*pi*f;                 % 0Hz ~ 차단주파수의 2배 범위로 그리기
s = j*w;                    % 주파수 응답을 위한 복소수 표현

disp('3dB 차단주파수'), fc
disp('부품 값'), R, C

%--- Laplace 변환 ---
H = (1./(s*C))./(R+1./(s*C));       % 전달함수 H ☞ 복소수 성분
mH = abs(H);                        % 전달함수 H의 진폭 특성
aH = angle(H);                      % 전달함수 H의 위상 특성 [radian]
aHd = 180/pi*unwrap(aH);            % 전달함수 H의 위상 특성 [degree]

% --- 전달함수의 주파수 응답 그리기 ---
figure(303)                                 % 그림 창 번호 매기기

subplot(2,1,1)
plot(f,mH,'r');                             % 진폭 특성 그리기
axis([min(f) max(f) min(mH) max(mH)])       % axis([xmin xmax ymin ymax])
xlabel('f [Hz]'), ylabel('진폭  |H(f)|');
title('LPF의 진폭 특성과 3dB 대역폭의 통과대역')

line([min(f) fc],[1/sqrt(2) 1/sqrt(2)])     % line([x1 x2],[y1 y2])
line([fc fc],[min(mH) 1/sqrt(2)])           % -3dB 지점의 진폭 크기 1/√2

subplot(2,1,2)                              % 위상 특성 그리기
plot(f,aHd,'r'), xlabel('f [Hz]'), ylabel('위상  [degree]')
title('LPF의 위상 특성'), grid
```

■ MATLAB 예제 3-4 (HPF의 주파수 응답) - cm304.m

이 예제는 [그림 3-21(b)]의 HPF에 대한 전달함수를 구해 고역 통과 여파기의 주파수 응답을 설계한 예를 보여준다. 이 HPF의 전달함수와 -3dB 차단주파수

를 얻기 위해 본문의 식 (3.53)~(3.55)가 사용되었다. 먼저 차단주파수를 정하고 소자 값을 조정해 주파수 응답을 구한다. 실행결과로 얻어지는 그림은 본문의 [그림 3-23]과 같다. MATLAB 예제 3-3과 다른 부분은 HPF의 전달함수, -3dB 지점을 표시하는 라인을 그리는 부분, 그림의 제목이다.

【 cm304.m 프로그램 중 】 - cm303.m과 다른 부분 (1)

```
%--- Laplace 변환 ---
H = R./(R+1./(s*C));                         % 전달함수 H ☞ 복소수 성분
```

【 cm304.m 프로그램 중 】 - cm303.m과 다른 부분 (2)

```
line([fc max(f)],[1/sqrt(2) 1/sqrt(2)])      % line([x1 x2],[y1 y2])
line([fc fc],[min(mH) 1/sqrt(2)])            % -3dB 지점의 진폭 크기 1/√2
```

■ MATLAB 예제 3-5 (BPF의 주파수 응답) - cm305.m

이 예제는 [그림 3-24(a)]의 BPF에 대한 전달함수를 구해 대역 통과 여파기의 주파수 응답을 설계한 예를 보여준다. 이 BPF의 전달함수, 3dB 대역폭, -3dB 차단주파수를 얻기 위해 식 (3.56)~(3.59)가 사용되었다. 먼저 중심주파수를 정하고 소자 값을 조정해 3dB 대역폭을 설계했다. 특히 -3dB 지점의 차단주파수 구하기 위해 기호수학 도구상자가 사용되었다. 실행결과로 얻는 그림은 본문의 [그림 3-25]와 같다.

【 cm305.m 프로그램 】

```
% --- 신호를 주파수로 해석할 변수들 결정 ---
f0 = 100e6;                        % 중심주파수 설계
BW = 200e3;                        % 3dB 대역폭을 설계

C = 0.01e-6;                       % C = 0.01uF으로 설정
L = 1/(C*(2*pi*f0)^2);             % ω0 = 1/sqrt(L*C)에서 L을 구함
R = 2*pi*L*BW;                     % BW = R/(2*pi*L)에서 R을 구함

f = f0-400e3:2e3:f0+400e3;         % 중심주파수 f0±400kHz 범위로 그리기
w = 2*pi*f;                        % 주파수 축 만들기
s = j*w;                           % 주파수 응답을 위한 복소수 표현

% --- -3dB 지점의 차단주파수 구하기 ---
syms w
```

```
y = (w*L-1/(w*C))^2-R^2;              % abs(H) = 1/sqrt(2)인 차단주파수
wc = solve(y==0,w);                   % y=0인 w의 해를 찾아 wc에 저장
fc = wc/(2*pi);                       % f<0 측도 포함된 4개의 주파수가 나온다.
fc = eval(fc);
fc = fc(find(fc>0));                  % f>0 측 차단주파수만 고르기
fc1 = min(fc); fc2 = max(fc);         % 차단주파수의 작은 값과 큰 값 정하기

disp('중심주파수 [MHz]'), f0/1e6
disp('3dB 차단주파수 [MHz]'), fc1/1e6, fc2/1e6
disp('3dB 설계 대역폭 BW [kHz]'), BW/1e3
disp('3dB 대역폭 fc2-fc1 [kHz] 검증하기'), (fc2-fc1)/1e3
disp('부품 값'), R, L, C

%--- Laplace 변환 ---
H = R./(R+s*L+1./(s*C));              % 전달함수 H ☞ 복소수 성분
mH = abs(H);                          % 전달함수 H의 진폭 특성
aH = angle(H);                        % 전달함수 H의 위상 특성 [radian]
aHd = 180/pi*unwrap(aH);              % 전달함수 H의 위상 특성 [degree]

% --- 전달함수의 주파수 응답 그리기 ---
figure(305)                                     % 그림 창 번호 매기기

subplot(2,1,1)
plot(f,mH,'r')                                  % 진폭 특성 그리기
axis([min(f) max(f) min(mH) max(mH)])           % axis([xmin xmax ymin ymax])
xlabel('f [Hz]'), ylabel('진폭  |H(f)|');
title('BPF의 진폭 특성과 3dB 대역폭의 통과대역')

line([fc1 fc2],[1/sqrt(2) 1/sqrt(2)])           % line([x1 x2],[y1 y2])
line([fc1 fc1],[min(mH) 1/sqrt(2)])             % -3dB 지점의 진폭 크기 1/√2
line([fc2 fc2],[min(mH) 1/sqrt(2)])             % -3dB 지점의 진폭 크기 1/√2

subplot(2,1,2)                                  % 위상 특성 그리기
plot(f,aHd,'r'), xlabel('f [Hz]'), ylabel('위상  [degree]')
title('BPF의 위상 특성'), grid
```

■ MATLAB 예제 3-6 (BSF의 주파수 응답) - cm306.m

이 예제는 [그림 3-24(b)]의 BSF에 대한 전달함수를 구해 대역 저지 여파기의 주파수 응답을 설계한 예를 보여준다. 이 BSF의 전달함수, 3dB 대역폭, -3dB 차단주파수를 얻기 위해 식 (3.60)~(3.63)이 사용되었다. 먼저 중심주파수

를 정하고 소자 값을 조정해 3dB 대역폭을 설계했다. -3dB 지점의 차단주파수를 구하기 위해 기호수학 도구상자가 사용되었다. 실행결과로 얻어지는 그림은 본문의 [그림 3-26]과 같다. MATLAB 예제 3-5와 다른 부분은 BSF의 전달함수, -3dB 지점을 표시하는 라인을 그리는 부분, 그림의 제목이다.

【 cm306.m 프로그램 중 】- cm305.m과 다른 부분 (1)

```
%--- Laplace 변환 ---
H = (s*L+1./(s*C))./(R+s*L+1./(s*C));        % 전달함수 H ☞ 복소수 성분
```

【 cm306.m 프로그램 중 】- cm305.m과 다른 부분 (2)

```
line([min(f) fc1],[1/sqrt(2) 1/sqrt(2)])     % line([x1 x2],[y1 y2])
line([fc2 max(f)],[1/sqrt(2) 1/sqrt(2)])
line([fc1 fc1],[min(mH) 1/sqrt(2)])          % -3dB 지점의 진폭 크기 1/√2
line([fc2 fc2],[min(mH) 1/sqrt(2)])          % -3dB 지점의 진폭 크기 1/√2
```

■ MATLAB 예제 3-7 (FM 방송의 주파수 대역제한) - cm307.m

이 예제는 상업용 FM 방송 수신기에서 방송채널을 선택하기 위해 BPF의 주파수 응답을 구하는 프로그램이다. 이 예제는 [그림 3-17]의 주파수 대역제한을 위한 BPF의 실제 역할을 예로 든 것이다. 이를 위해 MATLAB 예제 3-5의 BPF에 대한 설계를 응용했다. 먼저 중심주파수가 다른 5개의 FM 방송 주파수 채널에 대해 각각의 전달함수에 대한 주파수 응답을 나타내고, 중심 채널에 대한 3dB 대역폭을 나타내었다.

【 cm307.m 프로그램 】

```
% --- 신호를 주파수로 해석할 변수들 결정 ---
f1 = 89.1e6;                % f1 ☞ 중심주파수 선택 (KBS-FM)
f2 = f1 - 0.4e6;            % f1 - 0.4MHz로 설계
f3 = f1 - 0.2e6;            % f1 - 0.2MHz로 설계
f4 = f1 + 0.2e6;            % f1 + 0.2MHz로 설계
f5 = f1 + 0.4e6;            % f1 + 0.4MHz로 설계
BW = 150e3;                 % 대역폭을 ±75kHz로 설계

C = 0.01e-6;                % C = 0.01uF으로 설정
L1 = 1/(C*(2*pi*f1)^2);  R1 = 2*pi*L1*BW;
L2 = 1/(C*(2*pi*f2)^2);  R2 = 2*pi*L2*BW;
L3 = 1/(C*(2*pi*f3)^2);  R3 = 2*pi*L3*BW;
```

```
L4 = 1/(C*(2*pi*f4)^2);  R4 = 2*pi*L4*BW;
L5 = 1/(C*(2*pi*f5)^2);  R5 = 2*pi*L5*BW;

f = f1-400e3:2e3:f1+400e3;          % 중심주파수 f1±400kHz 범위로 그리기
w = 2*pi*f;                         % 주파수 축 만들기
s = j*w;                            % 주파수 응답을 위한 복소수 표현

% --- -3dB 지점의 차단주파수 구하기 ---
R = R1; L = L1;
syms w
y = (w*L-1/(w*C))^2 - R^2;          % abs(H) = 1/sqrt(2)인 차단주파수
wc = solve(y==0,w);                 % y=0인 w의 해를 찾아 wc에 저장
fc = wc/(2*pi);                     % f<0 측도 포함된 4개의 주파수가 나온다.
fc = eval(fc);
fc = fc(find(fc>0));                % f>0 측 차단주파수만 고르기
fc1 = min(fc); fc2 = max(fc);       % 차단주파수의 작은 값과 큰 값 정하기

x = [f1 f2 f3 f4 f5];
disp('FM 방송주파수 대역 [MHz]'), sort(x)/1e6
disp('중심주파수 [MHz]'), f1/1e6
disp('3dB 차단주파수 [MHz]'), fc1/1e6, fc2/1e6
disp('3dB 설계 대역폭 BW [kHz]'), BW/1e3
disp('3dB 대역폭 fc2-fc1 [kHz] 검증하기'), (fc2-fc1)/1e3
disp('부품 값'), R, L, C

%--- Laplace 변환 ---
% 복소수 성분의 전달함수 H에서 ☞ 진폭 특성 [dB] 구하기
H1 = R1./(R1+s*L1+1./(s*C));  mH1 = 20*log10(abs(H1));
H2 = R2./(R2+s*L2+1./(s*C));  mH2 = 20*log10(abs(H2));
H3 = R3./(R3+s*L3+1./(s*C));  mH3 = 20*log10(abs(H3));
H4 = R4./(R4+s*L4+1./(s*C));  mH4 = 20*log10(abs(H4));
H5 = R5./(R5+s*L5+1./(s*C));  mH5 = 20*log10(abs(H5));

% --- 전달함수의 주파수 응답 그리기 ---
figure(307)                                  % 그림 창 번호 매기기

plot(f,mH1,f,mH2,f,mH3,f,mH4,f,mH5);         % 진폭 특성 그리기
axis([min(f) max(f) min(mH1) max(mH1)])      % axis([xmin xmax ymin ymax])
xlabel('f [Hz]'), ylabel('진폭(dB)  |H(f)|');
title('FM 방송 주파수 대역에서 BPF의 역할')

line([fc1 fc2],[-3 -3])                      % line([x1 x2],[y1 y2])
line([fc1 fc1],[min(mH1) -3])                % -3dB 지점의 진폭 크기 1/√2
line([fc2 fc2],[min(mH1) -3])                % -3dB 지점의 진폭 크기 1/√2
```

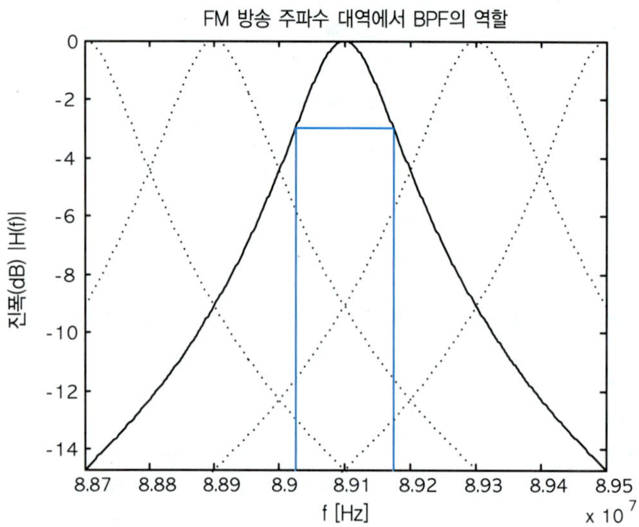

[그림 3-28] MATLAB 예제 3-7 실행결과

연습문제

1. 다음 서술이 맞는지 O, X로 답하라.

(1) 【신호와 여파기】 3dB는 신호의 상대 레벨을 나타낸다.

(2) 【신호와 여파기】 +3dB는 출력신호의 전력이 입력신호의 2배가 되는 레벨이다.

(3) 【신호와 여파기】 −3dB는 출력신호의 전력이 입력신호의 1/3배가 되는 레벨이다.

(4) 【신호와 여파기】 모든 주파수대역에서 균일한 전력밀도 스펙트럼을 갖는 잡음을 백색잡음이라고 한다.

(5) 【신호와 여파기】 기지국과 이동 단말기 사이의 전력제어는 단말기에서 주로 한다.

(6) 【신호와 여파기】 대부분의 잡음은 예측 가능하도록 결정된 신호이다.

(7) 【신호와 여파기】 가우시안 함수는 시간 영역과 주파수 영역의 형태가 같다.

(8) 【신호와 여파기】 신호대잡음비(SNR)는 잡음에 대비해 신호가 얼마나 깨끗한지를 나타낸다.

(9) 【신호와 여파기】 잡음지수(NF)는 어떤 소자나 회로를 거치면서 얼마나 잡음이 늘어나는지를 의미한다.

(10) 【신호와 여파기】 라플라스 변환은 주로 주파수 영역에서 신호를 해석한다.

2. 다음 설명에 해당하는 잡음을 【보기 A】에서 골라 번호를 적어라.

(1) 반도체 소자에서 발생하는 잡음

(2) 저항체의 열에너지에서 발생하는 잡음

(3) 전기접점에서 발생하는 접촉 잡음 등

(4) 디지털 신호를 만들 때 발생하는 양자화 잡음

(5) 형광등 방전으로 발생하는 잡음 등

(6) 벼락이나 태양과 우주에서 날아오는 전자기파의 잡음

(7) 전파를 흡수하는 물질이 온도에 비례해 방사하는 잡음

(8) 다른 시스템에서 유도되어 방사되는 잡음

보기 A

① 온도잡음	② 산탄잡음	③ 열잡음	④ 인공잡음
⑤ 백색잡음	⑥ 간섭잡음	⑦ 자연잡음	⑧ 가우시안잡음
⑨ 저주파잡음	ⓐ 시스템잡음	ⓑ 백색가우시안잡음	

3. 다음 특성을 갖는 잡음을 【보기 A】에서 모두 골라라.
(1) 모든 주파수대역에 대해 균일한 전력밀도 스펙트럼을 갖는 잡음
(2) 잡음의 진폭이 가우시안 확률분포를 갖는 잡음

4. 다음 분류에 해당하는 잡음을 【보기 A】에서 모두 골라라.
(1) 잡음의 발생 위치에 따른 분류로 통신시스템의 내부 잡음
(2) 잡음의 발생 위치에 따른 분류로 통신시스템의 외부 잡음
(3) 주파수 스펙트럼 형태와 통계적 속성에 따른 분류

5. 다음 여파기에 대한 우리말 표현에 맞는 영문약자를 【보기 B】에서 골라라.
(1) 저역 통과 여파기 (2) 고역 통과 여파기
(3) 대역 통과 여파기 (4) 대역 저지 여파기

보기 B
① BSF ② BPF ③ LPF ④ HPF

6. 다음 중 신호의 절대 레벨 표시를 모두 골라 번호를 적어라.
① dBm ② dBV ③ dBmV ④ dB ⑤ dBW

7. 이산 신호 { −4 , 22 , −13 , 17 , −5 , 0.2 }의 rms 값을 계산하라.

8. 저항 7Ω에 걸리는 전압신호 $v(t) = 13\sqrt{7}\sin 20t$[V]의 평균전력은 몇 W인가?

9. 신호 $v(t) = 6.9 + 15\sqrt{2}\cos 8t + \sqrt{26}\sin 9t$의 rms 값을 계산하라.

10. 어떤 증폭기에 12V 전압이 입력되어 146V 출력이 나올 때, 이 증폭기의 전압이득은 몇 dB인가? (반올림하여 소수점 첫째자리까지 구하라.)

11. 어떤 증폭기에 8.5W 전력이 입력되어 195W 출력이 나올 때, 이 증폭기의 전력이득은 몇 dB인가? (반올림하여 소수점 첫째자리까지 구하라.)

12. 이득이 28dB인 어떤 증폭기의 출력단에서 372V의 신호가 나온다면 입력단에 가해지는 전압은 몇 V인가? (반올림하여 소수점 첫째자리까지 구하라.)

13. 이득이 12.5dB인 어떤 증폭기의 입력단에 26.2W의 신호가 들어갈 때 출력단에서 나오는 전력은 몇 W인가? (반올림하여 소수점 첫째자리까지 구하라.)

14. 신호 레벨 5.9W를 dBm으로 표시하라. (반올림하여 소수점 첫째자리까지 구하라.)

15. 신호 레벨 26dBW는 실제 몇 W인가? (반올림하여 소수점 첫째자리까지 구하라.)

16. 입출력전압 V_i, V_o에 대한 주파수 응답이 다음과 같은 LPF에서 3dB 대역폭의 차단주파수 f_c는 몇 Hz인가?

$$\left|\frac{V_o(\omega)}{V_i(\omega)}\right| = \left|\frac{1}{1+j\omega RC}\right| = \frac{1}{\sqrt{1+(\omega RC)^2}},\quad \text{여기서 } RC = \frac{1}{12506\pi}$$

17. 입출력전압 V_i, V_o에 대한 주파수 응답이 다음과 같은 LPF에서 −6dB 지점, 즉 전력이 1/4되는 지점을 대역폭으로 잡을 때 차단주파수 f_c는 몇 Hz인가?

$$\left|\frac{V_o(\omega)}{V_i(\omega)}\right| = \left|\frac{1}{1+j\omega RC}\right| = \frac{1}{\sqrt{1+(\omega RC)^2}},\quad \text{여기서 } \frac{1}{2\pi RC} = 2712\sqrt{3}$$

18. 다음 3단 시스템에서 총 이득이 +32.5dB이고, A와 C단의 이득이 각각 +16.3dB와 −7.2dB일 때 B의 이득은 몇 dB인가?

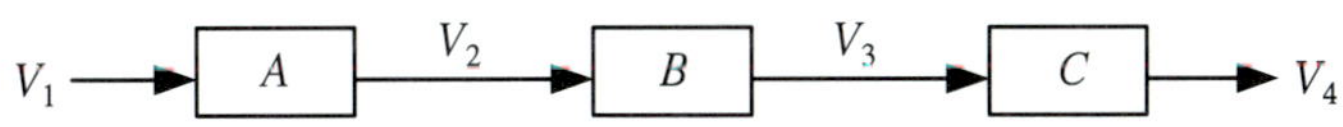

19. 직렬로 연결된 12개의 통신 링크에 더해지는 각 단의 잡음전력의 크기가 모두 같고, 각 링크의 SNR도 35dB로 모두 같을 때 전체 시스템의 SNR은 몇 dB인가? (반올림하여 소수점 첫째자리까지 구하라.)

20. 입력신호가 28W이고 입력잡음이 0.5W, 출력신호가 87W이고 출력잡음이 3.4W인 증폭기의 잡음지수(NF)는 몇 dB인가? (반올림하여 소수점 첫째자리까지 구하라.)

21. 입력신호가 16W이고, 입력잡음이 0.04W이며, 출력잡음이 2.1W인 증폭기의 잡음지수(NF)가 20dB일 때 출력신호의 전력은 몇 W인가?

Chapter 04

Communication Theory

진폭 변조

Chapter

Communication Theory

04 진폭 변조

4.1 아날로그 변조 방식

4.1.1 디지털 통신과 아날로그 통신

아날로그 통신 방식과 디지털 통신 방식의 가장 근본적인 차이점은 보내고자 하는 정보가 아날로그 신호인가 디지털 신호인가 하는 점이다. 전송하고자 하는 본래의 정보신호가 아날로그인 경우는 아날로그 변조 방식에 의해 처리된다. 본래의 정보신호가 디지털인 경우는 디지털 변조 방식에 의해 처리된다. 아날로그 통신에서 사용하던 송수신 이론과 많은 용어들은 디지털 통신에도 그대로 적용된다.

아날로그 통신과 디지털 통신은 한마디로 전력의 전달과 비트의 전달이라고 할 수 있다. 아날로그 통신 신호는 신호의 크고 작음을 아날로그 레벨의 변화로만 표현하기 때문에 잡음에 대비한 신호의 크기인 *S*/*N*비가 중요하다. 주변의 잡음에 대한 전송신호의 전력이 클수록 신호가 선명하며 수신신호의 복원이 용이하다. *S*/*N*비를 높이려면 송신 전력을 높여야 하므로 결국 정보를 보내기 위해 신호의 전력을 전송하는 셈이 된다.

디지털 통신 신호는 반송파에서 에러 없이 비트를 판정해낼 수 있는 정도의 전력이면 충분하다. 아날로그 통신에 비해 잡음에 강하고 낮은 송신 전력으로도 정보신호를 전달하기 쉬워진다. 디지털 방식의 이동전화가 나오면서 850MHz 대역의 이동통신 단말기의 송출전력이 아날로그 방식의 단말기에 비해 1/3로 줄어들었다. 이로 인해 배터리의 사용시간이 대폭 늘어난 점은 매우 중요한 개선이다.

4.1.2 아날로그 변조 방식의 종류

아날로그 변조 방식은 아날로그 레벨의 정보신호로 반송파의 진폭, 주파수, 위상을 변조하여 전송한다. 아날로그 변조 방식의 종류는 아래와 같이 진폭 변조(amplitude modulation)와 각 변조(angle modulation) 방식으로 크게 나눈다. 정보신호를 전송할 때 반송파를 변조시키는 부분에 따라서 진폭 변조(AM), 주파수 변조(FM), 위상 변조(PM)라고 한다. 전송신호를 수신한 측에서는 전송되어온 신호의 진폭, 주파수, 위상 부분에 실려 있는 원래의 아날로그 정보신호를 복조해 낸다.

a. 진폭 변조

① DSB-LC(double side band - large carrier) 변조 : 반송파가 있는 양측대파 변조 혹은 반송파 전송 양측대파 변조라고 한다. 또는 DSB-TC(transmitted carrier) 혹은 DSB-WC(with carrier)라고도 한다. 상업용 AM 방송에 사용되며 그냥 AM 변조라고 하면 보통 이 방식을 말한다.

② DSB-SC(double side band - suppressed carrier) 변조 : 반송파 억압 양측대파 변조라고 한다. 관습적으로 그냥 DSB라고 하면 보통 이 방식을 가리킨다. 점대점(point-to-point) 통신 등에 사용된다. 반송파를 일정한 레벨 이하로 줄인 것을 DSB-RC(reduced carrier)라고도 한다.

③ SSB(single side band) 변조 : 단측대파 변조라고 한다. 양측대파 중 어느 한쪽 측대파만 전송한다. 점대점 통신, 비행기, 선박 등에 사용된다.

④ VSB(vestigial side band) 변조 : 잔류측대파 변조라고 한다. 단측대파를 전송하되 저주파 부분을 보호하도록 파형을 만들어 전송한다. 팩시밀리, 데이터 신호, TV 신호 등에 사용된다.

b. 각 변조

① FM(frequency modulation) : 주파수 변조

② PM(phase modulation) : 위상 변조

4.1.3 아날로그 변조 신호의 정의

아날로그 변조 방식으로 AM, FM, PM 신호의 시간 영역에서의 정의는 아래와 같다. 식 (4.1)~(4.3)에서 AM, FM, PM 신호는 정보신호 $s(t)$의 크기에 따라 반송파의 진폭, 주파수, 위상 부분을 각각 변조시킨 형태이다. 보내고자 하는 정보신호가 AM 변조는 진폭 부분의 변화에, FM 변조는 주파수 부분의 변화에, PM 변조는 위상 부분의 변화에 들어 있다.

a. 반송파가 $A\cos\omega_c t$인 AM 신호의 식

$$x_{AM}(t) = [A + s(t)]\cos\omega_c t \tag{4.1}$$

b. 반송파가 $A\cos\omega_c t$인 FM과 PM 신호의 식

$$x_{FM}(t) = A\cos\left[\omega_c t + \theta_0 + K_f \int_{t_0}^{t} s(\tau)\,d\tau\right] \tag{4.2}$$

$$x_{PM}(t) = A\cos[\omega_c t + \theta_0 + K_p s(t)] \tag{4.3}$$

4.2 진폭 변조(AM)

4.2.1 AM 신호의 발생

AM 신호의 변조 원리를 [그림 4-1]에 나타내었다. 시간 영역의 AM 신호 $x_{AM}(t)$와 주파수 영역의 AM 신호 $X_{AM}(\omega)$는 식 (2.41)의 코사인에 대한 푸리에 변환 쌍과 식 (4.4)의 변환 성질을 이용해 식 (4.5), (4.6)처럼 구할 수 있다.

$$s(t)\cos\omega_c t \Leftrightarrow \frac{1}{2}[S(\omega+\omega_c) + S(\omega-\omega_c)] \tag{4.4}$$

$$x_{AM}(t) = [A + s(t)]\cos\omega_c t = A\cos\omega_c t + s(t)\cos\omega_c t \tag{4.5}$$

$$X_{AM}(\omega) = \pi A\delta(\omega + \omega_c) + \pi A\delta(\omega - \omega_c) + \frac{1}{2}S(\omega + \omega_c) + \frac{1}{2}S(\omega - \omega_c) \quad (4.6)$$

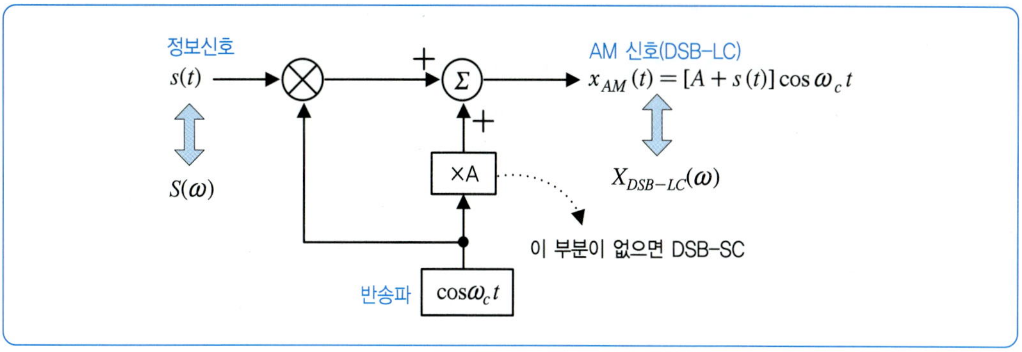

[그림 4-1] AM 신호의 변조 원리

[그림 4-2]에서 AM 신호의 스펙트럼은 반송파 성분과 양측대파 성분을 갖고 있다. 그림의 (a)에서 정보신호 $s(t)$의 대역폭을 $\pm\omega_m$이라고 하면 반송파 성분은 (b)에서 $\pm\omega_c$ 근방에 집중되어 있는 전력이다. 반송파를 중심으로 $\omega_c \pm \omega_m$ 사이에 전력이 분포된 신호를 양측대파(double side band wave, DSB)라고 한다.

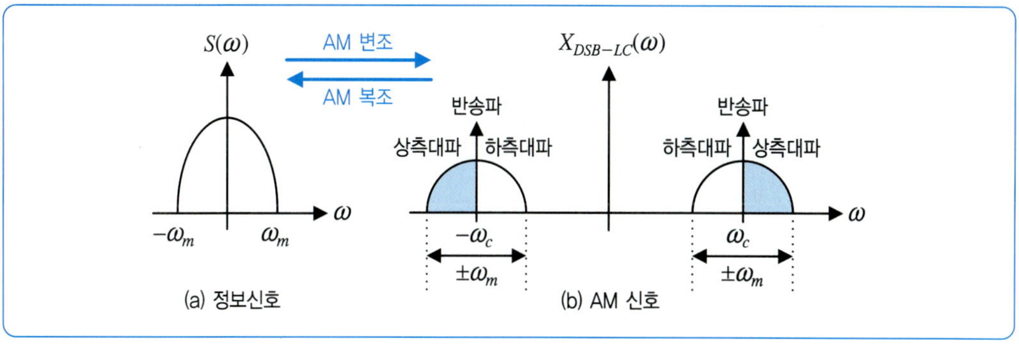

[그림 4-2] AM 신호의 주파수 스펙트럼

양측대파를 다시 상측대파(upper side band wave, USB)와 하측대파(lower side band wave, LSB)로 나눌 수 있다. 양쪽 측대파를 모두 전송하는 것을 양측대파 통신이라고 한다. 상측대파나 하측대파 중 어느 한쪽 신호만 전송하는 것을 단측대파(single side band wave, SSB) 통신이라고 한다. 주파수 스펙트럼의 진폭 특성은 수학적으로 우함수의 성질을 가지므로 $\omega=0$ 축에 대하여 좌우대칭이다. [그림 4-2(b)]에서 $\omega>0$인 양측대파 성분만 정리하면 다음과 같다.

① 상측대파 신호의 성분 : $\omega_c<\omega<\omega_c+\omega_m$
② 하측대파 신호의 성분 : $\omega_c-\omega_m<\omega<\omega_c$

[그림 4-3]에 AM 신호의 변조 과정을 나타내었다. 그림의 순서대로 ① 정보신호는 ② 반송파의 진폭을 변조시켜 ③ 양측대파 신호를 만들고 ④ 반송파와 양측대파가 합쳐져 AM 변조된 신호로 전송된다. 수신회로에서는 이렇게 만들어진 AM 신호를 반송파 주파수 ω_c에 동조시켜 수신한다. $\omega_c\pm\omega_m$ 근방의 신호를 여파기로 걸러낸 후 ④와 같은 AM 신호를 찾아내고 정보신호가 들어 있는 AM 신호의 진폭 부분을 포락선 검파하면 원래의 신호가 복원된다.

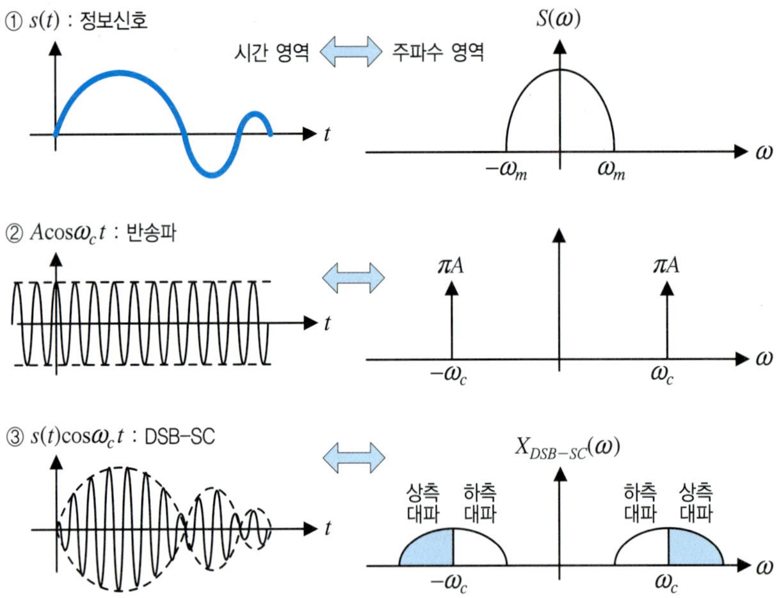

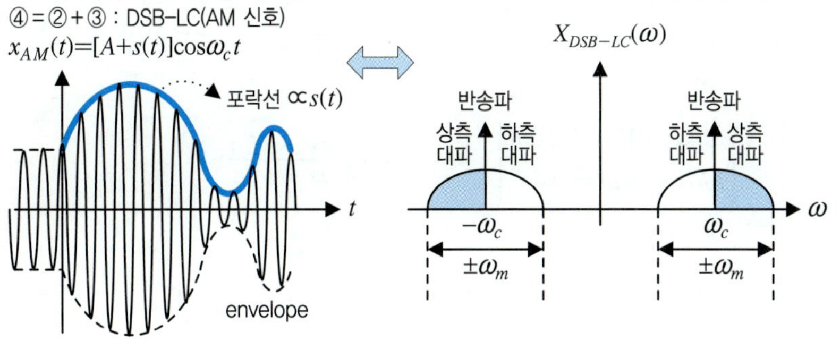

[그림 4-3] AM 신호의 변조 과정

포락선(envelope, 包絡線)은 여러 개의 곡선을 감싸서 이은 선이라는 뜻이다. 수학적으로는 일정한 조건을 만족하는, 한 무리의 직선이나 곡선에 접하는 곡선이라는 뜻이다. [그림 4-3]의 ④에서 포락선은 AM 변조된 신호의 진폭을 이은 선이 된다. 이 진폭의 변화를 검출하면 본래의 정보신호를 복원할 수 있다.

4.2.2 AM 신호의 변조지수

AM 신호의 변조지수(modulation index) m은 『반송파의 진폭이 정보신호에 의해 얼마나 많이 변조되었나를 표시』한다. 보통 0~1 사이다. 백분율(%)로 변조율을 표시하기도 한다.

$$\text{변조지수 } m = \frac{\text{정보신호의 진폭}}{\text{반송파의 진폭}} \ (\text{변조율} = m \times 100\%) \qquad (4.7)$$

a. AM 변조지수의 다양한 표현

AM 신호의 반송파가 $A\cos\omega_c t$이고 정보신호를 $s(t) = mA\cos\omega_m t$인 정현파 신호라고 가정하자. 이때의 AM 신호는 식 (4.1)에서 다음과 같이 정리된다.

$$x_{AM}(t) = [A + s(t)]\cos\omega_c t = A[1 + m\cos\omega_m t]\cos\omega_c t \qquad (4.8)$$

위 식에서 $\cos\omega_m t$의 진폭변화 범위는 ±1이므로 AM 신호의 진폭변화 범위는

$A(1\pm m)$이 된다. AM 신호의 최대 크기와 최소 크기는 각각 $Max = A(1+m)$과 $Min = A(1-m)$에서 다음과 같이 변조지수 m이 유도된다.

$$\begin{bmatrix} Max - Min = 2Am \\ Max + Min = 2A \end{bmatrix} \quad ☞ \quad m = \frac{Max - Min}{Max + Min} \tag{4.9}$$

위 식은 또한 $m = \dfrac{A(1+m) - A}{A}$ 에서 다음과 같이 유도되기도 한다.

$$m = \frac{\text{AM 신호의 최대 크기-반송파의 진폭}}{\text{반송파의 진폭}} \tag{4.10}$$

b. 변조지수에 따른 AM 신호의 영향

AM 변조지수는 보통 0~1 사이이다. 만일 $m > 1$이면 [그림 4-4]와 같이 반송파의 진폭에 정보신호를 완전히 싣지 못하기 때문에 정보의 손실이 발생하여 왜곡된다. $m > 1$일 때를 과변조되었다고 한다.

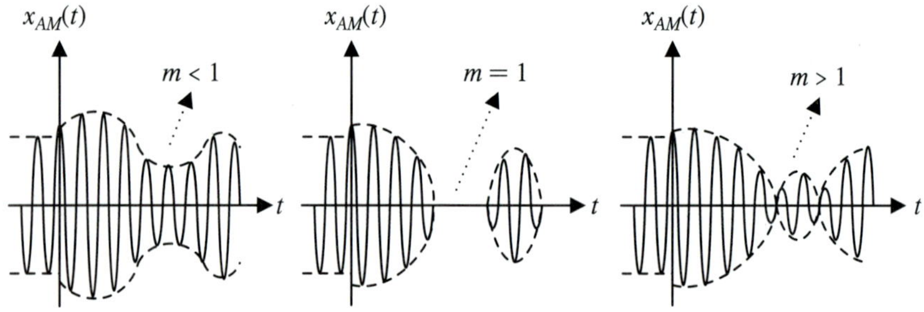

[그림 4-4] AM 변조지수와 포락선 변화

4.2.3 AM 신호의 전력

AM 신호의 반송파가 $A\cos\omega_c t$이고 정보신호를 $s(t) = mA\cos\omega_m t$인 정현파 신호라고 가정하자. 이때 AM 신호의 식에서 반송파와 양측대파 신호에 대한 식을 다음과 같이 분리해낼 수 있다.

$$x_{AM}(t) = [A + s(t)]\cos\omega_c t \tag{4.11}$$
$$= A[1 + m\cos\omega_m t]\cos\omega_c t$$
$$= A[\underbrace{\cos\omega_c t}_{\text{반송파}} + \underbrace{\frac{m}{2}\cos(\omega_c + \omega_m)t}_{\text{상측대파}} + \underbrace{\frac{m}{2}\cos(\omega_c - \omega_m)t}_{\text{하측대파}}]$$

위 식은 반송파와 상, 하측대파인 3개의 정현파가 합쳐진 형태이다. 정현파에 대한 평균 전력은 3장에서 배운 실효치의 계산 방법으로 식 (4.12)와 같이 얻어진다. 이를 이용하면 저항 1Ω에 걸린 AM 신호의 전력은 식 (4.13)처럼 구할 수 있다.

$$P_T = \sum V_{rms}^2 = \sum\left(\frac{V_{\text{진폭}}}{\sqrt{2}}\right)^2 \tag{4.12}$$

$$P_T = \frac{1}{2}A^2 + \frac{1}{2}\frac{m^2A^2}{4} + \frac{1}{2}\frac{m^2A^2}{4} \tag{4.13}$$

① 반송파의 전력 $P_C = \frac{A^2}{2}$ (4.14)

② 양측대파의 전력 $P_S = \frac{m^2A^2}{4}$ (4.15)

③ AM 신호의 전체 송출전력 = 반송파의 전력 + 양측대파의 전력

$$P_T = P_C + P_S = P_C\left(1 + \frac{m^2}{2}\right) \tag{4.16}$$

④ 전송효율 $\mu = \frac{P_S}{P_T}$ (4.17)

$$\mu = \frac{P_S}{P_T} = \frac{\frac{m^2}{2}}{1 + \frac{m^2}{2}} \quad ☞ \quad \mu = \frac{m^2}{2 + m^2} \tag{4.18}$$

여기서 $(0 \le m \le 1)$ ☞ $(0 \le \mu \le 33.3\%)$

AM 변조지수와 송신 전력의 관계를 살펴보자. 식 (4.15)에서 변조지수 m이 증

가할수록 정보신호가 들어 있는 측대파의 전력이 증가한다. 즉, m이 커질수록 AM 신호의 전체 전력 중에서 측대파의 전력이 차지하는 비율이 높아진다. 식 (4.16)에서 $m=0$일 때 $P_T=P_C$이다. 신호는 없고 반송파만 전송되는 경우이다. 식 (4.17)~(4.18)에서 신호를 효율적으로 전송하려면 전체 전력 중에서 측대파의 전력 비율이 높아야 한다. 최대 $m=100\%$를 목표로 하는 것이 좋다.

식 (4.18)에서 $m=100\%$, 즉 $m=1$일 때의 최대 전송효율은 1/3이다. AM 신호의 스펙트럼에서 정보신호는 하측대파나 상측대파 모두에 포함되어 있다. 어느 한쪽만 전송되어도 정보의 전달이 가능하다. 단측대파는 양측대파의 절반의 전력($P_S/2$)만 필요하다. 결국 AM 신호는 전체 송신 전력 중에서 최대 1/6만이 실제 신호의 전송에 사용되는 셈이다. 이처럼 AM 신호는 정보신호보다 반송파에서 더 많은 전력이 소모되는 단점이 있다. 하지만 송수신 장치가 간단하고 저렴하다. 또한 반송파의 크기가 커서 수신기의 동조회로와 복조회로를 만들기 쉽다.

4.3 AM 송수신기

4.3.1 AM 송신기

트랜지스터나 다이오드 같은 능동회로 소자는 입출력 특성이 비선형이다. [그림 4-5]처럼 비선형회로와 BPF를 이용하면 AM 신호를 발생시킬 수 있다. 비선형회로의 특성은 입력신호의 자승성분으로 인해 곱셈동작이 일어난다. 이 때문에 비선형회로를 이용한 변조기를 자승 변조기라고도 한다.

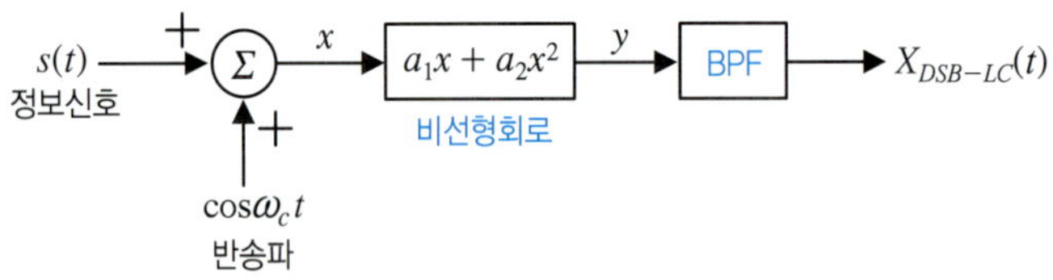

[그림 4-5] AM 변조기

[그림 4-5]에서 비선형회로의 입력에 $x = s(t) + \cos\omega_c t$가 들어갈 때 비선형회로의 출력은 식 (4.19)와 같다. 여기서 $a_1 = A$, $m = 2a_2/a_1$으로 놓으면 식 (4.20)과 같이 얻을 수 있고 BPF를 거치면 AM 신호를 얻을 수 있다.

$$\begin{aligned} y &= a_1 x + a_2 x^2 = a_1[s(t) + \cos\omega_c t] + a_2[s(t) + \cos\omega_c t]^2 \\ &= a_1 s(t) + a_2 s^2(t) + [a_1 + 2a_2 s(t)]\cos\omega_c t + a_2 \cos^2\omega_c t \end{aligned} \quad (4.19)$$

$$y = \underbrace{a_1 s(t) + a_2 s^2(t) + \frac{a_2}{2}(1 + \cos 2\omega_c t)}_{\text{BPF로 제거}} + \underbrace{A[1 + ms(t)]\cos\omega_c t}_{\text{DSB-LC 신호}} \quad (4.20)$$

[그림 4-5]에서 $a_1 x + a_2 x^2$은 비선형회로의 입출력 특성을 2차 항까지만 근사화한 것이다. 만일 $a_2 = 0$이면 입출력 특성이 선형회로가 된다. 실제의 비선형회로는 이보다 더 높은 고차 항들이 존재하므로, $\omega_c \pm n \cdot \omega_m$과 같은 고조파들이 발생하지만 역시 BPF에 의해서 제거된다.

4.3.2 AM 수신기

수신기 회로는 온도나 전원 등의 변동에 대비해 동조회로가 안정되어 있어야 한다. 수신기는 통신 채널에서 발생하는 잡음이나 간섭에 의한 신호의 불규칙한 변화에도 대비해야 한다. 특히 무선 수신기는 수신기의 이동이나 대기 상태 등에 영향을 받아 수신 전파의 강도가 시간적으로 불규칙하게 변하는 환경을 겪는다. 이런 현상을 페이딩(fading)이라고 한다.

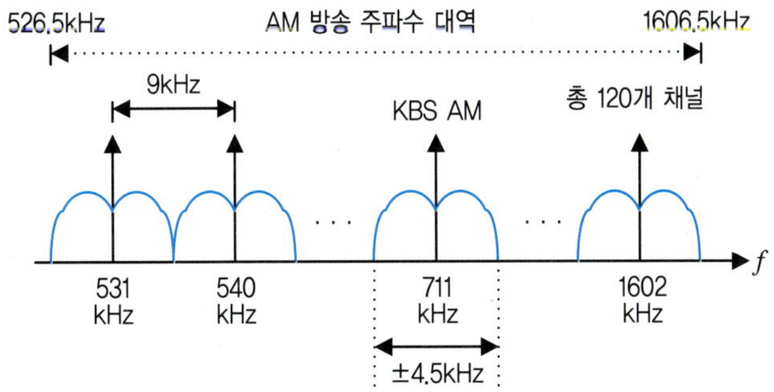

[그림 4-6] 우리나라의 표준 AM 방송 대역

우리나라 표준 AM 방송 대역은 [그림 4-6]과 같다. 각 채널은 9kHz 간격이고 채널당 대역폭은 ±4.5kHz이다. 반송파 주파수는 각 채널의 중심 주파수에 해당하는 531kHz, 540kHz, …, 1602kHz를 사용하며 모두 120개의 채널이다. 수신기의 튜너(tuner), 즉 동조회로는 원하는 반송파 주파수만 골라 대역 통과 여파기를 통해 받아들인다. 이때 BPF의 대역폭은 정보의 손실을 막고 외부 잡음의 영향을 피하기 위해 신호의 대역폭보다 약간 크게 만든다.

4.3.3 슈퍼헤테로다인 AM 수신기

슈퍼헤테로다인 수신기(superheterodyne receiver)는 주파수 믹싱을 통해 무선 수신신호를 고정된 하나의 중간주파수(IF)로 변환시켜 복조해내는 수신기다. 슈퍼헷(superhet)이라고도 한다. 이 방식의 장점은 『수신 주파수에 상관없이 하나의 고정된 중간주파수(IF)로 항상 일정하게 처리한다.』는 것이다.

헤테로(hetero-)는 『다름』을 나타내는 접두사다. 슈퍼헤테로다인 방식의 수신기는 [그림 4-7]처럼 동조회로에서 얻은 여러 가지 무선주파수(RF) 신호를 반송파와 다른 대역의 중간주파수(IF) 신호로 변환시켜 처리한다. 이를 위해서 국부발진기와 믹서를 사용한다. 슈퍼헤테로다인 방식은 상업용 AM, FM, TV 등 대부분의 방송 및 통신용 수신기에 사용된다.

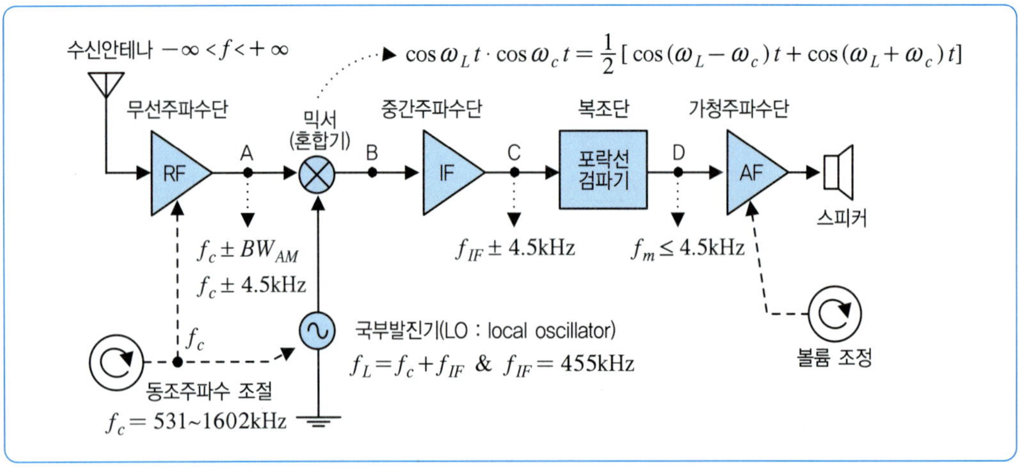

[그림 4-7] 슈퍼헤테로다인 방식의 AM 수신기

반송파 주파수를 f_c라 할 때 [그림 4-7]의 무선주파수단에서 받아들이는 주파수는 $f_{RF}=f_c\pm 4.5\text{kHz}$이다. 여기서는 편의상 수신신호의 대역폭을 생략하고 $f_{RF}=f_c$로 가정하고 [그림 4-7]에 나타낸 각 단의 역할을 아래에 설명하자. A~D 각 지점에서의 신호를 설명할 때 a_0~a_3는 상수이다.

a. 무선주파수단(RF단)

무선주파수(radio frequency, RF)단의 출력 주파수는 $f_{RF}=f_c$이다. 안테나로 받은 미약한 수신신호를 반송파 주파수로 동조시켜 찾아내고 증폭한다. 수신신호의 진폭을 $v_0(t)$라고 놓으면 A 지점의 신호는 다음과 같다.

$$\text{A} \quad ☞ \quad v_A(t)=a_0[1+ms(t)]\cos\omega_c t=v_0(t)\cos\omega_c t \tag{4.21}$$

b. 국부발진기

국부발진기(local oscillator, LO)의 출력 주파수는 $f_L=f_c+f_{IF}$이다. RF단 출력과 항상 f_{IF} 차가 나는 주파수 신호를 발생시킨다.

c. 믹서

혼합기 혹은 믹서(mixer)의 출력 주파수는 $|f_L\pm f_c|=|(f_c+f_{IF})\pm f_c|$에서 f_{IF}와 $2f_c+f_{IF}$이다. RF단 출력신호와 LO 출력신호를 곱해 두 신호 주파수의 합과 차를 갖는 신호를 만들어낸다. 믹서단의 출력으로 B 지점의 신호는 다음과 같다.

$$\text{B} \quad ☞ \quad v_B(t)=a_1 v_0(t)[\cos\omega_{IF}t+\cos(2\omega_c+\omega_{IF})t] \tag{4.22}$$

믹서의 역할은 반송파 주파수 대역에 있던 $(f_c\pm f_m)$ 신호를 중간주파수 대역의 $(f_{IF}\pm f_m)$ 신호로 이동시킨다. 이런 동작을 주파수 믹싱(frequency mixing)이라고 한다. 이렇게 신호를 다른 주파수 대역의 신호로 변환시키는 것을 헤테로다이닝(heterodyning) 혹은 주파수 변환(frequency conversion)이라고 한다.

d. 중간주파수단(IF단)

중간주파수(intermediate frequency, IF)단의 출력 주파수 $f_{IF}=f_L-f_c$는 항상 일정하다. IF 대역의 신호만 통과시켜 여파하고 증폭한다. 중간주파수단의 출력으로 C 지점의 신호는 다음과 같다.

$$\text{C} \quad ☞ \quad v_C(t) = a_2 v_0(t) \cos \omega_{IF} t \tag{4.23}$$

e. 복조단

복조단(demodulator)은 포락선 검파기로 원래의 정보신호를 재생한다. 포락선 검파기는 [그림 4-8]과 같이 IF단을 통과한 수신신호의 진폭 변화에서 원래의 정보신호를 검출한다. 포락선 검파기의 출력으로 D 지점의 신호는 다음과 같다.

$$\text{D} \quad ☞ \quad v_D(t) = a_3 v_0(t) \tag{4.24}$$

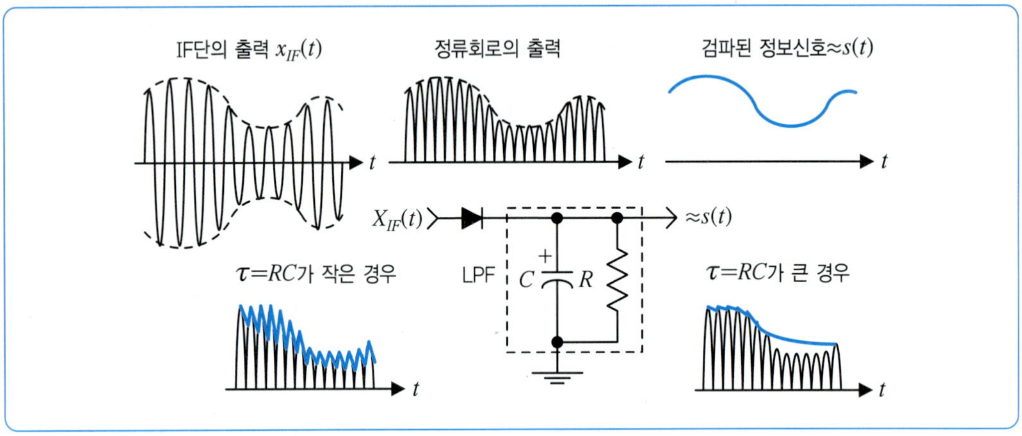

[그림 4-8] 포락선 검파기

f. 가청주파수단(AF단)

가청주파수(audio frequency, AF)단은 스피커로 출력될 오디오 신호를 사용자가 원하는 만큼 증폭한다. 또한 수신기에는 [그림 4-9]와 같이 AGC와 AVC 회로가 추가되어 페이딩을 완화하고 음량을 자동 조절하는 기능을 할 수 있다.

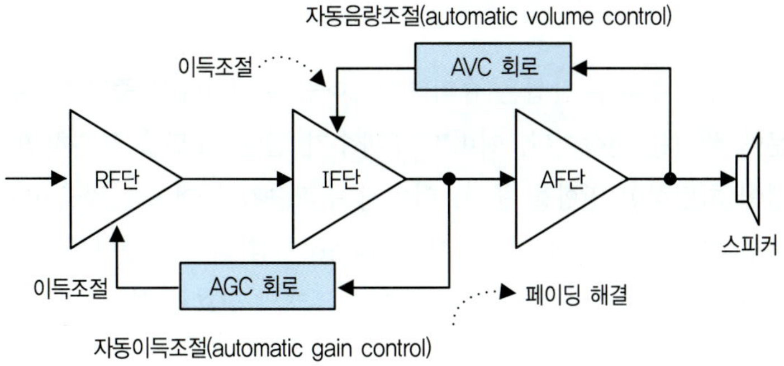

[그림 4-9] AVC와 AGC 회로의 연결

4.3.4 이미지 주파수 간섭

수신신호 대역 근방에는 원치 않는 RF 신호들이 인접해서 존재할 수 있다. 이미지 주파수 간섭은 슈퍼헤테로다인 수신기로 신호를 수신한 경우 근방의 원치 않는 주파수에 의해 본래의 수신신호가 방해되는 현상을 말한다.

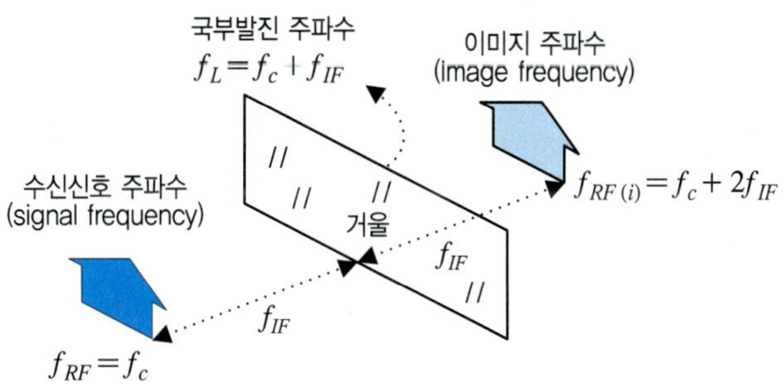

[그림 4-10] 이미지 주파수

이미지 주파수(image frequency)는 [그림 4-10]처럼 슈퍼헤테로다인 수신기의 국부발진 주파수를 중심으로 본래의 수신신호와 대칭이 되는 주파수이다. 여기서 이미지(image)는 영상이란 뜻이 아니고 『실상이 아닌 거울이나 마음속의 허상』 정도로 해석된다. 이미지 주파수를 식 (4.25)와 같이 나타낼 수 있다.

$$f_{RF(i)} = f_c + 2f_{IF} \tag{4.25}$$

이미지 주파수 간섭은 슈퍼헤테로다인 수신기에서 중간주파수를 사용하기 때문에 생기는 현상이다. 이미지 주파수가 일단 RF단을 통과하면 본래 신호의 재생에 치명적인 영향을 준다. 이미지 주파수가 들어오는 것을 RF단에서 막지 못하면 이 신호는 주파수 특성상 식 (4.26)처럼 믹서의 출력에서 걸러지지 않는다. 믹서를 통과한 이미지 주파수 성분은 본래의 신호와 섞여 결국 IF단에서 함께 증폭된다.

$$\left|f_L \pm f_{RF(i)}\right| = \left|(f_c + f_{IF}) \pm (f_c + 2f_{IF})\right| = f_{IF},\ 2f_c + 3f_{IF} \tag{4.26}$$

이미지 주파수 성분을 제거하려면 RF단에서 선택도가 높은 BPF를 사용해 미리 차단하는 수밖에 없다. 동조신호 주파수 f_c가 높아지면 근방의 원치 않는 이미지 주파수 $f_{RF(i)} = f_c + 2f_{IF}$를 구별하기 쉽도록 중간주파수도 함께 높여주어야 한다. 즉 주파수 대역이 올라갈수록 중간주파수 f_{IF}를 높여 사용한다. 반송파 대역이 1MHz 대역 근방인 AM 방송신호의 중간주파수는 455kHz를 사용한다. 반송파 대역이 100MHz 근방인 FM 방송신호의 중간주파수는 10.7MHz이다. 이보다 주파수 대역이 더 높은 TV 신호나 이동통신에 사용되는 중간주파수는 이를 더 높여서 사용한다.

슈퍼헤테로다인 수신기는 감도가 양호하고 경제성이 좋으며 검파할 때 왜곡이 없다는 장점이 있다. 단점은 이미지 주파수가 존재하고 국부발진기의 동작이 안정되어 있어야 한다.

■ 기본 예제 4.1 (이미지 주파수)

수신하고자 하는 FM 동조신호의 반송파 주파수가 107.7MHz일 때

(a) 중간주파수가 455kHz인 경우의 이미지 주파수는?

(b) 중간주파수를 10.7MHz로 높인 경우의 이미지 주파수는?

(c) (a), (b) 중 RF단에서 동조신호와 이미지 주파수를 분리하기 쉬운 방법은?

(a) $f_{RF(i)} = f_c + 2f_{IF} = 107.7 + 2 \times 0.455 = 108.61\text{MHz}$

(b) $f_{RF(i)} = f_c + 2f_{IF} = 107.7 + 2 \times 10.7 = 129.1\text{MHz}$에서

(c) 이미지 주파수와 동조신호 주파수 107.7MHz와의 차이는
(a)의 방법은 0.91MHz이고 (b)의 방법은 21.4MHz이므로 (b)의 방법이 RF단에서 원치 않는 이미지 주파수를 분리하기 더 쉽다.

4.4 반송파억압 양측대파 변조(DSB)

4.4.1 DSB-SC 신호의 변조

[그림 4-11]의 평형 변조기(balanced modulator)는 [그림 4-5]의 두 개의 AM 변조기를 써서 반송파를 제거하여 식 (4.27)~(4.29)와 같이 DSB-SC 신호를 만들 수 있다. 다른 방법인 [그림 4-12]의 링 변조기(ring modulator)는 정보 신호와 구형파(square wave)를 반송파로 곱해 DSB-SC 신호를 발생시킨다.

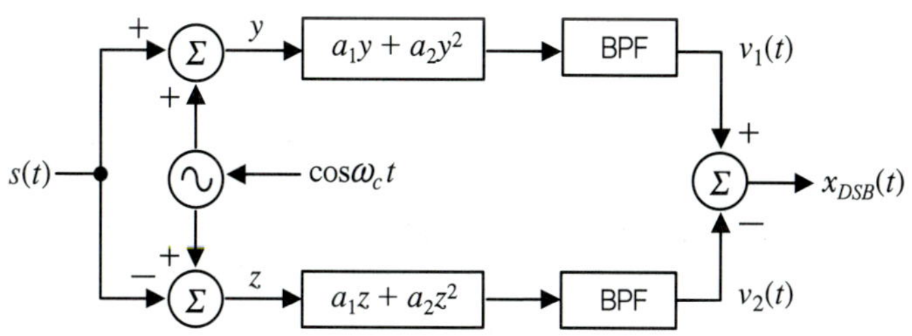

[그림 4-11] 평형 변조기

$$v_1(t) = A[1 + ms(t)]\cos\omega_c t \tag{4.27}$$

$$v_2(t) = A[1 - ms(t)]\cos\omega_c t \tag{4.28}$$

$$x_{DSB-SC}(t) = v_1(t) - v_2(t) = 2Ams(t)\cos\omega_c t \tag{4.29}$$

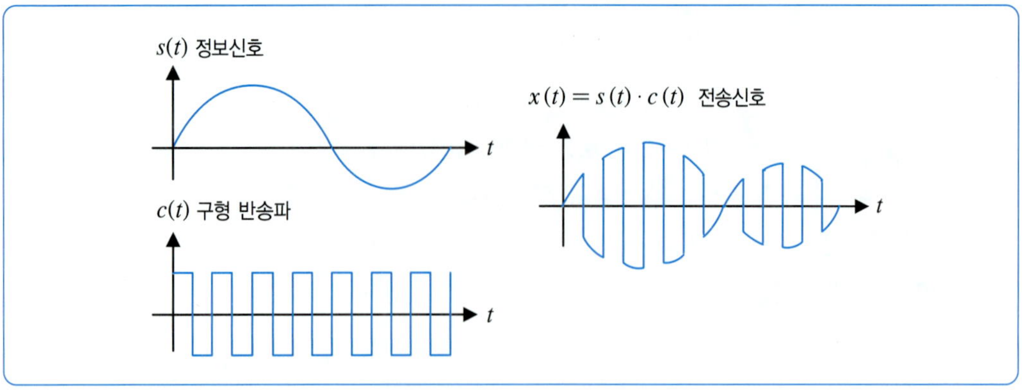

[그림 4-12] 링 변조기

4.4.2 직접 변환 수신기

직접 변환 수신기(direct conversion receiver)는 무선 수신신호의 반송파 주파수에 국부발진기의 주파수를 일치시켜 동기검파(synchronous detection) 방식으로 복조하도록 설계된 수신기다. DSB-SC, SSB, VSB 등의 수신기에 사용된다. [그림 4-13]처럼 중간주파수를 사용하지 않고 국부반송파를 곱하고 LPF를 이용해 본래의 신호를 복조한다. 이 방식은 이미지 주파수의 문제가 없으나 반송파 성분을 정확히 추적해야 한다. 이를 위해 PLL 등을 협대역 여파기로 사용한다.

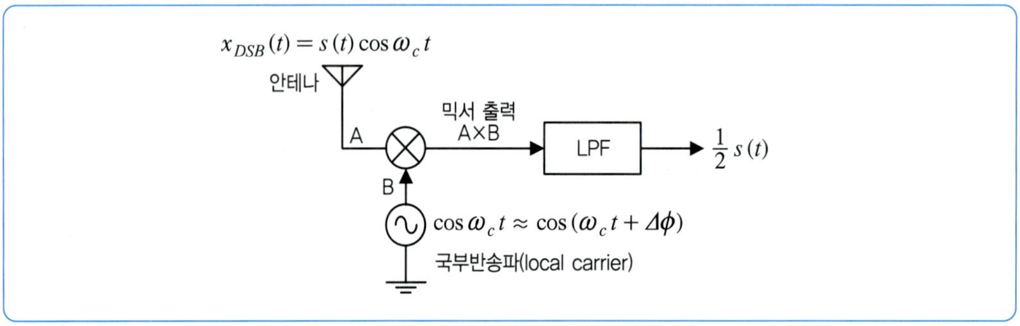

[그림 4-13] 직접 변환 수신기

[그림 4-13]의 방식을 다른 말로 호모다인(homodyne) 수신기라고 한다. 호모(homo-)는 『동일함』을 나타내는 접두사이다. 호모다인 방식은 헤테로다인 방식이 중간주파수로 먼저 변환한 후에야 복조를 수행하는 것과 대조된다. 이와 달리 호모다인 방식은 반송파와 같은 주파수 대역에서 직접 처리한다. 이렇게 하는 작업을 호모다이닝(homodyning)이라고 한다.

한편 호모다인과 같은 동기검파 방식은 비동기검파 방식보다 검파된 품질은 우수하나 구조는 복잡하다. 또한 채널 환경이 나빠지면 수신신호에 주파수 오차와 위상 오차가 발생해 성능이 급격히 저하된다.

4.4.3 DSB-SC 신호의 복조

[그림 4-13]에 직접 변환 수신기를 이용한 호모다인 동기검파 방식인 DSB-SC 신호의 복조 원리를 나타내었다. 이상적인 동기검파는 송신 측의 반송파와 수신 측의 국부반송파 사이에 주파수와 위상이 일치해야 한다. 주파수차와 위상차가 발생하고 계속해서 변한다면 수신신호가 왜곡된다. [그림 4-13]에서 위상 오차가 $\Delta\phi \neq 0$일 때 혼합기의 출력을 구해보면 식 (4.30)과 같이 된다. 만일 위상 오차 $\Delta\phi$가 존재하더라도 일정하면 $\cos\Delta\phi$가 상수가 되어 [그림 4-14]와 같이 LPF를 이용해 본래의 신호를 복조할 수 있다. 만일 위상 오차가 $\Delta\phi = 0$이라면 식 (4.31)과 같이 구할 수 있다.

$$\underbrace{s(t)\cos\omega_c t}_{\text{수신신호}} \cdot \underbrace{\cos(\omega_c t + \Delta\phi)}_{\substack{\text{위상차를 갖는} \\ \text{국부반송파}}} = \underbrace{\frac{1}{2}s(t)\cos\Delta\phi}_{\substack{\Delta\phi\text{가 일정하면} \\ s(t)\text{ 검파 가능}}} + \underbrace{\frac{1}{2}s(t)\cos(2\omega_c t + \Delta\phi)}_{\text{LPF로 제거}} \tag{4.30}$$

$$\frac{1}{2}s(t) + \frac{1}{2}s(t)\cos 2\omega_c t \Leftrightarrow$$
$$\underbrace{\frac{1}{2}S(\omega)}_{\text{검파된 신호}} + \underbrace{\frac{1}{4}S(\omega+2\omega_c) + \frac{1}{4}S(\omega-2\omega_c)}_{\text{LPF로 제거}} \tag{4.31}$$

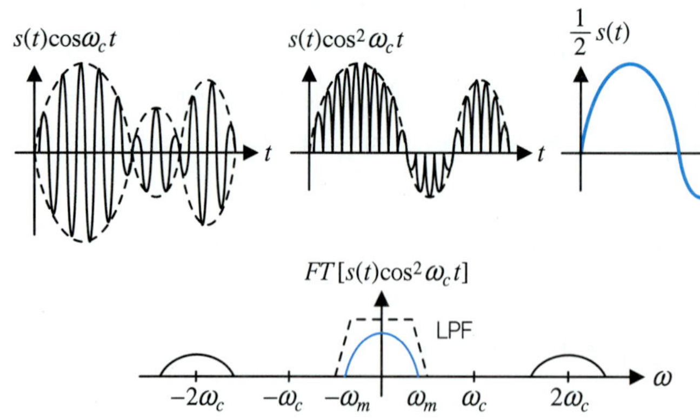

[그림 4-14] DSB-SC 복조 신호

4.5 단측대파 변조(SSB)

4.5.1 DSB와 SSB

단측대파 변조 방식은 상측대파와 하측대파의 어느 한쪽만을 전송하는 방식이다. 반송파가 $\cos\omega_c t$이고 정보신호를 $s(t)=2\cos\omega_m t$인 정현파 신호라고 가정하자. 식 (4.32)의 DSB-SC 신호에서 상측대파와 하측대파를 분리할 수 있다.

$$x_{DSB-SC}(t)=s(t)\cos\omega_c t=2\cos\omega_m t\cdot\cos\omega_c t \tag{4.32}$$

$$=\underbrace{\cos(\omega_c+\omega_m)t}_{\text{① 상측대파}}+\underbrace{\cos(\omega_c-\omega_m)t}_{\text{② 하측대파}}$$

SSB와 VSB 신호는 [그림 4-15]와 같이 우선 양측대파를 만든 후 SSB 여파기와 VSB 여파기를 일종의 BPF로 사용해 만들어낼 수 있다. SSB는 다시 상측대파(USB) 신호와 하측대파(LSB) 신호로 나눌 수 있다. VSB 변조는 한쪽 측대파의 대부분과 다른 쪽 측대파의 일부를 전송하는 방식이다.

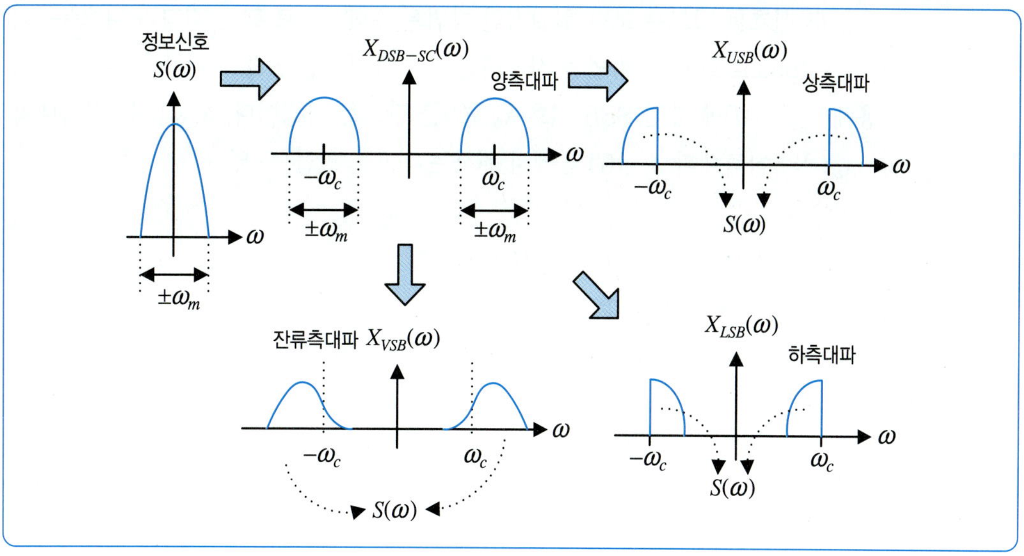

[그림 4-15] DSB-SC로 만들어내는 SSB와 VSB

4.5.2 SSB 신호의 변조

SSB 변조 방식은 DSB 변조 방식에 비해 이론상 대역폭을 절반으로 절약할 수 있으나 회로가 복잡하다. SSB 신호를 만들려면 우선 평형 변조기로 DSB-SC를 만들고 BPF로 원하는 측대파만 통과시키는 『평형 변조기 + BPF』 방법이 있다. 그러나 이런 예리한 특성을 갖는 이상적인 측대파 여파기의 설계는 대단히 어렵다.

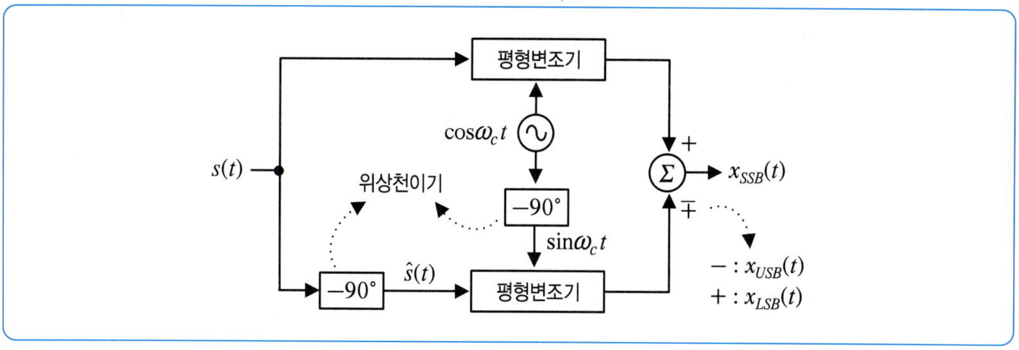

[그림 4-16] 위상천이기를 이용한 SSB 변조

SSB 신호를 만드는 보다 현실적인 방법은 수학적으로 같은 결과가 나오는 『위상천이(phase shift)』 방법을 사용하는 것이다. [그림 4-16]은 위상천이기를 이용해 신호 $s(t)$에 대한 SSB 신호 $x_{SSB}(t)$를 만드는 방법이다. $x_{SSB}(t)$는 상측대파 $x_{USB}(t)$와 하측대파 $x_{LSB}(t)$ 중에서 원하는 신호를 만들 수 있다.

$$x_{USB}(t) = s(t)\cos\omega_c t - \hat{s}(t)\sin\omega_c t \tag{4.33}$$

$$x_{LSB}(t) = s(t)\cos\omega_c t + \hat{s}(t)\sin\omega_c t \tag{4.34}$$

$$x_{DSB-SC}(t) = x_{USB}(t) + x_{LSB}(t) = 2s(t)\cos\omega_c t \tag{4.35}$$

위상천이기(phase shifter)는 어떤 신호의 진폭 특성은 그대로 두고 위상 특성만 천이시킨다. [그림 4-16]에서 $\hat{s}(t)$는 $s(t)$의 위상을 90° 천이시킨 신호이다. 코사인 반송파의 위상을 90° 천이시키면 사인 반송파가 된다. 또한 상측대파와 하측대파를 합치면 양측대파가 된다.

4.5.3 SSB 신호의 복조

[그림 4-17]에 직접 변환 수신기를 이용한 호모다인 동기검파 방식인 SSB 신호의 복조 원리를 나타내었다. 국부반송파 신호의 주파수 오차와 위상 오차가 모두 $\Delta\omega = 0$, $\Delta\phi = 0$이라면 식 (4.36)처럼 정리할 수 있다. 식 (4.36)에서 혼합기의 출력으로 반송파 주파수가 $2\omega_c$인 새로운 SSB가 나오는 것을 알 수 있다. LPF를 이용해 이를 제거하면 본래의 신호를 복조할 수 있다.

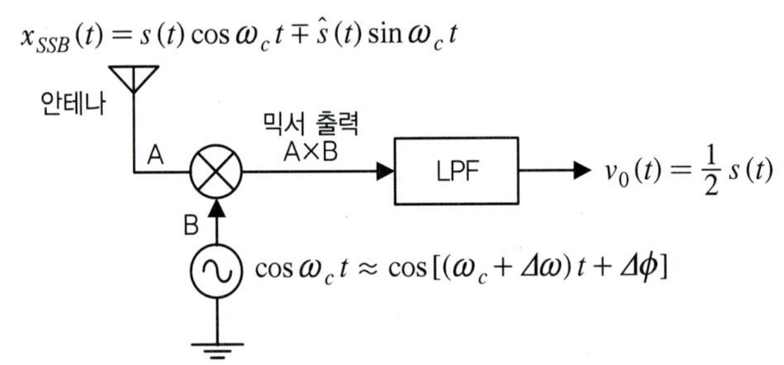

[그림 4-17] SSB의 복조

$$x_{SSB}(t)\cdot\cos\omega_c t=\underbrace{\frac{1}{2}s(t)}_{\text{검파된 신호}}+\underbrace{\frac{1}{2}[s(t)\cos 2\omega_c t\mp\hat{s}(t)\sin 2\omega_c t]}_{\text{LPF로 제거}} \tag{4.36}$$

4.6 동기검파의 왜곡

이상적인 동기검파는 송신 측의 반송파와 수신 측의 국부반송파가 동일해야 한다. DSB-SC, SSB, VSB처럼 동기검파를 이용하는 방식은 수신 측의 국부반송파에 주파수 오차나 위상 오차가 있으면 왜곡이 발생한다. 특히 SSB 신호는 LPF를 거치더라도 심각한 왜곡이 남을 수 있다.

4.6.1 수신 측에서의 왜곡

SSB 수신 측에서의 왜곡을 살펴보자. [그림 4-17]의 SSB 복조기에서 국부반송파 $x_L(t)$에 주파수 오차 $\Delta\omega\neq 0$와 위상 오차 $\Delta\phi\neq 0$가 동시에 발생한다고 가정하자. 이때 LPF로 출력되는 신호 $v_0(t)$는 다음과 같이 얻을 수 있다.

$$x_L(t)=\cos[(\omega_c+\Delta\omega)t+\Delta\phi] \tag{4.37}$$

$$v_0(t)=\frac{1}{2}s(t)\cos(\Delta\omega t+\Delta\phi)\mp\frac{1}{2}\hat{s}(t)\sin(\Delta\omega t+\Delta\phi) \tag{4.38}$$

식 (4.38)에서 $\Delta\omega=0$, $\Delta\phi=0$이면 $v_0(t)=1/2\times s(t)$로 본래의 신호가 정상적으로 검파된다. 하지만 $\Delta\omega\neq 0$, $\Delta\phi\neq 0$이면 검파신호에 $\hat{s}(t)$ 성분이 포함된다. 이로 인해 [그림 4-18]처럼 특히 디지털 펄스 신호가 심하게 왜곡된다.

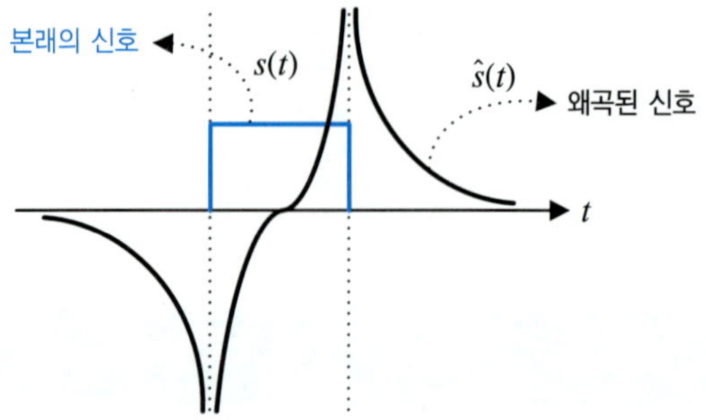

[그림 4-18] SSB 수신 측에서 디지털 펄스의 왜곡

4.6.2 왜곡을 피하려면

동기검파에서 왜곡을 피하려면 무엇보다 수신 측의 국부반송파 신호에 주파수와 위상 오차가 발생하지 않아야 한다. 이것은 전송신호에서 포함된 반송파를 정확히 추적하지 않으면 어려운 일이다. 이에 대한 대책으로 SSB 신호를 예로 들면 다음과 같이 반송파를 추가로 실어주거나 PLL을 사용하는 방법 등이 있다.

a. SSB-LC 방법

$$x_{SSB}(t) = s(t)\cos\omega_c t \mp \hat{s}(t)\sin\omega_c t \quad (4.39)$$

$$x_{SSB-LC}(t) = x_{SSB}(t) + A\cos\omega_c t \quad (4.40)$$

식 (4.39)에서 $x_{SSB}(t)$는 상측대파와 하측대파를 한 식에 표현한 것이다. 식 (4.40)에서 만일 A가 $s(t)$나 $\hat{s}(t)$에 비해서 상당히 크다면 다음 식처럼 된다. 이것은 DSB-LC 신호처럼 포락선 검파해서 본래의 신호 $s(t)$를 복조할 수 있다.

$$x_{SSB-LC}(t) \simeq [A + s(t)]\cos\omega_c t \quad (4.41)$$

b. PLL 방법

동기검파에서 수신신호의 왜곡을 피하려면 주파수 오차와 위상 오차가 없는 정확한 반송파의 복원이 필요하다. 이를 위해 수신된 전송신호에서 반송파 성분을 추적하는 PLL(phase locked loop)을 반송파 주파수를 중심주파수로 하는 협대역 여파기로 사용한다.

4.7 잔류측대파 변조(VSB)

잔류측대파(vestigial side band wave, VSB) 변조 방식은 한쪽 측대파의 대부분과 다른 쪽 측대파의 일부를 송신한다. 이렇게 하면 직류성분에 가까운 저주파 성분의 신호를 보호할 수 있다. VSB 여파기를 사용한 VSB 신호의 변조 및 복조 원리를 [그림 4-19]에 나타내었다.

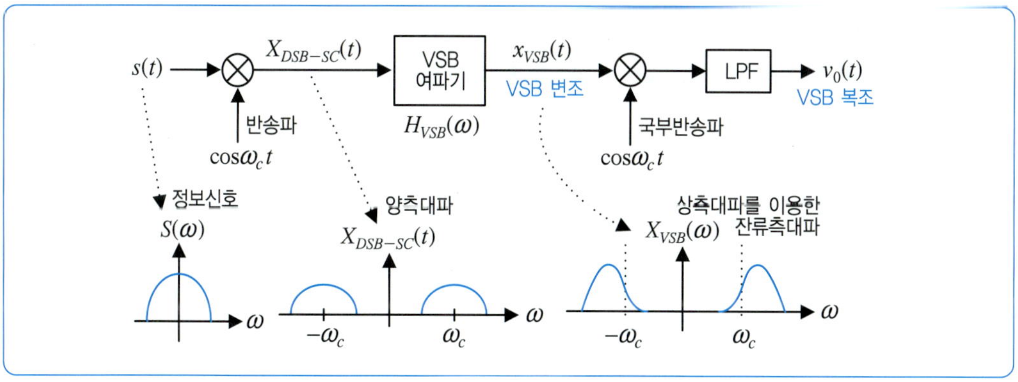

[그림 4-19] VSB의 변조와 복조

[그림 4-20]은 상측대파를 이용한 VSB 여파기이다. 그림의 (a)에서 VSB 신호의 대역폭은 SSB 신호의 대역폭에 비해 약 1.25배 정도가 되도록 한다. VSB 여파기의 전달특성 $H_{VSB}(\omega)$는 그 자체는 우함수이지만 $\omega_c \pm \Delta B$ 구간에서는 마치 $\omega = \omega_c$에 대한 기함수의 형태가 되도록 설계한다. 그림의 (b)는 VSB 신호와 SSB 신호의 차이를 나타낸다. VSB의 주파수 특성에서 기울기를 세우면 SSB가 된다.

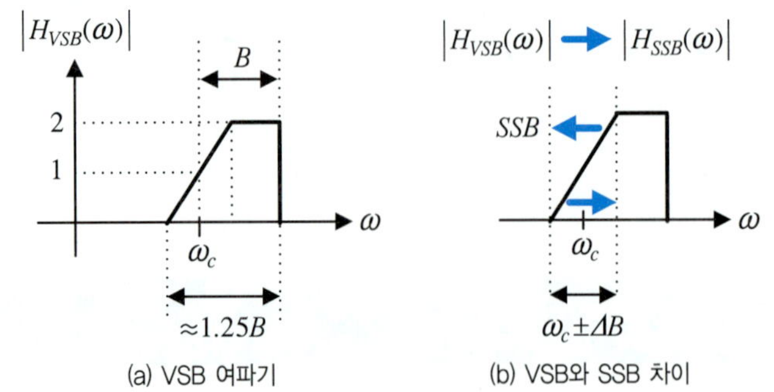

[그림 4-20] VSB 여파기의 전달함수

4.8 MATLAB 예제

■ MATLAB 예제 4-1 (AM 변조 1) - cm401.m

이 예제는 AM 신호를 시간 영역과 주파수 영역에서 구한 것이다. 주파수 축의 단위를 ω대신 f로 정하여 $x_{AM}(t) \Rightarrow |X_{DSB-LC}(f)|$ 형태로 푸리에 변환을 실시하였다. 이를 통해 본문의 [그림 4-3]의 ④와 같은 형태를 얻을 수 있다. 앞의 MATLAB 예제 2-4 프로그램을 변형하였으며, 차이나는 부분은 주파수 축과 시간 영역의 신호이다. 식 (4.8)을 참조하여 반송파에 실릴 정보신호는 정현파로 가정해 AM 신호에 대한 설정을 하였다.

이 예제도 MATLAB 예제 2-4와 같이 실행결과를 (3×1) 그림으로 나타낸다. 순서대로 시간 영역에서의 신호, 주파수 영역에서의 스펙트럼, 주파수 영역을 확대한 그림으로 이루어진다. 차이점은 주파수 영역을 f=0이 아닌, 반송파 주파수 f_c=1MHz를 중심으로 $f_c \pm 2\%$ 부분을 줌 인(zoom in)하여 확대한다. 또한 임펄스 함수가 포함된 주파수 스펙트럼을 표현하기 위해 plot 명령 대신 bar 명령을 사용하여 확대한 그림을 표시한다.

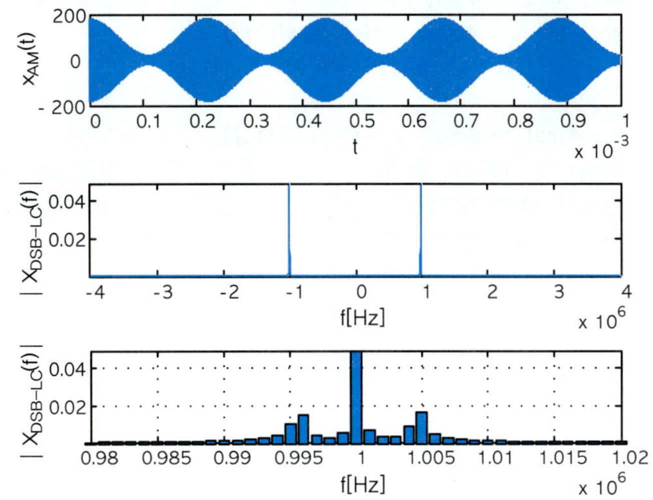

[그림 4-21] MATLAB 예제 4-1 실행결과

【 cm401.m 프로그램 】 - cm204.m과 다른 부분 (1) & cm402.m과 같은 부분

```
% --- 시간 축 만들기 ---
t = linspace(0,1e-3,8000+1);          % 시간 축
dt = t(2) - t(1);                     % 시간 축의 시간 증분

% --- 반송파 c(t) 만들기 ---
A = 100;                              % 반송파의 진폭
fc = 1e6; wc = 2*pi*fc;               % 반송파의 주파수 ☞ 1MHz
c = A*cos(wc*t);                      % 반송파신호 c(t)

% --- 정보신호 s(t) 만들기 ---
fm = 4500; wm = 2*pi*fm;              % 정보신호의 주파수 ☞ 4.5kHz
m = 0.8; s = A*m*cos(wm*t);           % AM 변조지수 m, 정보신호 s(t)

% --- AM 신호 x_AM(t) 만들기 ---
x = [A+s].*cos(wc*t);                          % AM 신호 x_AM(t)
```

【 cm401.m 프로그램 】 - cm204.m과 다른 부분 (2)

```
subplot(3,1,1,'align')                         % 시간 영역의 신호
plot(t,x), xlabel('t'), ylabel('x_{AM}(t)')

subplot(3,1,2,'align')                         % 주파수 영역의 신호
```

```
mF = abs(F); plot(f,mF)                          % 진폭 스펙트럼
axis([min(f) max(f) min(mF) max(mF)])
xlabel('f [Hz]'), ylabel('|X_{DSB-LC}(f)|')

i = find((f>=0.98*fc) & (f<=1.02*fc));           % 조건에 대응하는 i번째 찾기
subplot(3,1,3,'align')                           % 진폭 스펙트럼
bar(f(i),mF(i)), grid                            % zoom in 확대
axis([min(f(i)) max(f(i)) min(mF(i)) max(mF(i))])
xlabel('f [Hz]'), ylabel('|X_{DSB-LC}(f)|')
```

■ MATLAB 예제 4-2 (AM 변조 2) - cm402.m

이 예제는 AM 신호를 시간 영역과 주파수 영역에서 구하기 위해 푸리에 변환과 역변환을 실시하였다. 앞의 MATLAB 예제 4-1과 동일하게 시간 영역의 반송파와 정현파를 가정한 정보신호, AM 신호를 설정하였다. 앞 예제와 다른 점은 그리는 방법이며, 푸리에 역변환을 추가한 것이다. 이 예제의 기본 형태는 MATLAB 예제 2-9 프로그램을 변형한 것으로 실행결과 그림을 (2×2)로 나누어 표시한다. 즉, ① 시간 영역의 신호, ② 진폭 스펙트럼, ③ 에너지 스펙트럼 밀도, ④ 푸리에 역변환 신호를 나타낸다.

MATLAB 예제 2-9와 다른 점은 ①, ④번 그림에서 시간 영역을 나타낼 때 시간 $t=0$을 중심으로 확대한 비율이 다르다. 또한 ②, ③번 그림에서 주파수 스펙트럼을 나타낼 때 반송파 주파수 f_c를 중심으로 확대한 비율이 다르다. 즉, f_c =1MHz를 중심으로 $f_c \pm 1\%$ 부분을 줌 인(zoom in)하여 확대한다. 또한 임펄스 함수가 포함된 주파수 스펙트럼을 표현하기 위해서 ②번 그림의 표현은 plot 명령 대신 bar 명령을 사용해 확대한 그림으로 나타내었다.

【 cm402.m 프로그램 】 - cm209.m과 다른 부분 (1)

```
i = find(abs(t) <= max(t)/1.5);                  % 조건에 대응하는 i번째 찾기
```

【 cm402.m 프로그램 】 - cm209.m과 다른 부분 (2)

```
i = find((f>=0.99*fc) & (f<=1.01*fc));           % 조건에 대응하는 i번째 찾기
subplot(2,2,2,'align')                           % 진폭 스펙트럼
mF = abs(F); bar(f(i),mF(i),'g')                 % zoom in 확대
```

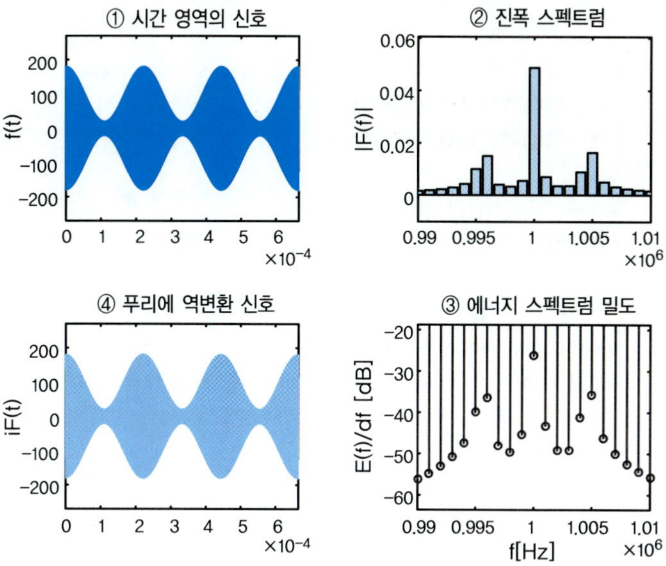

[그림 4-22] MATLAB 예제 4-2 실행결과

■ MATLAB 예제 4-3 (AM 변조 3) - cm403.m

이 예제는 본문의 [그림 4-3]의 ①, ②, ④에 나타낸 AM 신호의 변조과정을 시간 영역과 주파수 영역에서 구한 것이다. MATLAB 예제 4-1 프로그램을 변형해 [그림 4-3]의 ① 정보신호, ② 반송파, ④ DSB-LC 신호 각각에 대한 푸리에 변환 프로그램을 추가하였다. 이를 위해 실행결과를 (3×2) 그림으로 나타내어 왼쪽은 시간 영역을 나타내고 오른쪽은 주파수 영역을 나타낸다. 이때 주파수 영역은 f=0을 중심으로 줌 인(zoom in)하여 확대한 그림으로 나타내었다. 또한 주파수 변환 결과로 나온 임펄스의 크기를 검증하기 위해 MATLAB 예제 2-8에 사용한 소스를 추가하였다.

【 cm403.m 프로그램 】 - cm401.m과 다른 부분 (1)

```
% --- 정보신호 s(t) 만들기 ---
fm = 100e3; wm = 2*pi*fm;   % 정보신호의 주파수 재설정 ☞ 100kHz
```

【 cm403.m 프로그램 】- cm401.m과 다른 부분 (2)

```
% --- MATLAB 내장 함수를 이용한 푸리에 변환 ---
Fs = fftshift(fft(s))/fs;            % 주파수 영역의 신호 S(f)
Fc = fftshift(fft(c))/fs;            % 주파수 영역의 신호 C(f)
F = fftshift(fft(x))/fs;             % 주파수 영역의 신호 X(f)

% --- 푸리에 변환 결과 그리기 ---
figure(403)                          % 그림 창 번호 매기기

subplot(3,2,1,'align')               % 시간 영역의 정보신호 s(t)
plot(t,s), range = max(s)-min(s);
axis([min(t), max(t), min(s)-range/4, max(s)+range/4])
ylabel('s(t)'), title('시간 영역의 신호')

subplot(3,2,3,'align')               % 시간 영역의 반송파신호 c(t)
plot(t,c), range = max(c)-min(c);
axis([min(t), max(t), min(c)-range/4, max(c)+range/4])
ylabel('c(t)')

subplot(3,2,5,'align')               % 시간 영역의 AM 신호 x(t)
plot(t,x), range = max(x)-min(x);
axis([min(t), max(t), min(x)-range/4, max(x)+range/4])
xlabel('t'), ylabel('x_{AM}(t)')

i = find(abs(f)<=0.05*BW);           % 조건에 대응하는 i번째 찾기
subplot(3,2,2,'align')               % 주파수 영역의 정보신호 S(f)
mFs = abs(Fs); bar(f(i),mFs(i))
axis([min(f(i)), max(f(i)), min(mFs(i)), max(mFs(i))])
ylabel('|S (f)|'), title('주파수 영역의 신호')

subplot(3,2,4,'align')               % 주파수 영역의 반송파신호 C(f)
mFc = abs(Fc); bar(f(i),mFc(i))
axis([min(f(i)), max(f(i)), min(mFc(i)), max(mFc(i))])
ylabel('|C (f)|')

subplot(3,2,6,'align')               % 주파수 영역의 AM 신호 X(f)
mF = abs(F); bar(f(i),mF(i))
axis([min(f(i)), max(f(i)), min(mF(i)), max(mF(i))])
xlabel('f [Hz]'), ylabel('|X_{DSB-LC}(f)|'), grid
```

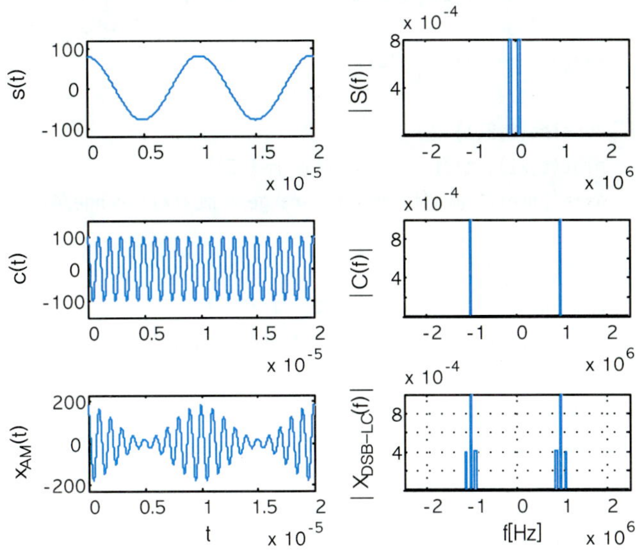

[그림 4-23] MATLAB 예제 4-3 실행결과

■ MATLAB 예제 4-4 (AM 변조지수) - cm404.m

이 예제는 본문의 [그림 4-4]에 나타낸 AM 변조지수 m에 따른 AM 신호의 파형 변화를 구한 것이다. MATLAB 예제 4-1 프로그램에서 다음 부분을 변형하여 작성하였다.

【 cm404.m 프로그램 】 - cm401.m과 다른 부분

```
% --- 정보신호 s(t) 만들기 ---
fm = 4500; wm = 2*pi*fm;                % 정보신호의 주파수 ☞ 4.5kHz
m1 = 1.5; s1 = A*m1*cos(wm*t);          % AM 변조지수 1, 정보신호 1
m2 = 1.0; s2 = A*m2*cos(wm*t);          % AM 변조지수 2, 정보신호 2
m3 = 0.5; s3 = A*m3*cos(wm*t);          % AM 변조지수 3, 정보신호 3
m4 = 0; s4 = A*m4*cos(wm*t);            % AM 변조지수 4, 정보신호 4

% --- AM 신호 x_AM(t) 만들기 ---
x1 = [A+s1].*cos(wc*t);                 % AM 신호 1
x2 = [A+s2].*cos(wc*t);                 % AM 신호 2
x3 = [A+s3].*cos(wc*t);                 % AM 신호 3
x4 = [A+s4].*cos(wc*t);                 % AM 신호 4
```

```
% --- 변조지수 m의 변화에 따른 AM 신호 파형 그리기 ---
figure(404)                              % 그림 창 번호 매기기
range = max(x1)-min(x1);

subplot(2,2,1)
plot(t,x1), title('x_{AM}(t)  m=1.5')
axis([min(t) max(t) min(x1)-range/4 max(x1)+range/4])

subplot(2,2,2)
plot(t,x2), title('x_{AM}(t)  m=1.0')
axis([min(t) max(t) min(x1)-range/4 max(x1)+range/4])

subplot(2,2,3)
plot(t,x3), xlabel('t'), title('x_{AM}(t)  m=0.5')
axis([min(t) max(t) min(x1)-range/4 max(x1)+range/4])

subplot(2,2,4)
plot(t,x4), xlabel('t'), title('x_{AM}(t)  m=0')
axis([min(t) max(t) min(x1)-range/4 max(x1)+range/4])
```

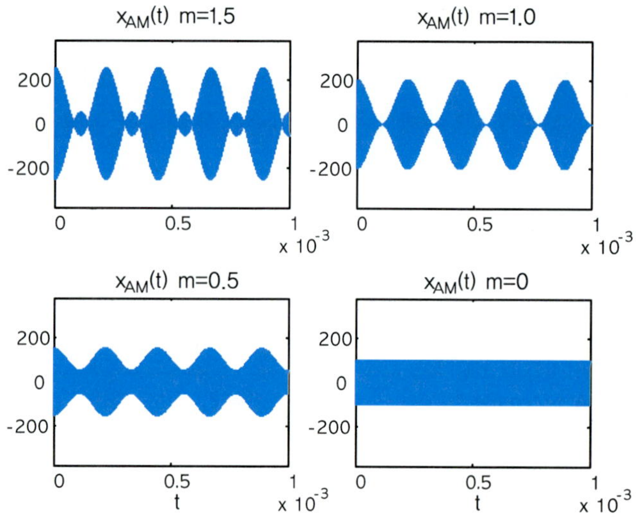

[그림 4-24] MATLAB 예제 4-4 실행결과

■ MATLAB 예제 4-5 (정현파의 평균전력) - cm405.m

이 예제는 저항 1Ω에 걸린 정현파 신호 $f(t) = A\cos\omega t$의 평균 전력을 구하는 2장의 기본 예제 2.2에 대한 풀이를 프로그램으로 작성한 것이다. 기호수학 도구상자를 이용해 진폭이 A인 정현파 신호의 평균전력에 대한 공식을 $A^2/2$로 유도하였다.

【 cm405.m 프로그램 】

```
syms t A w                          % 기호 수학의 변수 선언
x = A*cos(w*t);                     % 정현파 신호
T = 2*pi/w;                         % 정현파 신호의 주기

pt = 1/T*int(x^2,t,-T/2,T/2);       % 주기함수의 평균 전력 계산
pretty(pt)                          % 보기 좋게 표시하기
```

■ MATLAB 예제 4-6 (AM 신호의 평균전력) - cm406.m

이 예제는 식 (4.11)~(4.18)을 참조하여 기호수학 도구상자로 AM 신호의 평균 전력을 계산하였다. 먼저 식 (4.11)에 적용된 삼각함수의 곱셈공식을 증명하고, 정현파 정보신호를 가정할 때 AM 신호가 반송파, 상측대파와 하측대파로 분해되는 과정을 설명하였다. 그런 후 식 (4.12)~(4.18)의 순서대로 반송파의 전력과 양측대파의 전력을 각각 구하고, AM 신호의 전체 송출전력과 전송효율을 구하였다.

【 cm406.m 프로그램 】

```
% --- 삼각함수의 공식 증명 ---
disp('■삼각함수의 공식 증명 1/2*[cos(a+b)+cos(a-b)] =')
syms a b                            % 기호수학 도구로 식을 전개
expand(1/2*[cos(a+b)+cos(a-b)])     % = cos(a)*cos(b)

% --- 반송파와 평균 전력 ---
syms t A m wc                       % 기호수학의 변수 선언
c = A*cos(wc*t);                    % 반송파 신호 c(t)
T = 2*pi/wc;                        % 반송파의 주기
pc = 1/T*int(c^2,t,-T/2,T/2);       % 반송파의 평균 전력

wm = wc/1000;             % 정보신호의 주파수 ☞ fm=fc/1000 가정
```

```
% --- 양측대파와 평균 전력 ---
s1 = A*m/2*cos((wc+wm)*t);          % 상측대파 신호 s1(t)
s2 = A*m/2*cos((wc-wm)*t);          % 하측대파 신호 s2(t)
T1 = 2*pi/(wc+wm);                  % 상측대파의 주기
T2 = 2*pi/(wc-wm);                  % 하측대파의 주기
ps1 = 1/T1*int(s1^2,t,-T1/2,T1/2);  % 상측대파의 평균 전력
ps2 = 1/T2*int(s2^2,t,-T2/2,T2/2);  % 하측대파의 평균 전력

% --- AM 신호와 평균 전력 ---
ps = ps1 + ps2;                     % 양측대파의 평균 전력
pt = pc + ps;                       % AM 신호의 평균 전력

disp('■저항 1Ω에 걸린 평균 전력 구하기')
disp('① 반송파의 전력 Pc =')
pretty(pc)                          % 보기 좋게 표시하기

disp('② 양측대파의 전력 Ps =')
pretty(ps)                          % 보기 좋게 표시하기

disp('③ AM 신호의 전체 송출 전력 Pt =')
pretty(pt)                          % 보기 좋게 표시하기

disp('Pt = Pc(반송파의 전력) x')
pretty(collect(pt/pc))              % 식을 모으고, 보기 좋게 표시하기

disp('④ 전송효율 μ= Ps/Pt =')
pretty(collect(ps/pt))              % 식을 모으고, 보기 좋게 표시하기
```

■ MATLAB 예제 4-7 (DSB와 SSB) - cm407.m

이 예제는 본문의 [그림 4-15]에 나타낸 DSB-SC 신호와 SSB 신호의 주파수 스펙트럼을 구하는 프로그램이다. 정현파 정보신호에 대한 DSB-SC 신호와 이를 상측대파와 하측대파로 분리한 식은 본문의 식 (4.33)~(4.35)를 참조하였다. 실행결과로 얻은 (3×1) 그림은 주파수 영역에서의 상측대파, 하측대파, 양측대파의 진폭 스펙트럼을 반송파 주파수 $f_c \pm 2\%$ 부분을 줌 인(zoom in)하여 나타낸다. 이를 위해 MATLAB 예제 4-1 프로그램에서 다음 부분을 변형하여 작성하였다.

【 cm407.m 프로그램 】- cm401.m과 다른 부분 (1)

```
% --- 상측대파 USB, 하측대파 LSB, 양측대파 DSB 만들기 ---
x1 = A*cos(wm*t).*cos(wc*t) - A*sin(wm*t).*sin(wc*t);        % USB
x2 = A*cos(wm*t).*cos(wc*t) + A*sin(wm*t).*sin(wc*t);        % LSB
x = x1 + x2;                                                 % DSB
```

【 cm407.m 프로그램 】- cm401.m과 다른 부분 (2)

```
% --- MATLAB 내장 함수를 이용한 푸리에 변환 ---
F1 = fftshift(fft(x1))/fs;            % 주파수 영역의 신호 X1(f)
F2 = fftshift(fft(x2))/fs;            % 주파수 영역의 신호 X2(f)
F = fftshift(fft(x))/fs;              % 주파수 영역의 신호 X3(f)

% --- 푸리에 변환 결과 그리기 ---
figure(407)                           % 그림 창 번호 매기기

i = find((f>=0.98*fc) & (f<=1.02*fc));        % 조건에 대응하는 i번째 찾기
subplot(3,1,1,'align')                        % 상측대파의 진폭 스펙트럼
mF1 = abs(F1); bar(f(i),mF1(i))               % zoom in 확대
axis([min(f(i)) max(f(i)) min(mF1(i)) max(mF1(i))])
ylabel('|X_{USB}(f)|'), title('상측대파'), grid

subplot(3,1,2,'align')                        % 하측대파의 진폭 스펙트럼
mF2 = abs(F2); bar(f(i),mF2(i))               % zoom in 확대
```

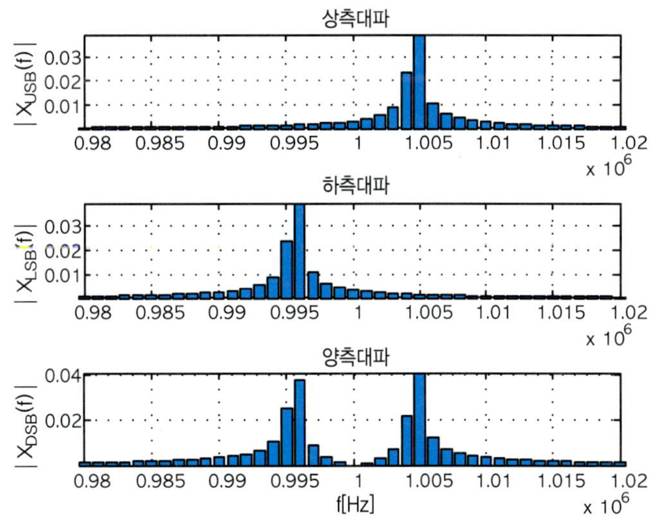

[그림 4-25] MATLAB 예제 4-7 실행결과

```
axis([min(f(i)) max(f(i)) min(mF2(i)) max(mF2(i))])
ylabel('|X_{LSB}(f)|'), title('하측대파'), grid

subplot(3,1,3,'align')                           % 양측대파의 진폭 스펙트럼
mF = abs(F); bar(f(i),mF(i))                     % zoom in 확대
axis([min(f(i)) max(f(i)) min(mF(i)) max(mF(i))])
xlabel('f [Hz]'), title('양측대파'), ylabel('|X_{DSB}(f)|'), grid
```

연습문제

1. 다음 서술이 맞는지 O, X로 답하라.
   (1) 【AM 변조】 AM 변조는 디지털 변조 방식의 일종으로 비트를 전달한다.
   (2) 【AM 변조】 상업용 AM 방송은 DSB-SC 방식이다.
   (3) 【AM 변조】 AM 변조지수가 1보다 크면 과변조 되었다고 한다.
   (4) 【슈퍼헤테로다인 수신기】 수신주파수에 관계없이 국부발진기 주파수를 항상 일정하게 처리한다.
   (5) 【슈퍼헤테로다인 수신기】 무선주파수단은 안테나의 수신신호를 동조시켜 증폭시킨다.
   (6) 【슈퍼헤테로다인 수신기】 중간주파수단은 반송파와 국부발진기 주파수의 합과 차를 만든다.
   (7) 【슈퍼헤테로다인 수신기】 국부발진기는 반송파와 중간주파수 차가 나는 신호를 발생한다.
   (8) 【슈퍼헤테로다인 수신기】 반송파 주파수가 높아지면 중간주파수는 낮아져야 한다.
   (9) 【슈퍼헤테로다인 수신기】 이미지 주파수 성분은 무선주파수단에서 제거되어야 한다.
   (10) 【슈퍼헤테로다인 수신기】 중간주파수 이외의 고주파는 중간주파수단에서 제거한다.

2. 슈퍼헤테로다인 AM 수신기의 안테나로 들어오는 수신신호를 처리하는 각 단의 순서를 【보기 A】 ①~⑤에서 골라 차례대로 번호를 적어라.

보기 A

① 중간주파수(IF)단	② 복조단	③ 혼합기(믹서)
④ 가청주파수(AF)단	⑤ 무선주파수(RF)단	⑥ 국부 발진기

3. 슈퍼헤테로다인 AM 수신기의 구성요소에 대한 다음 설명으로 맞는 것을 【보기 A】에서 골라 번호를 적어라.
   (1) 안테나의 수신신호를 동조시켜 증폭하는 곳
   (2) 반송파와 국부발진기 주파수의 합과 차를 만드는 부분

(3) 중간주파수 이외의 고주파 성분 제거
(4) 포락선 검파기로 원래의 신호를 재생하는 곳
(5) 스피커로 출력될 오디오 신호를 증폭하는 곳
(6) 반송파와 항상 중간주파수 차가 나는 신호를 발생
(7) 이미지 주파수 성분은 어느 단에서 제거되어야 하는가?

4. 동기검파는 송신 측의 반송파와 수신 측의 국부반송파 사이에서 어떤 부분에 오차가 생기면 수신신호에 왜곡이 발생하는지 2가지를 골라라.
① 진폭　　② 주파수
③ 위상　　④ 시간

5. 단측대파 변조 방식에서 동기검파의 왜곡을 피하는 방법 2가지를 골라라.
① 반송파 추가　　② BPF 추가
③ 위상천이기 사용　　④ PLL 사용

6. 다음 변조방식에 대한 우리말 표현에 맞는 영문약자를 【보기 B】에서 골라라.
(1) 단측대파 변조　　(2) 주파수변조
(3) 반송파억압 양측대파 변조　　(4) 잔류측대파 변조
(5) 위상 변조　　(6) 반송파가 있는 양측대파 변조

보기 B

① DSB-LC	② SSB	③ PM
④ DSB-SC	⑤ VSB	⑥ FM

7. 앞의 【보기 B】에서 진폭 변조(amplitude modulation) 방식을 모두 골라라.

8. 앞의 【보기 B】에서 각 변조(angle modulation) 방식을 모두 골라라.

9. 정현파 정보신호일 때, 변조된 AM 신호의 최대 크기가 2745V이고 변조되기 전 반송파의 진폭이 1500V라면 변조지수 m은 몇 %인가?

10. 정현파 정보신호일 때, AM 신호의 최대 진폭편이가 ±355V이고 최소 진폭편이가 ±45V라면 변조지수 m은 몇 %인가?

11. 정현파 정보신호일 때, AM 신호의 변조지수가 0.85이고 반송파의 전력이 12kW 이면 전체 송출전력은 몇 W인가?

12. 정현파 정보신호일 때, AM 신호의 변조지수가 0.625이면 반송파의 전력은 양측대파 전력의 몇 배인가?

13. 정현파 정보신호일 때, AM 신호의 송출전력이 33kW이고 반송파의 전력이 25kW 라면 변조지수 m은 몇 %인가?

14. 정현파 정보신호일 때, AM 신호의 전송효율이 $\mu=\frac{49}{177}$이면 변조지수 m은 몇 % 인가?

15. 정현파 정보신호일 때, AM 신호의 변조지수가 $\frac{\sqrt{7}}{3}$이고 송출전력이 130kW라면
(1) 반송파의 전력은 몇 kW인가?
(2) 양측대파의 전력은 몇 kW인가?
(3) 전송효율 μ는 몇 %인가?

16. AM 신호에서 반송파의 전력이 3037.5W이고 안테나의 저항이 $R=75\Omega$이라면 반송파의 진폭은 몇 V인가?

17. 슈퍼헤테로다인 AM 수신기에서 동조신호의 반송파 주파수 f_c는 1251kHz이고, 중간주파수 f_{IF}는 455kHz일 때
(1) 국부발진기의 주파수 f_L은 몇 kHz인가? (여기서 $f_L > f_c$)
(2) 믹서단의 두 가지 출력주파수는 각각 몇 kHz인가?
(3) RF단에서 막아야 할 이미지 주파수는 몇 kHz인가?

Chapter 05

Communication Theory

각 변조

Chapter

05 각 변조

Communication Theory

5.1 FM과 PM의 관계

5.1.1 FM과 PM 신호의 정의

식 (4.2)와 (4.3)에서 정보신호가 $s(t)$이고 반송파가 $A\cos\omega_c t$일 때 FM 신호와 PM 신호의 위상을 다음과 같이 다시 표현할 수 있다.

$$\theta_{FM}(t) = \omega_c t + \theta_0 + K_f \int_{t_0}^{t} s(\tau)d\tau \ \propto \int s(t) \tag{5.1}$$

☞ 여기서 $\dfrac{d\theta_{FM}(t)}{dt} = \omega_c + K_f s(t) \ \propto s(t)$

$$\theta_{PM}(t) = \omega_c t + \theta_0 + K_p s(t) \ \propto s(t) \tag{5.2}$$

FM 신호의 위상 $\theta_{FM}(t)$는 변조신호 $s(t)$의 시간에 대한 적분에 비례한다. 식 (5.1)에서 FM 신호의 위상을 미분하면 정보신호 $s(t)$가 ω_c와 같은 차원인 주파수의 차원이 된다. 식 (5.2)에서 PM 신호의 위상 $\theta_{PM}(t)$는 정보신호 $s(t)$에 직접 비례한다. 여기서 K_f와 K_p는 상수이다. 보통은 t_0를 조절해 초기위상이 $\theta_0 = 0$이 되도록 조정해 식 (5.3)과 (5.4)처럼 표현할 수 있다. 또한 FM 신호와 PM 신호와의 관계를 [그림 5-1]로 나타낼 수 있다.

$$x_{FM}(t) = A\cos[\omega_c t + K_f \int_{0}^{t} s(\tau)d\tau] \tag{5.3}$$

$$x_{PM}(t) = A\cos[\omega_c t + K_p s(t)] \tag{5.4}$$

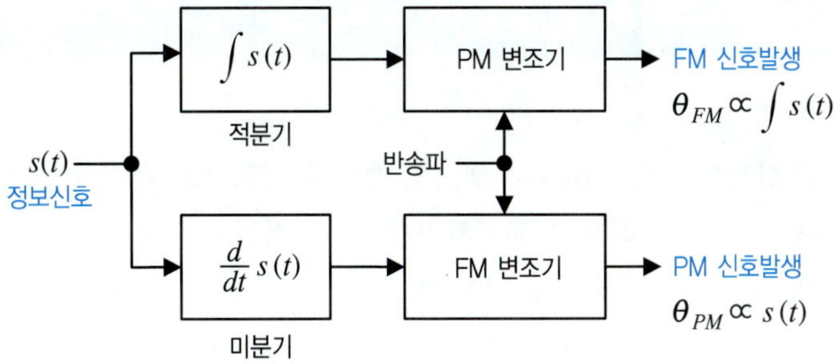

[그림 5-1] FM 신호와 PM 신호의 관계

5.1.2 FM과 PM 신호의 파형

[그림 5-2]는 사각파 신호와 정현파 신호를 변조했을 때 FM 신호와 PM 신호의 파형을 각각 나타낸다. 정보신호 $s(t)$가 사각파 신호처럼 급격히 변할 때는 FM 신호의 주파수와 PM 신호의 위상도 급격히 변한다. 정보신호 $s(t)$가 정현파처럼 천천히 변할 때는 $s(t)$가 점차 작아지면 FM 신호의 주파수와 PM 신호의 위상변화가 점차 느려진다. $s(t)$가 점차 커지면 FM 신호의 주파수와 PM 신호의 위상변화도 점차 빨라진다. 이렇게 정보신호의 변화에 따라 반송파의 주파수와 위상을 변화시키는 변조방식을 FM 변조와 PM 변조라고 한다.

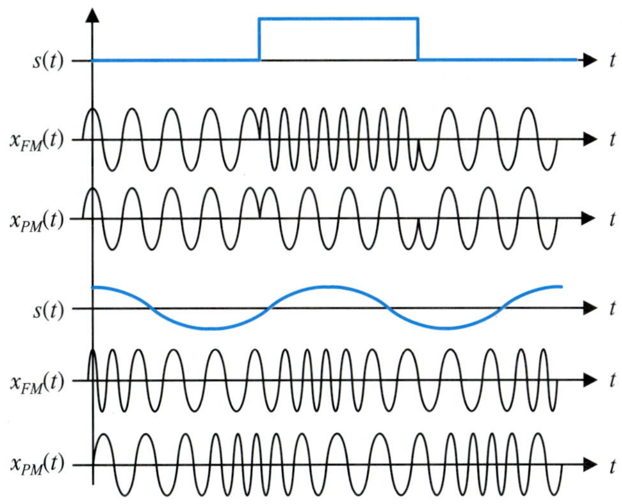

[그림 5-2] FM 신호와 PM 신호의 파형

5.2 주파수 변조(FM)

정보신호를 $s(t)=A_m \cos\omega_m t$인 정현파 신호라고 가정하자. 여러 주파수가 섞인 복잡한 신호는 식으로 해석하기 힘들다. 정현파 신호는 한 가지 주파수를 갖기 때문에 수식으로 신호를 해석할 때 매우 편리하다. 정현파 신호인 경우 다음 FM 신호의 식에서 순시주파수, 주파수편차 등을 간단하게 유도할 수 있다.

$$x_{FM}(t)=A\cos[\omega_c t+K_f\int_0^t s(\tau)d\tau] \tag{5.5}$$
$$=A\cos\left[\omega_c t+\frac{A_m K_f}{\omega_m}\sin\omega_m t\right]=A\cos[\omega_c t+\beta\sin\omega_m t]$$

a. FM의 순시주파수(instantaneous frequency)

물리학에서 미분을 설명할 때 가장 기본이 되는 예제는 속도와 가속도다. 거리의 변화량을 시간으로 나눈 값이 속도다. 가속도는 속도의 시간적인 변화율로 나중 속도와 처음 속도의 차이를 시간으로 나눈 값이다. 즉, 속도의 미분 값이다.

통신에서 PM 신호는 위상에 정보신호가 들어있고, FM 신호는 위상의 시간적인 변화율에 정보신호가 들어있다. FM 신호는 나중 위상과 처음 위상의 차이를 시간으로 나눈 값, 즉 위상의 미분 값에 정보신호가 들어있다. 어떤 임의의 순간에 얻어지는 순시주파수는 다음과 같이 위상을 시간으로 미분해서 얻어진다. 즉, 위상을 미분하면 주파수와 같은 차원이 된다.

$$\omega_i(t)=\frac{d\theta_{FM}(t)}{dt}[\text{rad/sec}] \text{ 혹은 } f_i(t)=\frac{1}{2\pi}\frac{d\theta_{FM}(t)}{dt}[\text{Hz}] \tag{5.6}$$

$$\omega_i(t)=\omega_c+K_f s(t)=\omega_c+A_m K_f\cos\omega_m t \tag{5.7}$$

식 (5.7)에서 반송파 주파수 ω_c가 일정하므로 FM 신호의 순시주파수 $\omega_i(t)$는 ω_c 근방에서 정보신호 $s(t)$에 비례해 움직이는 것을 알 수 있다. 만약 정보신호가 없다면 FM 신호는 반송파 주파수 ω_c만 나타난다.

b. FM의 주파수편차(frequency deviation)

FM 신호에서 순시주파수의 변동범위를 주파수편차라 한다. 순시주파수의 최대 주파수 변동 범위를 $\omega = \omega_c \pm \Delta\omega$라 할 때 FM 신호의 주파수편차는 $\Delta\omega$가 된다. 식 (5.7)에서 정현파 신호 $\cos\omega_m t$는 ±1 사이의 값을 가지므로 순시주파수는 $\omega_c \pm A_m K_f$ 사이에서 움직인다. 이를 다음과 같이 적을 수 있다.

$$\omega_i(t) = \omega_c \pm \Delta\omega \quad ☞ \text{ 주파수편차 } \Delta\omega = A_m K_f \tag{5.8}$$

c. FM의 변조지수(modulation index)

FM 신호의 변조지수는 『반송파의 주파수가 정보신호에 의해 얼마나 많이 변조되었는지를 표시』한다. 이를 위해 정보신호를 표현하는 데 사용되는 주파수편차의 정도로 표시한다. FM 신호의 변조지수는 식 (5.9)와 같이 주파수편차와 정보신호 주파수의 비로 나타낸다. 이 책에서는 AM 신호의 변조지수 m과 구분하기 위하여 FM의 변조지수를 β로 사용하기로 한다.

$$\beta = \frac{\Delta\omega}{\omega_m} = \frac{\Delta f}{f_m} = \frac{A_m K_f}{\omega_m} \tag{5.9}$$

5.3 FM 신호의 주파수 해석

FM 신호에서 위상각 변화가 작으면 주파수 스펙트럼이 매우 좁은 주파수대역을 이루게 된다. 이런 경우를 협대역 FM(narrowband FM, NBFM)이라고 하고 그렇지 않은 경우를 광대역 FM(wideband FM, WBFM)이라고 한다.

한편 광대역 PM이라는 용어는 없고 일반적으로 협대역 PM(narrowband PM, NBPM)만 의미를 갖는다. 왜냐하면 PM 신호에 대한 식 (5.2)에서 PM 신호의 위상변화는 결국 $\omega_c t \pm \pi$의 범위로 한정되기 때문이다. 순시주파수는 위상을 미분해서 나타내므로, PM의 주파수 스펙트럼은 결국 ω_c 주변에 모여 협대역을 이룬다.

5.3.1 베셀함수와 FM 스펙트럼

FM 신호의 주파수 특성을 얻기 위해 FM 신호를 직접 푸리에 변환하는 것은 수학적으로 간단하지 않다. FM 신호의 주파수 스펙트럼은 계산을 간단히 하기 위해 단일 반송파는 n차 제1종 베셀(Bessel)함수 $J_n(\beta)$를 도입해 해석한다. 이 방법은 식 (5.5)와 이에 대한 푸리에 변환 쌍을 식 (5.10), (5.11)로 표현한다.

$$x_{FM}(t) = A\cos[\omega_c t + \beta\sin\omega_m t] = A\sum_{n=-\infty}^{\infty} J_n(\beta)\cos[(\omega_c + n\cdot\omega_m)t] \quad (5.10)$$

$$\Leftrightarrow X_{FM}(f) = A\sum_{n=-\infty}^{\infty} J_n(\beta)\cdot\frac{1}{2}[\delta(f+f_c+n\cdot f_m)+\delta(f-f_c-n\cdot f_m)] \quad (5.11)$$

식 (5.11)에서 구한 FM 신호의 주파수 스펙트럼은 [그림 5-3]과 같다. $n=0$일 때 $f=f_c$에서 나타나는 반송파 신호와 $n=\pm 1, \pm 2, \cdots$일 때 $f=f_c \pm n\cdot f_m$에서 나타나는 고조파 신호들이 합쳐진 주파수 스펙트럼 형태를 이룬다.

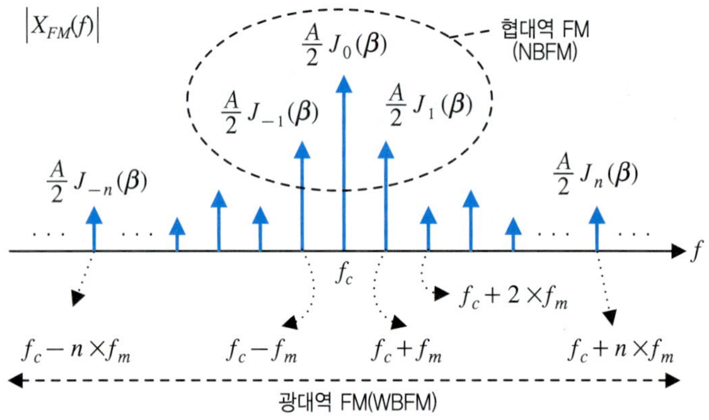

[그림 5-3] FM 신호의 주파수 스펙트럼

5.3.2 협대역 FM과 광대역 FM

FM 신호의 주파수 스펙트럼은 [그림 5-3]과 같이 이론상 무한대($n \to \pm\infty$)이다. $n=0, \pm 1$로 한정되어 FM 신호의 전력이 반송파 근방의 좁은 주파수대역에 집중되어 있는 형태를 협대역 FM이라고 한다. 반면에 $n=\pm 2, \pm 3, \cdots$으로 넓은 주파수대역에 걸쳐 분포하는 형태를 광대역 FM이라고 한다.

FM 신호에 대한 주파수 영역의 식 (5.11)에서 차수 n에 대한 각각의 주파수성분에서 신호의 크기는 $A/2 \times J_n(\beta)$가 된다. 즉, FM 신호의 주파수영역에서의 크기는 베셀함수의 계수 $J_n(\beta)$을 따르게 된다. 베셀 계수의 성질은 아래와 같다.

① $J_n(\beta)$는 실수 값

② n이 짝수일 때 $J_n(\beta)=J_{-n}(\beta)$, n이 홀수일 때 $J_n(\beta)=-J_{-n}(\beta)$

③ $\sum_{n=-\infty}^{\infty} J_n^2(\beta)=1$

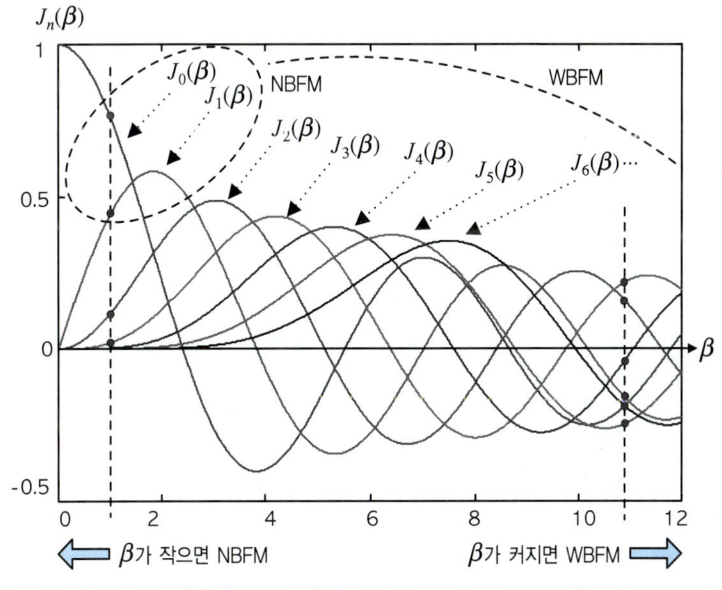

[그림 5-4] 제1종 베셀함수

[그림 5-4]를 이용하면 FM 변조지수 β 값에 대해 의미 있는 n값을 찾아 협대역 FM과 광대역 FM으로 근사화할 수 있다.

a. 협대역 FM(NBFM)

[그림 5-4]에서 β가 1 정도로 작을 때는 $J_0(\beta)$, $J_1(\beta)$, $J_{-1}(\beta)$ 정도만 의미 있는 값을 갖는다. $|n| \geq 2$일 때는 $J_n(\beta)$ 값이 작아 고려하지 않아도 될 정도가 된다. 이때 FM 신호를 다음과 같이 근사화하는 것을 협대역 FM이라고 한다.

$$J_0(\beta) \simeq 1,\ J_1(\beta) \simeq \frac{\beta}{2},\ J_{-1}(\beta) \simeq -\frac{\beta}{2},\ J_n(\beta) = 0\ (|n| \geq 2) \tag{5.12}$$

$$x_{NBFM}(t) \simeq A[\cos\omega_c t + \frac{\beta}{2}\cos(\omega_c + \omega_m)t - \frac{\beta}{2}\cos(\omega_c - \omega_m)t] \tag{5.13}$$

b. 광대역 FM(WBFM)

[그림 5-4]에서 β가 클 때는 $J_0(\beta)$, $J_1(\beta)$, $J_{-1}(\beta)$만 아니고 $|n| \geq 2$일 때도 $J_n(\beta)$ 값을 다음과 같이 무시할 수 없게 된다. 이런 경우를 WBFM이라고 한다.

$$J_n(\beta) \neq 0\ \ (|n| \geq 2) \tag{5.14}$$

■ **기본 예제 5.1 (FM 변조지수)**

상업용 FM 방송에서 본래의 정보신호 주파수가 50Hz~15kHz이고, 주파수 편차가 $\pm\Delta f = \pm 75\text{kHz}$일 때 FM 변조지수 β를 구하라.

변조지수 $\beta = \frac{\Delta f}{f_m} = \frac{75\text{kHz}}{50\text{Hz}} \sim \frac{75\text{kHz}}{15\text{kHz}} = 1500 \sim 5$ ☞ FM 방송은 WBFM

5.3.3 FM 신호의 주파수 대역폭

[그림 5-3]처럼 FM 신호는 반송파 주변의 측대파 수가 무한하다. 그러나 반송파 주파수 f_c에서 멀어질수록 측대파 스펙트럼의 진폭이 매우 작아져 이를 무

시할 수 있을 정도가 된다. 실제의 FM 신호는 대부분의 전력이 유한한 주파수대역 내에서 한정된다. FM 신호에 대한 주파수 대역폭은 일반적으로 카슨의 대역폭 법칙(Carson's bandwidth rule)을 사용한다. 이 법칙은 FM 신호의 대역폭은 이론상 무한대이나 다음 범위 내에 대부분의 전력이 집중된다고 근사화한 것이다.

$$BW_{FM} = 2(\Delta\omega + \omega_m) \text{ 혹은 } BW_{FM} = 2(\Delta f + f_m) \qquad (5.15)$$

■ 기본 예제 5.2 (FM의 주파수 대역폭)

상업용 FM 방송에서 본래의 정보신호 주파수가 50Hz~15kHz이고, 주파수 편차가 $\pm\Delta f = \pm 75\text{kHz}$일 때 카슨(Carson)의 법칙을 이용하여 대역폭을 구하라.

$\Delta f = 75\text{kHz}$, 정보신호의 최대주파수는 $f_m = 15\text{kHz}$

☞ $BW_{FM} = 2(\Delta f + f_m) = 2\times(75+15) = 2\times 90 = 180\,[\text{kHz}]$

5.4 FM 신호의 전력

5.4.1 FM의 평균 전력은 일정

식 (5.16)에서 FM 신호의 진폭은 항상 일정하다. 진폭이 변하지 않으므로 FM 신호의 전력은 변조되기 전 반송파의 전력과 같다. 정현파 신호의 평균 전력을 구하는 방법으로 저항 1Ω에 걸린 FM 신호의 평균 전력을 식 (5.17)과 같이 구할 수 있다. 베셀함수의 성질에 의해 $J_n(\beta)\cos[(\omega_c + n\cdot\omega_m)t]$ 항으로부터 $n = \pm\infty$일 때의 정현파 신호의 전력을 구해도 같은 결과를 얻을 수 있다.

$$x_{FM}(t) = A\cos[\omega_c t + \beta\sin\omega_m t] \\ = A\sum_{n=-\infty}^{\infty} J_n(\beta)\cos[(\omega_c + n\cdot\omega_m)t] \tag{5.16}$$

$$P = \overline{x_{FM}^2(t)} = V_{rms}^2 = \left(\frac{A}{\sqrt{2}}\right)^2 = \frac{A^2}{2} \tag{5.17}$$

$$\sum_{n=-\infty}^{n=\infty} J_n^2(\beta) = 1 \;☞\; P = \left(\frac{A}{\sqrt{2}}\right)^2 \cdot \sum_{n=-\infty}^{n=\infty} J_n^2(\beta) = \frac{A^2}{2} \tag{5.18}$$

5.4.2 FM과 AM의 S/N비

AM 신호의 변조지수가 $m = 100\%$일 때 식 (5.19)와 같은 관계식이 알려져 있다. $\beta = 1/\sqrt{3} \fallingdotseq 0.577$이면 FM 신호와 AM 신호의 S/N비가 같아진다. 변조지수 β를 그 이상 증가시키면 FM 신호의 S/N비를 AM 신호보다 개선할 수 있다. 이 경계는 NBFM과 WBFM을 나누는 여러 가지 방법 중에 하나이다.

$$\left(\frac{S}{N}\right)_{FM} = 3\beta^2 \cdot \left(\frac{S}{N}\right)_{AM} \tag{5.19}$$

5.4.3 프리엠퍼시스와 디엠퍼시스

프리엠퍼시스와 디엠퍼시스 여파는 FM 신호는 고주파 부분의 신호대잡음비(SNR)가 낮은 점을 보상하기 위한 것이다. 상업용 FM 방송을 전송할 때는 송신측에서 [그림 5-5]와 같은 특성을 갖는 여파기를 사용해 고주파 부분을 미리 증폭(pre-emphasis)해서 전송한다. FM 수신기에서는 이와 반대의 특성을 갖는 여파기로 고주파 부분을 다시 감쇠(de-emphasis)시켜주는 기법을 사용한다.

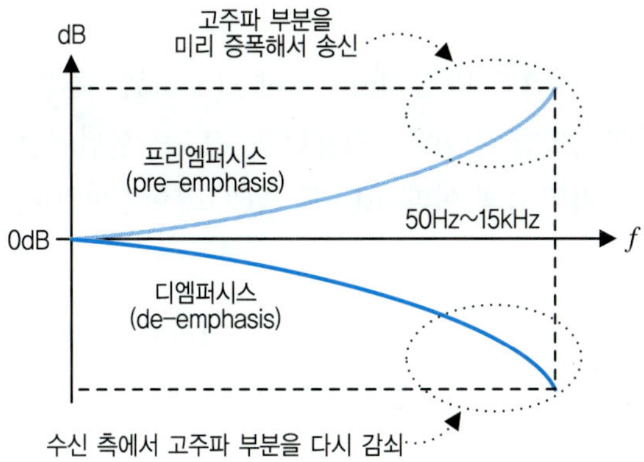

[그림 5-5] FM 방송의 프리엠퍼시스와 디엠퍼시스 여파

5.5 FM 송수신기

5.5.1 FM 송신기

FM 신호를 발생시키는 방법은 ① 직접 FM 방식과 ② 간접 FM 방식으로 나눌 수 있다. 직접 FM 방식은 발진기를 사용해 정보신호로 반송파의 주파수를 직접 변조시킨다. 이때 주파수발진기의 주파수 안정성과 정확성이 절대적이다. 반면에 많이 이용되는 간접 FM 방식은 정보신호로 주파수편차를 직접 만들지 않는다. [그림 5-6]처럼 우선 NBFM 신호를 만든 후 주파수 곱셈기에서 편리하게 주파수를 $\times N$배 해줌으로써 변조지수를 원하는 만큼 증가시킨다. 정보신호의 변조지수 β를 크게 해주면 주파수편차 Δf가 넓어져 WBFM이 발생된다.

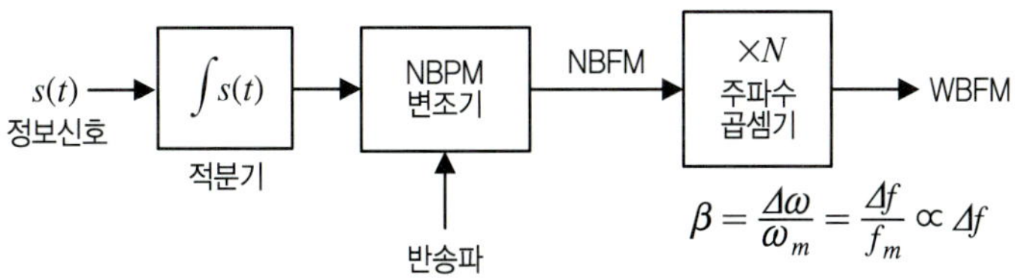

$$\beta = \frac{\Delta\omega}{\omega_m} = \frac{\Delta f}{f_m} \propto \Delta f$$

[그림 5-6] 간접 FM 신호의 발생

5.5.2 PLL의 원리

위상고정루프 혹은 PLL(phase locked loop)은 특정 주파수를 추적하는 협대역 여파기로 다양한 분야에서 활용된다. PLL의 일반적인 구성은 [그림 5-7]처럼 위상검출기, 저역 통과 여파기(LPF), VCO로 이루어진다.

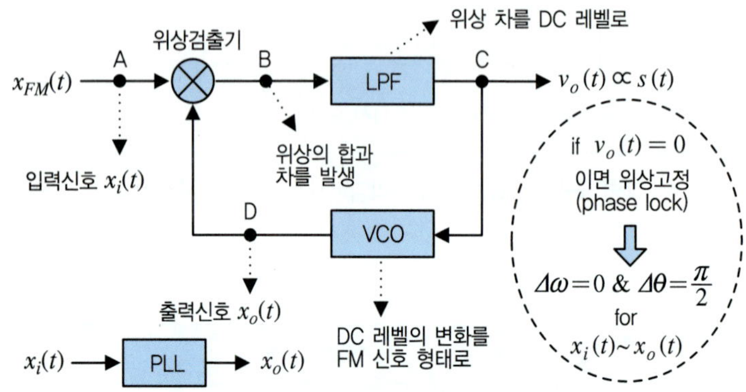

[그림 5-7] PLL의 원리

위상검출기(phase detector)는 위상비교기(phase comparator)라고도 하며, 4장에서 설명한 혼합기(mixer)를 말한다. 두 신호의 곱셈 동작으로 주파수의 합과 차를 만든다. LPF는 두 신호의 위상차를 DC 전압 레벨로 바꾼다. 전압 조절 발진기(voltage controlled oscillator, VCO)는 그 자체가 FM 변조기로 DC 전압 레벨에 따라 순시 출력 주파수를 조절해 FM 신호 형태로 바꾼다. [그림 5-7]에서 PLL의 입력신호 $x_i(t)$와 출력신호 $x_0(t)$에 의한 LPF의 출력 $v_0(t)$를 구해보자.

A ☞ $$x_i(t)=a_1\cos\theta_A(t)=a_1\cos(\omega_i t+\theta_i) \tag{5.20}$$

D ☞ $$x_o(t)=a_2\cos\theta_D(t)=a_2\cos(\omega_o t+\theta_o) \tag{5.21}$$

B ☞ $$\begin{aligned} x_i(t)\cdot x_o(t) &= a_1 a_2\cos(\omega_i t+\theta_i)\cdot\cos(\omega_o t+\theta_o) \\ &= \frac{1}{2}a_1 a_2\cos[(\omega_i-\omega_o)t+(\theta_i-\theta_o)] \\ &\quad +\frac{1}{2}a_1 a_2\underbrace{\cos[(\omega_i+\omega_o)t+(\theta_i+\theta_o)]}_{\text{LPF로 제거}} \end{aligned} \tag{5.22}$$

C ☞ $v_o(t)=\frac{1}{2}a_1a_2\cos[\underbrace{(\omega_i-\omega_o)}_{\Delta\omega}t+\underbrace{(\theta_i-\theta_o)}_{\Delta\theta}]$ (5.23)

여기서 $\Delta\omega=0$, $\Delta\theta=\pi/2$이면 $v_o(t)=0$이 되어 VCO의 출력주파수는 더 이상 변하지 않는다. 이때를 『위상고정(phase lock)』 되었다고 한다. 위상고정에 도달하면 입력신호 $x_i(t)$와 출력신호 $x_o(t)$의 주파수가 동일하고 위상만 90° 차이나는 상태가 된다. 이 성질을 이용하면 PLL의 출력인 D 지점에서 PLL의 입력인 A 지점의 주파수를 $\omega_o=\omega_i$로 추적할 수 있게 된다.

5.5.3 PLL을 이용한 FM 수신기

[그림 5-7]의 PLL에서 C 지점을 이용하면 FM 신호의 복조기에 사용할 수 있다. VCO에서 출력되는 순시주파수 $\omega_{Di}(t)$의 특성은 다음과 같다. 이를 식 (5.7)과 비교해보면 FM 신호의 순시주파수와 같은 형태이다.

$$\omega_{Di}(t)=\omega_c+K_o v_o(t) \tag{5.24}$$

VCO의 입출력특성은 FM 신호의 발생과 같다. 입력 전압의 변화를 출력신호의 주파수 변화로 바꾸어 출력한다. 이를 이용해 PLL의 입력으로 들어오는 FM 신호 $x_{FM}(t)$와 VCO의 출력신호 $v_D(t)$를 식 (5.25), (5.26)과 같이 정리할 수 있다. 이때 [그림 5-7]에서 위상검출기의 출력 $v_B(t)$를 구하면 식 (5.27)과 같다.

$$x_{FM}(t)=a_1\cos\left[\omega_c t+K_f\int_0^t s(\tau)d\tau\right] \tag{5.25}$$

$$v_D(t)=a_2\cos\left[\omega_c t+K_o\int_0^t v_o(\tau)d\tau\right] \tag{5.26}$$

$$\begin{aligned}v_B(t)&=a_1a_2\cos\left[\omega_c t+K_f\int_0^t s(\tau)d\tau\right]\cos\left[\omega_c t+K_o\int_0^t v_o(\tau)d\tau\right]\\&=\frac{a_1a_2}{2}\cos\left[K_f\int_0^t s(\tau)d\tau-K_o\int_0^t v_o(\tau)d\tau\right]\end{aligned} \tag{5.27}$$

$$+\frac{a_1 a_2}{2}\cos\underbrace{\left[2\omega_c t + K_f\int_0^t s(\tau)\,d\tau + K_o\int_0^t v_o(\tau)\,d\tau\right]}_{\text{LPF로 제거}}$$

[그림 5-7]에서 LPF의 출력 $v_o(t)$는 위 식에서 $2\omega_c$ 주파수 근방의 고주파 성분은 제거되고 직류성분 근방의 값이 남는다. 수신되고 있는 FM 신호의 순시주파수는 반송파 주파수 근방에서 계속 변한다. 이 때문에 정확하게 위상고정되지 않고 VCO와 LPF는 아래처럼 위상고정 근방에서 계속 동작하게 된다.

$$v_o(t) = \frac{a_1 a_2}{2}\cos\left[K_f\int_0^t s(\tau)\,d\tau - K_0\int_0^t v_o(\tau)\,d\tau\right] \simeq 0 \tag{5.28}$$

$$K_f\int_0^t s(\tau)\,d\tau - K_o\int_0^t v_o(\tau)\,d\tau \simeq \frac{\pi}{2} \tag{5.29}$$

위 식을 양변 미분하면 LPF의 출력 $v_o(t)$는 다음과 같이 본래의 정보신호 $s(t)$를 포함하게 되어 FM 신호에서 정보신호를 복원해 낼 수 있다.

$$K_f s(t) - K_o v_o(t) = 0 \quad ☞ \quad v_o(t) = \frac{K_f}{K_o}s(t) \propto s(t) \tag{5.30}$$

5.5.4 슈퍼헤테로다인 FM 수신기

우리나라의 FM 방송 대역은 [그림 5-8]처럼 국제전기통신연합(ITU)이 정한 국제 기준과 동일하게 88~108MHz 사이를 사용한다. 각 채널 간격은 200kHz이다. 반송파 주파수는 각 채널의 중심주파수에 해당하는 88.1MHz, 88.3MHz, …, 107.9MHz를 사용하며 총 100개의 채널이다. 수신기의 동조회로는 수신을 원하는 반송파 주파수 대역만 골라 BPF를 통해 받아들인다.

슈퍼헤테로다인 방식의 FM 수신기는 본래의 정보신호가 들어 있는 FM 수신신호의 순시주파수를 진폭변화로 변환시켜 포락선 검파기로 복조해낸다. [그림 5-9]의 슈퍼헤테로다인 방식의 FM 수신기는 같은 방식의 AM 수신기와 비교하여 중간주파수 10.7MHz와 반송파신호의 주파수범위 88.1~107.9MHz를 제외하고는 구성요소가 매우 유사하다. AM 수신기와 차이점은 포락선 검파기 앞단에 리미터와

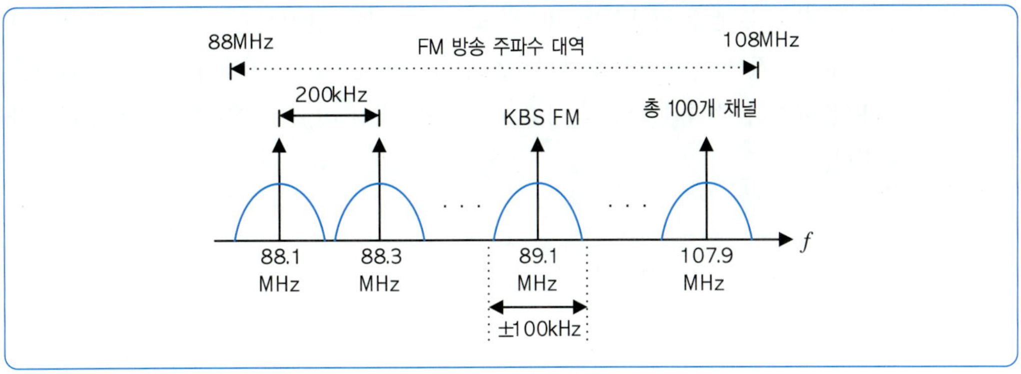

[그림 5-8] 우리나라의 FM 방송 대역

판별기를 부가한 것이다. 리미터(limiter)는 입력신호를 안정된 정현파로 만드는 역할을 한다. 디지털 변조 방식의 PSK와 FSK 등의 검파에도 리미터가 사용된다.

판별기(discriminator)는 FM 신호를 AM 신호로 변환시키는 역할을 한다. 미분기로 동작하여 식 (5.32)와 같이 FM 신호의 순시주파수를 진폭의 변화에 포함시킨다. 식 (5.31)의 FM 신호를 미분하려면 위상이 시간에 대한 함수이므로 합성함수의 미분에 대한 연쇄법칙(chain rule)을 따른다. 즉, 코사인을 미분한 마이너스 사인의 진폭 부분에 FM 신호의 위상을 미분해 곱한다. 그 결과 식 (5.32)와

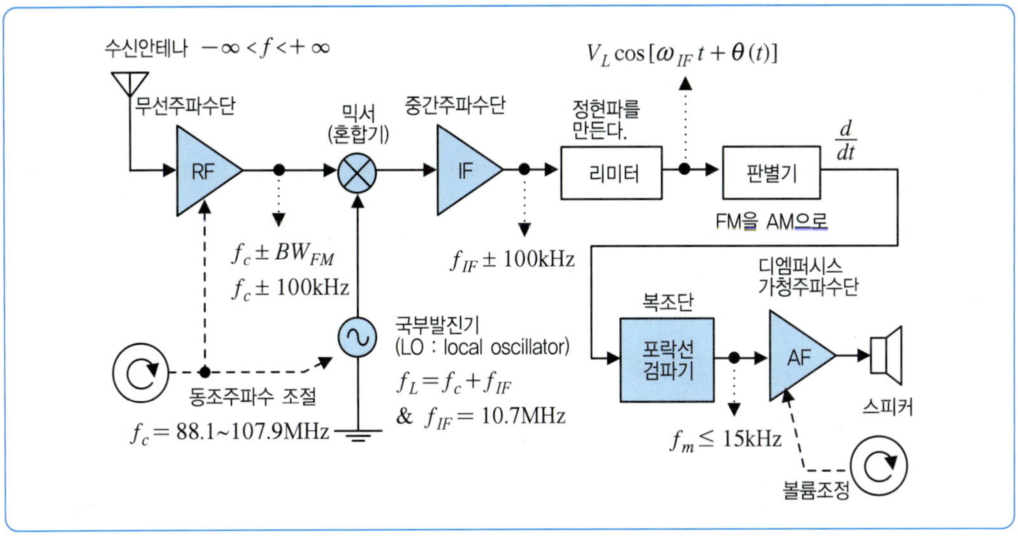

[그림 5-9] 슈퍼헤테로다인 방식의 FM 수신기

같이 진폭 부분에 정보신호 $s(t)$가 포함된다. 복조단에서는 포락선 검파를 실시하여 최종적으로 본래의 정보신호를 검출한다. [그림 5-9]에서 판별기의 출력은 IF단 이후의 출력이므로 식 (5.32)에서 ω_c 대신 ω_{IF}가 판별기의 출력주파수가 된다.

$$x_{FM}(t) = A\cos\left[\omega_c t + K_f \int_0^t s(\tau)\,d\tau\right] \tag{5.31}$$

$$\frac{d\{x_{FM}(t)\}}{dt} = -A[\omega_c + K_f s(t)]\cdot\sin\left[\omega_c t + K_f \int_0^t s(\tau)\,d\tau\right] \tag{5.32}$$

☞ 포락선 $A[\omega_c + K_f s(t)] \propto$ 변조신호 $s(t)$

5.6 스테레오 방송

스테레오(stereo) 음향은 좌우 두 개의 독립적인 채널을 통해 $s_L(t)$, $s_R(t)$ 신호를 얻어내고 분리된 채널로 다시 신호가 재생되는 것을 말한다. 일반적으로 전송에 사용될 스테레오 신호의 입력은 다음 식과 같이 $s_L(t)$, $s_R(t)$의 합과 차로 만들어낸다. 여기서 $s_1(t)$만 있을 때가 모노(mono)이다.

$$s_1(t) = s_L(t) + s_R(t),\ s_2(t) = s_L(t) - s_R(t) \tag{5.33}$$

a. AM 스테레오

식 (5.33)의 $s_1(t)$, $s_2(t)$ 신호를 AM 스테레오 신호의 입력으로 만들어 다음과 같이 변조시켜 송신한다.

$$x_{AM-STEREO}(t) = x_{AM}\{s_1(t)\} + x_{NBFM}\{s_2(t)\} \tag{5.34}$$

b. FM 스테레오

식 (5.33)의 $s_1(t)$, $s_2(t)$ 신호와 [그림 5-10]과 같은 파일럿(pilot) 신호를 이용해 FM 스테레오 신호의 입력으로 만들고 이를 WBFM으로 변조시켜 송신

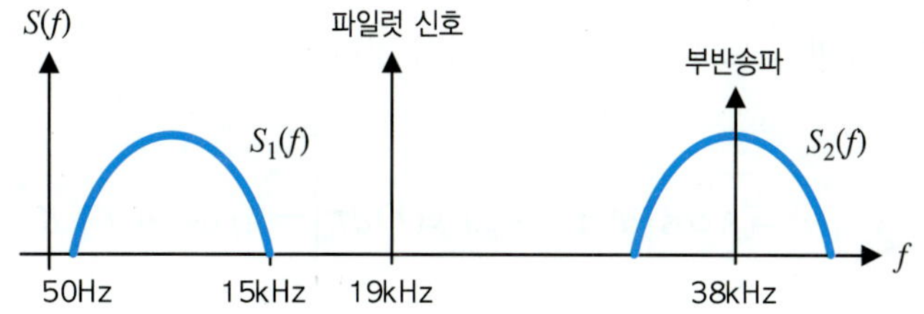

[그림 5-10] FM 방송의 스테레오 신호

한다.

$$s_{FM-STEREO}(t) = s_1(t) + A\cos\omega_0 t + s_2(t)\cos 2\omega_0 t \qquad (5.35)$$
$$(f_0 = 19\text{kHz},\ 2f_0 = 38\text{kHz})$$

$$x_{FM-STEREO}(t) = x_{WBFM}\{s_1(t) + A\cos\omega_0 t + s_2(t)\cos 2\omega_0 t\} \qquad (5.36)$$

우리나라의 방송기준에서 FM 신호주파수는 50Hz~15kHz이고 주파수편차는 $\Delta f = \pm 75$kHz이다. 주파수 대역폭 허용치는 모노 방송은 200kHz이고, 스테레오 방송은 예외이다. 스테레오 방송을 위한 파일럿 신호의 주파수는 $f_0 = 19$kHz이다. 파일럿 신호는 통신 신호의 제어나 동기 등의 목적으로 전송된다.

5.7 MATLAB 예제

■ MATLAB 예제 5-1 (FM & PM 변조 1) - cm501.m

PM 신호는 정보신호 $s(t)$가 위상에 직접 더해진다. 하지만 FM 신호는 정보신호 $s(t)$를 적분한 값이 위상에 더해지므로 신호에 따라 수식이 달라진다. 이 예제는 본문의 [그림 5-2]에 나타낸 사각파 신호에 대한 FM과 PM 신호를 구한다. 이 예제가 실행되려면 2장에서 작성한 rect.m 함수가 같은 폴더에 있어야 한다. 한편 사각파 신호는 시간 구간에 따라 0과 1의 값이 변하므로 상수처럼 취급할 수 있다. 본문의 식 (5.3)과 (5.4)를 정보신호가 $s(t)=a$인 상수일 때의 FM과 PM 신호에 대한 식으로 다음과 같이 다시 정리할 수 있다.

$$x_{FM}(t)=A\cos\left[\omega_c t+K_f\int_0^t s(\tau)\,d\tau\right]=A\cos[\omega_c t+K_f at] \tag{5.37}$$

$$x_{PM}(t)=A\cos\left[\omega_c t+K_p s(t)\right]=A\cos[\omega_c t+K_p a] \tag{5.38}$$

위 식들은 프로그램의 앞부분에 추가한 소스에서 기호수학 도구상자를 이용해 구할 수도 있다. 명령 창에서 실행결과를 확인할 수 있을 것이다. 실제 프로그램에서는 사각파 신호를 상수처럼 취급하되, 시간 구간에 따라 0과 1의 값이 변하므로 사각파 신호를 정보신호 $s(t)$로 만들어 그대로 대입한다.

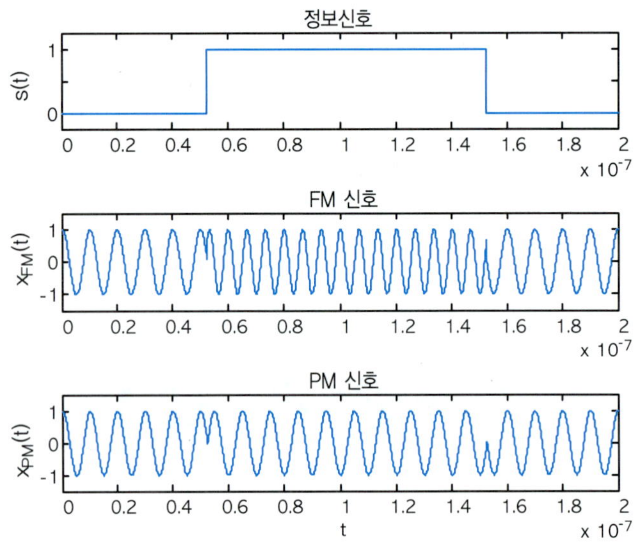

[그림 5-11] MATLAB 예제 5-1 실행결과

【 cm501.m 프로그램 】

```
% --- 기호수학 도구상자로 FM & PM 신호식 만들기 ---
syms a A wc Kf Kp t                          % 기호수학의 변수 선언
```

```
s = a;                              % 정보신호 a ☞ 상수를 가정
theta = wc*t+Kf*int(s,t);           % FM 신호의 위상 θ(t)
x_FM = A*cos(theta);                % FM 신호
x_PM = A*cos(wc*t + Kp*s);          % PM 파형

disp('■FM 신호와 PM 신호')
disp('① 정보신호 s(t) ='), s
disp('② FM 신호 x_FM(t) ='), x_FM
disp('③ PM 신호 x_PM(t) ='), x_PM

% --- 시간 축 만들기 ---
t = linspace(0,2e-7,2000+1);        % 시간 축
dt = t(2) - t(1);                   % 시간축의 시간 증분

% --- 반송파 c(t) 만들기 ---
A = 1;                              % 반송파의 진폭
fc = 100e6; wc = 2*pi*fc;           % 빈송파 주파수

% --- 정보신호 s(t) 만들기 ---
% 다음 내용의 rect.m 함수가 같은 폴더에 있어야 한다.
% -T/2 < t < T/2일 때 x = 1,
% t = -T/2, t = T/2일 때 x = 1/2, 나머지는 x = 0
range = max(t) - min(t);            % 전체 시간구간
T = (range)/2;                      % 함수의 폭 ☞ 전체 시간구간의 50%
s = rect(t-T,T);                    % 사각파 정보신호 x(t) = rect(t,T)

% --- FM 신호 만들기 ---
% s(t) = 상수 ☞ 적분하면 int {s(t)} dt = 상수*t이므로
Kf = wc/2;                          % 상수를 임의로 정함
xf = A*cos(wc*t + Kf*s.*t);         % FM 파형 x_FM(t)

% --- PM 신호 만들기 ---
Kp = pi;                            % 상수를 임의로 정함 Δω=±π
xp = A*cos(wc*t + Kp*s);            % PM 파형 x_PM(t)

% --- 시간 함수 그리기 ---
figure(501)                         % 그림 창 번호 매기기

subplot(3,1,1,'align'), plot(t,s), range = max(s)-min(s);
axis([min(t) max(t) min(s)-range/4 max(s)+range/4]);
ylabel('s(t)'), title('정보신호')
```

```
subplot(3,1,2,'align'), plot(t,xf), range = max(xf)-min(xf);
axis([min(t) max(t) min(xf)-range/4, max(xf)+range/4]);
ylabel('x_{FM}(t)'), title('FM 신호')

subplot(3,1,3,'align'), plot(t,xp), range = max(xp)-min(xp);
axis([min(t) max(t) min(xp)-range/4 max(xp)+range/4]);
ylabel('x_{PM}(t)'), title('PM 신호'), xlabel('t')
```

■ MATLAB 예제 5-2 (FM & PM 변조 2) - cm502.m

이 예제는 본문의 [그림 5-2]에 나타낸 정현파 정보신호에 대한 FM과 PM 신호를 구한다. 정보신호를 $s(t)=A_m \cos\omega_m t$로 가정하면 식 (5.3)과 (5.4)를 정보신호가 코사인일 때의 FM과 PM 신호 대한 식으로 다음과 같이 다시 정리할 수 있다.

$$x_{FM}(t)=A\cos\left[\omega_c t+K_f\int_0^t s(\tau)\,d\tau\right] \tag{5.39}$$

$$=A\cos\left[\omega_c t+\frac{A_m K_f}{\omega_m}\sin\omega_m t\right]$$

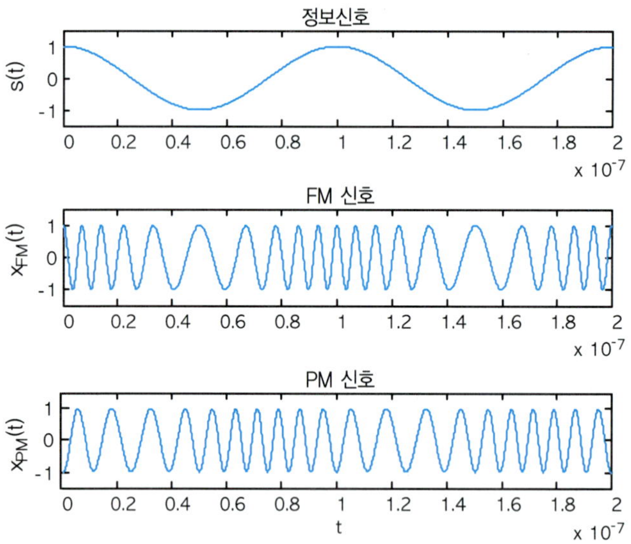

[그림 5-12] MATLAB 예제 5-2 실행결과

$$x_{PM}(t) = A\cos\left[\omega_c t + K_p s(t)\right] = A\cos\left[\omega_c t + A_m K_p \cos\omega_m t\right] \qquad (5.40)$$

위 식들도 프로그램의 앞부분에 추가한 소스에서 기호수학 도구상자를 이용해 구할 수 있다. 명령 창에서 실행결과를 확인할 수 있을 것이다. 이 예제가 앞 예제와 차이나는 점은 정보신호를 $s(t) = A_m \cos\omega_m t$로 바꾼 것이다.

【 cm502.m 프로그램 중 】 - cm501.m과 다른 부분 (1)

```
% --- 기호수학 도구상자로 FM & PM 신호식 만들기 ---
syms A Am wc wm Kf Kp t              % 기호수학의 변수 선언
s = Am*cos(wm*t);                    % 정보신호 s(t) ☞ 정현파를 가정
```

【 cm502.m 프로그램 중 】 - cm501.m과 다른 부분 (2)

```
% --- 정보신호 s(t) 만들기 ---
Am = 1;                              % 정현파 신호의 진폭
fm = fc/10; wm = 2*pi*fm;            % 정현파 신호의 주파수
s = Am*cos(wm*t);                    % 정현파 정보신호

% --- FM 신호 만들기 ---
% s(t) = Am*cos(wm*t) ☞ 적분하면 int {s(t)} dt = Am/wm*sin(wm*t)이므로
Kf = wc/2;                                   % 상수를 임의로 정함
xf = A*cos(wc*t + Am*Kf/wm*sin(wm*t));       % FM 파형 x_FM(t)
```

■ MATLAB 예제 5-3 (베셀함수) - cm503.m

이 예제는 본문의 [그림 5-4]에 나타낸 제1종 베셀(Bessel)함수의 계수를 그래프로 그린 것이다. MATLAB에 내장된 besselj.m 파일 함수를 사용한다.

【 cm503.m 프로그램 】

```
% --- 시간 축 만들기 ---
b = linspace(0,12,1200+1);                   % beta 축

% --- 베셀함수 (Bessel function) 그리기 ---
figure(503)                                  % 그림 창 번호 매기기

plot(b,besselj(0,b),b,besselj(1,b),b,besselj(2,b),b,besselj(3,b),...
    b,besselj(4,b),b,besselj(5,b),b,besselj(6,b))
legend('J_0(\beta)','J_1(\beta)','J_2(\beta)','J_3(\beta)',...
    'J_4(\beta)','J_5(\beta)','J_6(\beta)');          % 범례
```

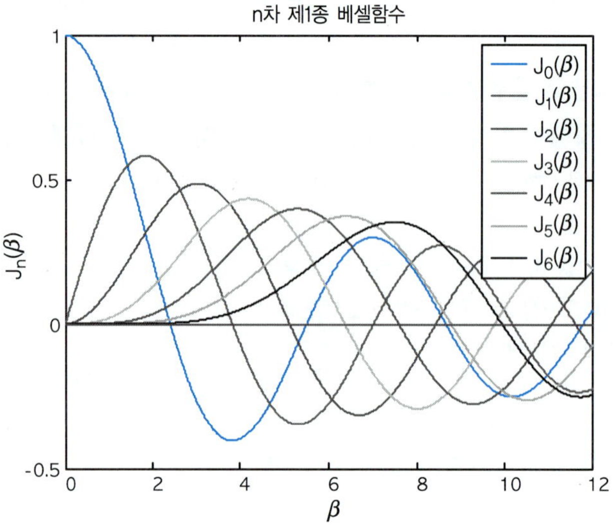

[그림 5-13] MATLAB 예제 5-3 실행결과

```
line([0 12], [0 0]);                    % 라인은 [X1 X2],[Y1 Y2] 형식으로
xlabel('\beta'), ylabel('J_n (\beta)');
title('n 차 제 1 종 베셀함수')
```

■ MATLAB 예제 5-4 (FM의 순시주파수) - cm504.m

이 예제는 본문의 식 (5.5)~(5.7)을 유도한다. 기호수학 도구상자로 정현파의 적분과 미분을 구하는 아주 간단한 예제이다. 정현파 정보신호를 가정해 FM 신호의 위상에 정보신호를 적분해서 넣고, FM 신호의 위상을 다시 미분해 순시주파수를 구한다.

【 cm504.m 프로그램 】

```
% --- FM 신호 x_FM(t) 만들기 ---
syms A Am wc wm Kf t                    % 기호수학의 변수 선언
s = Am*cos(wm*t);                       % 정보신호 s(t) ☞ 정현파를 가정
theta = wc*t+Kf*int(s,t);               % FM 신호의 위상 θ(t)
x_FM = A*cos(theta);                    % FM 신호
wi = diff(theta,t);                     % FM 신호의 순시주파수
disp('■정현파 신호의 FM 변조와 순시주파수')
```

```
disp('① 정보신호 s(t) ='), s
disp('② FM 신호 x_FM(t) ='), x_FM
disp('③ FM 신호의 위상 θ ='), theta
disp('④ FM 신호의 순시주파수 wi = dθ/dt ='), wi
```

■ MATLAB 예제 5-5 (FM & PM의 주파수 스펙트럼) - cm505.m

이 예제는 FM 신호와 PM 신호의 주파수 스펙트럼을 구해본 것이다. FM 신호의 순시주파수는 용어 그대로 주파수가 순간순간 시간적으로 수시로 변한다. 이 때문에 2가지 관찰 시점을 $t=0$과 $t=\pi$로 정하고 주파수 스펙트럼을 비교하였다. 정현파 정보신호를 가정해 본문의 식 (5.3)과 식 (5.4)에 대입하고 식 (5.5)를 참조해 FM 신호와 PM 신호를 만들었다.

상업용 FM 방송주파수인 89.1MHz를 반송파로 정하고, 정보신호로 4kHz 음성대역 신호와 FM 방송의 주파수편차를 적용해 변조지수 β도 계산한다. FM 신호의 진폭 스펙트럼을 나타낼 때, 상업용 FM 방송의 주파수 변동을 표시하기 위해 89.1MHz±200kHz를 감싸도록 라인 명령어를 사용했다. 실행결과 그림에서 FM 신호의 진폭 스펙트럼은 시간에 따라 반송파 주파수 89.1MHz의 좌우로 움직이는 것을 확인할 수 있다. 반면에 PM 신호의 진폭 스펙트럼은 반송파 주파수인 89.1MHz 주변에 모여 있는 것을 확인할 수 있다.

【 cm505.m 프로그램 】

```
% --- 시간 축 만들기 ---
t1 = linspace(0,2e-5,20000+1);          % 시간 축 t1 = 0 근방
t2 = linspace(pi,pi+2e-5,20000+1);      % 시간 축 t2 = π 근방
dt = t1(2) - t1(1);                     % 시간축의 시간 증분

% --- 반송파 c(t) 만들기 ---
A = 1;                                  % 반송파의 진폭
fc = 89.1e6; wc = 2*pi*fc;              % 반송파 주파수 ☞ 89.1MHz

% --- 정보신호 s(t) 만들기 ---
Am = 1;                                 % 정현파 신호의 진폭
fm = 4e3; wm = 2*pi*fm;                 % 정현파 신호의 주파수
s1 = Am*cos(wm*t1);                     % 정현파 정보신호
s2 = Am*cos(wm*t2);                     % 정현파 정보신호
```

```
% --- FM 신호 만들기 ---
Df = 75e3;                              % 주파수편차 ±Δf=±75kHz
b = Df/fm;                              % FM 변조지수 β=Δf/fm=Am×f/wm
x1 = A*cos(wc*t1 + b*sin(wm*t1));       % FM 파형 x_FM(t) dθ/dt ☞ wc±Δw
x2 = A*cos(wc*t2 + b*sin(wm*t2));       % ω=2πf, dθ/dt ☞ fc±Δf

% --- PM 신호 만들기 ---
Kp = pi;                                % 상수를 임의로 정함
xp1 = A*cos(wc*t1+Kp*s1);               % PM 파형 x_PM(t)
xp2 = A*cos(wc*t2+Kp*s2);               % PM 파형 x_PM(t)

% --- 주파수 축 만들기 ---
fs = 1/dt;                              % 신호의 샘플링 주파수 [Hz]
BW = fs/2;                              % 신호의 대역폭 (6장 표본화정리 참조)
f = linspace(-BW,BW,length(t1));        % 주파수 축
df = f(2)-f(1);                         % 주파수 축의 주파수 증분

% --- MATLAB 내장 함수를 이용한 푸리에 변환 ---
F1 = fftshift(fft(x1))/fs;              % 주파수 영역의 신호 X_FM(f)
F2 = fftshift(fft(x2))/fs;              % 주파수 영역의 신호 X_FM(f)
P1 = fftshift(fft(xp1))/fs;             % 주파수 영역의 신호 X_PM(f)
P2 = fftshift(fft(xp2))/fs;             % 주파수 영역의 신호 X_PM(f)

disp('반송파 주파수 fc [MHz]'), fc/1e6
disp('주파수편차 ±Δf [kHz]'), Df/1e3
disp('정보신호 주파수 fm [kHz]'), fm/1e3
disp('FM 변조지수 β=Δf/fm'), b

% --- 푸리에 변환 결과 그리기 ---
figure(505)                             % 그림 창 번호 매기기

i = find(abs(f-fc) <= BW/1000);         % 조건에 대응하는 i번째 찾기
subplot(3,1,1,'align')                  % 진폭 스펙트럼
mF1 = abs(F1); bar(f(i),mF1(i),'g') % zoom in 확대
axis([fc-0.4e6 fc+0.4e6 min(mF1(i)) max(mF1(i))])
ylabel('|X_{FM}(f)|  t=0'), title('FM 신호의 진폭 스펙트럼')

mid = [max(mF1(i)) - min(mF1(i))]/2;
line([fc-0.2e6 fc+0.2e6],[mid mid])     % line([x1 x2],[y1 y2])
line([fc-0.2e6 fc-0.2e6],[min(mF1(i)) mid])
line([fc+0.2e6 fc+0.2e6],[min(mF1(i)) mid])
```

```
subplot(3,1,2,'align')                   % 진폭 스펙트럼
mF2 = abs(F2); bar(f(i),mF2(i),'g')      % zoom in 확대
axis([fc-0.4e6 fc+0.4e6 min(mF2(i)) max(mF2(i))])
ylabel('|X_{FM}(f)|  t=π')

mid = [max(mF2(i)) - min(mF2(i))]/2;
line([fc-0.2e6 fc+0.2e6],[mid mid])      % line([x1 x2],[y1 y2])
line([fc-0.2e6 fc-0.2e6],[min(mF2(i)) mid])
line([fc+0.2e6 fc+0.2e6],[min(mF2(i)) mid])

subplot(3,2,5,'align')                   % 진폭 스펙트럼
mP1 = abs(P1); bar(f(i),mP1(i),'y')      % zoom in 확대
axis([fc-0.2e6 fc+0.2e6 min(mP1(i)) max(mP1(i))])
xlabel('f [Hz]'), ylabel('|X_{PM}(f)|  t=0')
title('PM 신호의 진폭 스펙트럼')

subplot(3,2,6,'align')                   % 진폭 스펙트럼
mP2 = abs(P2); bar(f(i),mP2(i),'y')      % zoom in 확대
axis([fc-0.2e6 fc+0.2e6 min(mP2(i)) max(mP2(i))])
xlabel('f [Hz]'), ylabel('|X_{PM}(f)|  t=π')
```

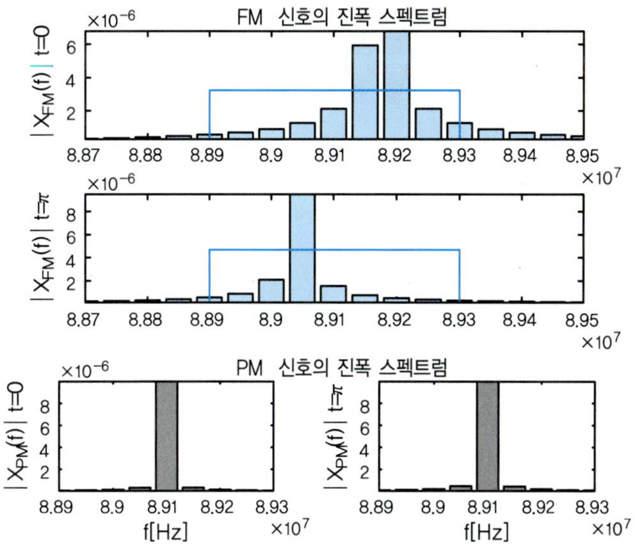

[그림 5-14] MATLAB 예제 5-5 실행결과

연습문제

1. 다음 서술이 맞는지 O, X로 답하라.

(1) 【각 변조】 FM 신호의 위상은 정보신호의 미분 값에 비례한다.
(2) 【각 변조】 PM 신호의 위상은 정보신호에 비례한다.
(3) 【각 변조】 FM 신호의 진폭은 항상 일정하다.
(4) 【각 변조】 FM 신호는 반송파의 주파수에 따라 평균전력도 변한다.
(5) 【각 변조】 FM 모노 방송은 좌우 스피커 채널 신호의 차이를 전송한다.
(6) 【FM 변조】 FM 신호의 위상을 미분하면 순시주파수를 얻을 수 있다.
(7) 【FM 변조】 광대역 FM은 위상각 변화가 작아 좁은 스펙트럼 대역을 이룬다.
(8) 【FM 변조】 FM 신호의 주파수 스펙트럼을 구하기 위해 베셀 함수를 도입한다.
(9) 【FM 변조】 카슨의 대역폭 법칙으로 FM 신호에 대한 주파수 대역폭을 구할 수 있다.
(10) 【FM 변조】 상업용 FM 방송은 NBFM이다.

2. 다음 중 PLL(위상고정루프)의 구성요소를 모두 골라 번호를 적어라.

① 국부발진기 ② 포락선검파기 ③ 위상검출기
④ 반송파 ⑤ 전압조절발진기 ⑥ LPF

3. 슈퍼헤테로다인 FM 수신기에서 안테나로 들어오는 수신신호를 처리하는 각 단의 순서를 【보기 A】에서 골라 차례대로 번호를 적어라.

보기 A

① 혼합기(믹서) ② 판별기 ③ 복조단 ④ 리미터
⑤ 가청주파수(AF)단 ⑥ 중간주파수(IF)단 ⑦ 무선주파수(RF)단

4. 슈퍼헤테로다인 FM 수신기의 구성요소에 대한 다음 설명으로 맞는 것을 【보기 A】에서 골라 번호를 적어라.

(1) 입력신호를 안정된 정현파로 만드는 역할
(2) 미분기로 동작해 순시주파수를 진폭의 변화로 변환

5. 슈퍼헤테로다인 AM 수신기를 구성하려면 FM 수신기와 비교하여 무엇이 빠져도 되는지 【보기 A】에서 모두 골라 번호를 적어라.

6. FM 신호의 고주파부분을 미리 증폭해 보내고 수신기에서 고주파부분을 다시 감쇠시키는 기법을 송신단과 수신단에 사용되는 순서대로 번호를 적어라.

① 헤테로다이닝 ② 디엠퍼시스 ③ 믹싱
④ 호모다이닝 ⑤ 프리엠퍼시스 ⑥ 튜닝

7. FM 신호에 대한 식이 다음과 같을 때 아래 질문에 답하라.

$$x_{FM}(t) = 70\cos[2\pi(103.5\times10^6)t + 12\sin 2\pi(6250)t]$$

(1) 반송파의 진폭 A는 얼마인가?
(2) 반송파 주파수 f_c는 몇 MHz인가?
(3) 변조지수 β는 얼마인가?
(4) 변조 주파수 f_m은 몇 Hz인가?
(5) 주파수편차 Δf는 몇 kHz인가?
(6) 이 시스템에서 필요한 대역폭은 몇 kHz인가?

8. 위 문제에서 $t = 0.16\times10^{-3}$일 때 이 FM 신호의 순시주파수는 몇 MHz인가?

9. 어떤 FM 신호의 변조 주파수가 7.5kHz이고, 주파수편차가 $\pm\Delta f = \pm$ 180kHz일 때
(1) 변조지수 β를 구하라.
(2) Carson의 대역폭 법칙에 의한 대역폭은 몇 kHz인가?

10. 어떤 FM 신호의 변조 주파수가 250Hz~15kHz까지 변하고, 주파수편차가 $\pm\Delta f = \pm$ 135kHz 범위의 스펙트럼을 가질 때
(1) 변조지수 β의 최대치와 최소치의 차이는 얼마인가?
(2) 이 FM 신호의 최대 대역폭과 최소 대역폭의 차이는 몇 kHz인가? Carson의 대역폭 법칙을 이용해 구하라.

11. 어떤 FM 시스템에서 대역폭이 350kHz이고, 정보신호의 변조 주파수가 16kHz일 때 주파수편차는 몇 kHz인가?

Chapter 06

Communication Theory

디지털 통신의 기초

Chapter

06 디지털 통신의 기초

6.1 디지털 통신시스템

6.1.1 디지털 통신의 특징

디지털 신호는 표현하기 복잡한 아날로그 신호를 간단하게 표현하는 방법이다. 디지털 신호의 품질은 아날로그 원본에서 얼마나 많은 양의 디지털 데이터를 추출하느냐에 좌우된다. 이렇게 만든 많은 양의 데이터를 에러 없이 효율적으로 전송하는 것은 디지털 통신의 성능에 달려 있다.

디지털 데이터를 실시간으로 처리하거나 고속으로 전송하기 위해서는 회로가 복잡해지고 비용도 비싸진다. 고속의 디지털 펄스는 주파수 스펙트럼에서 전송대역폭도 많이 차지한다. 고속으로 디지털 데이터를 전송해 1과 0을 명확히 구분해내기 위해서는 높은 동기화 기술도 요구된다. 한편 디지털 통신기술은 아날로그 방식에 비해 유리한 면을 훨씬 더 많이 가지고 있다. 다중화 방법을 사용할 수 있어 더 많은 통신서비스 가입자를 처리할 수 있다. 음향, 영상, 데이터 등 서로 다른 성격의 디지털 신호와 함께 전송할 수 있어 편리하다. 비밀유지를 위해 암호화 등 보안성을 갖추기도 좋다. 또한 에러를 검사하고 복구하는 방법이 많다.

6.1.2 디지털 통신시스템의 구성

[그림 6-1]에 디지털 통신시스템을 구성하는 요소들을 나타내었다. 그림에서 송신 측과 수신 측은 여러 단계의 처리 과정을 통해 정보신호를 전송한다. 정보신호는 음향, 영상, 데이터 등이 될 수 있다. 디지털 통신에서 처리되는 신호는 디지

털 데이터이어야 한다. [그림 6-1]에서 필수적인 구성요소는 다음과 같다.

① 아날로그 신호와 디지털 신호로 상호 변환해주는 부분
② 통신채널로 전송하기 위한 디지털 변복조과정

나머지 기술들은 데이터를 압축하여 전송속도를 높이거나 에러 없이 정보를 전송할 목적 등으로 사용된다. 또한 통신 비밀을 유지하고 한정된 통신자원을 효율적으로 배분하기 위해 다양한 처리 과정과 기술들이 사용된다. [그림 6-1]의 구성요소들은 대부분 앞으로 각 장에서 배우게 되며 다음과 같이 요약할 수 있다.

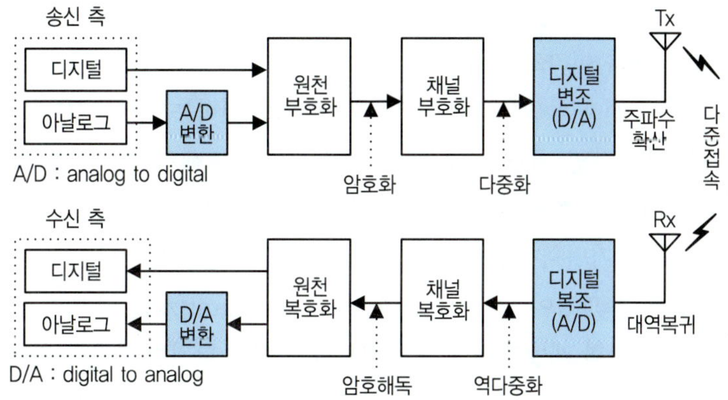

[그림 6-1] 디지털 통신시스템의 구성요소

① PCM 등의 디지털 신호를 만들고 전송속도를 높이기 위해 데이터를 압축하는 원천부호화와 복호화(source coding & decoding) 과정 (7장)
② 통신 비밀을 목적으로 추가한 암호화와 암호해독(encrypt & decrypt) 과정
③ 전송할 때 발생할지 모를 에러에 대비해 에러정정코드 등을 추가하는 채널 부호화와 복호화(channel coding & decoding) 과정 (7장)
④ 기저대역 신호의 전송을 위한 라인코딩(line coding) 과정 (7장)
⑤ 아날로그 전송선로를 통해 전송하기에 적합하도록 디지털 신호를 변조하는 ASK, FSK, PSK, QAM 등의 디지털 변조기술 (8장)
⑥ 한정된 전송선로를 공유해서 나누어 쓰는 FDM, TDM, CDM 등의 다중화

(multiplexing) 기술 (9장)

⑦ 다중화 방법으로 나누어진 한정된 통신채널의 자원을 효율적으로 사용하기 위한 FDMA, TDMA, CDMA 등의 다중접속(multiple access) 방법 (9장)

⑧ 간섭의 영향을 줄이고 보안을 유지해주는 대역확산(spread spectrum) 기술 (9장)

⑨ 직교주파수분할 다중화(OFDM)와 MIMO 등의 고속 전송 기술 (9장)

6.1.3 디지털화 과정

[그림 6-2]는 아날로그 신호에서 디지털 신호를 만드는 디지털화(digitization) 과정의 대표적인 예이다. 이런 과정을 A/D(analog-to-digital) 변환이라고 한다. 반대로 디지털 신호에서 아날로그 신호를 만드는 과정을 D/A(digital-to-analog) 변환이라고 한다.

디지털 신호를 만들려면 먼저 연속적으로 변하는 아날로그 신호로부터 시간적으로 이산적인 표본(sample, 샘플)을 추출해야 한다. 이 과정을 표본화(sampling, 샘플링)라고 한다. 표본화된 샘플은 아직 아날로그 레벨 값을 갖는다. 이를 디지털 부호로 만들려면 몇 단계의 이산적인 값만 가능한 한정된 레벨로 근사화하는 과정이 필요하다. 이를 양자화(quantization)라고 한다. 그런 후 각 샘플의 양자화 레벨에 해당하는 코드를 부여해 디지털 부호를 완성한다.

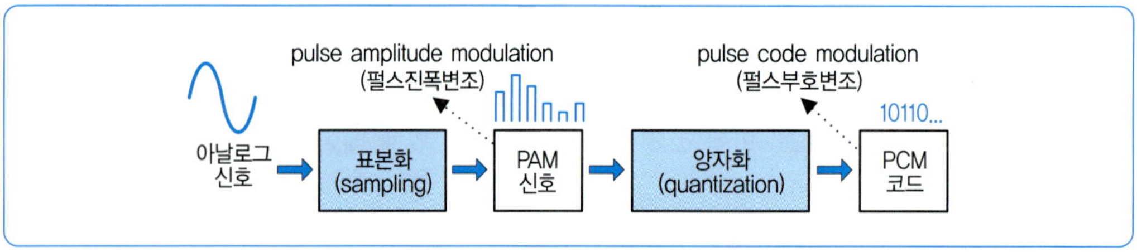

[그림 6-2] 디지털화 과정(PCM 코드를 만드는 과정)

전화의 음질은 사람과 직접 대화하는 것보다 답답하게 느껴진다. 음악 CD의 음질이 전화보다 훨씬 좋다. 샘플링 속도가 빠르고 각 샘플을 표현하는 비트 수가 더 많기 때문이다. 유선전화는 음성신호에서 초당 8,000번씩 표본을 추출하여 각 표본을 8비트로 디지털화한 데이터이다. 74분 표준 음악 CD는 음향신호를 초당

44,100번씩 스테레오로 추출해 각 16비트로 디지털화한 데이터를 담고 있다.

같은 정보를 표현할 때 디지털 정보량이 많아질수록 디지털 데이터의 품질은 높아진다. 컴퓨터의 모니터 화면도 가로×세로 해상도가 높고 각 화소가 지니는 컬러 깊이(color depth, 색상 수)가 깊을수록 화질이 좋아진다. 신문이나 보통의 프린터 용지에 인쇄된 사진들은 실제 사진에서 볼 수 있는 다양한 컬러 깊이를 갖고 있지 않다. 일반 용지에 인쇄된 사진들은 실제로는 불과 3~4가지 컬러의 미세한 잉크가 인쇄된 수많은 점들이 모이고 흩어지는 조합에 따라 마치 사진과 같은 효과를 나타낸다. 일종의 착시현상을 이용한 것이다. 이러한 방식으로 화면을 구성하는 기법을 의사중간조(pseudo halftone) 방식이라고 한다. 이런 경우에도 디지털 화면을 인쇄하는 프린터의 해상도가 높아질수록 화질이 좋아진다.

6.2 표본화

6.2.1 표본화 정리

연속적인 아날로그 신호를 샘플링 주기 T_s의 간격으로 표본화하여 이산적인 샘플 신호를 만든다고 가정하자. 이때 표본화 주파수(sampling frequency) f_s는 샘플링 주기의 역수이며 초당 몇 번의 샘플링을 취하는가를 나타낸다. 식 (6.1)에서 어떤 신호가 B[Hz] 이상의 주파수 성분을 가지고 있지 않을 때 이 신호는 B[Hz]로 대역 제한되어 있다고 말한다. 이때 초당 $2B$[Hz] 이상으로 샘플링하면 왜곡 없이 원래의 아날로그 신호를 완전하게 복원할 수 있다. 이를 샘플링 혹은 표본화 정리(sampling theorem)라고 한다. 이때 최대 표본화 주기는 $1/(2B)$[sec]이다.

$$f_s \geq 2 \times B \quad ☞ \quad T_s = \frac{1}{f_s} \leq \frac{1}{2B} \tag{6.1}$$

표본화 정리는 나이키스트(Nyquist), 섀넌(Shannon), 휘터커(Whittaker), 코텔니코프(Kotelnikov) 등 여러 학자들이 독자적으로 같은 이론을 발견했다. 이 때문에 나이키스트-섀넌(Nyquist-Shannon) 표본화 정리처럼 종종 여러 발견자들의 이름을 조합해 부르기도 한다.

6.2.2 나이키스트 율

샘플링(sampling)된 신호로부터 원래의 신호로 정상복원이 가능한 최소 표본화 주파수를 나이키스트 율(Nyquist ratio)이라고 하며 식 (6.2)가 된다. 이때 대역이 제한된 주파수 B를 나이키스트 주파수(Nyquist frequency)라고 한다.

$$f_s = 2 \times B \tag{6.2}$$

나이키스트의 표본화 정리에 따르면 표본화된 신호는 샘플링 주파수의 1/2까지인 주파수대역의 신호에 대해 왜곡 없이 아날로그 신호를 추출할 수 있다. 음악 CD의 샘플링 속도 44.1kHz는 0~22.05kHz 사이의 음을 아날로그 표본으로 추출한다. 이것은 인간의 가청 주파수대역인 20Hz~20kHz 사이를 고려한 것이다.

디지털화 과정에서 필요 이상으로 많은 데이터가 만들어지면 이를 처리하는데 통신시스템에 부담을 준다. 전송할 데이터가 많을수록 전송채널에서 넓은 주파수 대역폭을 차지하고 빠른 전송속도를 요구한다. 최소 표본화 주파수인 나이키스트 율로 표본화하는 이유는 이런 부담을 덜어주기 위한 것이다.

■ 기본 예제 6.1 (나이키스트 율)

어떤 신호가 3400Hz의 최대주파수를 가질 때 나이키스트(Nyquist)의 표본화 정리에 의해 원래의 신호로 완전하게 복원시키려면 최소 초당 몇 번을 표본화해야 하는가?

$f_s \geq 2 \times B$에서 적어도 $f_s \geq 2 \times 3400 = 6800\,[\text{Hz}]$ 이상이어야 한다.

■ **기본 예제 6.2 (최대 표본화 주기)**

어떤 신호가 0~25kHz로 주파수대역이 제한되어 있을 때 나이키스트(Nyquist) 율을 만족하는 최대 표본화 주기는 몇 μs인가?

$f_s \geq 2 \times B$에서 적어도 $f_s \geq 2 \times 25 = 50\,[\text{kHz}]$ 이상이어야 한다.

$$\therefore T_s = \frac{1}{f_s} = \frac{1}{50 \times 10^3} = 20 \times 10^{-6}[\text{s}] = 20\,[\mu\text{s}]$$

■ **기본 예제 6.3 (샘플링과 비트율)**

어떤 신호를 0~3kHz로 주파수대역을 제한하여 나이키스트(Nyquist) 율로 표본화한 후 각 표본을 7비트로 변환하여 전송하려고 한다. 이때의 비트율은 몇 kbit/s인가?

$$2 \times 3000\,[\text{Hz}] \times 7\,[\text{bit}] = 42 \times 10^3[\text{bit/s}] = 42\,[\text{kbit/s}]$$

6.2.3 표본화 정리의 증명

[그림 6-3]에 원래의 정보신호 $s(t)$와 표본화된 신호의 주파수 스펙트럼을 나타내었다. 그림에서 표본화를 취할 샘플링 펄스열 $p_T(t)$가 우함수인 주기함수이므로 다음과 같이 코사인만의 푸리에 급수로 전개할 수 있다. $p_T(t)$의 푸리에 변환은 식 (2.38), (2.47)의 푸리에 변환 쌍을 이용해서 식 (6.4)와 같다.

$$p_T(t) = a_0 + \sum_{n=1}^{\infty} a_n \cos n\omega_0 t \quad ☞ \quad \omega_0 = 2\pi f_s = \frac{2\pi}{T_s} \tag{6.3}$$

$$P_T(f) = a_0 \delta(f) + \frac{1}{2} \sum_{n=1}^{\infty} a_n [\delta(f + nf_s) + \delta(f - nf_s)] \tag{6.4}$$

여기서 주파수 천이에 대한 식 (6.5)의 푸리에 변환성질을 이용하여 샘플링 신호 $s_s(t)$와 주파수 스펙트럼 $S_s(f)$를 식 (6.6), (6.7)과 같이 얻을 수 있다.

$$s(t)\cos\omega_0 t \Leftrightarrow \frac{1}{2}[S(f+f_0)+S(f-f_0)] \tag{6.5}$$

$$s_s(t)=s(t)\cdot p_T(t)=s(t)[a_0+\sum_{n=1}^{\infty}a_n\cos n\omega_0 t] \tag{6.6}$$

$$S_s(f)=a_0S(f)+\frac{1}{2}\sum_{n=1}^{\infty}a_n[S(f+nf_s)+S(f-nf_s)] \tag{6.7}$$

[그림 6-3]에 샘플링 신호의 주파수 스펙트럼 $S_s(f)$는 $f_s \geq 2\times B$일 때만 주파수영역에서 신호의 중첩이 일어나지 않는다. 또한 그림과 같이 저역통과여파기(LPF)를 이용해서 원래의 신호를 다시 복원해 낼 수 있다.

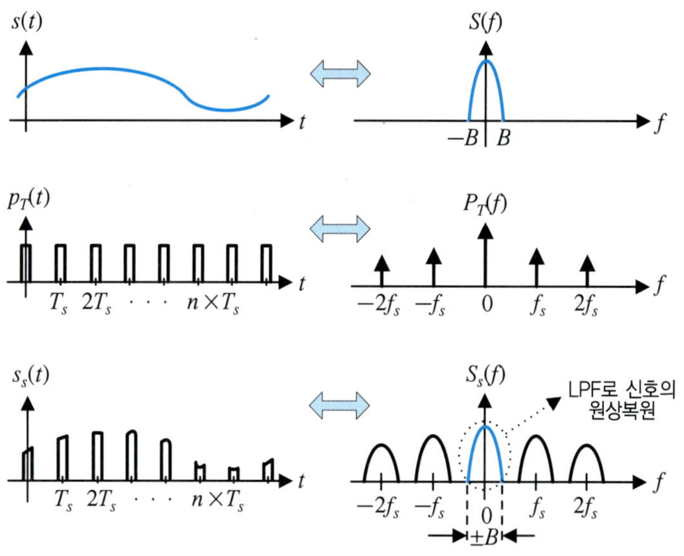

[그림 6-3] 표본화 정리의 증명

6.2.4 에일리어싱

[그림 6-4]에 표본화 정리 이론에서 (a) 신호의 정상복원이 가능한 경우와 (b) 그렇지 않은 경우를 주파수 스펙트럼 형태로 나타내었다. 식 (6.1)에서 만약 $f_s < 2 \times B$이면 그림의 (b)처럼 주파수 영역에서 신호의 스펙트럼이 겹쳐져 원래 신호의 정상복원이 불가능해진다. 이런 현상을 에일리어싱(aliasing)이라고 한다. 영어에서 alias는 『가명이나 별칭』이란 뜻으로 영상처리에도 나오는 aliasing은 『부족한 정보(샘플링이나 해상도)로 신호를 재생하기』 정도에 해당한다.

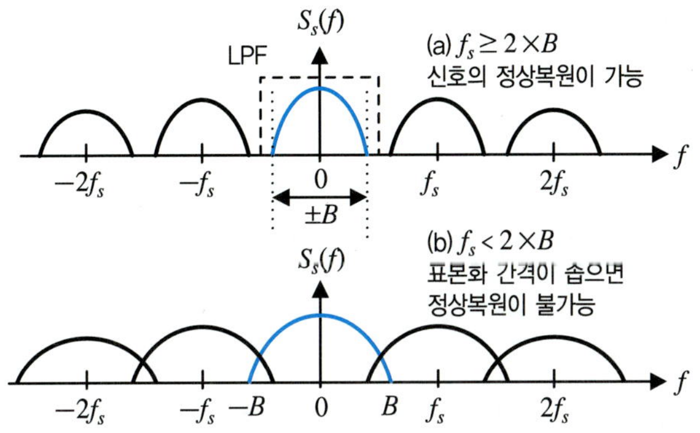

[그림 6-4] 에일리어싱

6.2.5 인접심벌간 간섭(ISI)

심벌(symbol)은 디지털 변조에서 디지털 정보를 전송하기 위해 사용하는 신호의 단위를 말한다. 이런 심벌 신호들이 서로 인접하면 다른 심벌과 혼동되어 1과 0을 판정하는데 오류가 발생할 수 있다. 여기서는 기저대역 신호의 전송에서 인접한 디지털 펄스가 서로 간섭을 일으키는 현상을 설명한다. 심벌 신호에 대한 추가적인 이해는 8장의 디지털 변조에서 보다 자세히 다룬다.

디지털 펄스의 전송에서 펄스의 주기 T가 빨라지면 신호의 대역폭이 늘어난다. 주파수 대역폭을 많이 차지하면 다른 신호의 전송을 방해하기 때문에 이를 제한하기 위해 대개 송신 측에서 LPF를 통과시켜 내보낸다. 이때 LPF를 통과한 디지털 펄스는 [그림 6-5]처럼 펄스의 폭이 확산되어 길어지게 된다. 이로 인해 정상적인 펄스 신호의 주기보다 끝부분이 길어져 이웃한 다음 펄스 신호의 식별을 방

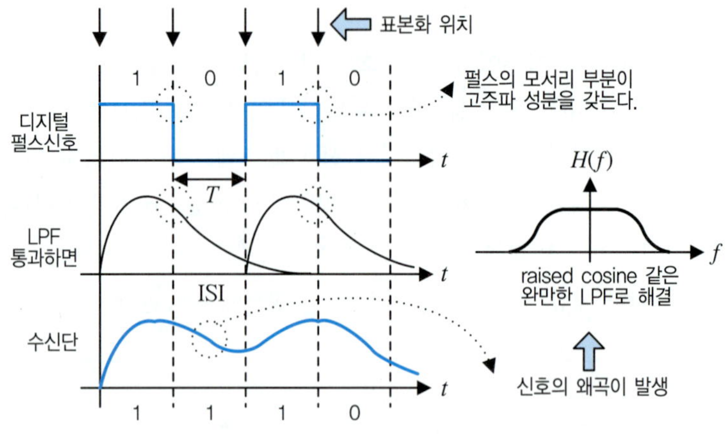

[그림 6-5] 인접심벌간 간섭(ISI)

해하는 현상이 생긴다. 이런 종류의 간섭을 인접심벌간 간섭이라고 한다.

인접심벌간 간섭(intersymbol interference, ISI)은 한 심벌이 인접한 다른 심벌의 전달을 방해하는 신호의 왜곡을 말한다. 디지털 비트를 표현하는 심벌이 중첩되거나 간섭을 일으켜 비트의 전달에 오류를 일으키는 현상이다. ISI는 신호에 의존적이므로 주변의 잡음과 무관할 때도 발생한다. 앞의 심벌이 잡음처럼 작용하는 원치 않는 현상으로 통신의 신뢰성을 떨어뜨린다. ISI로 에러가 발생하는 것을 최소한으로 막도록 송수신단을 설계해야 한다. ISI의 주요 발생원인은 다음과 같다.

① [그림 6-5]처럼 디지털 펄스가 대역 제한된 채널을 통과할 때 왜곡 발생

② 이동통신의 다중경로 채널에서 페이딩을 겪을 때 왜곡 발생(9장 참조)

6.3 펄스 성형 기술

디지털 통신에서 펄스 성형(pulse shaping)은 채널로 전송되는 펄스 신호를 유효 전송 대역폭으로 제한하기 위해 적합한 펄스 파형으로 바꿔주는 기술이다. 펄스 성형의 목적은 전송 펄스를 필터링해 주파수 대역폭을 감소시키고 ISI를 조

절하기 위한 것이다. 대표적으로 다음과 같은 펄스 성형 기술들이 있다.

① 가우시안(Gaussian) 필터 : 임펄스 응답이 가우시안 함수의 형태를 지닌다. 주파수 영역에서도 같은 모양의 파형을 나타낸다.
② 싱크 필터(sinc filter) : ISI를 제거하는 이상적인 LPF이다. 주파수 영역의 형태가 사각파이기 때문에 박스카(boxcar) 필터라고도 한다.
③ 상승코사인(raised cosine) 필터 : 현실적으로 가능한 우수한 펄스 성형 기술이다.

6.3.1 싱크 필터

나이키스트는 등화기법으로 해석해 수신된 펄스가 시간 영역에서 싱크 함수의 형태를 가지면 펄스 신호들은 ISI 없이 검출될 수 있다는 것을 발견했다. 이를 나이키스트 펄스 성형 기술이라고 한다. 대역폭을 감소시키면서 동시에 ISI를 제거한다. 싱크 필터(sinc filter)는 주어진 대역폭 이상의 주파수 성분을 정확하게 제거하고 저역 주파수 성분만 남긴다. [그림 6-6]에서 싱크 함수의 푸리에 변환은 이상적인 LPF이다. 싱크 함수에 대한 푸리에 변환 쌍인 식 (2.37)을 다음과 같이 다시 쓸 수 있다. B 값으로 LPF의 대역폭을 조절한다.

$$2B\frac{\sin(2B\pi t)}{2B\pi t} = 2B\,\mathrm{sinc}(2Bt) \Leftrightarrow rect(f,\ 2B) \tag{6.8}$$

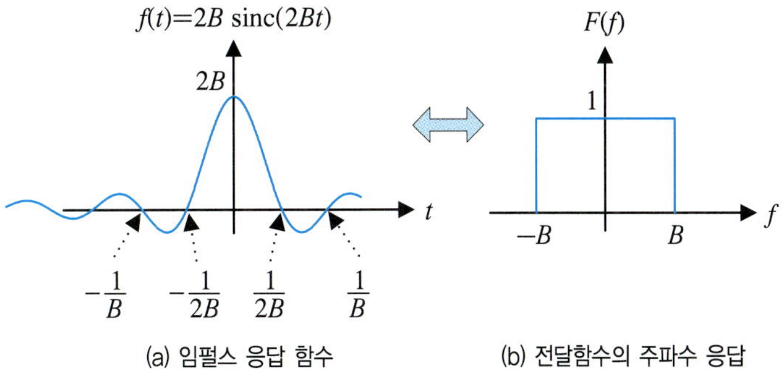

[그림 6-6] 싱크 필터의 시간 영역과 주파수 영역의 특성

시간 영역에서 싱크 필터의 임펄스 응답 신호는 [그림 6-6(a)]처럼 싱크 함수이다. 즉, 싱크 필터에 임펄스 입력신호를 넣으면 싱크 펄스가 발생한다. 싱크 함수로 이루어진 펄스열은 [그림 6-7]처럼 ISI가 존재하지 않는 이상적인 펄스 성형이 이루어진다. 디지털 펄스의 비트를 판정할 때 다른 펄스의 값은 영향을 주지 않는다. 여기서 널(null)은 가치 있는 정보가 없음을 나타내는 말로 수학적으로 무효한 값이다. 이처럼 싱크 필터는 시간 영역에서나 주파수 영역에서 이론적으로 최상의 펄스 파형을 만들어내는 필터지만 정확하게 구현될 수가 없다. 실제로는 상대적으로 느리게 감소하는 꼬리를 지닌 비인과(non-causal) 필터가 만들어지기 때문이다. 이럴 경우 [그림 6-7]에서 동기를 맞출 때 조그만 위상오차가 발생해도 ISI가 급격하게 늘어난다.

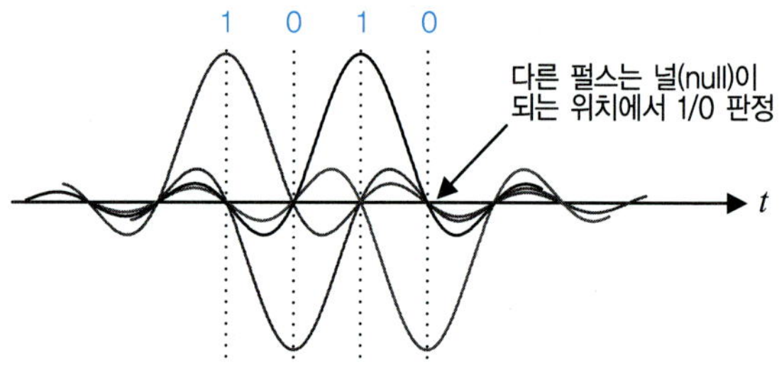

[그림 6-7] 이상적인 싱크 펄스는 ISI가 존재하지 않는다.

6.3.2 인과 필터

인과(causal) 필터는 출력이 오직 과거와 현재의 입력에만 의존하는 선형 시불변 인과 시스템(linear and time-invariant causal system)의 하나이다. 출력을 위해서 미래의 입력도 필요하면 비인과(non-causal) 시스템이라고 한다. 만일 출력이 오직 미래의 입력에만 의존하면 반인과(anti-causal)라고 한다. [그림 6-8]처럼 인과시스템은 실시간으로 출력이 발생하는 이상적인 경우이고 실제의 시스템은 입력에 대해 출력에서 시간 지연이 발생하는 비인과 시스템이다.

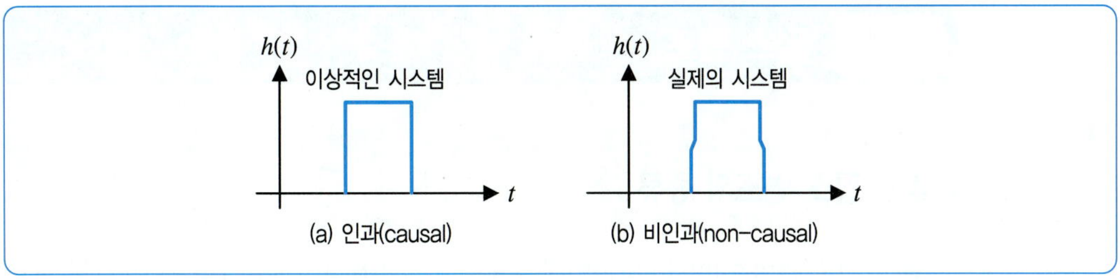

[그림 6-8] 인과와 비인과 임펄스 응답 비교

6.3.3 상승코사인 필터

싱크 함수 형태의 펄스를 실제로 구현하는 것은 불가능하다. 그 대신 ISI를 최소화하기 위한 해결책으로 [그림 6-9]처럼 완만한 차단특성을 갖는 LPF를 사용한다. [그림 6-5]에도 이를 나타내었다. 상승코사인(raised cosine) 필터는 실제로 구현이 가능한 필터로 대역폭을 조절하는 것이 가능해서 널리 쓰인다. 이 경우 주파수 대역의 효율성과 펄스 성형 필터의 복잡성 사이에서 균형을 잘 선택해야 한다. 식 (6.9)는 상승코사인 필터의 한 예를 나타내고 [그림 6-9]는 이에 대한 푸리에 변환을 보여준다. 주파수 응답의 진폭 특성은 다양한 꼬리 모양을 조절할 수 있다. $1/T$ 값은 주파수 영역에서 LPF의 대역폭을 제한하는 역할을 한다.

$$rc(t,\, a,\, T) = \begin{cases} \dfrac{1}{T}\,\text{sinc}\left(\dfrac{t}{T}\right)\dfrac{\cos(a\pi t/T)}{1-(2at/T)^2} & ;|t| \neq \dfrac{T}{2a} \\ \dfrac{\pi}{4T}\,\text{sinc}\left(\dfrac{t}{T}\right) & ;|t| = \dfrac{T}{2a} \text{ 일 때} \end{cases} \tag{6.9}$$

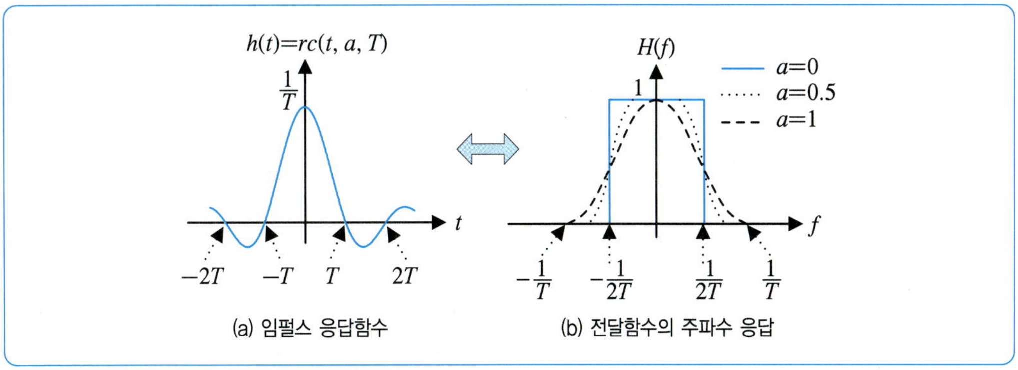

[그림 6-9] 상승코사인 필터의 푸리에 변환 쌍

6.4 펄스 변조

6.4.1 펄스 변조의 종류

펄스 변조(pulse modulation)의 종류는 [그림 6-10]처럼 신호의 크기에 따라 펄스의 높이, 폭, 위치를 변화시키는 다음 3가지 기본 방식이 있다. 펄스의 높이, 폭, 위치의 변화량이 신호의 크기 변화를 나타낼 수 있다.

① 펄스진폭변조(pulse amplitude modulation, PAM) : 펄스의 높이가 변한다.
② 펄스폭변조(pulse width modulation, PWM) : 펄스의 폭이 변한다.
③ 펄스위치변조(pulse position modulation, PPM) : 펄스의 위치가 변한다.

유선전화나 음악 CD의 PCM 신호는 PAM 신호를 이용해서 만든다. 스위치모드 전원장치(switched mode power supply, SMPS)나 직류 모터의 회전수 제어는 PWM 방식을 이용한 전원의 ON/OFF 제어방식을 사용한다. PWM과 PPM 방식은 PAM에 비해 처리하기 복잡하나 잡음에 강해 많이 이용되고 있다.

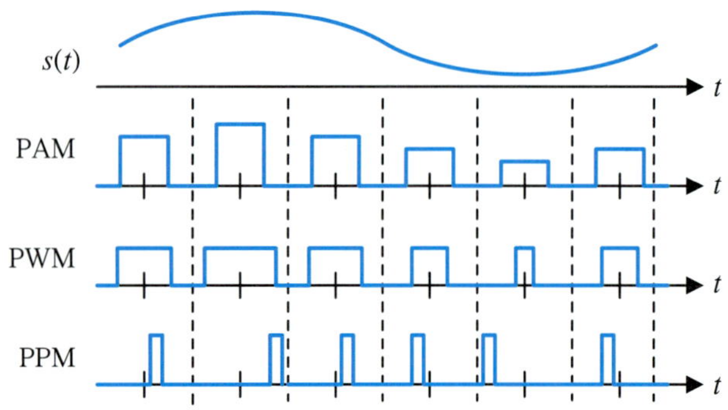

[그림 6-10] 펄스 변조의 종류

6.4.2 펄스 진폭 변조(PAM)

[그림 6-11]에 PAM 신호를 만드는 일반적인 샘플 앤 홀드(sample and hold)

회로를 나타내었다. 입력신호 $s(t)$에 대해서 샘플링이 필요한 시점에만 스위치 SW1이 잠깐 닫혀 샘플링 전압 값이 콘덴서 C에 충전된다. 다음번 샘플링 주기까지 스위치 SW2를 열어두면 방전경로가 없어지므로 출력전압 $s_s(t)$는 상단이 평평한 PAM 파를 유지한다. 스위치 SW2가 닫히면 C에 충전되었던 전압이 급속히 방전되어 다음번 샘플링 동작에 대비한다.

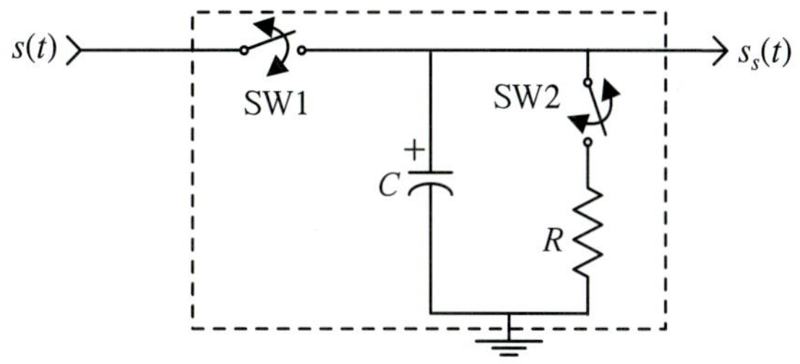

[그림 6-11] 샘플 앤 홀드 회로

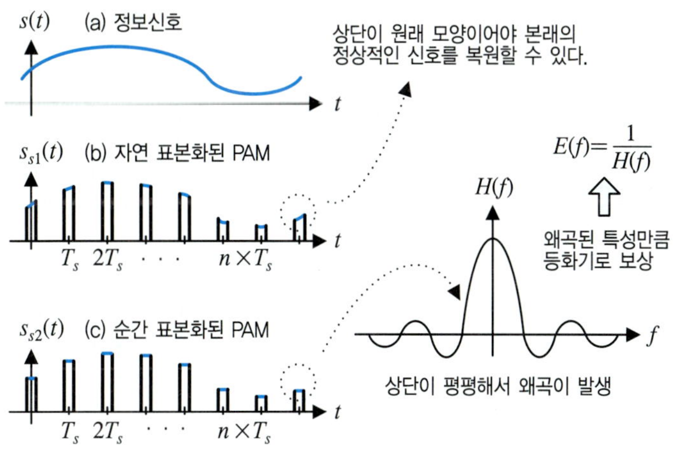

[그림 6-12] 자연 표본화된 PAM과 순간 표본화된 PAM

표본화 정리에서 [그림 6-12(b)]처럼 상단이 평평하지 않은 자연(natural) 표본화된 PAM 신호를 만들어야 본래 신호를 완벽하게 복원해낼 수 있다. 그러나 자연 표본화된 PAM 신호는 현실적으로 만들기가 매우 어렵다. 실제로는 [그림

6-11]과 같은 회로를 사용해 [그림 6-12(c)]처럼 상단이 평평한 순간 표본화된 PAM 신호를 만들어 사용한다. 이 신호를 LPF에 통과시키면 평평한 상단으로 인해 신호의 주파수 특성에 왜곡이 발생한다. 이를 방지하는 방법은 다음과 같다.

① 샘플링 펄스의 폭을 샘플링 주기에 비해 아주 작게 해준다.
② 등화기(equalizer)를 여파기로 추가한다.

6.4.3 등화 기법

등화 기법은 통신에서 송신기, 채널, 수신기를 포함한 전체 시스템의 동작 특성을 왜곡 없이 보상해주는 방법이다. 등화(equalization)는 주로 한 전기 신호가 갖는 두 개의 주파수 특성 사이에서 균형을 조절하는 과정을 말한다. 등화를 구현하는 회로나 장치를 등화기 혹은 이퀄라이저(equalizer)라고 한다. 이 장치는 특정 주파수 대역을 증폭하거나 감쇠시킨다. 오디오 믹서(audio mixer)에서 이퀄라이저는 특정 주파수 대역의 음을 강조하거나 감쇠하는 기능이나 장치를 말한다.

디지털통신에서 등화기의 사용목적은 전송 채널의 왜곡에 의한 영향을 줄여 ISI를 감소시키는 것이다. 채널이 등화되었다는 것은 송신 측에서 전송한 신호의 주파수 영역의 속성이 수신 측에서 충실하게 재생되었다는 뜻이다.

등화기를 사용하면 통신의 전송 채널에서 왜곡된 주파수 특성을 보상할 수 있다. 등화기의 성능은 전송 채널의 특성을 얼마나 잘 알고 설계하는가에 달려있다. 전송 채널에서 왜곡된 주파수 특성이 $H(f)$라면, 이 왜곡을 보상해주는 주파수 특성으로 $E(f)=1/H(f)$를 갖는 등화기를 추가한다. 등화기는 수신 측의 주파수 특성을 $H(f)\times E(f)=H(f)\times 1/H(f)=1$로 균등화시켜 전송 채널에서 왜곡된 신호의 주파수 스펙트럼을 원래대로 복원시킨다.

등화기를 시간 영역에서 구현할 수도 있다. 시간 영역에서 수신 측으로 들어오는 심벌들의 시간 지연을 보상해 ISI를 줄일 수 있다. 이것은 같은 신호를 놓고 봤을 때 전송 채널에서 발생한 왜곡을 주파수 영역에서 보상할 수도 있고 시간 영역에서도 보상할 수 있다는 개념이다.

6.4.4 펄스 부호 변조(PCM)

펄스 부호 변조(pulse code modulation, PCM)는 아날로그 신호를 디지털 신호로 변환하기 위해 펄스에 부호를 부여하는 방법 중 하나이다. 전화나 음악 CD 처럼 아날로그 신호를 디지털로 저장할 때 사용되는 대표적인 방법이다.

앞의 [그림 6-2]처럼 표본화, 양자화, PCM 부호화를 거쳐 아날로그 신호에서 PCM 코드를 얻을 수 있다. 여기서는 [그림 6-13]의 예를 들어 ① 표본화 ② 양자화 ③ PCM 부호화 과정에서 PCM 코드를 만드는 과정을 설명하자.

① 표본화(sampling) : 일정한 샘플링 간격으로 연속적인 아날로그 신호를 시간 축에서 표본화하여 이산적인 시간신호를 갖는 PAM 파형을 만든다. 표본화된 PAM 신호는 [그림 6-13]처럼 아직 아날로그의 값을 갖고 있다.

② 양자화(quantization) : 표본화된 PAM 신호의 아날로그 전압 레벨 값을 전압 축에서 몇 단계의 값만 가능한 한정된 디지털 레벨로 분류하는 과정이다. 이 몇 단계의 디지털 전압 레벨의 값을 양자화 레벨이라고 한다.

③ PCM 부호화(coding) : 각 표본화 값의 양자화 레벨에 해당하는 각 샘플에 PCM 코드를 부여해 디지털 부호를 완성한다.

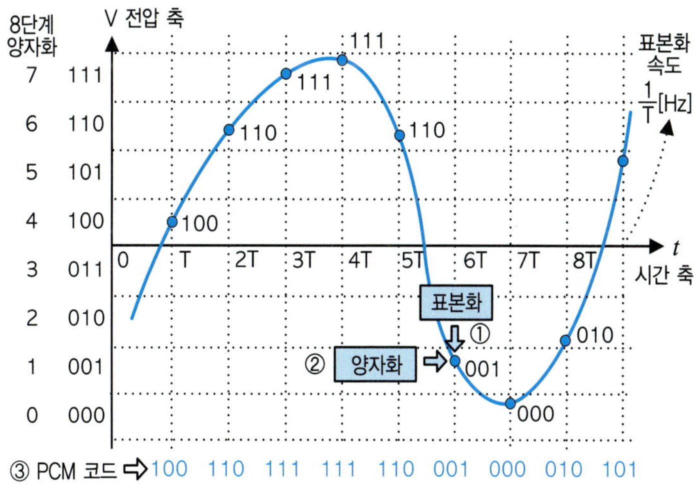

[그림 6-13] 3비트 PCM 코드의 생성

[그림 6-13]의 예는 표본화된 신호를 8단계 양자화 레벨로 구분해 샘플당 3비트씩의 PCM 코드를 얻는다. 다른 예로 음악 CD는 2^{16} = 65536단계 중 하나의 레벨로 신호를 구분해 각 샘플 당 16비트씩의 PCM 코드를 스테레오로 얻는다.

6.5 양자화

6.5.1 균일 양자화와 비균일 양자화

균일(uniform 혹은 linear) 양자화는 [그림 6-14(b)]처럼 아날로그 입력신호에 비례해 양자화 레벨의 단계를 균등하게 할당하는 방법이다. 균일 양자화 방법을 사용하는 PCM을 선형(linear) PCM 혹은 LPCM이라고 한다. 양자화 비트 수가 충분하면 균일 양자화를 사용하는 방법이 데이터 품질 면에서 유리하다.

비균일(non-uniform 혹은 non-linear) 양자화는 [그림 6-14(c)]처럼 양자화 레벨의 단계를 비균등하게 할당한다. 대개 아날로그 입력신호가 클 때보다 작을 때 양자화 단계를 더욱 세분화한다. 비균일 양자화는 많은 비트를 사용하지 못할 때 적은 비트로 넓은 범위의 값을 표현하기 위해 사용한다.

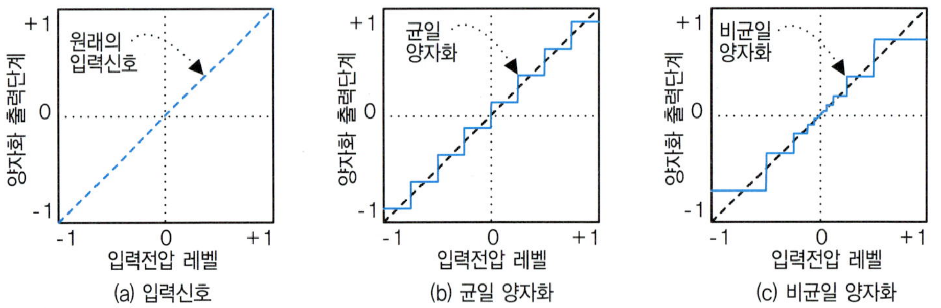

[그림 6-14] 양자화의 입출력 특성곡선

[그림 6-14]는 양자화를 실시하기 이전의 (a) 입력신호의 전압 레벨을 x축으로

표시한다. 양자화 출력단계는 y축으로 표시하여 (b) 균일 양자화와 (c) 비균일 양자화에 대한 입출력 특성 곡선을 나타낸다.

6.5.2 스캐너와 비균일 양자화

스캐너(scanner)의 동작을 살펴보자. 스캐너의 CCD(charge coupled device)는 해상도를 지닌 감광소자로서 샘플링 신호를 만드는 역할을 한다. 종이 원고에서 반사된 불빛은 몇 단계의 광학적인 경로를 거쳐 CCD에 도달한다. 들어오는 빛의 양은 CCD에 전하량으로 축적되어 디지털 펄스에 의해 아날로그 전압 레벨로 출력된다. 이때 축적된 전압은 아날로그 양이기 때문에 컴퓨터에서 디지털로 이를 저장하려면 양자화 과정을 거쳐야 한다.

스캐너에 할당된 비트 수가 16비트($2^{16}=65536$단계) 이상이면 균일 양자화를 사용해도 좋다. 하지만 8비트($2^{8}=256$단계) 정도라면 넓은 범위를 표현하기 위해 비균일 양자화를 사용하는 것이 더 적합하다. 그런데 원고의 밝은 부분(white)은 빛의 반사량이 많아 CCD에 축적되는 전압 값이 높다. 어두운 부분(black)은 빛의 반사량이 적어 축적되는 전압 값이 낮다. 사진이나 글씨 등 의미 있는 대부분의 정보들은 원고의 백지 부분이 아닌 어두운 부분에 집중되어 있다. 이 때문에 비균일 양자화를 사용해 좋은 화질을 얻기 위해서는 자연히 대부분의 이미지 정보가 몰려 있는 어두운 부분의 분해 능력을 높여야 한다. 이를 위해 전압 레벨이 낮은 부분을 더욱 세밀하게 구분해내는 비균일 양자화 방법을 사용한다. 음성이나 영상 데이터를 얻을 때도 마찬가지이다.

6.5.3 8비트 PCM 음성전화

UN 산하 ITU-T 표준은 8비트 PCM 음성전화의 전송기술로 북미, 일본, 한국에서 사용하는 μ-Law(mu-law, 뮤로)와 유럽에서 사용하는 A-Law를 규정하고 있다. [그림 6-15]는 8비트 PCM 음성전화의 비균일 양자화기에 사용되는 μ-Law의 입출력특성 곡선을 나타낸다. 이를 식 (6.10), (6.11)로 나타낼 수 있다. 여기서 μ는 입출력 특성함수에 사용되는 변수이며 $\mu=255$일 때가 표준이다.

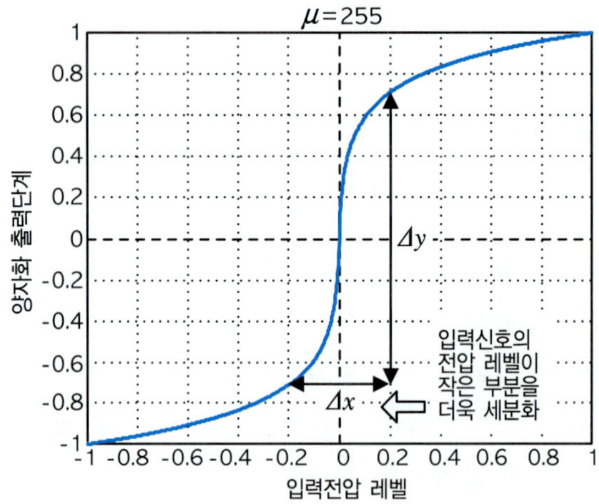

[그림 6-15] μ-Law의 입출력 특성 곡선(μ=255)

$$y = \frac{\log_e(1+\mu|x/x_{\max}|)}{\log_e(1+\mu)} sgn(x) \quad ☞ \quad \mu - \text{Law 출력} \tag{6.10}$$

$$\frac{x}{x_{\max}} = \frac{(1+\mu)^{|y|}-1}{\mu} sgn(y) \quad ☞ \quad \mu - \text{Law 입력} \tag{6.11}$$

[그림 6-15]에서 0V 근방에서 입력신호의 전압 레벨이 대략 $\Delta x = \pm 0.2$ 정도 변할 때 양자화 출력단계는 $\Delta y = \pm 0.7$ 정도로 변한다. 즉, 입력전압의 레벨이 작은 부분을 양자화 출력단계에서 더욱 세분화해주고 있다.

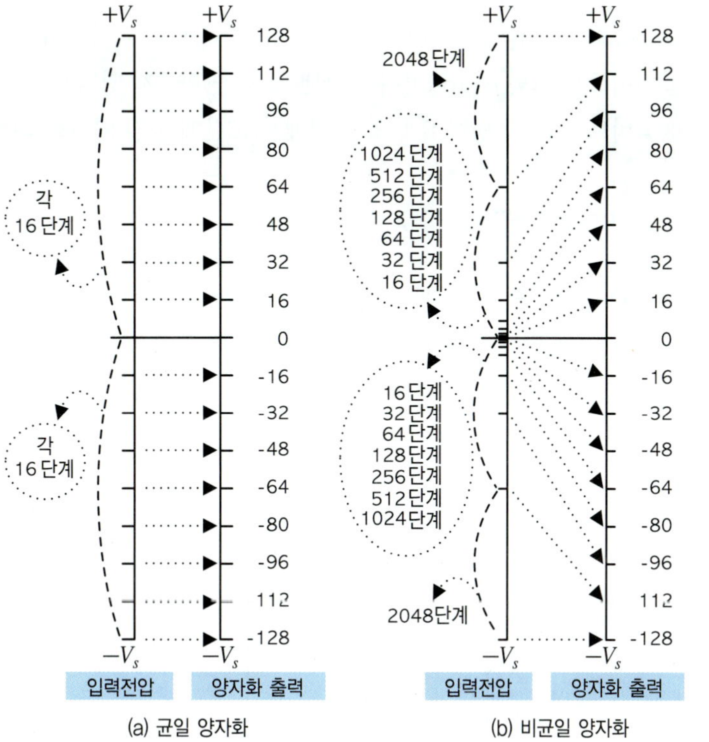

[그림 6-16] μ-Law의 균일 양자화와 비균일 양자화 방법(μ=255)

[그림 6-16(a)]는 8비트 균일 양자화로 $\pm V_s$ 사이를 음과 양의 방향으로 각 128단계씩 나누어 전체를 2^8=256단계로 균등하게 양자화한다. 음악 CD도 이와 같은 방식으로 16비트(2^{16}=65536단계)로 균일 양자화를 취한다. [그림 6-16(b)]는 8비트 PCM 음성전화의 비균일 양자화 특성이다. 양자화 단계가 가장 세분화된 0V 근방을 보면 최대 8160단계로 균일 양자화를 실시하는 효과가 있다.

a. 비균일 양자화의 압축과 확장

[그림 6-16(b)]에서 송신 측에서 전송할 때 8160단계를 256단계의 양자화 레벨로 압축(compression)하고 수신 측은 256단계를 다시 8160단계로 확장(expansion)하는 효과가 있다. 이 과정을 압축과 확장의 복합어인 컴팬딩(companding)이라고 한다.

b. μ-Law PCM 음성 전화의 8비트 코드 구성

① 1비트 : 입력전압이 +이면 1이고 −이면 0으로 극성을 구분

② 3비트 : [그림 6-16(b)]에 나타낸 ± 각 방향 8개 영역을 구분

③ 4비트 : ± 각 방향 8개 영역 내에서 16단계 균일 양자화 레벨을 구분

6.5.4 양자화 레벨과 양자화 잡음

양자화 과정에서 표본화된 본래 신호와 양자화 결과에 따른 전압 레벨의 차이를 신호에 추가되는 잡음처럼 취급하여 양자화 잡음이라고 한다. 이 차이는 통신 시스템에서 아날로그를 디지털 신호로 변환하는 과정이면 반드시 발생한다. 이를 줄이는 것이 신호의 품질을 결정한다.

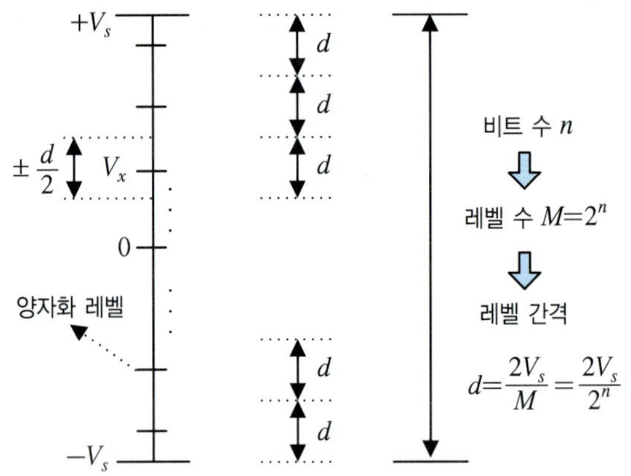

[그림 6-17] 양자화 단계와 양자화 잡음

[그림 6-17]에서 n비트를 사용하여 $M=2^n$ 레벨로 $\pm V_s$ 사이를 균등 분할하여 한 단계의 양자화간격 d를 얻었다고 가정하자. 이때 각 표본화 신호의 레벨 값과 양자화 레벨 값 사이의 양자화 오차 레벨 e는 최대 $\pm d/2$가 된다. 표본화 신호는 $\pm d/2$ 구간의 어디인가에 위치하므로 이 구간 내에서 양자화 오차가 발생할 확률은 1이다. 양자화 오차 e가 발생할 확률의 밀도함수 $p(e)$는 $\pm d/2$ 구간 내에서 균일하다고 가정하여 식 (6.12)와 같이 나타낼 수 있다. 이를 고려하여 양자화 오차 레벨 e에 대한 평균 잡음전력을 식 (6.13)과 같이 얻을 수 있다.

$$p(e)=\frac{1}{d}\quad\left(-\frac{d}{2}<e<\frac{d}{2}\right) \tag{6.12}$$

$$N_q\equiv\int_{-\frac{d}{2}}^{\frac{d}{2}}e^2p(e)\,de=\int_{-\frac{d}{2}}^{\frac{d}{2}}e^2\frac{1}{d}\,de=\frac{d^2}{12} \tag{6.13}$$

신호의 평균 전력이 S라면 식 (6.13)을 적용하여 전력비로 표시하면 『신호 대 양자화잡음비(signal to quantization noise ratio, SQNR)』는 식 (6.14)와 같다. 양자화 비트 수가 많아질수록 양자화 단계가 많아져 양자화 결과는 원래의 표본화된 신호 값에 가깝게 된다. 비트 수가 작을수록 양자화 단계가 줄어들어 원래의 표본화된 신호 값을 제대로 표현하지 못하게 되므로 양자화 잡음은 증가한다.

$$SQNR[\mathrm{dB}]=10\log\left(\frac{S}{N_q}\right)=10\log\frac{12S}{d^2}[\mathrm{dB}] \tag{6.14}$$

■ 기본 예제 6.4 (SQNR)

정보신호를 n비트로 균일 양자화 한다면 비트 수를 1비트씩 늘릴 때마다 『신호 대 양자화잡음비(SQNR)』는 얼마씩 개선되는가?

[그림 6-17]에서 한 단계의 양자화간격 $d=\frac{V_{pp}}{M}=\frac{2V_s}{2^n}$

$$\begin{aligned}SQNR[\mathrm{dB}]&=10\log_{10}\frac{12S}{d^2}=10\log_{10}12S-10\log_{10}d^2\\&=10\log_{10}12S-10\log_{10}\left(\frac{2V_s}{2^n}\right)^2\\&=10\log_{10}12S-10\log_{10}4V_s^2+20\log_{10}2^n\\&=10\log_{10}\left(\frac{3S}{V_s^2}\right)+n\cdot20\log_{10}2\simeq \text{상수}+6\cdot n[dB]\end{aligned}$$

∴비트수 n이 1비트씩 증가할 때마다 약 6dB씩 개선된다.

6.6 MATLAB 예제

★ 외부 함수의 작성

6장의 MATLAB 예제 실습을 위해서는 아래의 m 파일 함수들을 미리 작성해 놓아야 한다. rc.m 함수는 본문의 식 (6.9)가 사용되고, signum 함수는 본문의 식 (2.25)가 사용되었다. mulaw.m 함수는 본문의 식 (6.10)이 사용되고, invmu.m 함수는 본문의 식 (6.11)이 사용되었다. 이런 m 파일 함수는 별도의 *.m 파일 형태로 존재하며, 이를 호출하는 MATLAB 프로그램과 같은 폴더에 있어야 한다. MATLAB 명령 창에서 예를 들어 ≫ help mulaw ↙를 입력하면 mulaw.m 파일 함수의 내용 중에서 %로 표시된 줄들만 도움말로 보여준다.

【 rc.m 함수 】

```
function y = rc(x,a,T)
% y = rc(x,a,T)는 상승코사인(raised cosine) 필터의 임펄스 응답함수
%
% y = 1/T*sinc(x/T)*cos(a*pi*x/T)/[1 - (2*a*x/T)^2]
% abs(x)=T/(2*a) 일 때 y = pi/(4*T)*sinc(x/T)
% 첫 항의 (abs(x)==T/(2*a))은 분모가 0 이 되는 것을 방지
%
% y = 1/T*sinc(x/T).*cos(a*pi*x/T)./[1-(2*a*x/T).^2 + (abs(x)==T/(2*a))] + ...
%  + (abs(x)==T/(2*a))*pi/(4*T).*sinc(x/T);
y = 1/T*sinc(x/T).*cos(a*pi*x/T)./[1-(2*a*x/T).^2 + (abs(x)==T/(2*a))] + ...
 + (abs(x)==T/(2*a))*pi/(4*T).*sinc(x/T);
```

【 signum.m 함수 】

```
function y = signum(x)
% y = signum(x)는 시그넘 함수의 신호를 만든다.
%
% x < 0일 때 y = -1, x = 0일 때 y= 0, x > 0일 때 y = 1
% x = 0일 때 y = 0, (x==0)은 분모가 0이 되는 것을 방지
%
% y = abs(x)./(x + (x==0));
y = abs(x)./(x + (x==0));
```

【 mulaw.m 함수 】

```
function y = mulaw(x,mu)
% y = mulaw(x,mu) 함수는
% 비균일 양자화 PCM을 위한 mu-law 그래프의 출력을 구한다.
%
% 입력 x = invmu(y,mu)
% 출력 y = mulaw(x,mu)
% 입력 x에서 --> 출력 y 구하기
%
% a = max(abs(x));
% y = (log(1+mu*abs(x/a))./log(1+mu)).*eval('signum(x)');
a = max(abs(x));
y = (log(1+mu*abs(x/a))./log(1+mu)).*eval('signum(x)');
```

【 invmu.m 함수 】

```
function x = invmu(y,mu)
% x = invmu(y,mu) 함수는
% 비균일 양자화 PCM을 위한 mu-law 그래프의 입력을 구한다.
%
% 입력 x = invmu(y,mu)
% 출력 y = mulaw(x,mu)
% 출력 y에서 --> 입력 x 구하기
%
% x = (((1+mu).^(abs(y))-1)./mu).*eval('signum(y)');
x = (((1+mu).^(abs(y))-1)./mu).*eval('signum(y)');
```

■ MATLAB 예제 6-1 (상승코사인 필터의 푸리에 변환) - cm601.m

이 예제는 [그림 6-9]의 상승코사인 필터에서 시간 영역인 임펄스 응답함수와 주파수 영역인 전달함수의 진폭 스펙트럼을 그래프로 나타내었다. 이를 위해 본문의 식 (6.9)를 이용해 a=1일 때는 1/T=10kHz로 대역을 제한하고, a=0일 때는 5kHz로 대역이 제한되도록 LPF를 설계한 결과를 보였다. 이 예제가 실행되려면 앞에서 설명한 rc.m 함수와 2장에서 작성해둔 sinc.m 함수 파일이 같은 폴더에 있어야 한다. 즉, 별도의 외부함수로 작성해 놓고 이들을 불러들여 사용한다. 시간 영역과 주파수 영역의 실행결과 그림은 중심 15% 부분을 확대해서 그린다.

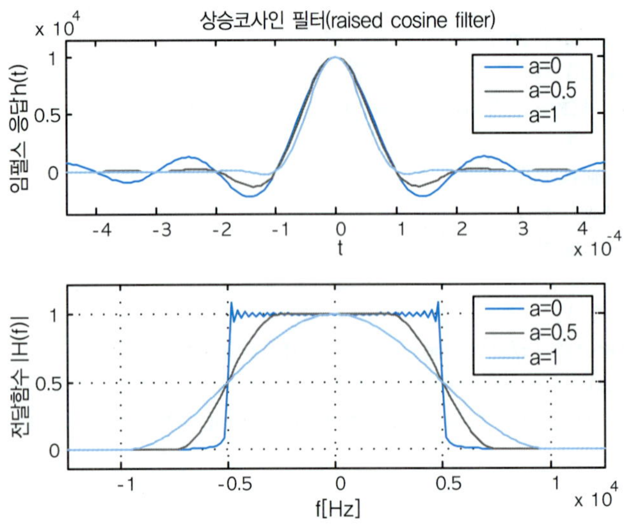

[그림 6-18] MATLAB 예제 6-1 실행결과

【 cm601.m 프로그램 】

```
% --- 시간 축 만들기 ---
t = linspace(-3e-3, 3e-3,1000+1);            % 시간 축
dt = t(2) - t(1);                            % 시간 축의 시간 증분

% --- 시간 영역의 신호 h(t) 만들기 ---
% h(t) ☞ 상승코사인 필터의 임펄스 응답
% 다음 내용의 rc.m 함수가 같은 폴더에 있어야 한다.
% y = 1/T*sinc(x/T)*cos(a*pi*x/T)/[1 - (2*a*x/T)^2]
% abs(x)=T/(2*a) 일 때 y = pi/(4*T)*sinc(x/T)
B = 5000; T = 1/(2*B);                       % LPF의 대역폭 B = 1/2T
a = 0;       x = rc(t,a,T);                  % 상승코사인 함수
a = 0.5;     x2 = rc(t,a,T);                 % 상승코사인 함수
a = 1;       x3 = rc(t,a,T);                 % 상승코사인 함수

% --- 주파수 축 만들기 ---
fs = 1/dt;                         % 신호의 샘플링 주파수 [Hz]
BW = fs/2;                         % 신호의 대역폭 (6장 표본화정리 참조)
f = linspace(-BW,BW,length(t));    % 주파수 축

% --- MATLAB 내장 함수를 이용한 푸리에 변환 ---
F = fftshift(fft(x))/fs;           % 주파수 영역의 신호 F(f)
```

```
F2 = fftshift(fft(x2))/fs;                    % 주파수 영역의 신호 F2(f)
F3 = fftshift(fft(x3))/fs;                    % 주파수 영역의 신호 F3(f)
mF = abs(F);  mF2 = abs(F2);  mF3 = abs(F3); % 진폭 스펙트럼

% --- 푸리에 변환 결과 그리기 ---
figure(601)                                   % 그림 창 번호 매기기

i = find(abs(t)<=0.15*max(t));                % 조건에 대응하는 i번째 찾기
subplot(2,1,1,'align')                        % 시간 영역의 신호
plot(t(i),x(i),t(i),x2(i),t(i),x3(i)), grid
range = max(x(i))-min(x(i));
axis([min(t(i)) max(t(i)) min(x(i))-range/4, max(x(i))+range/4])
legend('a=0','a=0.5','a=1')
xlabel('t'), ylabel('임펄스 응답  h(t)')
title('상승코사인 필터 (raised cosine filter)')

i = find(abs(f)<=0.15*BW);                    % 조건에 대응하는 i번째 찾기
subplot(2,1,2,'align')                        % 진폭 스펙트럼
plot(f(i),mF(i),f(i),mF2(i),f(i),mF3(i)), grid
range = max(mF(i))-min(mF(i));
axis([min(f(i)) max(f(i)) min(mF(i))-range/4, max(mF(i))+range/4])
legend('a=0','a=0.5','a=1')
xlabel('f [Hz]'), ylabel('전달함수 |H(f)|')
title('진폭 스펙트럼')
```

■ MATLAB 예제 6-2 (이상적인 LPF를 통과한 사각파) – cm602.m

이 예제는 이상적인 LPF의 특성을 갖는 [그림 6-6]의 싱크 필터를 통과하는 사각파 신호의 입출력 과정을 그래프로 나타낸다. 싱크 필터에 대한 본문의 식 (6.8)을 이용해 [그림 6-6]에서 B=1kHz로 대역폭을 제한하여 이상적인 LPF를 설계한 결과를 보였다. 이 예제가 실행되려면 sinc.m 함수 파일이 같은 폴더에 있어야 한다. 실행결과 그림은 (2×2)의 4칸으로 나누어 디지털 펄스 입력이 싱크 필터를 통과하는 과정을 시간 순서대로 나타내었다. 즉, 실행결과 [그림 6-19]에서 ① LPF의 입력, ② 입력의 진폭 스펙트럼, ③ LPF인 싱크 필터의 전달함수, ④ LPF의 출력을 나타낸다. 시간 영역인 ①, ④는 사각파 신호의 입출력 파형이고, 주파수 영역인 ②, ③은 입력 신호와 LPF의 전달함수에 대한 진폭 스펙트럼이다. 또한 ②, ③의 결과는 주파수 축의 중심 10% 부분을 확대해 그린 것이다.

【 cm602.m 프로그램 】

```
% --- 시간 축 만들기 ---
t = linspace(-0.01,0.01,1000+1);          % 시간 축
dt = t(2) - t(1);                          % 시간 축의 시간 증분

% --- 시간 영역의 신호 x(t) 만들기 ---
% 다음 내용의 rect.m 함수가 같은 폴더에 있어야 한다.
% -T/2 < t < T/2 일 때 x = 1,
% t = -T/2, t = T/2 일 때 x = 1/2, 나머지는 x = 0
T = 0.004;                                 % 사각파 함수의 폭
x = rect(t,T);                             % 사각파 함수 x(t) = rect(t,T)

% --- 시간 영역의 신호 h(t) 만들기 ---
% h(t) ☞ 싱크 필터의 임펄스 응답
% 다음 내용의 sinc.m 함수가 같은 폴더에 있어야 한다.
% y = sin(pi*x)/(pi*x), x = 0 일 때 y = 1
B = 1000;                                  % LPF의 대역폭
h = 2*B*sinc(2*B*t);                       % 싱크 함수

% --- 주파수 축 만들기 ---
fs = 1/dt;                             % 신호의 샘플링 주파수 [Hz]
BW = fs/2;                             % 신호의 대역폭 (6장 표본화정리 참조)
f = linspace(-BW,BW,length(t));        % 주파수 축

% --- MATLAB 내장 함수를 이용한 푸리에 변환 ---
F = fftshift(fft(x))/fs;               % 입력의 주파수 영역 신호 F(f)
H = fftshift(fft(h))/fs;               % 이상적인 필터의 전달함수 H(f)
FH = F.*H;                             % 필터를 통과한 출력신호 F(f)H(f)

% --- MATLAB 내장 함수들을 이용한 푸리에 역변환 ---
iFH  = fftshift(ifft(ifftshift(FH*fs)));   % 시간 영역의 신호 f(t)

% --- LPF 를 통과한 디지털 펄스 신호 그리기 ---
figure(602)                                % 그림 창 번호 매기기

subplot(2,2,1,'align')                     % LPF에 입력되는 신호
plot(t,x)                                  % 시간 영역의 신호 x(t)
range = max(x)-min(x);
axis([min(t) max(t) min(x)-range/4, max(x)+range/4])
ylabel('디지털 펄스 x(t)'), title('① LPF 입력')

subplot(2,2,3,'align')                     % LPF에서 출력되는 신호
```

```
plot(t,iFH)                          % 시간 영역의 신호 y(t)=x(t)*h(t)
range = max(iFH)-min(iFH);
axis([min(t) max(t) min(iFH)-range/4, max(iFH)+range/4])
xlabel('t'), ylabel('출력 신호 y(t)')
title('④ LPF 출력')

i = find(abs(f)<=0.1*BW);            % 조건에 대응하는 i번째 찾기
subplot(2,2,2,'align')               % 입력신호의 진폭 스펙트럼 |X(f)|
mF = abs(F); plot(f(i),mF(i),'g')    % zoom in 확대
range = max(mF(i))-min(mF(i));
axis([min(f(i)) max(f(i)) min(mF(i))-range/4, max(mF(i))+range/4])
ylabel('입력 신호 |X(f)|'), title('② 진폭 스펙트럼')

subplot(2,2,4,'align')               % 전달함수의 진폭 스펙트럼 |H(f)|
mH = abs(H); plot(f(i),mH(i),'m')    % zoom in 확대
range = max(mH(i))-min(mH(i));
axis([min(f(i)) max(f(i)) min(mH(i))-range/4, max(mH(i))+range/4])
xlabel('f [Hz]'), ylabel('전달함수 |H(f)|')
title('③ 싱크 필터')
```

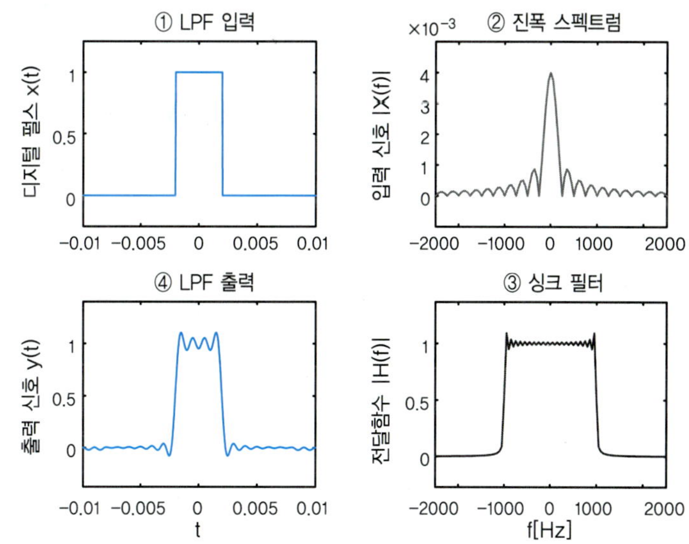

[그림 6-19] MATLAB 예제 6-2 실행결과

■ MATLAB 예제 6-3 (완만한 LPF를 통과한 사각파) - cm603.m

이 예제는 완만한 LPF의 특성을 갖는 [그림 6-9]의 상승코사인 필터를 통과하는 사각파 신호의 입출력 과정을 그래프로 나타낸다. 상승코사인 필터에 대한 본문의 식 (6.9)를 이용해 [그림 6-9]에서 a=1일 때 B=1/2T=1kHz로 대역폭을 제한하여 완만한 LPF를 설계한 결과를 보였다. 이 예제가 실행되려면 rc.m 함수 파일이 같은 폴더에 있어야 한다. 실행결과 그림은 (2×2)의 4칸으로 나누어 디지털 펄스 입력이 상승코사인 필터를 통과하는 과정을 시간 순서대로 나타내었다. 즉, 실행결과 [그림 6-20]에서 ① LPF의 입력, ② 입력의 진폭 스펙트럼, ③ LPF인 상승코사인 필터의 전달함수, ④ LPF의 출력을 나타낸다. 시간 영역인 ①, ④는 사각파 신호의 입출력 파형이고, 주파수 영역인 ②, ③은 입력 신호와 LPF의 전달함수에 대한 진폭 스펙트럼이다. 또한 ②, ③의 결과는 주파수 축의 중심 10% 부분을 확대해 그린 것이다.

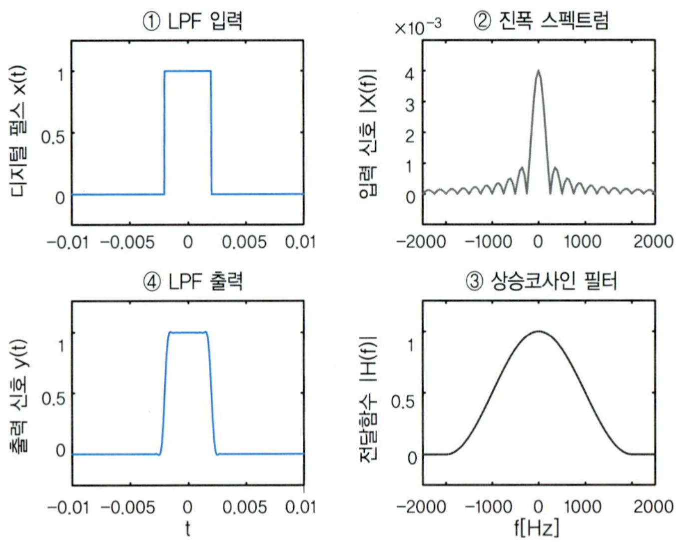

[그림 6-20] MATLAB 예제 6-3 실행결과

【 cm603.m 프로그램 중 】 - cm602.m과 다른 부분

```
% --- 시간 영역의 신호 h(t) 만들기 ---
% h(t) ☞ 상승코사인 필터의 임펄스 응답
```

```
% 다음 내용의 rc.m 함수가 같은 폴더에 있어야 한다.
% y = 1/T*sinc(x/T)*cos(a*pi*x/T)/[1 - (2*a*x/T)^2]
% abs(x)=T/(2*a)일 때 y = pi/(4*T)*sinc(x/T)
B = 1000; T = 1/(2*B);              % LPF의 대역폭 B = 1/2T
a = 1.0;                            % 상수
h = rc(t,a,T);                      % 상승코사인 함수
```

★ 표본화 입력과 양자화 판정

대표적인 디지털화 방법으로 아날로그 신호에서 PCM 코드를 얻기 위해서는 먼저 본문의 [그림 6-13]처럼 표본화(샘플링)와 양자화를 거쳐야 한다. 아날로그 신호에서 표본화된 샘플은 아직 임의의 아날로그 레벨 값을 갖고 있다. 여기에 양자화 판정 과정을 거쳐 PCM 코드를 부여하면 본래 갖고 있던 임의의 아날로그 레벨은 잃어버리고 양자화 기준 레벨만 저장하게 된다. 결국 양자화 과정은 임의의 레벨을 갖고 있는 표본화 입력을 양자화 레벨로 바꾸는 작업이다.

뒤의 예제들에서 양자화 판정에 사용할 방법은, 먼저 [그림 6-13]으로 설명하는 것이 이해가 더 쉬울 것이다. [그림 6-13]은 입력신호가 ±4V 구간에서 움직이므로, 3비트 균일 양자화를 위한 8개의 기준 레벨을 −3.5V −2.5V −1.5V −0.5V +0.5V +1.5V +2.5V +3.5V로 정한다. 그런 후 각 기준 레벨을 중심으로 ±0.5V 범위에 들어오는 입력 값들에 각각 0~7의 10진 값을 부여한다. 이를 최종 2진으로 변환하면 000~111의 2진 PCM 코드를 얻을 수 있다.

■ MATLAB 예제 6-4 (균일 양자화 PCM 1) - cm604.m

이 예제는 본문의 [그림 6-14(b)]에 나타낸 균일 양자화로 PCM 코드를 얻는다. t=±3의 구간에서 입력신호 x=t에 대한 8단계 균일 양자화를 실시하고 그 결과로 3비트 PCM 코드 값을 구한다. 이 예제에서 본래의 입력은 x=±3 구간의 범위지만, 우선 이를 3으로 나누어 ±1의 범위로 정규화 시킨다. 실행결과로 명령 창에는 −0.8750 −0.6250 −0.3750 −0.1250 0.1250 0.3750 0.6250 0.8750이 출력된다. 이들은 3비트 균일 양자화로 판정하기 위해 ±1 구간을 8등분한 각 구간에서 중심이 되는 기준 레벨이다. 프로그램에서 사용된 변수로서 기준 레벨의 변수 명은 level이고 양자화 간격은 dy이다.

이 예제는 8개의 각 기준 레벨을 중심으로 ±0.125 범위에 들어오는 입력 값들을 양자화 기준 레벨 값으로 변환시킨다. 그런 후 각 양자화 결과에 0~7의 10

진 PCM 코드 값을 부여한다. 프로그램에서 정규화된 입력에 대한 균일 양자화 결과가 quant, 10진 PCM 코드 값이 dec이다. 또한 qaunt를 원래의 스케일로 복귀시킨 최종 균일 양자화 결과가 xi이다.

MATALB 내장 함수 중 dec2bin 명령은 10진 정수를 2진 문자열로 편리하게 변환한다(11장). legend 명령의 선택 사양 중『 ,'location','best' 』옵션은 가능한 최적의 위치에 범례를 넣도록 하는 방법이다. 범례가 그래프를 가리면 마우스로 범례를 쉽게 옮길 수도 있다. 한편 이 예제는 다음 3가지 값을 화면에 출력한다. 양자화 잡음은 표본화된 본래 신호와 양자화 결과에 따른 전압 레벨의 차이를 말한다.

- ±1의 범위로 정규화된 양자화 기준 레벨
- 양자화 기준 레벨 간격
- 신호 대 양자화잡음비(SQNR)

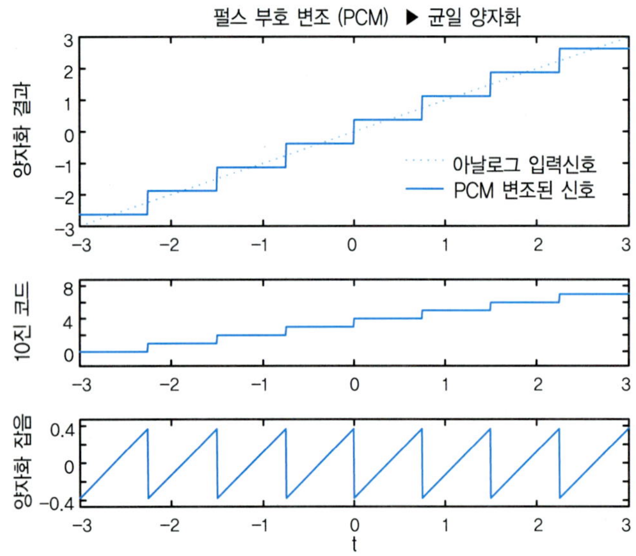

[그림 6-21] MATLAB 예제 6-4 실행결과

【 cm604.m 프로그램 】

```
% --- 시간 신호의 표본화 (샘플링) ---
t = linspace(-3,3,1000+1);          % 시간 축
x = t;                              % 아날로그 입력신호 x(t)

% --- ★ 균일 양자화를 위한 변수 설정 ★ ---
xmax = max(abs(x));         % 입력신호의 최대 진폭 값
y = x/xmax;                 % 입력을 최대 크기 ±1로 정규화시킨 출력

n = 3;                              % n비트 양자화
M = 2^n;                            % M단계 양자화
dy = 2/M;                           % 양자화 step 크기
level = dy*([0:M-1])-dy*(M-1)/2;    % 균일 양자화 기준 레벨

% --- 정규화된 양자화 판정과 PCM 코드 만들기 ---
for i=1:M                           % i = 1,2,3,4... M (10진 값)
  % 각 기준 레벨의 판정 범위에 대응하는 k번째 y 찾기
  k = find((level(i)-dy/2 <= y) & (y <= level(i)+dy/2));
  quant(k) = level(i);              % qaunt ☞ 정규화된 균일 양자화 판정결과
  dec(k) = i-1;                     % 10진 PCM 코드 값 저장
end

% --- ★ 균일 양자화 결과 저장 ★ ---
xi = quant*xmax;            % 원래 스케일로 복귀한 최종 균일 양자화 결과
bin = dec2bin(dec);         % 10진 PCM 코드를 2진 문자열로 변환

disp(' ')                   % 한 줄 띄우기
sprintf('■±1의 범위로 정규화된 %d 비트 균일 양자화 기준 레벨',n)
reshape(level,2^(n-2),4)

disp(' ')                   % 한 줄 띄우기
disp('■양자화 기준 레벨 간격 ')
dlevel(1) = 0;
for i=2:M
    dlevel(i) = level(i) - level(i-1);
end
reshape(dlevel,2^(n-2),4)

% --- 신호 대 양자화잡음비 계산 ---
disp(' ')                   % 한 줄 띄우기
sprintf('■%d 비트 신호 대 양자화잡음비 (SQNR)',n)
S = sum(abs(x).^2);         % 신호 전력
```

```
Nq = sum(abs(x-xi).^2);             % 양자화 잡음 전력
SQNR = 10*log10(S/Nq)               % SQNR [dB]
disp(' ')

% --- 변조된 결과 그림 그리기 ---
figure(604)                         % 그림 창 번호 매기기

subplot(2,1,1,'align')              % 본래의 표본 값과 양자화 결과
plot(t,x,'r',t,xi), axis([min(t) max(t) min(x) max(x)])
ylabel('양자화 결과')               % best ☞ 최적의 위치에 범례 넣기
legend('아날로그 입력신호','PCM 변조된 신호','location','best');
title('펄스 부호 변조 (PCM)  ▶균일 양자화')

subplot(4,1,3,'align')              % 양자화 결과의 코드 값
plot(t,dec), range = max(dec)-min(dec);
axis([min(t) max(t) min(dec)-range/4 max(dec)+range/4])
ylabel('10진 코드')

subplot(4,1,4,'align')              % 양자화 잡음
plot(t,x-xi), range = max(x-xi)-min(x-xi);
axis([min(t) max(t) min(x-xi)-range/8 max(x-xi)+range/8])
xlabel('t'), ylabel('양자화 잡음')
```

■ MATLAB 예제 6-5 (균일 양자화 PCM 2) – cm605.m

이 예제 역시 본문의 [그림 6-14(b)]에 나타낸 균일 양자화로 PCM 코드를 얻는 프로그램이다. 입력신호 x=3*sin(t)에 대한 8단계 균일 양자화를 실시한다. 그 결과로 3비트 PCM 코드 값을 구한다. 이 예제의 소스는 앞의 MATLAB 예제 6-4와 비교해 아날로그 입력신호를 표현하는 다음 부분만 차이난다.

【 cm605.m 프로그램 중 】 – cm604.m과 다른 부분

```
% --- 시간 신호의 표본화 (샘플링) ---
t = linspace(0,3*pi,1000+1);        % 시간 축
x = 3*sin(t);                       % 아날로그 입력신호 x(t)
```

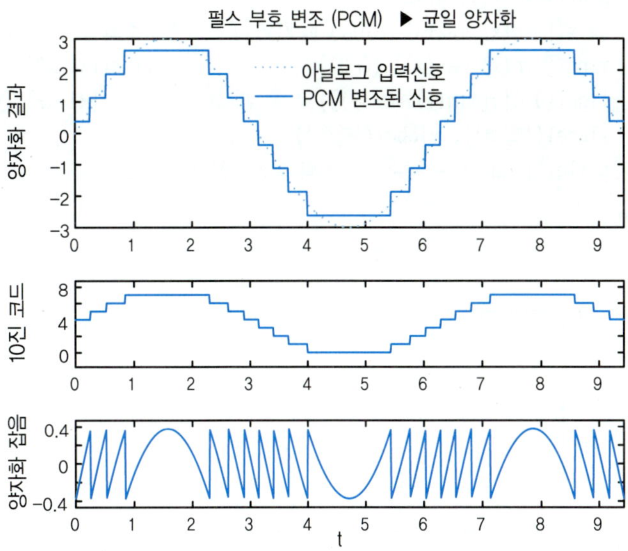

[그림 6-22] MATLAB 예제 6-5 실행결과

■ MATLAB 예제 6-6 (μ-Law 특성곡선) - cm606.m

이 예제는 [그림 6-15]의 8비트 PCM 전화에서 사용되는 비균일 양자화의 입출력특성 곡선인 μ-Law 그래프를 그리는 프로그램이다. 이 예제는 앞에서 작성한 mulaw.m, signum.m 함수 파일이 같은 폴더에 있어야 실행된다.

【 cm606.m 프로그램 】

```
% --- 입력 신호 만들기 ---
x = linspace(-1,1,1000+1);

% --- μ-Law 출력 신호 만들기 ---
% 다음 내용의 mulaw.m 함수가 같은 폴더에 있어야 한다.
% a = max(abs(x));
% y = (log(1+mu*abs(x/a))./log(1+mu)).*eval('signum(x)');
mu = 255;
y = mulaw(x,mu);                          % 외부함수 mulaw.m 호출

% --- μ-Law 입출력 특성곡선 그리기 ---
figure(606)                               % 그림 창 번호 매기기
```

```
plot(x,y,'r'), grid
axis([min(x) max(x) min(y) max(y)])     % X축의 최소 최대 Y축의 최소 최대
line([min(x) max(x)],[0 0])             % line([x1 x2],[y1 y2])
line([0 0],[min(y) max(y)])             % line([x1 x2],[y1 y2])
xlabel('입력'), ylabel('출력')
title('{\mu}-Law 함수의 입출력 특성곡선')
```

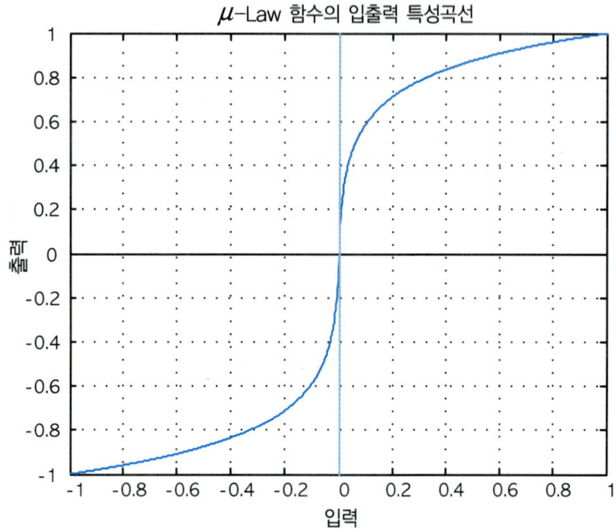

[그림 6-23] MATLAB 예제 6-6 실행결과

★ 비균일 양자화 알고리즘

이 책에 사용된 비균일 양자화 방법을 설명하기 위해 [그림 6-24]를 추가하였다. [그림 6-24(a)]에서 양자화로 입력된 원래의 표본 값 x를 최대 진폭 xmax로 나누어 입력을 최대 크기 1로 정규화시킨 후, 이를 다시 μ-Law 출력인 y로 변환한다. (b)에서는 균일 양자화의 기준 레벨을 이용해 y에 대한 균일 양자화를 실시한다. 그 결과로 (c)에서 y에 대한 균일 양자화 결과인 quant를 얻는다. 또한 그 과정 중에서 양자화 판정 기준으로 사용된 level에 해당하는 PCM 코드를 얻는다. (d)에서 정규화된 균일 양자화 결과 qaunt를 μ-Law 입력으로 다시 역변환한다. 그런 후 원래의 스케일로 복귀시킨 최종 비균일 양자화 결과로 xi를 얻는다. 물론 위의 방법을 사용하지 않고 처음부터 양자화 기준 레벨을 μ-Law 특성

곡선에 따라 비균일 양자화 값으로 할 수도 있다. 하지만 이 경우는 양자화 각 단계의 간격이 모두 달라진다. 각 기준 레벨마다 양자화 판정을 위한 +방향과 −방향의 판정 범위 값들이 모두 달라져 프로그램이 훨씬 복잡해질 수 있다.

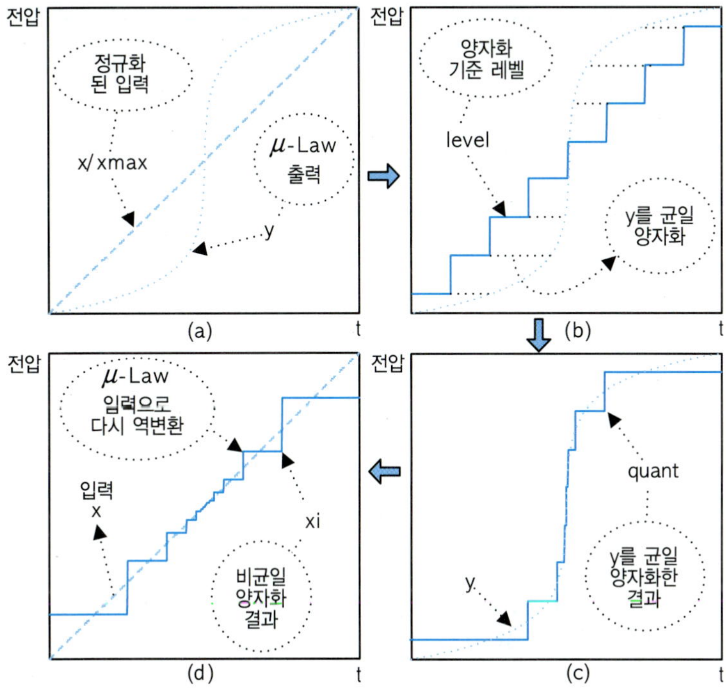

[그림 6-24] MATLAB 예제 6-7의 비균일 양자화 과정

■ MATLAB 예제 6-7 (비균일 양자화 PCM 1) - cm607.m

이 예제는 본문의 [그림 6-14(c)]에 나타낸 비균일 양자화로 PCM 코드를 얻는 프로그램이다. 이 예제가 실행되려면 mulaw.m, invmu.m, signum.m 함수가 같은 폴더에 있어야 한다. t=±3의 구간에서 입력신호 x=t에 대한 μ-Law에 의한 16단계 비균일 양자화를 실시하고 그 결과로 4비트 PCM 코드 값을 얻는다. 이 예제의 프로그램 소스가 앞의 MATLAB 예제 6-4와 다른 부분들은 다음과 같으며 나머지 부분은 동일하다.

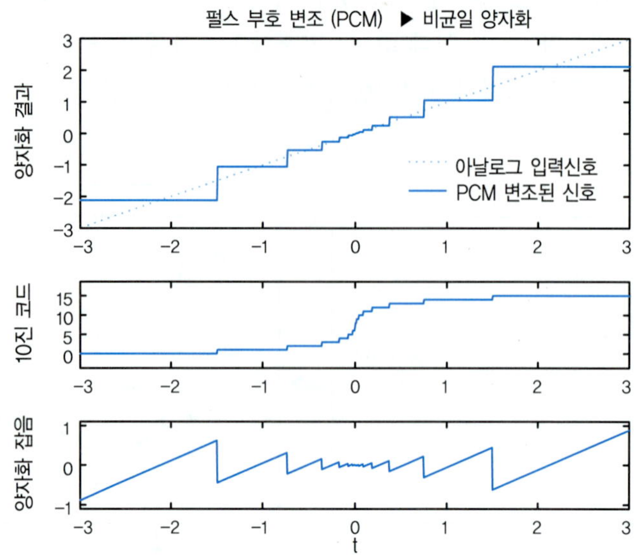

[그림 6-25] MATLAB 예제 6-7 실행결과

【 cm607.m 프로그램 중 】- cm604.m과 다른 부분 (1)

```
% --- ★ 비균일 양자화를 위한 변수 설정 ★ ---
% 핵심은 μ-Law 출력으로 변환한 값을 균일 양자화로 처리하는 것
xmax = max(abs(x));            % 입력신호의 최대 진폭 값
mu = 255;                      % μ-Law 특성 곡선 입력 x에서 출력 y 구하기
y = mulaw(x/xmax,mu);          % 입력을 ±1로 정규화시킨 μ-Law 출력

n = 4;                                  % n비트 양자화
M = 2^n;                                % M단계 양자화
dy = 2/M;                               % 양자화 step 크기
level = dy*([0:M-1])-dy*(M-1)/2;        % 균일 양자화 기준 레벨
```

【 cm607.m 프로그램 중 】- cm604.m과 다른 부분 (2)

```
% --- ★ 비균일 양자화 결과 저장 ★ ---
xi = invmu(quant,mu)*xmax;     % 원래 스케일로 복귀한 최종 비균일 양자화 결과
bin = dec2bin(dec);            % 10진 PCM 코드를 2진 문자열로 변환
```

■ MATLAB 예제 6-8 (비균일 양자화 PCM 2) - cm608.m

이 예제 역시 본문의 [그림 6-14(c)]에 나타낸 균일 양자화로 PCM 코드를 얻는 프로그램이다. 이 예제가 실행되려면 mulaw.m, invmu.m, signum.m 함수가 같은 폴더에 있어야 한다. 입력신호 x=3*sint에 대한 μ-Law에 의한 16단계 비균일 양자화를 실시하고 그 결과로 4비트 PCM 코드 값을 구한다. 이 예제의 소스는 앞의 MATLAB 예제 6-7과 비교해 아날로그 입력신호를 표현하는 다음 부분만 차이난다.

【 cm608.m 프로그램 중 】- cm607.m과 다른 부분

```
% --- 시간 신호의 표본화 (샘플링) ---
t = linspace(0,3*pi,1000+1);          % 시간 축
x = 3*sin(t);                         % 아날로그 입력신호 x(t)
```

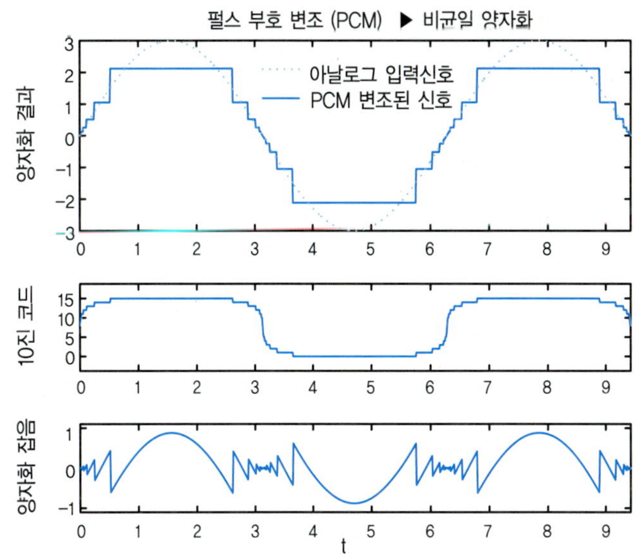

[그림 6-26] MATLAB 예제 6-8 실행결과

★ 균일 양자화와 비균일 양자화의 SQNR 비교

MATLAB 예제 6-4~8의 균일 양자화와 비균일 양자화 프로그램에서 비트 수를 변화시키며 SQNR을 조사한 결과를 비교하였다. 〈표 6-1〉에서 균일 양자화

는 3비트 이상에서 양자화 비트 수를 1비트씩 증가시킬 때마다 직선이든 곡선이든 약 6dB씩 SQNR이 개선되는 것을 보였다. 이것은 본문의 기본 예제 6.4에서 이론으로 설명한 것과 같은 결론이다.

〈표 6-2〉에서 비균일 양자화의 경우는 양자화 비트 수가 적을 때는 SQNR이 개선되는 비율이 균일 양자화보다 떨어진다. $\mu = 255$일 때 양자화 비트 수가 $n \geq 6$ 이상이 되면 직선인 x=t 경우, 1비트씩 증가시킬 때마다 균일 양자화와 마찬가지로 대략 6dB씩 SQNR이 개선되는 것을 보였다. 또한 x=3*sin(t) 경우는 직선인 경우보다 SQNR 성능이 약간 더 좋아졌다.

〈표 6-1〉 균일 양자화의 SQNR 비교

균일 양자화	비트수	2	3	4	5	6	7	8
x=t	SQNR	12.04	18.06	24.08	30.10	36.12	42.14	48.16
☞ cm604.m	dB 개선	0	6.02	6.02	6.02	6.02	6.02	6.02
x = 3*sin(t)	SQNR	12.80	19.08	25.30	31.47	37.59	43.68	49.78
☞ cm605.m	dB 개선	0	6.29	6.22	6.17	6.12	6.09	6.10

〈표 6-2〉 비균일 양자화의 SQNR 비교

비균일 양자화	비트수	2	3	4	5	6	7	8
x=t	SQNR	3.63	8.39	14.04	19.95	25.95	31.97	37.98
☞ cm607.m	dB 개선	0	4.77	5.65	5.91	6.00	6.01	6.01
x=3*sin(t)	SQNR	3.10	7.38	12.81	18.79	24.97	31.20	37.42
☞ cm608.m	dB 개선	0	4.28	5.42	5.98	6.19	6.23	6.21

연습문제

1. 다음 서술이 맞는지 O, X로 답하라.

(1) 【디지털화】 아날로그 신호에 표본화를 먼저 취한 후 양자화 한다.

(2) 【디지털화】 양자화는 아날로그 신호에서 PAM 신호를 얻는 과정이다.

(3) 【디지털화】 표본화는 PAM 신호에서 PCM 신호를 얻는 과정이다.

(4) 【디지털화】 신호의 크기에 따라 펄스의 폭이 변하는 변조를 PWM이라고 한다.

(5) 【디지털화】 한 심벌이 인접한 다른 심벌의 전달을 방해하는 왜곡 현상을 ISI 라고 한다.

(6) 【양자화】 적은 비트로 넓은 범위를 표현하려면 비균일 양자화가 적합하다.

(7) 【양자화】 전통적인 8비트 PCM 음성전화는 균일 양자화를 사용한다.

(8) 【양자화】 우리나라는 PCM 음성전화의 양자화 규칙으로 μ-Law를 주로 사용한다.

(9) 【양자화】 양자화 비트 수를 늘리면 양자화 잡음은 줄어든다.

(10) 【양자화】 μ-Law 방식의 PCM 음성전화에 사용되는 표본화 속도는 44.1kHz이다.

2. 디지털 통신시스템의 송신 측에서 전송신호를 처리하는 순서를 【보기 A】에서 골라 차례대로 번호를 적어라.

보기 A

① 주파수확산	② 원천 부호화	③ 다중화	④ 암호화
⑤ 다중접속	⑥ 디지털변조	⑦ 채널 부호화	

3. 디지털 통신시스템의 수신 측에서 수신신호를 처리하는 순서를 【보기 B】에서 골라 차례대로 번호를 적어라.

보기 B

① 역다중화	② 원천 복호화	③ 대역복귀	④ 디지털복조
⑤ 채널 복호화	⑥ 다중접속	⑦ 암호해독	

4. 디지털 통신시스템에서 가장 필수적인 구성요소 2가지를 골라라.
① 채널 부호화 ② 아날로그와 디지털 변환 ③ 다중화
④ 주파수 확산 ⑤ 암호화와 암호해독 ⑥ 디지털 변복조

5. ITU-T 표준의 8비트 PCM 음성전화 전송기술로서 북미, 일본, 한국에서 주로 사용된 양자화 규칙을 모두 골라라.
① A-Law ② B-Law ③ μ-Law ④ 균일 양자화 ⑤ 비균일 양자화

6. 다음 신호를 디지털화할 때 사용하는 표본화 속도와 양자화 비트수를 【보기 C】에서 골라 순서대로 번호를 적어라.
(1) 표준 음악 CD
(2) μ-Law 방식의 PCM 음성전화

보기 C

① 8kHz	② 16Hz	③ 22.05kHz	④ 44.1kHz	⑤ 96kHz
⑥ 8비트	⑦ 16비트	⑧ 24비트	⑨ 32비트	ⓐ 48비트

7. 펄스 부호 변조(PCM) 코드의 발생 과정에 필요한 3단계를 골라 처리 순서대로 번호를 적어라.
① 양자화 ② 분자화 ③ 원자화 ④ 부호화 ⑤ 표본화 ⑥ 전자화

8. 최대주파수가 8kHz로 대역 제한된 신호를 표본화할 때, 원래의 아날로그 신호로 완전하게 복원하기 위해서는 나이키스트의 표본화 정리에 의하면
(1) 최소 몇 kHz로 표본화해야 하는가?
(2) 나이키스트 율을 만족하는 최대 표본화 주기는 몇 μs인가?

9. 최대최소 구간이 ±15.36V 범위인 아날로그 신호를 13비트로 디지털화할 때, 한 단계 전압은 몇 mV인가?

10. 최대최소 구간이 ±25.6V 범위인 아날로그 신호를 12.5mV로 디지털화하려면 몇 비트 양자화가 필요한가?

11. 신호의 주파수를 15.5kHz로 대역 제한하여 나이키스트 율로 표본화한 후, 각 표본을 17비트로 양자화하여 전송하려고 한다. 이때의 비트율은 몇 kbit/s인가?

12. 음향 데이터를 19비트 6채널 PCM으로 녹음하려고 한다. 36864Hz 샘플링을 취하고 3072초간 녹음한다면 녹음 데이터의 총 크기는 몇 MiB인가? (1B=1바이트, 1MiB=1024^2B)

13. 정현파 신호 $a(t) = 11.2\sin 500\pi t$[V]를 7비트 PCM으로 균일 양자화할 때
(1) 양자화간격 한 단계 d는 몇 V인가?
(2) 저항 1Ω에 걸린 신호의 평균 전력 S는 몇 W인가?
(3) SQNR은 몇 dB인가? (반올림하여 소수점 첫째자리까지 구하라.)

14. 신호의 평균 전력이 48W일 때 SQNR이 적어도 60dB가 되게 하려면
(1) 양자화간격 d는 최대 몇 mV까지 허용해야 되는가?
(2) 신호의 범위가 ±22.5V라면 최소 몇 비트로 양자화해야 하는가?

Chapter 07

Communication Theory

부호화

Chapter

Communication Theory

07 부호화

7.1 원천 부호화와 채널 부호화

정보신호에서 디지털 부호(code)를 만드는 과정을 부호화 혹은 코딩(coding)이나 인코딩(encoding)이라고 한다. 부호를 해독하여 다시 본래의 신호를 만드는 과정을 복호화 혹은 디코딩(decoding)이라고 한다. 이 두 가지 과정을 처리하는 방법을 합쳐서 부호화 방식이라고 한다. 코딩과 디코딩을 처리하는 하드웨어나 소프트웨어를 코덱(coder and decoder, CODEC)이라고 한다. 부호화 방식은 사용목적에 따라 크게 원천 부호화 방식과 채널 부호화 방식으로 나눈다.

원천 부호화(source coding)는 정보신호를 전송하기에 적합하도록 효율적으로 부호화하는 데 목적이 있다. 원래의 정보신호를 디지털 신호로 바꾸고 데이터를 압축해 제한된 대역폭에서 고속으로 전송되도록 한다.

채널 부호화(channel coding)는 원천 부호화된 원래의 정보에 에러 검출 및 정정을 위한 비트들을 추가해 전송하는 것이다. 채널 부호화 방식은 수신 측에서 에러를 검사하여 데이터의 재전송을 요청하거나 자체적으로 에러를 검출해 정정하도록 하는 데 목적이 있다.

7.2 원천 부호화

원천 부호화의 영역에는 6장의 디지털화 과정이 포함된다. 원천 부호화 방식의 종류에는 델타 변조, 펄스 부호 변조, 허프만 코딩(Huffman coding) 등이 있다.

7.2.1 델타 변조

a. 델타 변조(DM)

DM(delta modulation) 혹은 델타 변조는 원천 부호화 방식 중 가장 원시적인 방법이다. DM은 [그림 7-1]과 같이 현재 샘플과 이전 샘플을 비교한 차이를 전송한다. 샘플링 값이 이전 값보다 증가하면 1을 보내고 감소하면 0을 전송한다. PCM이 한 샘플 값으로 여러 비트씩 얻는 것에 비해 DM은 한 비트씩만 얻어낸다.

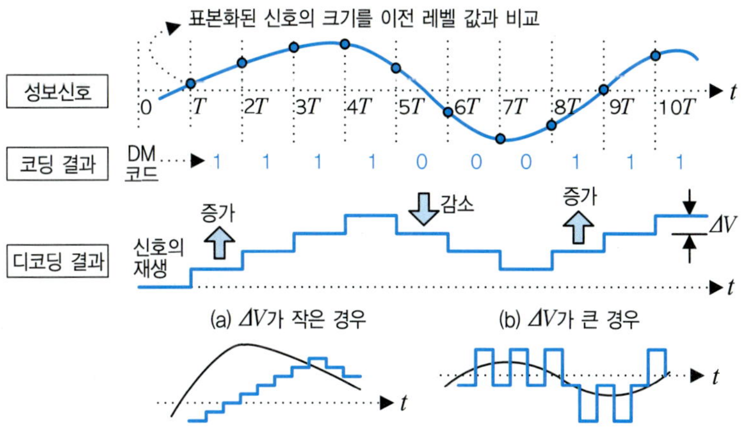

[그림 7-1] 델타 변조(DM)

[그림 7-1(a)]에서 펄스의 스텝(step, 단계) 크기 ΔV가 너무 작으면 신호가 빠르게 변할 때 이를 따라가지 못해 양자화 오차가 늘어난다. 이를 해결하려면 양자화 스텝의 크기 ΔV를 크게 하거나 샘플링 클럭의 주기 T를 빠르게 해야 한다. 그

러나 [그림 7-1(b)]처럼 스텝의 크기 ΔV가 너무 크면 느리게 변하는 신호를 만났을 때 1과 0 사이를 진동해 양자화 잡음이 다시 증가한다. 또한 T를 너무 빠르게 하면 비트 수가 한없이 늘어난다. 한정된 대역폭에서 동일한 정보를 보낼 때 비트율이 필요 이상으로 높아지면 불리해진다. 결국 DM 변조는 입력신호에 따라 클럭 주기 T와 스텝 크기 ΔV를 적절히 조절할 수 없어 능동적이거나 지능적이지 못하다. DM 변조의 동작은 7.5절의 MATLAB 예제를 통해 더욱 쉽게 이해할 수 있을 것이다.

b. 적응 델타 변조(ADM)

ADM(adaptive DM) 혹은 적응 델타 변조의 아이디어는 DM에서 ΔV의 크기를 가변하는 것이다. 과거의 양자화 오차를 고려해 시간에 따라 스텝 크기를 변화시키는 방법이다. 과거의 데이터가 계속해서 1이나 0이 나온다면 아날로그 신호가 급격히 변하는데 스텝 크기 ΔV가 이를 따라가지 못한다는 것이다. 이때는 스텝 크기 ΔV를 늘려준다. 또한 과거의 데이터가 1과 0 사이에서 진동하면 아날로그 신호가 느리게 변한다는 것이다. 이때는 스텝 크기 ΔV를 줄여 원래의 아날로그 신호와 DM에서 얻은 데이터와의 양자화 오차를 줄일 수 있다. 이러한 ADM의 동작은 MATLAB 예제를 통하면 더욱 쉽게 이해할 수 있을 것이다.

7.2.2 펄스 부호 변조

a. 펄스 부호 변조(PCM)

[그림 6-13]에서 설명한 PCM(pulse code modulation) 혹은 펄스 부호 변조 방식은 현재의 표본 값에 PCM 코드를 직접 할당한다. 이때 신호의 품질을 높이려면 더 많은 비트 수가 필요하고 이를 전송하려면 더 높은 비트율이 요구된다. 만약 동일한 품질을 유지하면서 비트 수를 줄일 수 있다면 비트율을 낮출 수 있어 데이터를 압축하는 효과가 있다. 비트율을 낮추면 한정된 용량인 전송선로에서 더 많은 채널의 신호를 다중화해 전송할 수 있다(9장 참조). 다른 한편은 동일한 비트율을 유지하면서 신호의 품질(SQNR)을 더 높일 수 있다. 이러한 방식 중 가장 대표적인 방법으로 DPCM과 ADPCM 코딩에 대해 알아보자.

b. 차동 PCM(DPCM)

DPCM(differential PCM) 혹은 차동 PCM의 기본 아이디어는 이전 표본 값과 현재 표본 값의 차이에 코드를 할당해 비트 수를 줄이는 방법이다. PCM은 표본 값을 바로 양자화해 디지털 코드를 얻지만, DPCM은 과거의 표본과 현재의 표본과의 차이를 코딩한다. DM도 DPCM의 특수한 경우라고 할 수 있다.

DPCM은 표본화 간격동안 신호가 급격히 변하는 경우가 드물다는 가정에서부터 출발한다. 그런데 실제 표본 값들은 임의의 아날로그 레벨이므로 실제 전송되거나 메모리에 저장되는 값들이 아니다. 디지털 코딩에서 전송되거나 저장되는 값들은 한정된 개수의 양자화 레벨 중 하나다. 이 때문에 DPCM은 엄밀히 말해 『과거 표본에 대한 양자화 레벨과 현재 표본에 대한 양자화 레벨의 차이를 부호화』한다. 이를 수행하려면 과거의 양자화 레벨이 저장되어 있어야 한다.

현재의 양자화 레벨은 실제의 표본 값이 아닌 결국 과거 표본의 양자화 레벨로부터 예측한 값이 된다. 이를 좀 더 정확히 예측하려면 ADM처럼 여러 개의 과거 표본들이 필요하다.

■ DPCM 코딩에 필요한 절차는 다음과 같다.

① 차동 레벨의 범위를 정함

② 현재 표본과 이전 DPCM 레벨 차이에 가장 가까운 차동 레벨을 조사

③ 현재의 DPCM 레벨 = 이전 DPCM 레벨 + 결정된 차동 레벨

[그림 7-2]에서 DPCM 코딩의 예를 보자. xi는 아날로그 입력신호 x에서 샘플링 간격 T마다 추출한 33개의 표본 값이다. 이 표본들을 8개씩 그룹지어 첫 샘플에서는 8비트 PCM 코드를 얻고, 나머지 7 샘플에서는 3비트 DPCM 코드를 얻는다. 이렇게 하면 표본화 속도가 8kHz인 8비트 PCM 음성전화의 비트율을 8k×8bits = 64kbit/s에서 DPCM의 8k×3bits = 24kbit/s로 대략 1/3로 줄일 수 있다. 만약 DPCM 코드로 계속 차이 값만 보내면 전송에러가 발생했을 때 그 뒤의 데이터는 계속 흐트러진다. 이를 방지하기 위해 일정한 간격으로 본래의 PCM 코드를 삽입하면 에러가 발생해도 일정 구간만 에러로 처리할 수 있다.

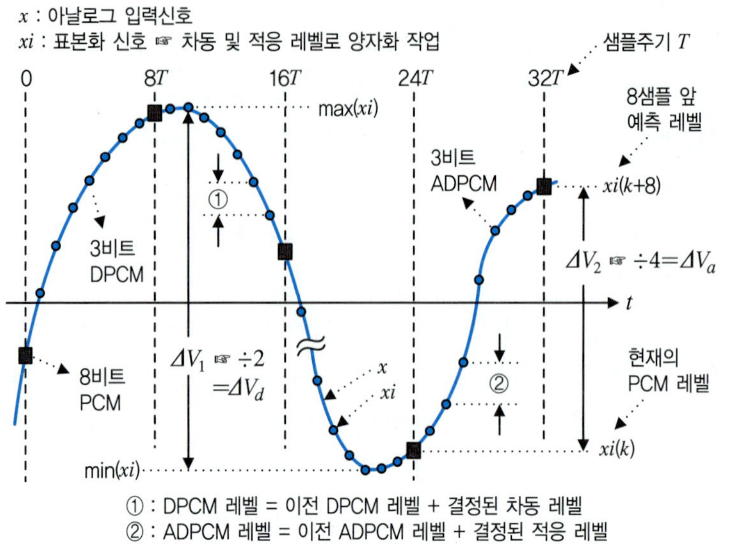

[그림 7-2] DPCM과 ADPCM 변조

[그림 7-2]에서 PCM 코드는 표본 값 xi의 최대치와 최소치 사이의 ΔV_1 구간을 8비트 균일 양자화로 나눈다. DPCM은 그 절반인 $\Delta V_d = \Delta V_1 \div 2$의 구간을 3비트로 균일 양자화해 8단계 차동 레벨을 준비한다. 그런 후 현재 샘플 xi와 이전 DPCM 레벨 차이에 가장 가까운 차동 레벨을 골라, 현재의 DPCM 레벨 = 이전 DPCM 레벨 + 결정된 차동 레벨로 구한다. 여기서 설명한 DPCM의 동작은 MATLAB 예제를 통해 더욱 쉽게 이해할 수 있을 것이다.

c. 적응 차동 PCM(ADPCM)

ADPCM(adaptive differential PCM) 혹은 적응 차동 PCM은 적응 PCM과 차동 PCM의 장점을 결합한 것이다. ADPCM은 DPCM의 변형으로 양자화 스텝의 크기를 가변시켜 DPCM보다 빠르게 양자화 오차를 줄일 수 있다. 이를 위해 ADM처럼 과거의 양자화 오차를 고려해 미래의 표본 값들에 대한 변동 범위를 예측한다.

■ ADPCM 코딩에 필요한 절차는 다음과 같다.

① 적응 레벨의 범위를 정함

② 현재 표본과 이전 ADPCM 레벨 차이에 가장 가까운 적응 레벨을 조사

③ 현재의 ADPCM 레벨 = 이전 ADPCM 레벨 + 결정된 적응 레벨

[그림 7-2]에서 ADPCM 코딩의 예를 보자. 앞에서와 마찬가지로 33개의 표본 값들을 8개씩 그룹지어 첫 샘플에서는 8비트 PCM 코드를 얻고, 나머지 7 샘플에서는 3비트 ADPCM 코드를 얻는다. ADPCM 코드를 얻는 방법은 DPCM보다 좀 더 복잡하다. 여기서는 과거의 양자화 오차를 고려해 예측할 자료가 마땅치 않으므로, 8 샘플 앞의 *xi* 값을 미래의 예측 값으로 사용하기로 하자.

[그림 7-2]에서 각 샘플 그룹의 시작 때마다 8 샘플 앞에 있는 미래 샘플 값 $xi(k+8)$과 현재의 샘플 값 $xi(k)$와의 차이로 ΔV_2를 구한다. 그런 후 $\Delta V_a = \Delta V_2 \div 4$의 구간을 3비트로 균일 양자화해 8단계 적응 레벨을 준비한다. 현재의 샘플 xi와 이전 ADPCM 레벨 차이에 가장 가까운 적응 레벨을 골라, 현재의 ADPCM 레벨 = 이전 ADPCM 레벨 + 결정된 적응 레벨로 구한다. 이때 각 샘플 그룹인 8비트마다 ΔV_a 크기가 계속 달라지므로 결국 양자화 스텝의 크기가 변한다.

DPCM과 ADPCM의 장단점을 비교해보자. ADPCM이 DPCM보다 복잡한 과정을 거쳐야 하지만 미래의 표본 값들에 대한 변동 범위만 정확히 예측하면 DPCM보다 품질이 우수해진다. [그림 7-2]에서 2가지 측면을 고려해보자. (1) DPCM은 신호가 증가할지 감소할지 모르는 상황에서 3비트 차동 레벨을 준비한 반면, ADPCM은 ±증감 방향을 미리 알고 3비트 적응 레벨을 준비한다. (2) DPCM의 차동 레벨은 전체 양자화 범위의 1/2을 3비트로 나누고, ADPCM은 이보다 절반 이상 작은 범위를 3비트로 나눈다. 만약 입력신호가 ADPCM이 예측한 범위 내에서 움직여 준다면 위 (1), (2)의 이유에서 DPCM보다 각각 2배 이상 빠르고 정밀하게 본래의 신호를 추적할 수 있다.

그러나 반대의 상황도 발생한다. 만약 ADPCM에서 예측한 변동 범위가 틀리면 오히려 위 (1), (2)의 이유로 양자화 잡음이 늘어난다. (1) 만약 ±증감 예측 방향이 틀리면 아예 반대 방향의 변화를 추적하지 못한다. (2) 만약 입력신호가 급변하면 ADPCM의 스텝 크기가 DPCM보다 작아 오히려 변화 속도를 따라가지 못한다. 여기서 설명한 ADPCM의 동작은 7.5절의 MATLAB 예제를 통해 더욱 쉽고 구체적으로 이해할 수 있을 것이다.

7.2.3 허프만 코딩

허프만 코딩(Huffman coding)의 아이디어는 발생 확률이 높은 심벌에는 짧은 길이의 코드를 할당하고 발생 확률이 낮은 심벌에는 긴 길이의 코드를 할당하는 것이다. 이를 통해 전송되는 데이터의 평균 코드 길이를 줄일 수 있다.

■ 기본 예제 7.1 (허프만 코딩)

심벌신호 S1, S2, S3, S4, S5의 발생확률이 각각 $\frac{1}{10}, \frac{5}{8}, \frac{1}{40}, \frac{1}{20}, \frac{1}{5}$일 때 허프만 코딩을 실시하려고 한다. 심벌에 비트를 할당할 때 같은 비트 수라면 확률이 높은 심벌에 0을 먼저 할당하고, 오른쪽 뒤에 비트를 계속 추가해 나간다.
(a) 각 심벌신호의 디지털 코드를 구하라.
(b) 각 심벌에 할당된 디지털 코드의 평균 비트 길이를 구하라.

(a) 발생확률 순서에 따라 각 심벌에 디지털 코드를 배정

발생 확률 순	심벌	결정된 코드
25/40	S2	0
8/40	S5	10
4/40	S1	110
2/40	S4	1110
1/40	S3	1111

$\therefore$ S2=0, S5=10, S1=110, S4=1110, S3=1111

(b) 각 심벌의 확률과 비트 수를 곱해 모두 더한다.

$$\frac{25}{40}\times 1+\frac{8}{40}\times 2+\frac{4}{40}\times 3+\frac{2}{40}\times 4+\frac{1}{40}\times 4=\frac{65}{40}=1.625[\text{비트}]$$

위의 기본 예제 7.1에서 '만약 허프만 코딩을 실시하지 않는다면 이들 심벌에 할당되는 디지털 코드의 길이는 최소 몇 비트이어야 하는가?' 를 생각해보면 호프만 코딩의 효과를 이해할 수 있다. M가지 상태를 표현할 수 있는 최소 비트 수 n은 $2^{n-1} < M \leq 2^n$이다. 2비트 표현(00 01 10 11)으로는 4종류의 심벌신호만 구

분할 수 있다. 비트 수 n은 정수이어야 하므로 5종류의 심벌을 구분하기 위해서는 $2^2 < 5 < 2^3$에서 3비트가 필요하다. 하지만 위의 예제는 5종류의 심벌을 나타내기 위해 허프만 코딩을 실시한 결과 각 심벌에 할당된 디지털 코드의 평균 비트 길이를 절반 정도로 줄일 수 있다.

7.2.4 팩시밀리와 MH 코딩

사무용 기기인 팩시밀리(facsimile, FAX)는 스캐너로 읽어 들인 원고의 흑백 화소(pixel)를 판정해 이진(binary) 데이터로 만들어 전송한다. 팩시밀리의 코딩에서 가장 기본적인 방식인 변형된 허프만(modified Huffman, MH) 코딩에 대해 알아보자. A4 크기의 원고 한 장이 팩시밀리로 전송될 때 데이터의 용량은 얼마나 될까? 팩시밀리에서 처리하는 기본 용지의 너비는 210mm인 A4보다 약간 큰 216mm이다. 미국 등에서 사용하는 레터(letter) 사이즈 용지의 폭을 고려한 것이다. A4 용지의 길이는 297mm이다. 팩시밀리의 기본 해상도는 정밀(fine) 모드에서 8×7.7[dot/mm]이다. A4 용지 한 장에 대해 이진 데이터의 크기를 계산하면 1728도트×약 2286라인÷1024÷8≒482[KiB]의 용량이 나온다. IEEE 1541 표준의 메모리 용량단위에서 1키비바이트(kibibyte), 즉 1[KiB]는 2^{10}바이트이다. 〈표 1-1〉의 비트율의 단위에도 이런 용량들이 사용된다.

팩시밀리의 표준 전송속도 9600[bit/s]로 이 데이터를 그대로 송신하려면 6분이 넘는다는 계산이 나온다. 팩시밀리에서 원고의 전송에 걸리는 시간은 원고와 전송모드에 따라 다르다. 하지만 통신 프로토콜(protocol, 통신규칙)을 주고받는 시간을 포함해서 A4 한 장에 약 20~30초 밖에 걸리지 않는다. 어떻게 된 일일까? 그 이유는 바로 변형된 허프만 코딩을 실시하기 때문이다.

팩시밀리 해상도를 생각해 보자. 팩시밀리로 보내지는 원고는 사람의 손으로 작성했거나 컴퓨터 프린터로 인쇄된 것이므로 101010…과 같은 최악의 데이터는 실제로 없다. 팩시밀리에서 사용되는 MH 코딩은 연속되는 흑백(black & white) 화소의 길이에 따라(run length code) 라인 단위로 이루어진다. 이때 확률이 높은 화소 패턴에 짧은 길이의 코드를 부여한다. 예를 들어 동떨어진 흑색(black) 화소 하나는 확률이 매우 낮으므로 1비트의 1을 보내는 대신 3비트의 010을 데이터로 전송한다. 실제 원고에서 가장 많은 부분을 차지하는 백색(white) 라인은 1728비트의 0을 보내지 않고 짧게 줄여 9비트의 010011011을 데이터로 전송한다.

7.3 채널 부호화

7.3.1 단방향과 양방향 통신

[그림 7-3]에 나타낸 단방향과 양방향 통신 방식에 대해 알아보자. 단방향 혹은 심플렉스(simplex) 방식은 FM 방송처럼 한 방향으로만 전송이 가능하다. 양방향 혹은 듀플렉스(duplex) 방식은 그림처럼 다시 두 가지 방식으로 나눈다. 반이중 혹은 하프(half) 듀플렉스 방식은 데이터 통신처럼 같은 전송로를 사용해 한쪽이 전송하는 동안 다른 한쪽은 전송하지 못한다. 전이중 혹은 풀(full) 듀플렉스 방식은 PSTN 유선전화와 같이 동시에 양방향 전송이 가능하다.

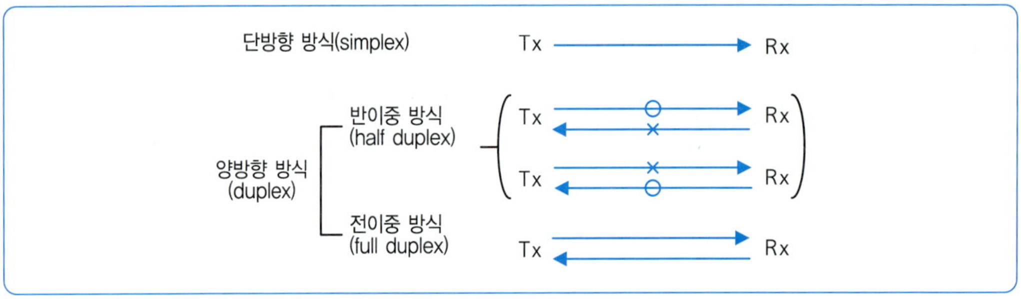

[그림 7-3] 단방향 통신과 양방향 통신

채널 부호화 방식은 에러를 제어하는 방식에 따라 (a) 데이터 재전송을 요구하는 자동 재전송 요청(ARQ) 방식과 (b) 수신 측에서 스스로 에러 검출 및 정정을 시행하는 순방향 에러 정정(FEC) 방식으로 나눌 수 있다.

a. 자동 재전송 요청 방식

ARQ(automatic repeat request) 혹은 자동 재전송 요청 방식은 수신 측에서 에러가 발견되면 송신 측에 데이터 재전송을 요구한다. 또한 통신 채널이 반이중 방식이냐 전이중 방식이냐에 따라 다음과 같이 나눈다.

① 정지 대기(stop and wait) ARQ 방식 : 반이중(half duplex) 통신 방식에

사용된다. 정해진 코드 단위를 전송한 후 수신 결과로 수신 측에서 돌아오는 정상 수신 확인신호(positive acknowledgement, ACK) 및 비정상 수신 확인신호(negative acknowledgement, NAK)를 기다려 데이터를 계속 전송할 것인지 아니면 재전송할 것인지를 결정하는 방식이다.

② 연속(continuous) ARQ 방식 : 전이중(full duplex) 통신 방식에 사용된다. 송신 도중에 수신 측에서 돌아오는 NAK를 받았을 때 일정한 개수(N)의 코드 단위를 재전송하는 GBN(go-back-N) ARQ와 에러가 검출된 코드 단위 부분만을 재전송하는 선택적 반복(selective repeat) ARQ가 있다.

b. 순방향 에러 정정 방식

FEC(forward error correction) 혹은 순방향 에러 정정 방식은 수신 측에서 스스로 에러 검출 및 정정을 실시하는 방식이다. 이 방식은 실시간으로 수신 측의 응답을 확인하기 어려운 단방향(simplex) 통신시스템에서 사용된다. 본래의 메시지 비트와 더불어 에러 검출 및 정정을 위한 추가 비트를 덧붙여 전송하면 수신 측에서 에러 검출 및 정정을 스스로 행한다. 이를 위해 ARQ 방식에 비해 추가되는 비트 수가 증가한다. 유럽방식의 GSM 디지털 이동전화는 실제 음성데이터의 전송속도는 13[kbit/s]였지만 여기에 FEC 코드를 추가해 총 22.8[kbit/s]를 전송한다.

『전화통화는 양방향인데 왜 단방향 통신에서 사용하는 FEC 방식을 사용하는가?』 그 이유는 통화가 계속되고 있는 전화에서 에러가 발생했다고 해서 재전송 요청으로 통화가 단절되는 것이 마땅치 않기 때문이다. 데이터통신은 반이중 방식이지만 디지털 이동전화는 [그림 10-4]처럼 양방향 통신을 위해서 분리된 송수신 채널을 사용한다. 전화통화에서 각 채널은 단방향 통신처럼 동작한다.

선형 코드(linear code)는 통신 채널에서 심벌을 전송할 때 수신 측에서 스스로 오류를 정정하는 FEC의 대표적인 방법으로 사용된다. 선형 코드는 [그림 7-4]처럼 전송 코드가 1차원적인 선형으로 단순 결합된 에러 정정 코드(error correcting code, ECC)를 말한다. 만약 에러가 발생하면 수신자가 에러를 감지하거나 메시지 블록에서 일부를 정정할 수 있다. 선형 코드는 전통적으로 블록 코드와 컨벌루셔널 코드로 나뉘며, 터보 코드는 이 둘의 결합으로 볼 수 있다.

여기서는 패리티 비트를 사용하는 블록 코드, CRC 코드에 의한 오류 검출, 컨벌루셔널 코드 등 FEC 방식의 몇 가지 대표적인 알고리즘에 대해 알아보자.

7.3.2 블록 코드

블록 코드(block code)는 디지털 통신에서 정보를 전달하는 단위인 심벌과 같은 데이터를 블록 단위로 인코딩해 전송하는 방식이다. 대표적인 선형 블록 코드는 1950년대 리처드 해밍이 고안한 해밍 코드(Hamming code)이다. 블록 코드는 전송채널에서 에러를 검출하고 정정하기 위해, 원래 정보인 메시지(message) 비트에 패리티(parity) 비트를 추가한 코드워드(codeword)를 만들어 전송한다. n 비트 코드워드는 k 비트 메시지에 (n−k) 비트 패리티를 추가해서 만든다. 즉, [그림 7-4]에서 [n,k] 블록 코드는 코드워드 (n) = 메시지 비트 (k) + 패리티 비트 (n−k)로 구성된다. 여기서 패리티(parity, 동등성) 비트는 에러 검출 및 정정 기능을 갖도록 송수신 양측이 미리 정해놓은 규칙에 따라 본래의 데이터에 부가되는 비트이다.

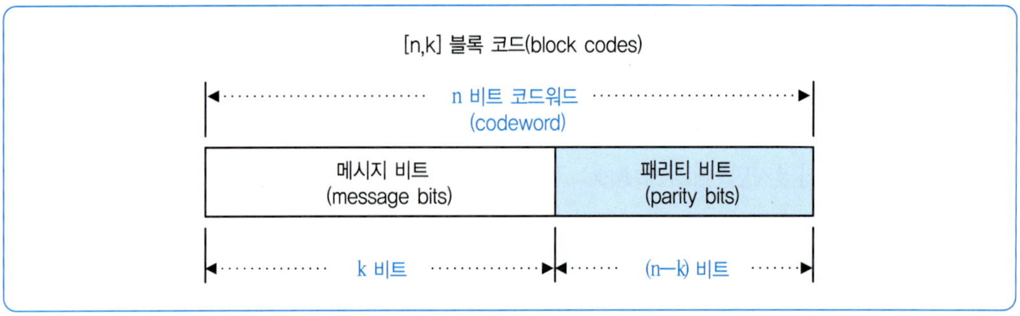

[그림 7-4] [n,k] 블록 코드의 전송 코드워드

간단한 예로 메시지 비트 (1 0 1)에 2개의 패리티 비트를 추가해 보자. 메시지의 2와 3번째 비트를 XOR 연산한 값으로 첫 번째 패리티를 만들고, 1과 3번째 비트를 XOR 연산해 두 번째 패리티 비트를 만들어 보자. 이때 전송할 코드워드는 메시지 3비트 + 패리티 2비트의 5비트이며 다음과 같이 (1 0 1 1 0)이 된다.

$$[C]=[m]\cdot[G]=(101)\cdot\begin{pmatrix}10001\\01010\\00111\end{pmatrix}=(10112)\ ☞\ (10110) \tag{7.1}$$

메시지 행렬 [m]으로부터 전송할 코드워드 행렬 [C]를 만들어내는 블록 코드 발생 행렬 [G]의 동작을 살펴보자. 식 (7.1)에서 [G]의 앞 3열은 메시지 행렬 [m]을 그대로 전달하는 1:1 항등행렬이다. [G]의 4, 5열은 메시지 비트 뒤에 붙여줄 패리티 비트를 만들어내는 부분이다. 첫 번째 패리티 비트는 [G]의 4열에서 2, 3행이 1이므로 [m]의 2, 3 번째 비트를 XOR한다. 두 번째 패리티 비트는 [G]의 5열에서 1, 3행이 1이므로 [m]의 1, 3번째 비트를 XOR한다.

보통의 행렬식으로 연산하면 식 (7.1)의 연산결과로 (1 0 1 1 2)처럼 1과 0밖에 존재하지 않는 2진 코드 전송에서 사용할 수 없는 수인 2가 발생한다. 이를 방지하기 위해서 연산결과로 짝수가 나오면 0으로 취급하고 홀수가 나오면 1로 취급한다. 이를 모듈로(modulo)-2 연산이라고 한다.

모듈로 연산(modulo operation)은 정수에 대한 연산체계 중 하나로 컴퓨터에 사용되는 논리 연산의 일종이다. 모듈로(modulo)-n의 연산자를 mod라고 표시하면 일반적으로 a mod n 연산은 a를 n으로 나눈 나머지를 구한다. 즉, 연산결과가 어떤 기준 값에 도달하면 다시 원래 범위 내의 값으로 되돌아온다. 2진수를 다루는 모듈로-2의 연산 규칙은 연산결과를 2로 나눈 나머지이다. 즉, 연산결과로 짝수가 나오면 0으로 취급하고 홀수가 나오면 1로 취급한다. 〈표 7-1〉에서 모듈로-2의 연산 규칙은 결국 배타적 논리합(exclusive OR, XOR)과 같아진다.

〈표 7-1〉 모듈로(modulo)-2 연산규칙

0 + 0 = 0	0 − 0 = 0
0 + 1 = 1	0 − 1 = 1
1 + 0 = 1	1 − 0 = 1
1 + 1 = 0	1 − 1 = 0

■ 기본 예제 7.2 (블록 코드)

전송할 코드워드를 메시지 비트 + 패리티 비트의 연속된 비트열로 나타내려고 한다. 첫 번째 패리티 비트는 메시지 비트의 1, 3번째 비트를 XOR한 값으로 하고 두 번째 패리티 비트는 1, 2번째 비트를 XOR한 값으로 정하였다. 이때 다음 메시지 비트에 대한 코드워드를 굵은 선 안에 나타내어라.

메시지	코드워드	메시지	코드워드
000	000 00	100	100 11
001	001 10	101	101 01
010	010 01	110	110 10
011	011 11	111	111 00

a. 해밍 거리

블록 코드는 패리티 비트의 수가 일정 비율 이상이면 수신 측에서 에러가 발생했는지 판정할 수 있다. 또한 패리티 비트의 수를 더 늘리면 에러가 발생한 위치를 찾을 수도 있다. 2진 코드에서 에러의 위치를 알아내는 것은 최종적으로는 1과 0을 뒤집어 오류를 수정할 수 있음을 뜻한다.

블록 코드를 사용하더라도 메시지 비트 수에 비해 패리티 비트가 매우 적으면 에러를 검출하지 못한다. 패리티 1비트를 사용해 1의 개수를 짝수로 만드는 [8,7] 블록 코드를 예로 들어보자. 만약 코드워드에서 1비트 에러가 발생하면 이를 구분할 수 있으나 만약 2, 4, 6비트 에러가 발생하면 아래에서 이를 검출해 내지 못한다. 심지어 패리티 코드 자체도 에러 비트가 될 수 있다. 이 문제를 해결하기 위해서는 코딩 이론이 더 필요하다.

■ [8,7] 블록 코드의 예

① 0 1 1 0 1 0 0 1 → 원래의 코드워드 (일명 even parity 사용)

② 0 1 1 0 0 0 0 1 → 1비트 에러 (검출)

③ 0 1 0 0 0 0 0 1 → 2비트 에러 (검출 못함)

해밍 코드 이론에서 해밍 거리(Hamming distance)는 길이가 동일한 두 문자열 사이에 서로를 구분하는 문자 위치의 개수를 표현한다. 즉, 같은 문자 위치에서 서로 다른 문자를 갖는 개수이다. 예를 들어 110과 001은 각 비트 위치의 코드가 모두 다르므로 둘 사이의 해밍 거리는 3이다. 또한 101과 111은 가운데 비트 위치의 코드만 다르므로 둘 사이의 해밍 거리는 1이다. [n,k] 블록 코드에서 코드워드를 구분하는 최소 해밍 거리를 d라고 할 때 이를 [n,k,d] 블록 코드라고도 한다. 블록 코드의 전송에서 Ed 비트 에러를 검출하거나, Ec 비트 에러를 정정하려면 다음 조건을 만족해야 한다. 예를 들어 2비트 에러를 검출하거나 1비트 에러를 정정하려면 d 〉 2에서 최소 해밍 거리가 3비트 이상이어야 한다.

■ 블록 코드의 에러 검출 및 정정 조건

① 에러 검출 조건 : d 〉 Ed ☞ Ed 비트까지 에러 검출

② 에러 정정 조건 : d 〉 2Ec ☞ Ec 비트까지 에러 정정

[그림 7-4]에서 실제 메시지 전송률을 나타내는 코드율(code rate)은 k/n으로 정의한다. 이를 최대화하려면 [m+1,m,2] 블록 코드가 가장 효율적이다. 그런데 d=2이므로 오직 1비트의 에러만 검출이 가능하다. 반면 [m,1,m] 블록 코드는 에러 정정이 최대로 가능하나 메시지 비트 수가 k=1로 가장 비효율적이다.

해밍 코드 이론에 따르면 단일 비트 에러를 정정하는 데 소요되는 최소 패리티 비트의 수 (n−k)는 식 (7.2)의 조건을 만족해야 한다. 이 경우 최소 해밍 거리가 d=3일 때 최대 2비트까지 에러를 검출하거나 1비트 에러를 정정할 수 있다.

$$2^{n-k} \geq n+1 \quad ☞ \quad (n-k) \geq \log_2(n+1) \qquad (7.2)$$

위 부등식에서 우측 항이 정수가 되는 n+1 = 8, 16, 32 등이 패리티 비트 수를 줄여 전송률에서 가장 유리하다. [n,k] = [7,4], [15,11], [31,26] 해밍 코드가 이에 해당한다. 이때 (n-k)에서 패리티 비트의 개수는 각각 3, 4, 5개이다.

b. 블록 코드의 에러 검출

블록 코드에서 에러를 검출하고 정정하는 과정에 대한 전통적인 설명은 코딩 방식에 대한 이론적인 행렬 수식과 연산이 필요하다. 송신 측에서는 블록 코드 발생 행렬(generator matrix) [G]를 사용하고 수신 측에서는 패리티 검사 행렬(parity check matrix) [H]를 사용한다. 이런 동작은 7.5절의 MATLAB 예제를 통해 더욱 쉽게 이해할 수 있으므로 여기서는 기본 원리만 설명하자.

2진 선형 블록 코드를 위한 발생 행렬은 [그림 7-4]에서 (n-k)개의 패리티 비트를 사용해 k 비트 메시지로 n 비트의 전송 코드워드를 만들어 낸다. 여기에 사

용된 패리티 비트들을 패리티 행렬 [P]로 표현하자. 이때 송신 측의 블록 코드 발생 행렬 [G]와 수신 측의 패리티 검사 행렬 [H]를 [n,k] 해밍 코드에서 다음과 같이 나타낼 수 있다.

〈표 7-2〉 [n,k] 블록 코드 발생과 패리티 검사 행렬

기호	행렬	표준 형태	행렬 크기
m	메시지 행렬	[m]	i×k
P	패리티 행렬	[P]	k×(n−k)
G	블록 코드 발생 행렬	[I_k ∣ P] 혹은 [P ∣ I_k]	k×n
H	패리티 검사 행렬	[−P' ∣ I_{n-k}] 혹은 [I_{n-k} ∣ −P']	(n−k)×n
	필요충분조건	[G] · [H']=0 혹은 [H] · [G']=0	
C	코드워드 행렬	[C]=[m] · [G]	i×n
S	신드롬 행렬	패리티 검사 [C] · [H'] 혹은 [H] · [C']	i×(n−k) 혹은 (n−k)×i
	필요충분조건	[C] · [H']=0 혹은 [H] · [C']=0	에러 없을 때

〈표 7-2〉에서 [I_k]는 크기가 k×k인 항등 행렬(identity matrix)이다. [I]를 단위 행렬이라고도 하며, 행과 열의 크기가 동일한 정방 행렬(square matrix) [X]에 대해서 [X] · [I]=[I] · [X]=[X]를 만족한다. [P']는 [P]의 행과 열이 서로 바뀐 전치 행렬(transposed matrix)이다. 위 코딩 이론에서는 패리티 검사 행렬에 [−P]의 전치 행렬을 쓰나, 2진 코드 연산에는 −1=1로 [−P]와 [P]가 동일하다.

〈표 7-2〉에서 블록 코드 발생 행렬 [G]와 패리티 검사 행렬 [H] 사이의 필요충분(if and only if, iff) 조건은 [G] · [H']=0 혹은 [H] · [G']=0이다. 마찬가지로 전송된 코드워드 [C]에 대한 패리티 검사 행렬 [H]의 필요충분조건은 [C] · [H']=0 혹은 [H] · [C']=0을 만족해야 한다. 위 연산은 2진 코드를 모두 0과 1로 나타내야 하므로 이때의 행렬연산 결과는 모듈로-2 연산 규칙을 사용해야 한다.

c. 신드롬 디코딩

잡음이 있는 채널에서 신드롬 디코딩은 선형 코드를 디코딩하는 매우 효율적인 방법이다. 신드롬 디코딩(syndrome decoding) 과정은 블록 코드에서 에러를 검출하고 정정하는 절차다. 여기서 신드롬(syndrome, 증후군)은 수신된 신호의

상태에서 에러 증후가 보이는지 감지한다는 뜻이다.

신드롬 행렬 [S]=[R]·[H'] 혹은 [H]·[R']은 수신된 코드워드 행렬 [R]에 대한 패리티 검사를 실시한다. 만약 에러가 없으면 신드롬 행렬의 필요충분조건은 [S]=0이다. 만약 [S]≒0이면 수신 코드워드에서 에러 증상이 보인다는 것으로 에러를 정정하는 처방을 할 수 있다. 위 내용을 종합해 블록 코드에서 에러를 검출하고 정정하는 절차를 아래에 요약해보자. 역시 채널 코딩에서의 행렬연산이므로 모듈로-2 연산 규칙을 사용한다.

■ 신드롬 디코딩 과정 ☞ 블록 코드의 에러를 검출하고 정정

① 메시지 행렬 [m], 블록코드 발생 행렬 [G], 패리티 검사 행렬 [H] 정의

② 송신 코드워드 행렬 [C] = [m]·[G]

③ 에러 코드 [e] ☞ 원소 값이 1인 위치에서 에러 비트가 발생

④ 수신 코드워드 행렬 [R] = [C] + [e] ☞ 전송채널에서 선형 에러 코드 추가

⑤ 신드롬 행렬 [S] = [R]·[H'] = [C]·[H'] + [e]·[H'] ☞ 패리티 검사

☞ [e]=0 인 경우 [C]·[H'] = 0 이므로 [S] = 0

☞ [e]≒0 인 경우 [S] = 0 + [e]·[H'] = [e]·[H'] ≒ 0

⑥ 에러가 발생하면 FEC는 이를 스스로 정정한다.

⑦ [S] = [e]·[H']에서 에러 위치를 찾을 수 있으면, 즉 [e] 값을 알면

☞ 2진 코드는 0과 1만 사용하므로 모듈로-2 연산에서 [e] + [e] = 0

⑧ 에러 정정 후 코드워드 행렬 [C2] = [R] + [e] = [C] + [e] + [e] = [C]

⑨ 에러 정정 후 신드롬 행렬 [S2] = [C2]·[H'] = 0 ☞ 패리티 재검사

만약 단일 비트 에러만 발생한다면 위에서 [e]의 행벡터 원소 중 다른 비트는 모두 0이고 에러가 발생한 x번째 비트만 1인 경우이다. 이때 신드롬 행렬 [S]의 연산결과는 [S]=[e]·[H']에서 결국 [H']의 x번째 행이 된다. 이때 블록 코드의 설계는 다음을 고려해야 한다. 에러가 발생한 비트 위치를 식별하려면 [H']의 모든 행, 즉 패리티 검사 행렬 [H]의 모든 열이 서로 달라야 한다. 또한 실제 에러가 없는 [S]=0의 경우와 구분하려면 [H']의 어떤 행도, 즉 [H]의 어떤 열도 0벡터가 되어서는 안 된다. 이런 동작들은 우선 개념적으로만 행렬식으로 정리한 것이다. 여기서 설명한 블록 코드와 신드롬 디코딩의 동작은 7.5절의 MATLAB 예제를 통하면 더욱 쉽고 구체적으로 이해할 수 있을 것이다.

7.3.3 CRC 코드

CRC(cyclic redundancy check) 혹은 주기중복검사에 의한 오류 검출 방식의 알고리즘을 살펴보자. CRC 코딩 방법은 송신 측에서 본래의 메시지 비트에 CRC 코드를 붙여 전송 코드워드를 만들어 보낸다. 수신 측에서는 동일한 방법으로 CRC 코드를 검사해 전송된 메시지 비트에서 에러가 발생했는지 확인할 수 있다. CRC 코드가 사용되는 대표적인 사례는 다음과 같다.

① 디스크에 파일을 저장하고 읽을 때
② 파일압축 유틸리티를 사용한 후 압축 상태를 검사할 때
③ 데이터 통신에서 파일을 전송할 때

CRC 코드를 만드는 과정을 설명하기 위해 메시지 비트와 CRC 발생코드를 다음 식처럼 다항식의 형태로 나타낸다. 여기서 5비트는 x^4이 최고 차수이므로 $n=4$차 함수로 표현된다.

$$11011 \quad ☞ \quad f(x) = x^4 + x^3 + x + 1 \text{ 여기서 } (x^0 = 1) \qquad (7.3)$$

CRC 코드를 구하는 방법은 식 (7.4)와 같다. CRC 다항식 혹은 CRC 발생함수 $C(x)$의 최고 차수 x^n을 메시지 함수 $m(x)$에 곱한 후 CRC 발생함수 $C(x)$로 나눈다. 이때 몫은 버리고 나머지로 CRC 비트 열을 만들어 메시지 비트의 뒤에 붙여 전송 코드워드를 완성한다.

$$\frac{m(x) \cdot x^n}{C(x)} = \text{몫은 버리고 + 나머지가 CRC 코드} \qquad (7.4)$$

[그림 7-5]에 CRC 코드를 만드는 간단한 예를 나타내었다. 그림에서 ⊕ 기호로 나타낸 것은 [표 7-1]의 모듈로-2 연산이 적용되는 것을 나타낸다. 뺄셈에서 올림수나 빌림수를 처리하지 않으므로 XOR 연산과 같은 규칙이 된다.

CRC 코드의 대표적인 예로는 ITU-T에 통합된 CCITT 권고안에 따른 CRC-16 코드 발생함수인 식 (7.5)의 다항식 등이 있다. 여기서 $C(x)$가 17비트이므로

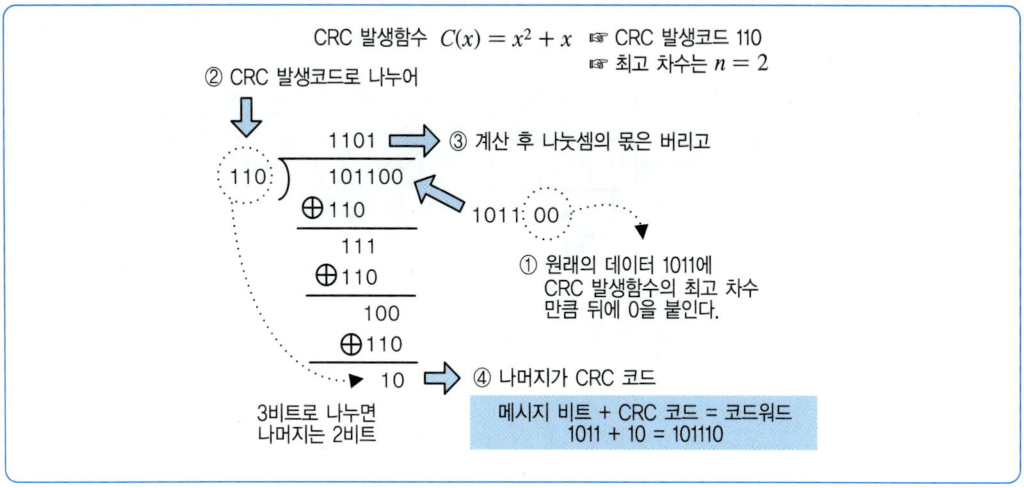

[그림 7-5] CRC 코드의 발생 예

[그림 7-5]처럼 $C(x)$로 나눈 나머지가 16비트 CRC 코드가 된다.

$$C(x) = x^{16} + x^{12} + x^5 + 1 \quad (x^0 = 1) \tag{7.5}$$

7.3.4 컨벌루셔널 코드

컨벌루셔널 코드(convolutional code)를 인코딩하는 방법을 [그림 7-6]의 예로 나타내었다. 그림에서 ⊕ 기호는 〈표 7-1〉의 모듈로-2 연산을 나타낸다. 그림과 같은 3비트 기억장치를 갖는 컨벌루셔널 부호화기로 좌측에서 입력되는 메시지 비트 011 앞뒤의 데이터는 모두 0이라고 가정하자. 출력 데이터는 출력 스위치에 의해서 C_{n1}, C_{n2}의 순서대로 교대로 선택되어 우측으로 출력된다고 하자.

[그림 7-6]에서 ⊕ 기호의 모듈로-2 연산 결과는 XOR 연산 규칙과 같아진다. XOR 연산은 0 ⊕ 0 또는 1 ⊕ 1처럼 같은 비트 값끼리는 다시 0이 된다. 즉, 그림에서 C_{n2}처럼 연산할 비트 수가 많더라도 1의 개수가 홀수이면 1이고 짝수이면 0으로 단순화된다.

〈표 7-3〉은 [그림 7-6]에 대한 컨벌루셔널 코드의 발생과정을 보여준다. 〈표 7-3〉에서 기억소자에 저장된 데이터는 시프트 레지스터(shift register)의 동작

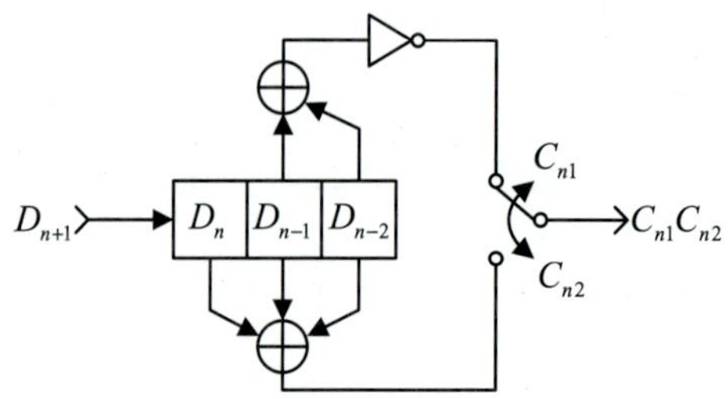

[그림 7-6] 컨벌루셔널 코드 부호화기

처럼 차수에 따라 우측으로 한 칸씩 이동한다. 그림에서 $C_{n1}=\overline{D_{n-1}\oplus D_{n-2}}$이고 $C_{n2}=D_n\oplus D_{n-1}\oplus D_{n-2}$이므로 출력 데이터로 11 00 10 01 10의 전송코드가 만들어진다. 이러한 컨벌루셔널 코드의 부호화 및 복호화 방법도 다양한 알고리즘들이 개발되어 있다.

〈표 7-3〉 [그림 7-6]의 컨벌루셔널 코드 발생 과정

차수	입력	기억소자			출력	
i	⇒	D_n	D_{n-1}	D_{n-2}	C_{n1}	C_{n2}
0	011	0	0	0	1	0
1	001	1	0	0	1	1
2	000	1	1	0	0	0
3	000	0	1	1	1	0
4	000	0	0	1	0	1
5	000	0	0	0	1	0
6	000	0	0	0	1	0

7.3.5 터보 코드

채널 부호화 방법 중 터보 코드(turbo code)는 잡음이 있는 채널에서 이론적인 채널 용량에 근접하는 고성능 순방향 에러 정정(FEC) 방식이다. 이 방법은 통신 채널에서 비트 에러 확률을 최소로 줄이기 위한 알고리즘들이 필요하다. 터보 코드 방법은 비교적 간단한 구조이면서 성능이 우수해 디지털 이동통신 및 위성통

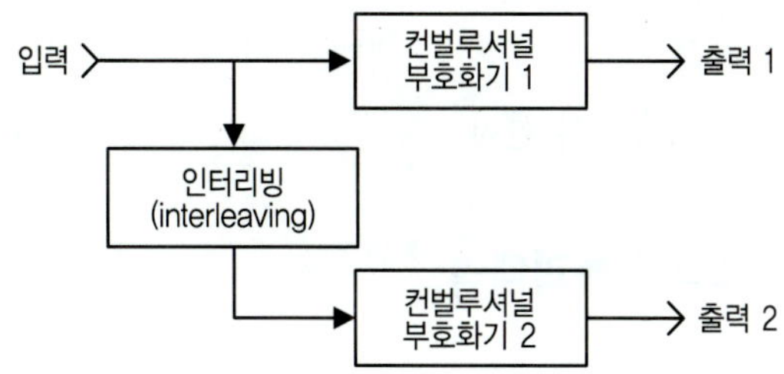

[그림 7-7] 터보 코드 부호화기

신 등에서 많은 알고리즘들이 개발되어 사용되고 있다.

터보 코드는 하나의 커다란 블록 코드로 생각할 수 있다. 터보 코드 부호화기의 기본적인 아이디어는 [그림 7-7]처럼 두 개의 컨벌루셔널 부호화기를 병렬로 사용하고 둘 사이에 일종의 인터리빙을 두는 것이다. 디지털통신에서 인터리빙(interleaving)은 잡음이 있는 채널에서 한 부분에 에러가 집중되는 것을 막기 위해 데이터를 분산시키는 기술이다. 인터리빙으로 데이터를 재배치하면 암호화 기법도 부여할 수 있다. 영어식 표현에서 인터리빙은 중간에 다른 것을 끼워 넣는다는 뜻이다. 컴퓨터 저장장치에서 인터리빙은 읽고 쓰는 액세스(access) 속도를 높이기 위해 데이터가 서로 인접하지 않도록 배열하는 방법이다.

터보 코드의 성능은 부호화기 내부 메모리의 크기, 데이터 블록의 크기, 인터리빙 방법 및 복호화 알고리즘 등에 의해서 결정된다. 잡음이 있는 채널에서 사용되는 또 다른 FEC 코딩 방식 중에는 비슷한 성능으로 터보 코드와 경쟁하고 있는 LDPC(low density parity check) 방법 등이 있다.

7.4 기저대역 전송

원천 부호화와 채널 부호화를 거쳐 디지털의 1과 0으로 구성된 전송 데이터를 완성했다면 이것을 어떻게 전송하느냐 하는 문제가 남는다. 디지털 비트를 통신 채널을 통해 전송하려면 전기적이거나 광학적인 펄스나 파형으로 변환시켜 기저대역 신호로 만들어야 한다. 예를 들어 PCM 코드는 1과 0으로 이루어진 디지털 신호이다. 이것을 전기적인 직류 레벨로 전송하려면 다양한 형태의 전기적 펄스 파형 중 하나를 사용해야 한다.

7.4.1 기저대역과 통과대역

변조기와 복조기를 합친 용어를 줄여 모뎀(modulator and demodulator, MODEM)이라고 한다. 우리말로 변복조기라고 한다. 모뎀은 디지털 변조 방식에서 사용하는 장비로 디지털 신호를 아날로그 전송채널로 송수신하는 역할을 한다. 송신 측에서는 모뎀이 디지털 신호를 아날로그 신호로 변조하여 전송한다. 수신 측에서는 모뎀이 아날로그 신호를 디지털 신호로 복조하여 원래의 정보신호를 복원한다.

[그림 7-8]에서 전송채널은 BPF를 이용해 반송파 주파수 근방에서 신호의 전송에 필요한 대역폭을 확보하여 만들어진다. 보통의 전송채널에서 전송 신호는 직류 성분이 없는 교류(AC) 성분만 존재한다. 저주파 대역의 직류(DC) 성분은 감쇠로 인해 전송로를 따라 멀리 갈 수 없기 때문이다.

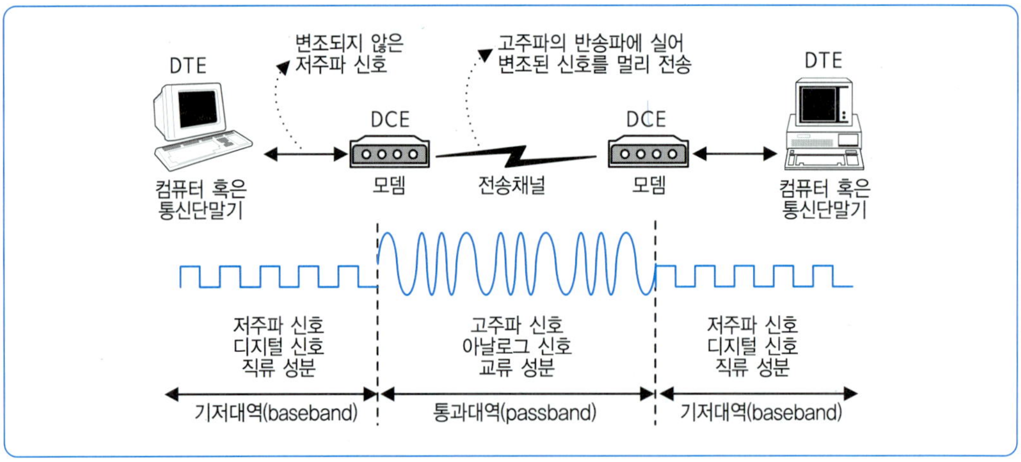

[그림 7-8] 기저대역과 통과대역

a. 기저대역

아날로그 신호이든 디지털 신호이든 변조되지 않은 원래의 정보신호를 기저대역 신호 혹은 베이스밴드 신호(baseband signal)라고 한다. 반송파를 이용해 신호를 변조하기 전에 만들어지는 모든 신호의 주파수 대역을 기저대역(baseband)이라고 한다. 기저대역 신호는 대부분의 주파수 성분이 저주파 대역에 존재한다. 전화는 0~4kHz, FM 방송은 0~15kHz, TV는 0~6MHz 대역의 신호가 기저대역 신호가 된다. 스테레오 방송인 경우에 부반송파로 이루어지는 신호도 모두 기저대역 신호다. 디지털 신호의 데이터 전송에서는 변조되기 이전의 1과 0을 나타내는 디지털 펄스 신호를 기저대역 신호라고 한다.

b. 통과대역

통과대역은 여파기를 통과할 수 있는 주파수나 파장의 범위를 말한다. 모뎀은 신호를 변조시켜 BPF로 대역폭을 제한해 전송채널로 전송한다. 이런 변복조 과정을 통해 전송채널에서 사용되는 주파수 대역을 통과대역(passband)이라고 한다. 또한 이 주파수 대역으로 전송되는 신호를 통과대역 신호(passband signal)라고 한다. 변조된 신호는 통과대역에서 여러 개의 채널을 갖는 넓은 주파수 대역을 통해서 전송된다. 이 때문에 통과대역에서의 전송을 베이스밴드 전송과 대칭되는 용어로 브로드밴드(broadband) 전송이라고 한다.

7.4.2 라인 코딩과 기저대역 전송

디지털 신호의 기저대역 전송을 위해 만들어진 코드를 라인 코드(line code)라고 한다. 기저대역 전송에 사용될 신호를 만드는 과정이나 기법을 라인 코딩(line coding) 혹은 디지털 기저대역 변조(digital baseband modulation)라고 한다. 디지털 통신에 사용되는 기저대역 신호는 라인 코딩으로 만들어진 일련의 전기적인 펄스열이나 광학적인 펄스열이다. 디지털 통신에 사용되는 통과대역 신호는 비트열을 전송하기 위해 디지털변조 방식으로 변조된 파형들이다(8장 참조).

물리적으로 실제 전송되는 신호는 이른바 기저대역 신호이거나 통과대역 신호이다. 기저대역 신호를 멀리 보내려면 변조과정을 거쳐 고주파인 반송파에 실어 통과대역 신호로 보내야 한다. 하지만 가까운 거리는 기저대역 신호를 변조하지 않고 직접 보낼 수 있다. 디지털 신호의 기저대역 전송은 가까운 거리를 모뎀을 사용하지 않고 신호의 변조 없이 디지털 펄스 파형 그대로 전송한다.

[그림 7-8]에서 컴퓨터, 휴대폰, 태블릿 등의 통신 단말기를 데이터 단말 장치

(data terminal equipment, DTE)라고 한다. 모뎀 등의 전송장비는 데이터 회선 혹은 통신 장치(data circuit 혹은 communication equipment, DCE)라고 한다. 컴퓨터나 단말기 사이를 포트(port)를 이용해 직접 인터페이스를 하면 DTE-DTE 간의 접속이 된다. 이때는 기저대역 전송이므로 모뎀이 필요 없게 된다. 기저대역에서 디지털 신호의 파형은 1과 0을 나타내는 디지털 펄스의 직류 성분이 존재한다.

7.4.3 라인 코드 형식

[그림 7-9]처럼 다양한 라인 코드 형식을 사용할 수 있다. 라인 코드는 디지털 비트를 전기적으로 표현하기 위해 논리 1과 논리 0의 파형을 사용한다. 정해진 시간 구간마다 각각의 비트가 전송된다. 논리 1과 논리 0을 나타내는 파형을 가리켜 각각 마크(mark)와 스페이스(space)라고도 한다.

a. RZ와 NRZ

비트를 나타내는 구간의 중간에 0V로 돌아가는 펄스 파형을 사용하는 것을 RZ(return to zero) 방식이라 한다. 반대로 0V로 돌아가지 않고 각 비트 구간 동안은 동일한 레벨을 유지하는 것을 NRZ(non-return to zero) 방식이라 한다.

b. 단극성, 양극성, 쌍극성

라인 코드의 형식을 전압 레벨의 극성 개수로 단극성, 양극성, 쌍극성의 3가지 방식으로 분류할 수 있다. 단극성(unipolar)은 펄스 파형을 만들 때 논리 1에는 +나 -전압을 사용하고, 논리 0에는 0V를 사용한다. 양극성(polar)은 0V를 사용하지 않고 논리 1에는 +전압을 논리 0에는 -전압을 사용한다. 물론 논리 1과 0의 전압 레벨을 반대로 바꾸어 설계할 수도 있다. 쌍극성(bipolar) RZ는 논리 0일 때는 펄스를 전송하지 않고 0V를 유지하고, 논리 1일 때만 +와 -극성을 교대로 바꾸어 펄스를 전송한다. 이처럼 논리 1을 표현하는 마크 레벨이 교대로 반전되는 방식을 AMI(alternate mark inversion) 혹은 교호부호반전이라고 한다.

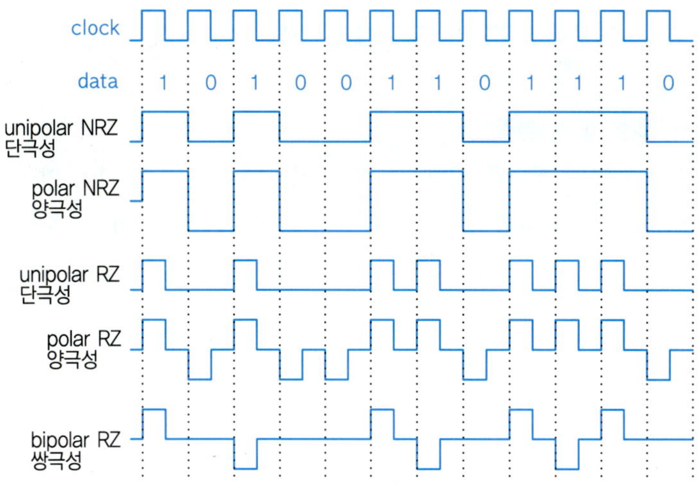

[그림 7-9] 라인 코드의 형식

7.4.4 라인 코드의 장단점

[그림 7-9]의 라인 코드 형식들에 대해 비트의 동기화, 주파수 대역폭, 비트 에러 확률의 관점에서 비교해보자. 물론 비트의 동기화에 유리하고, 주파수 대역폭을 적게 차지하며, 비트 에러 확률이 낮을수록 좋은 방식인 것은 분명하다.

a. 비트의 동기화

기저대역 전송의 수신 측은 펄스 파형 자체에서 비트의 동기화에 필요한 클럭 정보를 추출한다. NRZ 방식에서 논리 1이나 논리 0이 계속되면 비트 간격을 구분하기 어려워져 RZ 방식에 비해 클럭을 추출하기 힘들다. 마찬가지로 단극성 RZ나 쌍극성 RZ 방식도 논리 0이 계속되면 클럭 정보를 잃을 수 있다. 이에 비해 양극성 RZ 방식은 그럴 우려 없이 클럭을 추출할 수 있다.

b. 주파수 대역폭

논리 1과 0의 발생 확률이 50:50으로 같다고 가정하고 주파수 대역폭의 크기를 비교해보자. RZ 방식은 NRZ 방식에 비해 디지털 펄스열의 속도가 빨라진다. 이로 인해 단극성 RZ나 양극성 RZ 방식은 NRZ 방식에 비해 주파수 대역폭이 2

배 정도로 늘어난다. 쌍극성 RZ는 디지털 데이터가 0일 때는 펄스를 전송하지 않는다. 이 때문에 NRZ 방식과 비슷한 정도의 대역폭을 가진다.

c. 비트 에러 확률

동일한 신호전력을 사용한다고 가정하면 단극성 방식이 양극성 방식에 비해 비트 에러가 날 확률이 더 높다. 단극성 방식은 평균 직류 성분이 0V가 아니다. 양극성 방식도 논리 1이 많아지거나 논리 0이 많아지면 평균 직류 레벨이 유동적(DC drift, 직류변동)이 된다. 이 직류 성분은 수신 측에서 비트 레벨을 판정할 때 오류를 증가시킨다. 또 중계기에서 교류 정합을 사용하면 직류 성분을 잃어 신호가 왜곡된다. 쌍극성 RZ 방식은 평균 직류 레벨이 0V로 안정되어 있어 이런 단점들을 막을 수 있다. 직류 성분, 즉 주파수가 0일 때의 스펙트럼 크기가 없다면 전송로에서 교류 정합을 시켜도 신호가 왜곡되지 않는다. 또한 평균 직류 성분이 0이면 전송전력을 절약할 수 있고 전자기적인 잡음을 최소한으로 줄일 수 있다.

쌍극성 RZ 방식은 동일한 극성의 펄스가 연속으로 검출되면 오류이므로 부분적으로 에러를 검사하는 기능도 한다. 하지만 +, −와 0V의 3개의 전압 레벨을 사용하므로 잡음에는 더 취약하다.

7.4.5 셀프 클럭킹 코드

[그림 7-10]처럼 분리된 별도의 클럭 신호선 없이 본래 정보신호의 소스 데이터에서 동기화 클럭을 추출할 수 있는 라인 코드를 셀프 클럭킹(self-clocking) 코드라고 한다. 이 방식들은 앞의 방식들에 비해 수신 펄스 파형 자체에서 비트의 동기화 클럭을 안정적으로 추출할 수 있다. 또한 직류 성분이 0V로 안정되어 있다.

a. 맨체스터 코드

맨체스터(Manchester) 코드는 비트 구간의 중간에서 펄스의 극성이 반전되는 천이(transition)가 발생한다. [그림 7-10]의 IEEE 802.3 방식은 비트 구간의 중간에서 상승 펄스가 발생하면 논리 1로 취급하고, 하강 펄스가 발생하면 논리 0으로 취급한다. 물론 이와 반대로 논리 1과 0에서 하강 및 상승 펄스가 나오도록 설계할 수도 있다. IEEE 802.3 방식의 맨체스터 코드는 클럭과 정보비트 데이터

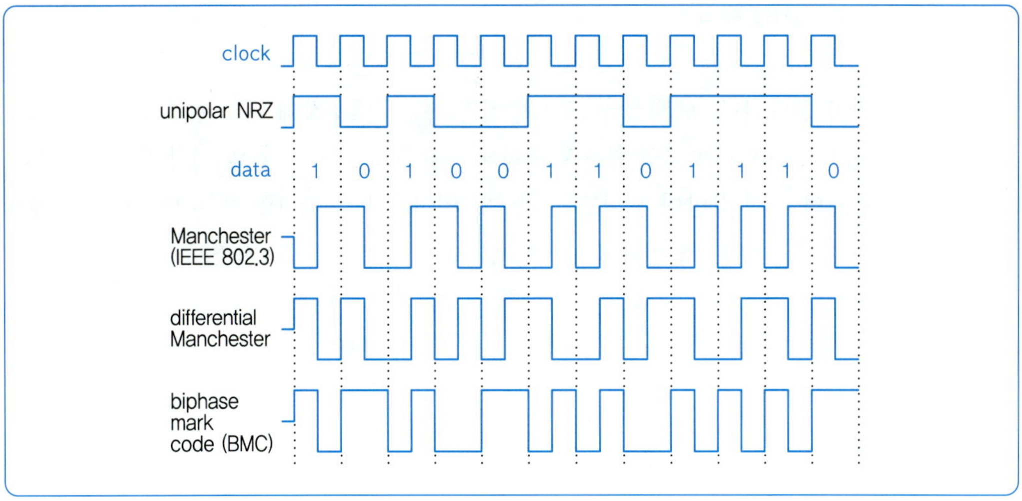

[그림 7-10] 셀프 클럭킹 라인 코드

를 XOR 연산하여 간단히 구할 수 있다. 이 방식은 NRZ 방식에 비해 대역폭이 2배 정도로 늘어나지만 평균 직류 레벨이 0V로 안정되어 있다. 맨체스터 코드는 이더넷(Ethernet)이나 전자태그(RFID) 등에 폭넓게 사용된다.

b. 차동 맨체스터 코드

차동 맨체스터 코드(differential Manchester code) 방식은 차동의 의미대로 바로 앞 데이터 값을 고려하여 코딩한다. 논리 1을 나타내는 비트 구간의 절반은 바로 앞 펄스의 파형을 유지하고, 비트의 중간에서 천이가 일어난다. 논리 0을 나타내는 비트 구간의 절반은 앞 펄스 파형의 극성과 반대가 되도록 천이가 일어나고, 비트의 중간에서 다시 한 번 천이가 일어난다. 수신 측에서는 전압의 극성은 중요하지 않고 천이 횟수만 본다. 비트 구간의 중간에서 1번의 천이가 일어나면 1이고, 비트 구간의 시작과 중간에서 2번의 천이가 일어나면 0이다. 이 방식은 표준 맨체스터 코딩에 비해 잡음이 많은 환경에서 에러에 좀 더 강하다. 극성은 중요하지 않고 천이만 보기 때문에 심지어는 두 가닥의 선이 서로 바뀌어도 제대로 동작한다. 이 방식은 토큰 링(token ring) 방식의 랜(LAN)이나 자기 또는 광학 저장장치 등에 사용된다.

c. BMC 방식

BMC(biphase mark code) 방식 역시 극성은 중요하지 않고 천이가 일어나는지가 중요하다. 맨체스터 코딩 방식과 유사하며 8장에 나오는 FSK(frequency shift keying) 방식의 원초적인 형태이다. 모든 비트 구간의 시작에서는 항상 앞 펄스와 극성이 반대가 되도록 천이가 일어나다. 논리 1일 때는 비트의 중간에서 한 번 더 천이가 일어나고, 논리 0일 때는 천이가 일어나지 않고 펄스 파형을 유지한다. 특히 논리 1과 0에 상관없이 모든 비트 구간에서 천이가 일어나기 때문에 비트의 동기화를 맞출 때 더욱 유리하다. BMC 방식은 과거의 플로피 디스크에도 사용되었고, 다수의 자화 카드나 S/PDIF 등의 디지털 오디오 신호 등에 사용된다.

7.5 MATLAB 예제

■ MATLAB 예제 7-1 (델타 변조 DM 1) - cm701.m

이 예제는 [그림 7-1]의 델타 변조(DM) 방식으로 아날로그 신호를 디지털 신호로 원천 부호화하는 과정을 작성한 것이다. 아날로그 신호에서 추출한 현재의 샘플과 이전 샘플을 비교해 샘플링 값이 이전 값보다 증가하면 1로 코딩하고, 감소하면 0으로 코딩한다.

프로그램에 사용된 변수 x는 아날로그 입력신호를 나타내며, 변수 xi는 아날로그 신호에서 샘플링 간격 T마다 추출한 양자화 결과 값이다. 변수 dm은 델타 변조된 디지털 코드 결과를 저장한다. 양자화 레벨은 스텝 크기 dV가 고정되어 있어 한 번에 한 단계씩만 증가하거나 감소할 수 있다. 이 예제에 사용된 아날로그 입력신호 x=sin(t)에 대해 샘플링 클럭 주기 T와 양자화 스텝 크기 dV를 적절히 선택하면 [그림 7-11]의 실행결과처럼 나타난다.

한편 그래프나 라인을 그릴 때 MATLAB 명령의 내부 사양으로 선의 두께를 임의로 정할 수 있다. plot, stem, line 등의 명령어 옵션에서 『,'linewidth',2』 이렇게 추가해주면 선의 폭이 2가 된다. 지정하지 않으면 기본 두께는 0.5이다.

【 cm701.m 프로그램 】

```
% --- 시간 신호의 표본화 (샘플링) ---
t = 0:0.01:2*pi;                    % 시간 축 샘플링
x = sin(t);                         % 아날로그 입력신호 x(t)

% --- DM 변조 준비 ---
disp(' ')                           % 한 줄 띄우기
disp('클럭 주기 [T]')
T = 0.2                             % 샘플링 클럭 주기
disp('스텝 크기 [dV]')
dV = 0.2                            % 양자화 스텝(step) 크기

k=1;                                % k ☞ DM 값 지정하는 인덱스
ts(1) = t(1); dm(1) = 0;            % ts ☞ 샘플링 시점, DM 코드 초기화
xi(1) = x(1); level = xi(1);        % x ☞ 아날로그, xi ☞ 양자화 결과

% --- 양자화 판정과 DM 코드 만들기 ---
for i = 2:length(x)                 % 클럭 주기 T마다 dV만큼 이동
    if rem(t(i),T) == 0             % rem(x,y) ☞ x/y의 나머지
        k = k+1; ts(k) = t(i);      % DM 값 저장 준비
        if x(i) > level             % 현재 DM=1 및 증가 레벨 저장
            dm(k) = 1; level = level + dV;
        elseif x(i) < level         % 현재 DM=0 및 감소 레벨 저장
            dm(k) = 0; level = level - dV;
        else                        % 현재 DM 값 유지
            dm(k) = dm(k-1);
        end
    end
    xi(i) = level;                  % 현재 레벨 유지
end

% --- 변조된 결과 그리기 ---
figure(701)                         % 그림 창 번호 매기기

subplot(2,1,1,'align')              % 본래의 표본 값과 양자화 결과
plot(t,x,'r:',t,xi,'linewidth',2), range = max(x)-min(x);
axis([min(t) max(t) min(x)-range/8 max(x)+range/8])
xlabel('t'), ylabel('양자화 결과')
legend('아날로그 입력신호','DM 변조된 신호','location','best');
title('델타 변조 (DM)')

subplot(2,1,2,'align')              % 양자화 결과의 코드 값
```

```
stem(ts,dm,'m','linewidth',2), range = max(dm)-min(dm);
axis([min(t) max(t) min(dm)-range/4 max(dm)+range/4])
xlabel('t'), ylabel('2진 코드')
```

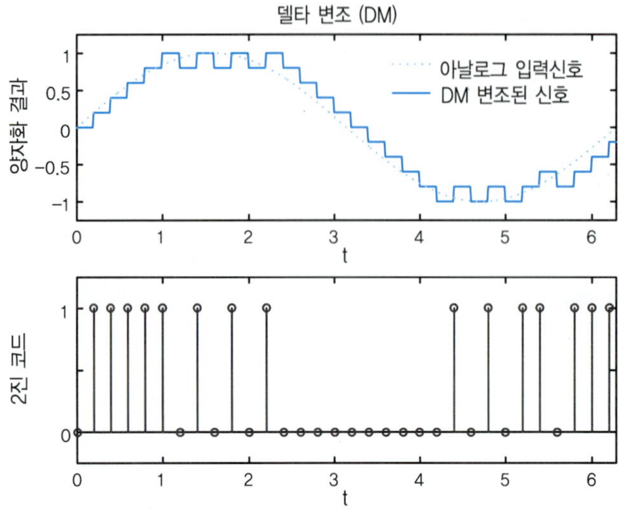

[그림 7-11] MATLAB 예제 7-1 실행결과

■ MATLAB 예제 7-2 (델타 변조 DM 2) - cm702.m

이 예제는 앞 예제에서 아날로그 입력신호만 x=3*sin(t)+cos(3*t)로 바꾼 것이다. 앞 예제와 동일한 샘플링 클럭 주기 T와 양자화 스텝 크기 dV를 사용한다. 이 예제의 실행결과는 본문의 [그림 7-1]의 (a)와 같은 형태가 나온다. 즉, 스텝 크기에 비해 아날로그 입력신호가 빠르게 변해 DM 변조가 이를 따라가지 못한다는 것을 보여준다.

【 cm702.m 프로그램 중 】 - cm701.m과 다른 부분

```
% --- 시간 신호의 표본화 (샘플링) ---
t = 0:0.01:2*pi;                              % 시간 축 샘플링
x = 3*sin(t) + cos(3*t);                      % 아날로그 입력신호 x(t)
```

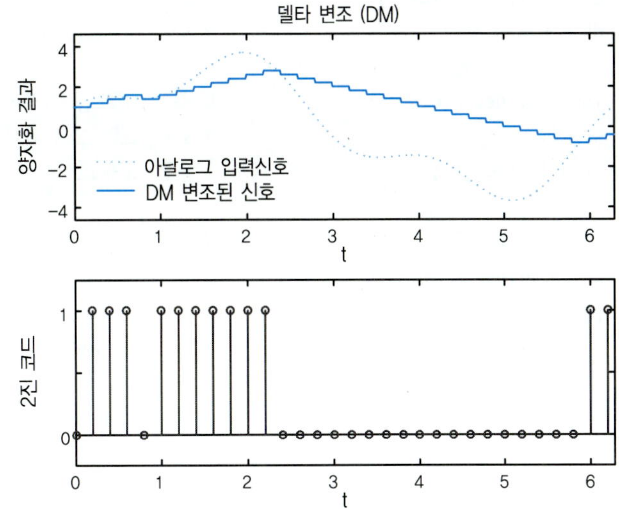

[그림 7-12] MATLAB 예제 7-2 실행결과

■ MATLAB 예제 7-3 (적응 델타 변조 ADM) - cm703.m

이 예제는 ADM(adaptive DM) 혹은 적응 델타 변조 과정을 프로그램으로 작성한 것이다. ADM은 앞에서 보여준 DM 변조의 단점을 어느 정도 해결해줄 수 있다. 이 예제에서 사용한 방법은 샘플링 클럭 주기 T를 고정해둔 상태에서 양자화 스텝 크기 dV를 아날로그 입력신호에 따라 가변시킨다. 비교를 위해 앞 예제와 같은 아날로그 입력신호를 사용했다. 실행결과 그림은 [그림 7-13]과 같이 분할하며 스텝 크기의 변화도 함께 나타내도록 했다.

프로그램에 사용된 변수 inc는 샘플링 값이 이전 값보다 증가한 횟수이고, dec는 감소한 횟수이다. 증가와 감소 횟수를 더해 매 4회마다 만약 inc=dec로 같다면 스텝 크기를 한 단계 감소시킨다. 또한 inc≠dec로 다르면 스텝 크기를 한 단계 증가시킨다. 스텝 크기는 0.2~1 사이에서 0.2의 간격으로 5단계를 사용하므로 이 범위에서 움직이도록 제한한다.

【 cm703.m 프로그램 중 】- cm702.m과 다른 부분 (1)

```
% --- DM 변조 준비 ---
disp('클럭 주기 [T]')
T = 0.1                              % 샘플링 클럭 주기 ☞ 고정
```

```
disp('스텝 크기 [dV]')
dV = 0.2:0.2:1                        % 양자화 스텝(step) 크기 ☞ 5단계로 가변

inc = 0; dec = 0;                     % 증가 카운터, 감소 카운터 초기화
s = 1;                                % s ☞ 스텝 크기 지정하는 인덱스
step(1) = dV(1);                      % 스텝 크기 초기화
```

【 cm703.m 프로그램 중 】 – cm702.m과 다른 부분 (2)

```
% --- 양자화 판정과 ADM 코드 만들기 ---
for i = 2:length(x)                          % 클럭 주기 T마다 dV만큼 이동
    if rem(t(i),T) == 0                      % rem(x,y) ☞ x/y의 나머지
        k = k+1; ts(k) = t(i);               % DM 값 저장 준비
        if x(i) > level                      % 현재 DM=1 및 증가 레벨 저장
            dm(k) = 1; level = level + dV(s); inc = inc+1;
        elseif x(i) < level                  % 현재 DM=0 및 감소 레벨 저장
            dm(k) = 0; level = level - dV(s); dec = dec+1;
        else                                 % 현재 DM 값 유지
            dm(k) = dm(k-1);
        end
        if inc+dec == 4
            if  s ~= 1 & inc == dec          % 스텝 크기 하한 = 1단계
                s = s-1;                     % 펄스가 진동하면 스텝 크기 감소
            elseif s ~= 5                    % 스텝 크기 상한 = 5단계
                s = s+1;            % 펄스가 계속 증감할 경우 스텝 크기 증가
            end
            step(k) = dV(s); inc = 0; dec = 0;
        else
            step(k) = dV(s);
        end
    end
    xi(i) = level;                           % 현재 레벨 유지
end
```

【 cm703.m 프로그램 중 】 – cm702.m과 다른 부분 (3)

```
subplot(4,1,4,'align')
bar(ts,step,'y'), xlabel('t'), ylabel('스텝 크기')
range = max(step)-min(step);
axis([min(ts) max(ts) min(step)-range/4 max(step)+range/4])
```

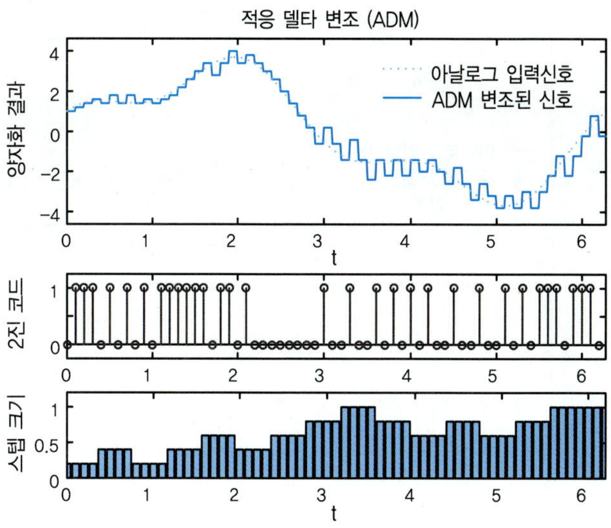

[그림 7-13] MATLAB 예제 7-3 실행결과

■ MATLAB 예제 7-4 (차동 펄스 부호 변조 DPCM) – cm704.m

이 예제는 [그림 7-2]의 DPCM 변조 과정을 프로그램으로 작성한 것이다. 비교를 위해 앞 예제들과 같은 아날로그 입력신호를 사용하였다. 아날로그 입력신호 x에서 샘플링 간격 ts마다 추출한 33개의 표본 값 xi를 코딩한다. 각각 8개의 샘플을 그룹지어 첫 샘플에서 n=3 비트 PCM 코드를 얻고, 나머지 7 샘플에서 m=2 비트 DPCM 코드를 얻는다.

[y c] = min(x) 함수는 배열 x의 데이터 중 최소가 되는 값 y와 그 값이 여럿일 경우 첫 번째 원소의 위치 c를 함수의 결과로 돌려주는 명령이다. 한편 그래프나 라인을 그리는 MATLAB 명령의 내부 사양으로 컬러를 임의로 조정할 수 있다. 『,'color',[R G B]』 옵션은 RGB(red, green, blue)의 밝기 농도를 0~1 사이로 조절한다. [1 0 0], [0 1 0], [0 0 1]은 빨강, 녹색, 파랑이 된다. 만약 그래프의 색상을 지정하지 않으면 자동 선택된다.

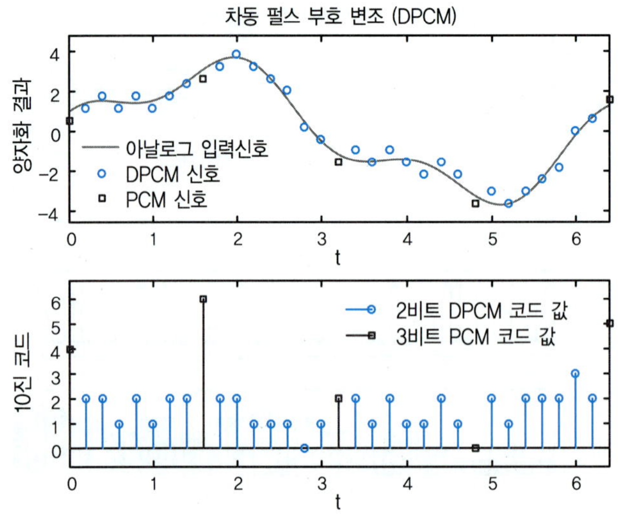

[그림 7-14] MATLAB 예제 7-4 실행결과

【 cm704.m 프로그램 】

```
% --- 시간 신호 만들기 ---
dt = 0.01;                          % 아날로그 입력신호 표현 간격
T = 20*dt;                          % 샘플링 주기 ☞ 아날로그의 1/20 추출
t = 0:dt:32*T;                      % 시간 축 ☞ 33개의 샘플 표현구간
x = 3*sin(t) + cos(3*t);            % 아날로그 입력신호 x(t)

% --- 시간 신호의 표본화 (샘플링) ---
ts = 0:T:32*T;                      % length(ts)= 33개의 샘플
xi = 3*sin(ts) + cos(3*ts);         % 표본화 신호 xi(t)

% --- 양자화 변수 ---
n = 3; N = 2^n;                     % n 비트, N단계 양자화
m = 2; M = 2^m;                     % m 비트, M단계 차동 양자화
plevel = linspace(min(xi),max(xi),N);       % N단계 PCM 레벨
P = 8;                              % PCM 샘플 적용 주기 8

% --- 양자화 판정과 DPCM 코드 만들기 ---
dV = 1/4*(max(xi)-min(xi));         % 최대최소 샘플 크기 차이의 ±1/4
dlevel = linspace(-dV,dV,M);        % 범위로 M단계 차동 레벨 선정
for i = 1:length(ts)                % length(ts)= 33개 샘플에 대해
    if rem(i-1,P) == 0              % 8 샘플마다
```

```
        [y, c] = min(abs(plevel - xi(i)));      % 가장 가까운 PCM 레벨 조사
        dpcm(i) = plevel(c);                   % DPCM 레벨을 PCM 레벨에 일치시킴
        dec(i) = c-1;                          % PCM 10진 코드 값 저장
    else                                       % 나머지 7개 샘플은
        [Y c] = min(abs(dlevel - (xi(i) - dpcm(i-1))));
        % 현재 샘플 xi와 이전 DPCM 레벨 차이에 가장 가까운 차동 레벨 조사
        dpcm(i) = dpcm(i-1) + dlevel(c);
        % DPCM 레벨 = 이전 DPCM 레벨 + 결정된 차동 레벨
        dec(i) = c-1;                          % DPCM 10진 코드 값 저장
    end
end

% --- 양자화 레벨과 스텝 크기 ---
disp('PCM 양자화 비트 수'), n
disp('DPCM 양자화 비트 수'), m
disp('■ DPCM 차동 레벨 ☞ 모든 샘플에 적용'), dlevel
disp('스텝 크기 [dV] ☞ 동일')
dV = dlevel(2) - dlevel(1)             % 양자화 스텝(step) 크기

% --- 변조된 결과 그리기 ---
figure(704)                            % 그림 창 번호 매기기

subplot(2,1,1,'align')                 % 본래의 표본 값과 양자화 결과
plot(t,x,'g',ts,dpcm,'bo',ts(1:8:33),dpcm(1:8:33),'ms','linewidth',2)
range = max(xi)-min(xi);
axis([min(t) max(t) min(dpcm)-range/8 max(dpcm)+range/8])
legend('아날로그 입력신호','DPCM 신호','PCM 신호','location','best')
xlabel('t'), ylabel('양자화 결과'), title('차동 펄스 부호 변조 (DPCM)')

subplot(2,1,2,'align')                 % 양자화 결과의 코드 값
stem(ts,dec,'linewidth',2,'color',[0 0.6 1]), hold on
stem(ts(1:8:33),dec(1:8:33),'ms','linewidth',2)
range = max(dec)-min(dec);
axis([min(t) max(t) min(dec)-range/8 max(dec)+range/8])
xlabel('t'), ylabel('10진 코드')
legend('2비트 DPCM 코드 값','3비트 PCM 코드 값','location','best')
```

■ MATLAB 예제 7-5 (적응 차동 펄스 부호 변조 ADPCM) - cm705.m

이 예제는 [그림 7-2]의 ADPCM 변조 과정을 작성한 것이다. 비교를 위해 앞 예제와 같은 아날로그 입력신호와 변수들을 그대로 사용한다. 아날로그 입력신호

x에서 샘플링 간격 ts마다 추출한 33개의 표본 값 xi를 코딩한다. 각각 8개의 샘플을 그룹지어 첫 샘플에서는 n=3 비트 PCM 코드를 얻고, 나머지 7 샘플에서 m=2 비트 ADPCM 코드를 얻는다.

[그림 7-15]를 보면 실행결과로 앞 예제에 얻은 DPCM 양자화 결과와 이 예제에 얻은 ADPCM 양자화 결과를 비교해 나타내었다. 미래의 표본 값들에 대한 변동 범위만 정확히 예측하면 예상대로 DPCM보다 ADPCM 신호가 본래의 PCM 신호에 더 근접해 품질이 우수한 것을 알 수 있다. 그런데 33개 샘플 중 8개씩 4 그룹으로 나눈 2번째 그룹은 오히려 양자화 잡음이 증가했다. 이는 2번째 그룹에 적용할 적응 레벨을 결정할 때 입력신호가 감소할 것으로 예측했으나, 예측과 달리 중간에 증가로 움직이자 이를 추적하지 못한 것이다.

【 cm705.m 프로그램 중 】 – cm704.m에 추가된 부분 (1)

```
% --- 양자화 판정과 ADPCM 코드 만들기 ---
s = 0;
for i = 1:length(ts)                 % length(ts)= 33개 샘플에 대해
    if rem(i-1,P) == 0               % 8 샘플마다
        [Y, c] = min(abs(plevel - xi(i)));  % 가장 가까운 PCM 레벨 조사
        adpcm(i) = plevel(c);        % ADPCM 레벨을 PCM 레벨에 일치시킴
        dec(i) = c-1;                % ADPCM PCM 10진 코드 값 저장
        if i+P > 33
            k = 33;                  % 예측 구간을 33개 샘플 이내로 제한
        else
            k = i+P;                 % 8 샘플 앞 미래의 샘플 값을 예측
        end
        dV = 1/4*(xi(k) - xi(i));    % xi 미래 값과 현재 값 차이의 1/4
        alevel = linspace(0,dV,M);   % 범위로 M단계 적응 레벨 선정
        s = s + 1;
        ad(s,:) = alevel;
    else                             % 나머지 7개의 샘플은
        [y c] = min(abs(alevel - (xi(i) - adpcm(i-1))));
        % 현재 샘플 xi와 이전 ADPCM 레벨 차이에 가장 가까운 적응 레벨 조사
        adpcm(i) = adpcm(i-1) + alevel(c);
        % ADPCM 레벨 = 이전 ADPCM 레벨 + 결정된 적응 레벨
        dec(i) = c-1;                % ADPCM 10진 코드 값 저장
    end
end
```

【 cm705.m 프로그램 중 】 – cm704.m에 추가된 부분 (2)

```
disp('■ ADPCM 적응 레벨 ☞ 8 샘플마다 변화'), ad(1:M,:)
for s = 1:M
    dV(s) = ad(s,2) - ad(s,1);                % 양자화 스텝(step) 크기
end
disp('스텝 크기 [dV] ☞ 8 샘플마다 변화'), dV'
```

【 cm705.m 프로그램 중 】 – cm704.m과 다른 부분

```
subplot(2,1,2,'align')           % 본래의 표본 값과 양자화 결과
plot(t,x,'g',ts,adpcm,'bo',ts(1:8:33),adpcm(1:8:33),'ms','linewidth',2)
axis([min(t) max(t) min(dpcm)-range/8 max(dpcm)+range/8])
legend('아날로그 입력신호','ADPCM 신호','PCM 신호','location','best')
xlabel('t'), ylabel('양자화 결과'), title('적응 차동 펄스 부호 변조 (ADPCM)')
```

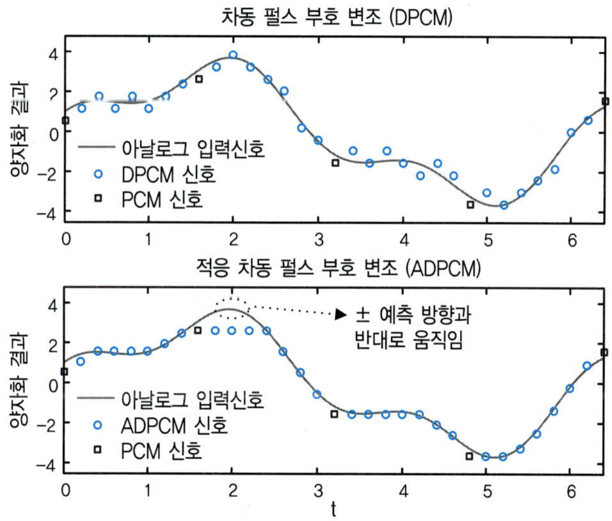

[그림 7-15] MATLAB 예제 7-5 실행결과

■ MATLAB 예제 7-6 (블록 코드 1 전송 코드워드 C) - cm706.m

이 프로그램 예제는 본문의 식 (7.1)에 나타낸 메시지 행렬 [m]에 대하여 블록 코드 발생 행렬 [G]로 만들어낸 코드워드 행렬 [C]를 계산하는 과정이다. 첫 번째 패리티 비트는 메시지 행렬 [m]의 2, 3 번째 비트를 XOR하고, 두 번째 패리티 비트는 1, 3번째 비트를 XOR하여 전송할 코드워드 행렬 [C]를 완성한다.

한편 이 예제는 블록 코드 방식에서 전송 코드워드 [C]를 만들 때, 패리티 비트를 직접 연산해 만드는 방법과 블록 코드 발생 행렬 [G]를 이용해 만드는 방법을 비교하였다. 또한 일반 행렬연산과 모듈로-2 연산을 비교하였다. 여기서 모듈로 연산에 사용된 MATLAB 내장 함수로 mod(a,b)이나 rem(a,b) 명령은 a/b 나눗셈의 나머지를 계산하는 함수이다.

【 cm706.m 프로그램 】

```
disp('보내고자 하는 메시지 행렬 [m]')
m = [1 0 1]                    % 메시지 행렬 1x3

disp('■패리티 비트를 직접 연산해 만든 코드워드')
p1 = xor(m(2),m(3));           % 첫 번째 패리티 비트
p2 = xor(m(1),m(3));           % 두 번째 패리티 비트
C1 = [m p1 p2]

disp('■블록 코드 발생 행렬 [G]를 이용하는 방법')
G = [1 0 0 0 1                 % 블록 코드 발생 행렬
     0 1 0 1 0
     0 0 1 1 1]

disp('일반 행렬식으로 계산한 [C2]=[m]*[G]')
C2 = m*G                       % 일반 행렬연산

disp('모듈로-2 연산으로 완성한 코드워드 [C] = mod(m*G,2)')
C = mod(m*G,2)         % 모듈로-2 연산
```

■ MATLAB 예제 7-7 (블록 코드 2 블록 코드 발생 행렬 G) - cm707.m

이 예제는 본문의 기본 예제 7.2에 대한 풀이를 프로그램으로 작성한 것이다. 첫 번째 패리티 비트는 메시지 행렬 [m]의 1, 3번째 비트를 XOR하고, 두 번째 패리티 비트는 1, 2번째 비트를 XOR해 만든다. 이를 위해 먼저 패리티 행렬 [P]를 구성하고 본문의 〈표 7-2〉에 나타낸 방법으로 블록 코드 발생 행렬 [G]를 만들고 전송 코드워드 [C]를 연산해 낸다. 이 예제도 앞 예제와 마찬가지로 [n,k]=[5,3] 블록 코드다. 블록 코드 발생 행렬 [G]를 이용해 메시지 3비트에서 패리티 2비트를 추가한 5비트의 코드워드를 만들어 전송한다.

【 cm707.m 프로그램 】

```
disp('보내고자 하는 메시지 행렬 [m]')
m = [0 0 0
     0 0 1
     0 1 0
     0 1 1
     1 0 0
     1 0 1
     1 1 0
     1 1 1]                  % 메시지 행렬 8x3

disp('■패리티 행렬 [P]')
P = [1 1                     % 패리티 행렬 3x2 행렬
     0 1
     1 0]

disp('■블록 코드 발생 행렬 [G]=[eye P]')
G = [eye(3) P]               % 블록 코드 발생 행렬 3x5 행렬

disp('■모듈로-2 연산으로 완성한 코드워드 [C] = mod(m*G,2)')
C = mod(m*G,2)        % 모듈로-2 연산
```

■ MATLAB 예제 7-8 (블록 코드 3-1 패리티 검사 행렬 H) - cm708.m

MATLAB 예제 7-8~10은 잡음이 있는 채널에서 FEC 방식의 대표적인 에러 정정 코드 방식인 [n,k] 블록 코드에서 에러를 검출하고 정정하는 과정을 단계적으로 설명한다. 이 예제들은 〈표 7-2〉와 신드롬 디코딩 과정에 대한 설명을 기준으로 작성되었다. 이번 예제는 그 첫 번째 단계로 블록 코드 발생 행렬 [G]와 패리티 검사 행렬 [H]를 만드는 과정이다. 또한 에러가 발생하지 않았을 때를 가정해 패리티 검사 행렬의 필요충분조건을 검사한다.

[n,k,d] 블록 코드는 코드워드 (n) = 메시지 비트 (k) + 패리티 비트 (n-k)로 구성되고, 코드워드를 구분하는 최소 해밍 거리가 d 비트이다. 앞으로 예제에 사용될 [7,4,3] 블록 코드는 코드워드 7비트, 메시지 4비트 (패리티 3비트), 최소 해밍 거리 3비트이다. 이 경우 해밍 코드 이론에서 최대 2비트의 에러 검출 및 1비트의 에러 정정이 가능하다.

【 cm708.m 프로그램 】

```
disp('보내고자 하는 메시지 행렬 [m]')
m = [0 0 0 0; 0 0 0 1; 0 0 1 0; 0 0 1 1
     0 1 0 0; 0 1 0 1; 0 1 1 0; 0 1 1 1
     1 0 0 0; 1 0 0 1; 1 0 1 0; 1 0 1 1
     1 1 0 0; 1 1 0 1; 1 1 1 0; 1 1 1 1]     % 메시지 행렬 ixk, 16x4 행렬

disp('■패리티 행렬 [P]')
P = [1 0 1                              % 패리티 행렬 kx(n-k), 4x3 행렬
     1 1 0
     0 1 1
     1 1 1]

disp('■블록 코드 발생 행렬 [G]=[eye P]')
G = [eye(4) P]                          % 블록 코드 발생 행렬 kxn, 4x7 행렬

disp('■패리티 검사 행렬 [H] = [PT eye], PT는 P의 전치 행렬')
PT = P'; H = [PT eye(3)]                % 패리티 검사 행렬 (n-k)xn, 3x7 행렬

disp('패리티 검사 행렬의 필요충분조건 [G]*[HT]=0, HT는 H의 전치 행렬')
HT = H'; mod(G*HT,2)          % = 0 패리티 검사행렬 필요충분조건 검사

disp('패리티 검사 행렬의 필요충분조건 [H]*[GT]=0, GT는 G의 전치 행렬')
GT = G'; mod(H*GT,2)          % = 0 패리티 검사행렬 필요충분조건 검사
```

■ MATLAB 예제 7-9 (블록 코드 3-2 최소 해밍 거리 d) - cm709.m

이 예제는 MATLAB 예제 7-8~10 중에서 [n,k,d] 블록 코드의 신드롬 디코딩 동작을 설명하는 두 번째 단계로 최소 해밍 거리 d를 계산한다. 이를 위해 앞 예제에서 사용한 [7,4,3] 블록 코드를 그대로 사용한다. 앞 예제에서 구한 블록 코드 발생 행렬 [G]를 그대로 이용해 전송 코드워드 [C]를 완성하고 각 코드워드간의 해밍 거리를 계산한다. 계산 결과 최소 해밍 거리 d=3이 되어야, 최대 2비트의 에러 검출 및 1비트의 에러 정정이 가능해진다.

먼저 앞 예제에 사용된 메시지 행렬 [m]에서 코드워드 16개를 만든다. 해밍 거리는 16개의 코드워드 서로를 구분하는 각 비트 위치의 개수로 표시한다. 코드워드 16개 서로 간의 해밍 거리 계산 값을 (i×j) = 행번호×행번호 형식으로 화면에 16×16 형태로 나타낸다. xor(C(i,:),C(j,:)) 연산은 길이가 모두 7비트로 동일한 i

번째와 j번째 코드워드를 비교해 서로 다른 값을 갖는 비트 위치만 1로 표시해 7비트 결과로 출력한다. 이때 mod(C(i,:)—C(j,:),2)처럼 연산해도 결과는 같다. 모듈로-2 연산은 XOR 연산과 결과가 같아지기 때문이다.

여기서 MATLAB 내장 함수로 sum 명령과 unique 명령을 사용한다. sum 함수는 첫 배열 방향의 합으로 표시하므로 sum(xor(C(i,:),C(j,:))) 이렇게 연산하면 서로 다른 비트 위치의 수를 합한 해밍 거리가 계산된다. unique 함수는 행렬 원소 중에서 같은 값은 제외하고 정렬해 표시한다. 이를 이용해 각 코드워드 간에 계산된 여러 개의 해밍 거리 값 중에서 같은 값은 제외하고 오름차순으로 정렬해 표시한다. 이 중에서 자기 자신에 대한 해밍 거리 0을 제외하고 가장 작은 비트 차이로 계산된 값이 우리가 구하고자 하는 최소 해밍 거리이다. 즉, unique 함수로 정렬된 값 중에서 두 번째 값이 바로 최소 해밍 거리 d가 된다.

【 cm709.m 프로그램 중 】- cm708.m과 다른 부분 ☞ 아래 부분을 추가

```
disp('■모듈로-2 연산으로 완성한 코드워드 [C] = mod(m*G,2)')
C = mod(m*G,2)        % 모듈로-2 연산, 코드워드 행렬 ixn, 16x7 행렬

disp('■코드워드간 해밍 거리 계산 (i×j) = 행번호×행번호')
for i=1:16            % 코드워드 사이의 해밍 거리 계산, 16행x16행
    for j=1:16
        hd(i,j) = sum(xor(C(i,:),C(j,:)));  % 혹은 mod(C(i,:)-C(j,:),2)
    end
end
hd
disp('계산된 해밍 거리 종류 (0은 자기 자신과의 거리)')
D = unique(hd)        % 행렬 원소 중 같은 값은 제외하고 정렬해서 표시

disp('최소 해밍 거리 d 계산')
d = D(2)              % 자기 자신과의 거리인 D(1)을 제외한 최소 해밍 거리
```

■ MATLAB 예제 7-10 (블록 코드 3-3 패리티 검사와 신드롬 디코딩) - cm710.m

이 예제는 MATLAB 예제 7-8~10 중에서 [n,k,d] 블록 코드의 신드롬 디코딩 동작을 설명하는 마지막 단계로 앞 두 예제에서 사용한 [7,4,3] 블록 코드를 그대로 사용한다. 즉, 코드워드 7비트, 메시지 4비트 (패리티 3비트), 최소 해밍 거리 3비트이다. 이 경우 해밍 코드 이론에서 최대 2비트의 에러 검출 및 1비트의 에러

정정이 가능하다. 이 예제는 [7,4,3] 블록 코드를 이용해 잡음이 있는 채널에서 수신 코드워드에 1비트 에러가 발생했을 때 이를 찾아내어 정정하는 과정을 보여준다.

MATLAB 내장 함수인 randi 명령의 여러 가지 사용법 중 randi(b) 형식은 1 ≤ 구간 ≤ b 사이에서 무작위(random)로 정수(integer)를 생성한다. randi(16)이면 1과 16 사이의 정수를 랜덤 생성한다. 이 예제는 16개의 코드워드 중 하나를 무작위로 골라 전송한다. 또한 randi(7)을 이용해 7비트 코드워드 중 1비트 에러가 날 위치도 무작위로 골라 매번 실행 때마다 달라진다.

만약 에러가 없는 경우의 실행결과를 보려면 프로그램 중에서 『% e(randi(7)) = 1』처럼 에러가 추가되는 줄만 막으면 된다. 에러가 없다면 수신 코드워드의 패리티 검사 결과 신드롬 행렬이 [S]=0으로 되어 "전송 에러가 없습니다."가 화면에 출력된다.

패리티 검사 결과인 신드롬 행렬이 [S]≒0이 되면 에러가 발생한 것이다. 본문의 설명대로 만약 1비트 에러만 발생하면 에러 코드 [e]의 행벡터 원소 중 다른 비트는 모두 0이고 에러가 발생한 x번째 비트만 1인 경우이다. 이때 신드롬 행렬 [S]의 연산결과는 〈표 7-2〉의 [S]=[e]·[H']에서 결국 [H']의 x번째 행이 된다. 즉, 에러가 발생한 위치만 파악되면 디지털 연산에서 논리 값인 0과 1을 교체해 에러를 쉽게 고칠 수 있다. 이를 위해 간단하게 수신 코드워드에 에러 코드를 한 번 더 더해주면 된다. 다시 추가된 에러 코드는 모듈로-2 연산에서 1+1=0으로 상쇄되어 해당 비트 위치가 정정되고 수신 코드워드가 복원된다. 또한 에러를 정정한 후 신드롬 행렬 [S]를 다시 계산해 [S]=0을 확인하고 마지막으로 송신 메시지 행렬과 수신 메시지 행렬을 비교해 에러가 정정되었음을 보여준다.

【 cm710.m 프로그램 중 】 – cm709.m과 다른 부분 ☞ 아래 부분을 추가

```
disp('■송신 코드워드 [T]')           % 코드워드 16개 중 하나를 랜덤 전송
T = C(randi(16),:)                  % randi(16) ☞ 1≤정수≤16

disp('■전송채널에서 추가된 에러 코드 [e]')
e = [0 0 0 0 0 0 0];                % 코드워드 7비트 중 1비트에만 에러 삽입
e(randi(7)) = 1             % randi(7) ☞ 1≤정수≤7 (에러가 추가되는 줄)

disp('■수신 코드워드 [R]')
R = mod(T+e,2)                      % 전송 코드워드에 에러를 선형 결합
```

```
disp('수신 코드워드의 패리티 검사 [R]*[HT]=0')
S = mod(R*HT,2)                        % 신드롬 행렬 ix(n-k), 16x3 행렬

if S == 0
    disp('전송 에러가 없습니다.')
else
    disp('전송 에러가 발견되어 정정합니다.')
    e2 = zeros(1,7);          % 에러 발생 위치를 찾기 위해
    for i=1:7                 % 신드롬이 [HT]의 몇 번째 행과 동일한지 검사
        if S == HT(i,:)
            sprintf('■%d 번째 비트에서 에러 발견, 에러 코드 [e2] 검출',i)
            e2(i) = 1      % 에러 행렬을 구함
        end
    end
    disp('■에러를 정정한 수신 코드워드 [R2]')
    R2 = mod(R+e2,2)

    disp('패리티 재검사 실시 [R2]*[HT]=0')
    S2 = mod(R2*HT,2)                     % 신드롬 계산 [C]*[H]'－0

    disp('송신 메시지 행렬 [m1]은 다음과 같습니다.')
    m1 = T(1:4)
    disp('수신 메시지 행렬 [m2]는 다음과 같습니다.')
    m2 = R2(1:4)
end
```

■ MATLAB 예제 7-11 (컨벌루셔널 코드 1) - cm711.m

이 예제는 [그림 7-6]의 컨벌루셔널 부호화기에 메시지 비트 011이 입력될 때 컨벌루셔널 코드가 인코딩되어 출력되는 과정을 작성한 것이다. 이 예제는 〈표 7-3〉과 책의 본문에 자세히 설명된 내용과 같다. 여기서는 새로 사용된 명령어 위주로 설명한다.

MATLAB 내장 함수로 순환시프트 명령인 circshift와 행렬을 재구성하는 reshape 명령을 사용한다. circshift(x,[D R]) 형식은 행렬 x를 행과 열이 증가하는 방향, 즉 아래로 +D칸, 우측으로 +R칸 순환시프트시키는 명령이다. reshape(x,a,b) 형식은 행렬을 메모리에 저장하는 순서로 정렬한 후, 즉 x(:)의 저장 순서로 (a×b) 형태로 행렬을 재구성하는 명령이다.

【 cm711.m 프로그램 】

```
disp('■컨벌루셔널 부호화기의 입력')
in = [0 1 1]                % 입력 데이터
n = length(in);             % 입력 데이터 비트 수
m = 3;                      % 기억장치 비트 수
N = n+(m-1);                % 연산횟수

sprintf('%d 비트 레지스터 (우측 %d 비트 기억장치로 순환 시프트)',n+m,m)
r = [in zeros(1,m)]         % 순환시프트 레지스터 준비

for k = 1:N                                  % 부호화 연산
    r = circshift(r,[0 1]);                  % 아래로 +0 우측으로 +1 순환시프트
    d = r(:,n+1:n+m);                        % 부호화기의 m 비트 기억장치 값
    c(k,1) = ~xor(d(2),d(3));                % 출력 c1 연산
    c(k,2) = xor(xor(d(1),d(2)),d(3));       % 출력 c2 연산
    sr(k,:) = d;                             % 시프트 레지스터 값 저장
end

sprintf('■기억장치 저장 %d 비트 + C1,C2 연산 2 비트 ',m), [sr c]
disp('■컨벌루셔널 부호화기의 출력')
out = reshape(c',1,2*N)              % 부호화기 c1, c2 출력 합체

figure(711)                          % 그림 창 번호 매기기
% --- 부호화기 입출력 결과 그리기 ---
subplot (2,1,1)
stem(in,'m','linewidth',2)
axis([0 n+1 -0.25 1.25])
ylabel('2진 데이터'), title('컨벌루셔널 부호화기의 입력')

subplot(2,1,2)
stem(out,'linewidth',2,'color',[0 0.6 1])    % RGB 값을 0~1 사이로 표현
axis([0 2*N+1 -0.25 1.25])
ylabel('2진 데이터'), title('컨벌루셔널 부호화기의 출력')
```

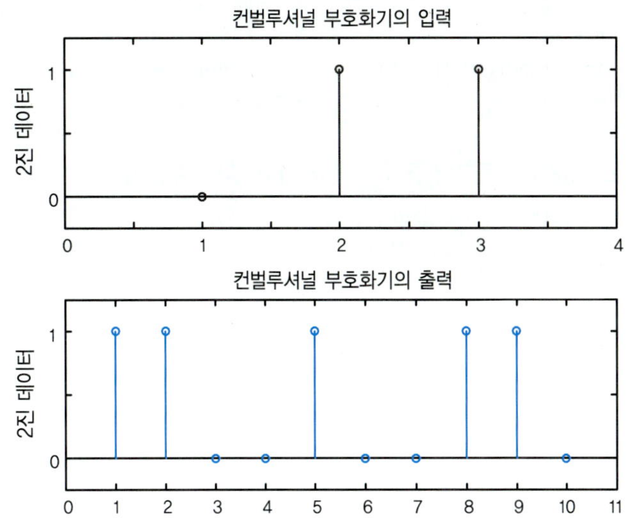

[그림 7-16] MATLAB 예제 7-11 실행결과

■ MATLAB 예제 7-12 (컨벌루셔널 코드 2) - cm712.m

이 예제는 뒤의 7장 연습문제의 9번에 나타낸 부호화기에 무작위로 선정된 8 비트 메시지가 입력될 때 컨벌루셔널 코드가 인코딩되어 출력되는 과정을 작성한 것이다. 만약 이 예제를 7장의 연습문제 9번을 푸는데 사용하려면, 아래 소스 중에서 %로 막아 놓은 2줄에서 n = 4와 in = [1 1 0 0] 값을 부호화기의 입력으로 고쳐 실행하면 된다.

이 예제가 앞의 MATLAB 예제 7-11과 비교해 다른 부분은 (1) 메시지 비트가 고정이 아니고 랜덤으로 생성되는 점 (2) 부호화기 논리 회로가 다르므로 논리 연산이 달라진 점이다. randi 명령의 사용법 중 randi([a b]) 형식은 a ≤ 구간 ≤ b 사이의 정수를 1개 랜덤 생성한다. randi([a b],n) 형식은 n×n개, randi([a b],m,n) 형식은 m×n개 랜덤 생성한다. 이 예제에서 randi([0 1],1,8) 명령은 0과 1 사이의 정수, 즉 0이나 1을 1×8 행렬로 랜덤 생성한다. 이 때문에 예제를 실행할 때마다 메시지 비트가 변해 매번 실행 결과가 달라진다.

【 cm712.m 프로그램 중 】 - cm711.m과 다른 부분 (1)

```
% n = 4;                          % 7장의 연습문제 9번
```

```
% in = [1 1 0 0]              % 7장의 연습문제 9번
n = 8;                        % 입력 데이터 비트 수
in = randi([0 1],1,n)         % 입력 데이터 ☞ 0이나 1을 n개 랜덤 생성
m = 4;                        % 기억장치 비트 수
```

【 cm712.m 프로그램 중 】 - cm711.m과 다른 부분 (2)

```
c(k,1) = xor(xor(d(1),d(2)),d(4));        % 출력 c1 연산
c(k,2) = ~xor(d(1),d(3));                 % 출력 c2 연산
```

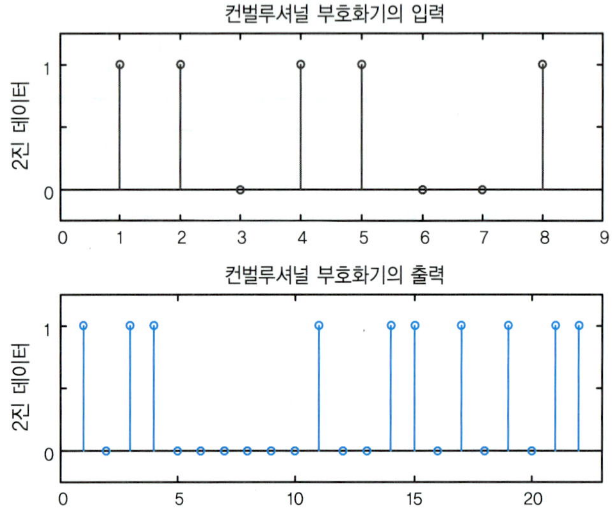

[그림 7-17] MATLAB 예제 7-12 실행결과

연습문제

1. 다음 서술이 맞는지 O, X로 답하라.
   (1) 【원천 부호화】 원천 부호화는 아날로그 신호에서 디지털 데이터를 추출하고 압축한다.
   (2) 【원천 부호화】 원천 부호화는 원래의 정보에 에러 검출 및 정정을 위한 비트를 추가한다.
   (3) 【원천 부호화】 PCM 변조는 현재 샘플과 이전 샘플을 비교한 차이를 전송한다.
   (4) 【원천 부호화】 DPCM은 이전과 현재 표본화 크기의 차이에 코드를 할당해 비트 수를 줄인다.
   (5) 【원천 부호화】 팩시밀리의 코딩은 흑백화소의 길이에 따라 페이지 단위로 이루어진다.
   (6) 【채널 부호화】 허프만 코딩은 채널 부호화의 일종이다.
   (7) 【채널 부호화】 자동 재전송 요청(ARQ) 방식은 양방향 통신시스템에 사용된다.
   (8) 【채널 부호화】 전이중방식은 한쪽이 전송하는 동안 다른 한쪽은 전송하지 못한다.
   (9) 【채널 부호화】 순방향 에러 정정(FEC) 방식은 단방향 통신시스템에 사용된다.
   (10) 【채널 부호화】 디지털 이동전화는 자동 재전송 요청(ARQ)을 사용한다.

2. 원천 부호화 방식에 해당하는 것을 【보기 A】에서 모두 골라 번호를 적어라.

보기 A

① DM	② ARQ	③ PCM	④ 컨벌루셔널 코드
⑤ DPCM	⑥ FEC	⑦ CRC 코드	⑧ ADPCM
⑨ 블록 코드	ⓐ ADM	ⓑ 허프만코딩	ⓒ 터보 코드

3. 채널 부호화 방식에 해당하는 것을 【보기 A】에서 모두 골라 번호를 적어라.

4. 순방향 에러 정정(FEC) 방식에 해당하는 것을 【보기 B】에서 모두 골라 번호를 적어라.

보기 B

① ADPCM ② ARQ ③ 블록 코드 ④ 컨벌루셔널 코드
⑤ CRC 코드 ⑥ ADM ⑦ 터보 코드 ⑧ 허프만 코딩

5. 심벌신호 S1, S2, S3, S4의 발생확률이 각각 1/10, 1/25, 14/25, 3/10일 때 허프만 코딩을 실시하려고 한다. 심벌에 비트를 할당할 때 같은 비트 수라면 확률이 높은 심벌에 1을 먼저 할당하고, 오른쪽 뒤에 비트를 계속 추가해 나간다.

(1) 다음 표를 완성하여 각 심벌신호의 디지털 코드를 구하라.

확률 순	심벌	결정 코드

(2) 각 심벌에 할당된 디지털 코드의 평균 비트 길이를 구하라.

6. 채널 부호화 방식에서 [12,7] 블록 코드라고 하면 다음은 각각 몇 비트씩인가?

(1) 코드워드 (2) 메시지 비트 (3) 패리티 비트

7. 전송할 코드워드를 메시지 비트 + 패리티 비트의 연속된 비트열로 나타내려고 한다. 첫 번째 패리티 비트는 메시지 비트의 1, 3번째 비트를 XOR한 값으로 하고 두 번째 패리티 비트는 2, 4번째 비트를 XOR한 값으로 정하였다. 이때 다음 메시지 비트에 대한 전송 코드워드를 굵은 선 안에 적어 넣어라.

메시지	코드워드	메시지	코드워드
1000		1100	
1001		1101	
1010		1110	
1011		1111	

8. 다음 표에 데이터 A와 B 사이의 해밍 거리를 적어 넣어 표를 완성하라.

구분	(1)	(2)	(3)
데이터 A	001001000	1987201702	Seoul Korea
데이터 B	011010001	1988201804	Seoul Busan
해밍 거리			

9. 다음 4비트 기억장치를 갖는 컨벌루셔널 코드발생기에 입력되는 데이터 1100에 대해, 코드발생 처리과정을 다음 부호화표의 굵은 선 안에 적어 넣어라. 그림의 ⊕ 기호는 모듈로-2 연산을 나타낸다.

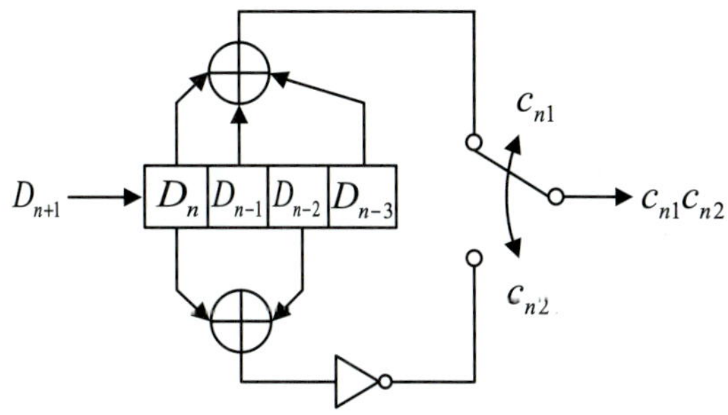

차수	입력	기억소자				출력	
i	⇒	D_n	D_{n-1}	D_{n-2}	D_{n-3}	C_{n1}	C_{n2}
0	1100	0	0	0	0	0	1
1	0110						
2	0011						
3	0001						
4	0000						
5	0000						
6	0000						
7	0000						
8	0000	0	0	0	0	0	1

Chapter 08

Communication Theory

디지털 변조

Chapter

Communication Theory

08 디지털 변조

8.1 디지털 변조의 원리

아날로그 통신 방식과 디지털 통신 방식의 가장 근본적인 차이점은 보내고자 하는 정보가 아날로그 신호인가 디지털 신호인가 하는 점이다. 전송하고자 하는 본래의 정보신호가 디지털인 경우는 디지털 변조방식에 의해 처리된다. 수신 측에서는 전송받은 반송파 신호의 진폭, 주파수, 위상부분의 변화에서 송신 측에서 보내고자 한 디지털 정보신호를 찾아낸다.

디지털 시대에 우리가 잊기 쉬운 사실은 실제의 자연현상들은 모두 아날로그 신호라는 것이다. 물리적인 모든 전기신호는 아날로그 신호이다. 디지털 통신은 1과 0의 정보를 전달하기 위한 것이지만 실제로는 전달과정에서 다양한 형태의 아날로그 신호를 사용한다. 디지털 변조는 기저대역 신호가 전송채널로 전송되기 적합하도록 디지털 데이터로 아날로그 반송파를 변조시키는 것이다. 이를 위해 반송파의 진폭, 주파수, 위상을 몇 가지 이산적인 단계로 만들어 전송한다.

8.1.1 심벌 신호 만들기

기저대역에서 1과 0을 나타내는 디지털 정보를 멀리 보내려면 통신채널에 적합하도록 아날로그 반송파를 디지털 방식으로 변조해서 전송해야 한다. 디지털 변조는 아날로그 신호 파형이 갖는 물리적인 특성인 반송파의 진폭, 주파수, 위상부분의 변화에 디지털 데이터를 실어주는 것이다. 여기서 기저대역의 디지털 정보신호로 변조될 반송파를 식 (8.1)처럼 $S(t)$라고 하자.

$$S(t) = A(t)\cos\theta(t) = A(t)\cos[\omega(t)t + \phi(t)] \quad (8.1)$$

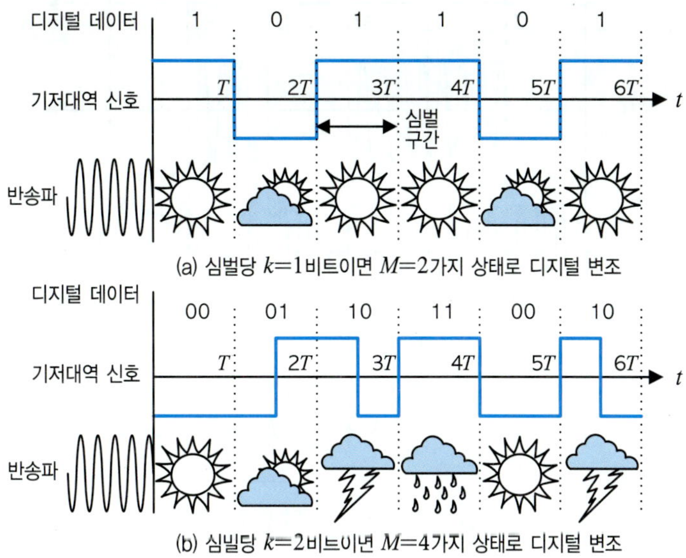

[그림 8-1] 기저대역 신호가 변조되기 전후의 심벌 신호

디지털 통신에서 심벌(symbol)은 정보를 전달하는 단위로서 비트의 묶음이나 혹은 이를 디지털 변조한 신호를 말한다. [그림 8-1]과 같이 각 심벌 구간인 주기 T마다 k비트씩의 2진 데이터를 전송하려면 먼저 반송파로 $M=2^k$가지 상태의 심벌 신호를 만들어야 한다. 식 (8.1)의 반송파 $S(t)$에서 진폭, 주파수, 위상을 조합하면 식 (8.2)처럼 M 종류의 심벌 신호 $S_i(t)$를 만들 수 있다. 여기서 $i=1, 2, \cdots, M$이다.

$$\{A_i(t), \omega_i(t), \phi_i(t)\} \text{ ☞ } \{S_1(t), S_2(t), \cdots S_i(t) \cdots, S_M(t)\} \quad (8.2)$$

디지털 통신에서 송신 측과 수신 측은 상호 약속에 의해서 심벌의 판정 주기 T와 M가지 심벌 신호의 종류를 미리 정해 놓는다. 송신 측은 각 심벌 구간마다 M 종류의 심벌 중 하나씩 골라 전송한다. 수신 측은 일정한 주기 T마다 들어오는 심벌의 종류를 판정해 심벌당 k비트씩 추출한다. 예를 들어 $k=1$이면 $M=2$에서 [그림 8-2]처럼 2진 디지털 변조방식의 파형을 만들 수 있다.

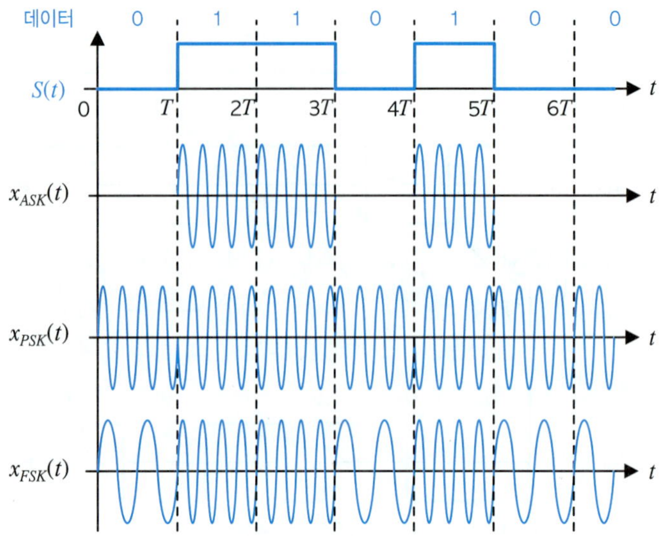

[그림 8-2] 2진 디지털 변조방식

8.1.2 심벌의 전송속도

심벌률(symbol rate)은 라인 코드 형식이나 디지털 변조에서 심벌의 초당 변화율로 1초당 전송되는 심벌 수를 나타낸다. 다른 말로 보드율(baud rate) 혹은 변조율(modulation rate)이라고 한다. 단위로는 초당 심벌 수(symbol/s) 혹은 보드(baud, Bd)로 표시한다. 1000[Bd]는 1[kBd]와 같은 식으로 표시한다. 라인 코드 전송에서 심벌률은 펄스율(pulse/s)이 된다.

심벌과 비트의 전송속도인 심벌률과 비트율 사이에는 다음의 관계가 있다.

$$(\text{비트율}) = (\text{심벌당 비트 수}) \times (\text{심벌률})$$

■ 기본 예제 8.1 (심벌의 전송속도)

심벌당 비트 수가 3이고, 28개의 심벌이 16ms에 전송될 때 ① 보드율(Bd)과 ② 비트율(bit/s)을 구하라.

① 보드율(baud rate) = (초당 심벌 수) $= \dfrac{28}{16 \times 10^{-3}} = 1750\,[\mathrm{Bd}]$

② 비트율(bit/s) = (심벌당 비트 수)×보드율 $= 3 \times 1750 = 5250\,[\mathrm{bit/s}]$

8.2 디지털 변조방식의 종류

8.2.1 ASK 변조

디지털 변조에서 반송파의 진폭만 몇 가지 상태로 변화시켜 심벌 신호를 만드는 방식을 ASK(amplitude shift keying) 변조 혹은 진폭 편이 변조라고 한다. ASK의 심벌 신호는 다음과 같이 반송파 주파수 ω_c와 위상 ϕ는 일정하고 진폭 $A_i(t)$만 변화시켜 M 종류의 심벌 신호 $S_i(t)$를 만든다.

$$\{A_i(t),\ \omega_c,\ \phi\} ☞ \{S_1(t),\ S_2(t),\ \cdots S_i(t) \cdots,\ S_M(t)\} \tag{8.3}$$

ASK 신호는 심벌 구간 T마다 위의 심벌 신호 중에서 어느 하나를 골라 전송한다. ASK 신호를 식으로 나타내면 다음과 같다.

$$S_{ASK}(t) = A_i(t)\cos(\omega_c t + \phi) \tag{8.4}$$

$$A_i(t) = \sqrt{\frac{2E_i(t)}{T}} \quad ☞ \text{ 여기서 } i = 1,\ 2,\ \ldots,\ M \tag{8.5}$$

a. 심벌 신호의 진폭

식 (8.5)에서 진폭 $A_i(t)$를 표현하는 심벌 구간 T당 에너지 $E_i(t)$는 반송파 $S_i(t)$가 정현파이므로 식 (8.6)과 같이 구해진다. 심벌이 최대 에너지를 가질 때 심벌의 진폭이 최대가 되므로, 이때의 심벌의 진폭은 결국 변조되기 이전의 반송파의 진폭이 된다. 식 (8.6)에서 심벌의 최대 에너지를 $E_i(t)=T/2$라고 놓으면 반송파의 진폭은 1이 되고 또한 이것은 심벌의 최대 진폭이 된다.

$$E_i(t)=\int_0^T S_i^2(t)\,dt=\frac{A_i^2(t)}{2}T \quad ☞ \quad A_i(t)=\sqrt{\frac{2E_i(t)}{T}} \tag{8.6}$$

b. OOK 변조

[그림 8-3]과 같이 심벌당 1비트를 전송하기 위해 2가지 진폭을 사용하는 2진 ASK 변조방식을 BASK(binary ASK) 변조라고 한다. 그 중 하나인 OOK(on-off keying) 변조는 반송파를 온-오프(on-off)하여 단순히 반송파가 있고 없음으로 1과 0을 만드는 ASK의 가장 단순한 형태이다. 이 방식은 대역폭 사용에서 가장 효율적이지만 다른 방식들에 비해 잡음에 더 취약하다. OOK 변조방식은 무선통신은 물론 빛을 on-off하는 광통신에도 사용된다.

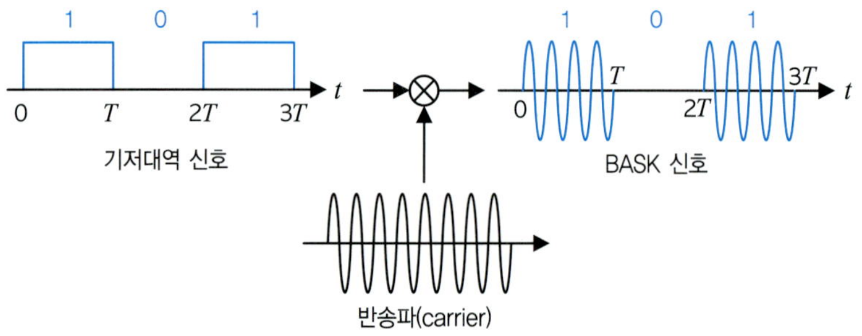

[그림 8-3] BASK 변조

8.2.2 PSK 변조

디지털 변조에서 반송파의 위상만 몇 가지 상태로 변화시켜 심벌 신호를 만드는 방식을 PSK(phase shift keying) 변조 혹은 위상 편이 변조라고 한다. PSK의 심벌 신호는 다음과 같이 반송파의 진폭 A와 주파수 ω_c는 일정하고 위상 $\phi_i(t)$만 변화시켜 M 종류의 심벌 신호 $S_i(t)$를 만든다.

$$\{A,\ \omega_c,\ \phi_i(t)\} \quad ☞ \quad \{S_1(t),\ S_2(t),\ \cdots S_i(t)\cdots,\ S_M(t)\} \tag{8.7}$$

PSK 신호는 심벌 구간 T마다 위의 심벌 신호 중에서 어느 하나를 골라 전송한다. PSK 신호를 식으로 나타내면 다음과 같다.

$$S_{PSK}(t) = A\cos[\omega_c t + \phi_i(t)] \qquad (8.8)$$

$$\phi_i(t) = \frac{2\pi i}{M} \quad ☞ \text{ 여기서 } i = 1, 2, \dots, M \qquad (8.9)$$

[그림 8-4]와 같이 심벌당 1비트를 전송하기 위해 2가지 위상을 사용하는 2진 PSK 변조방식을 BPSK(binary PSK) 변조라고 한다.

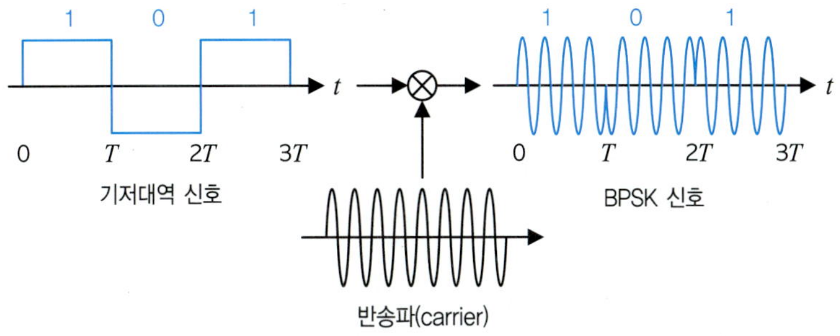

[그림 8-4] BPSK 변조

8.2.3 FSK 변조

디지털 변조에서 반송파의 주파수만 몇 가지 상태로 변화시켜 심벌 신호를 만드는 방식을 FSK(frequency shift keying) 변조 혹은 주파수 편이 변조라고 한다. FSK의 심벌 신호는 다음과 같이 반송파의 진폭 A와 위상 ϕ는 일정하고 주파수 $\omega_i(t)$만 변화시켜 M 종류의 심벌 신호 $S_i(t)$를 만든다.

$$\{A, \omega_i(t), \phi\} \quad ☞ \quad \{S_1(t), S_2(t), \cdots S_i(t) \cdots, S_M(t)\} \qquad (8.10)$$

FSK 신호는 심벌 구간 T마다 위의 심벌 신호 중에서 어느 하나를 골라 전송한다. FSK 신호를 식으로 나타내면 다음과 같다.

$$S_{FSK}(t) = A\cos[\omega_i(t)t + \phi] \qquad (8.11)$$

$$\omega_i(t) = \omega_i \quad ☞ \text{ 여기서 } i = 1, 2, \dots, M \qquad (8.12)$$

심벌당 1비트를 전송하기 위해 2가지 주파수를 사용하는 2진 FSK 변조방식을 BFSK(binary FSK) 변조라고 한다. FSK 신호를 생성할 때 [그림 8-5]의 (a)는 기저대역의 2진 데이터로 구동되는 2개의 발진기 출력 중 하나를 선택해 내보내는 방법으로 위상이 불연속이 된다. 이 경우는 불연속 파형에서 주파수 대역폭이 증가하거나 비선형 왜곡이 증가한다. (b)는 기저대역의 2진 데이터에 의해서 변조되는 하나의 주파수 발생기에서 나오는 출력을 내보내는 방법으로 위상이 연속된다. 이 때문에 대역제한이나 비선형 왜곡에서 좋은 성능을 나타낸다.

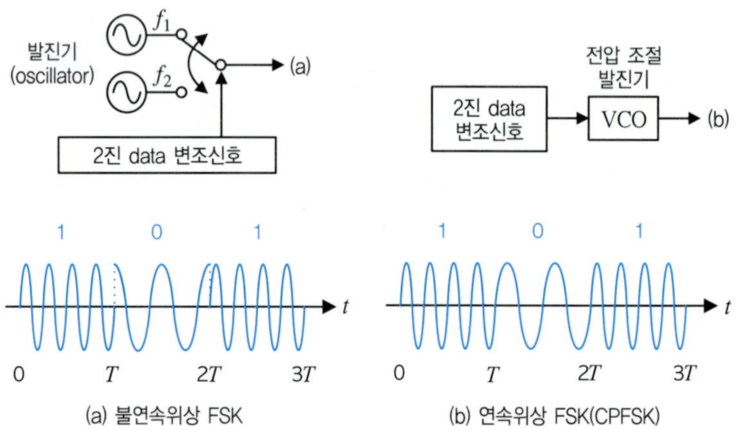

[그림 8-5] BFSK 변조

MSK(minimum shift keying) 변조 혹은 최소 편이 변조는 [그림 8-5]의 연속 위상 FSK(continuous phase FSK, CPFSK)의 한 형태이다. MSK는 뒤에서 설명할 OQPSK 변조와 처리과정이 유사하나 여기서는 생략하고 특징만 비교하자. OQPSK는 기저대역 신호로 사각파 펄스를 사용해 반송파의 위상을 변조한다. 이와 달리 MSK는 기저대역 신호의 각 비트를 반사인(half sinusoidal) 펄스 파형으로 바꾼 후 반송파의 주파수를 변조한다. 그 결과 불연속 위상을 제거함으로써 고조파 성분을 줄일 수 있다. MSK에서 파생된 GMSK(Gaussian MSK)는 GSM 이동전화에도 사용되었다. GMSK는 기저대역의 사각파 펄스를 가우시안 필터에 통과시킨 후 반송파의 주파수를 변조한다. 이렇게 하면 측대파의 전력을 감소시켜 인접한 주파수 채널을 갖는 반송파들 사이에 간섭을 줄여준다.

8.3 QPSK와 DPSK

8.3.1 QPSK 변조

M개의 위상 상태를 갖는 PSK를 통칭해서 M진 PSK 혹은 M-PSK라고 한다. [그림 8-6]에 심벌당 비트 수 k=1, 2, 3에 대해 $M=2^k$에서 M=2, 4, 8가지 위상을 갖는 3가지 PSK를 나타내었다. M=4인 경우를 QPSK(quadrature PSK) 혹은 직교 위상 편이 변조라고 한다.

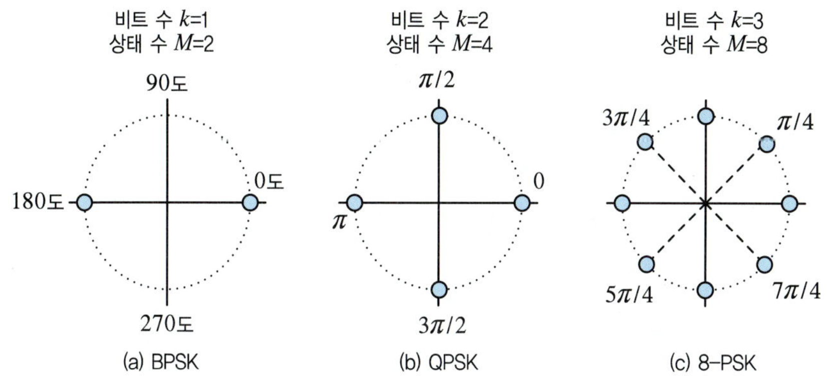

[그림 8-6] BPSK, QPSK, 8-PSK의 위상

[그림 8-6(b)]의 4가지 위상 $\phi_i = 0, \pi/2, \pi, 3\pi/2$를 사용해 QPSK 신호를 만들어보자. PSK 신호 $S_i(t)$에 대한 식 (8.8)에서 다음 $\phi_{00}(t)$~$\phi_{11}(t)$와 같은 4가지 심벌 신호를 만들어 낼 수 있다.

$$\phi_{00}(t) = A\cos\omega_c t \qquad ☞\ 00 \tag{8.13}$$

$$\phi_{01}(t) = A\cos(\omega_c t + \frac{\pi}{2}) \qquad ☞\ 01 \tag{8.14}$$

$$\phi_{10}(t) = A\cos(\omega_c t + \pi) \qquad ☞\ 10 \tag{8.15}$$

$$\phi_{11}(t) = A\cos(\omega_c t + \frac{3}{2}\pi) \qquad ☞\ 11 \tag{8.16}$$

이 심벌 신호들은 각각 2비트의 2진 심벌 데이터 00, 01, 10, 11을 나타낸다. [그림 8-7]에서 전송신호 $x_{PSK}(t)$는 각 심벌 구간 T마다 전송할 2진 데이터에 따라 심벌 파형 $\phi_{00}(t)$~$\phi_{11}(t)$ 중에서 하나를 선택해 전송한다. 수신 측은 각 심벌 구간마다 전송신호의 위상을 판정해 해당 심벌의 2진 데이터를 구별해낸다.

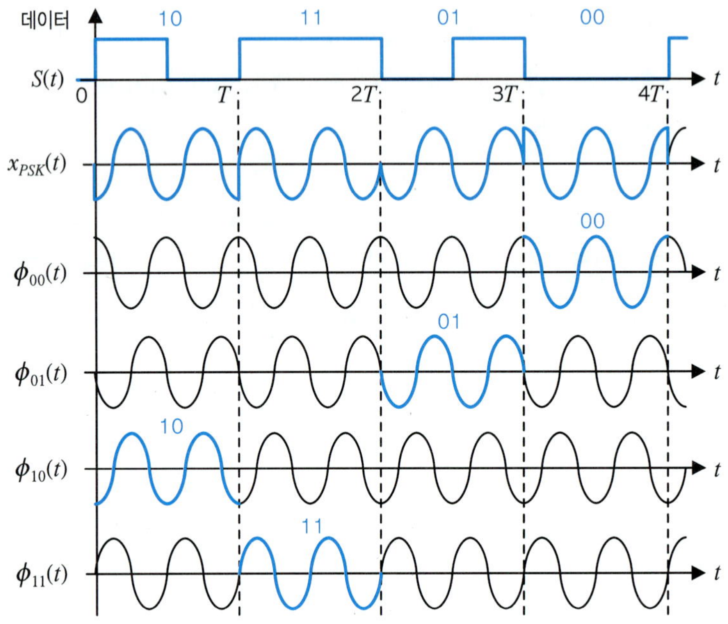

[그림 8-7] QPSK 변조의 예

8.3.2 직교 위상 편이 변조기

QPSK 변조기는 일반적으로 [그림 8-4]의 BPSK 변조기 2개를 이용해 [그림 8-8]처럼 만들 수 있다. 같은 주파수를 갖는 코사인파와 사인파인 2개의 반송파를 사용한다. 송신 측은 전송 데이터를 두 세트로 나누어 각각을 기저대역 신호로 만든다. 그런 후 2개의 반송파를 이용해 0°와 180°로 위상 편이 변조해 이를 합쳐서 송신한다. 반송파로 사용된 코사인파와 사인파의 위상이 90° 차이 나므로 QPSK 신호는 총 4가지 전송 위상을 갖는다. 수신 측은 송신 측과 반대되는 과정을 거쳐 2종류의 BPSK 신호를 복조하고 두 세트의 수신 데이터를 다시 합쳐 본래의 전송 데이터를 복원한다.

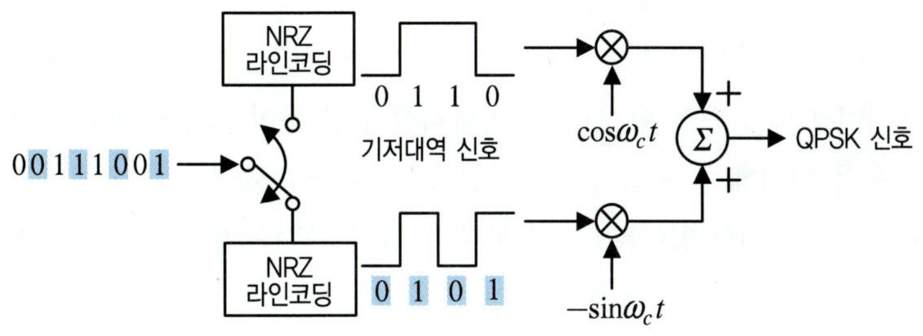

[그림 8-8] 직교 위상 편이 변조기

8.3.3 OQPSK와 π/4-QPSK

QPSK 역시 [그림 8-7]처럼 불연속 파형으로 대역폭이 증가하고 비선형 왜곡이 발생한다. [그림 6-5]의 설명에서 날카로운 모서리 파형은 고주파 성분을 지니며 대역폭이 늘어난다. [그림 3-18]의 설명에서 급격한 진폭 변동은 비선형 왜곡을 일으킨다. OQPSK와 π/4-QPSK의 사용 목적은 QPSK가 갖는 ±180°의 급격한 위상 천이를 제거해 이러한 성능 저하를 최소화하기 위한 것이다.

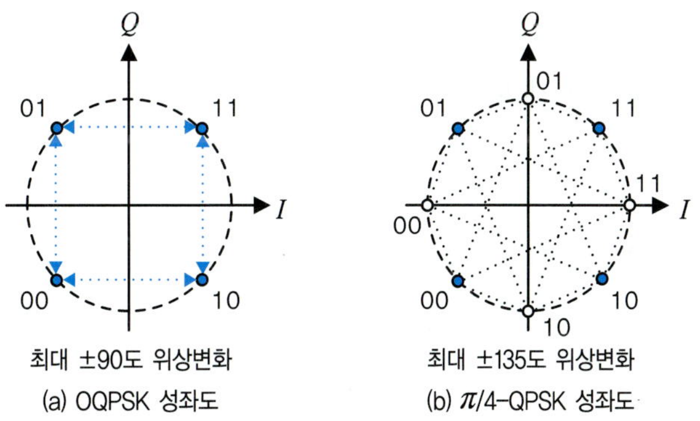

[그림 8-9] OQPSK와 π/4-QPSK 변조방식의 성좌도

a. OQPSK 변조

OQPSK(offset QPSK) 변조는 어느 순간이든 한 번에 한 비트씩만 변경되기 때문에 위상변화 범위를 최대 ±90° 이내로 제한한다. [그림 8-9]의 (a)에 OQPSK의 위

상 천이(phase shift)가 가능한 범위를 점선으로 표시하였다. 일반적인 QPSK의 심벌은 동시에 2비트씩 변경되어 한 번에 4개의 위상 중 어느 하나로 이동할 수 있다. 최대 180도 점프할 수 있는 이런 급격한 위상 천이는 통신 회로를 거치면서 큰 진폭 변동을 야기해 통신 품질이 떨어진다. 한편 한 번에 한 비트씩 2회에 걸쳐 변경되는 OQPSK의 위상 천이는 QPSK보다 두 배나 자주 발생한다. 하지만 위상이 점프하는 크기가 더 작기 때문에 영향이 덜 심각하다. 즉, OQPSK은 다른 QPSK에 비해 훨씬 낮은 진폭 변동을 가져오기 때문에 종종 선호된다. 이 방식은 8.8절의 MATLAB 예제를 통해 좀 더 쉽게 이해할 수 있을 것이다.

b. $\pi/4$-QPSK 변조

$\pi/4$-QPSK는 어느 순간이든 위상변화 범위를 최대 $\pm 135^\circ$ 이내로 제한한다. [그림 8-9(b)]에 $\pi/4$-QPSK의 위상 천이가 가능한 범위를 점선으로 표시하였다. 이를 위해서 [그림 8-9(b)]처럼 $\pi/4$가 기울어진 각 4개의 점들로 구성된 2세트의 성좌도를 홀수와 짝수 번째 심벌에서 교대로 사용한다.

8.3.4 DPSK 변조

DPSK(differential PSK) 변조 혹은 차동 위상 편이 변조는 차동 부호화와 위상 편이 변조가 결합된 방식이다. DPSK는 반송파의 절대 위상에 정보를 싣기보다는 이전 데이터와 현재 데이터의 차이를 부호화하고 그 결과를 위상 편이 변조한다.

PSK의 단점은 신호가 통신채널을 통과하면서 위상이 틀어져 수신 측에서 판정할 위상이 애매모호해질 때이다. 이 문제는 위상 판정 기준을 제어하기 위해 통신시스템을 복잡하게 설계하는 것보다 DPSK처럼 데이터를 바꾸어주는 것으로도 쉽게 해결할 수 있다. DPSK는 수신 측에서 신호의 절대 위상 대신 상대 위상으로 판정하기 때문에 잡음에 강해져서 수신 측에서 동기를 맞추기에 유리하다.

a. DPSK 부호화기

DPSK 부호화기는 정보신호를 입력비트로 하여 DPSK 부호화기의 출력비트를 만든다. 이에 따라 심벌의 위상을 변조해 DPSK 전송위상을 만든다.

■ **기본 예제 8.2 (DPSK 부호화)**

어떤 DPSK 부호화기 회로의 입출력특성을 설계할 때 입력비트 x_n에 대한 출력비트 y_n을 $y_n=\overline{x_n \oplus y_{n-1}}$로 정했다. DPSK 전송위상은 출력비트 값이 1일 때는 0으로, 출력비트 값이 0일 때는 π로 만들어 전송한다고 하자. 다음 굵은 선 안을 채워 넣어 부호화표를 완성하라.

$\oplus$ 기호는 배타적 논리합 XOR(exclusive OR)를 나타낸다.

부호화 입력비트 x_n	×	1	1	0	1	0	1	0
부호화 출력비트 y_n	1	1	1	0	0	1	1	0
DPSK 전송위상	0	0	0	π	π	0	0	π

b. DPSK 복호화기

수신기로 DPSK 신호가 들어오면 신벌 구간마다 심벌 신호의 위상을 판정해 송신 측에서 보낸 DPSK 부호화기의 출력비트를 검출한다. 이를 DPSK 복호화기의 입력비트로 하여 DPSK 복호화기의 출력에서 송신 측에서 보내온 정보신호를 복원한다.

■ **기본 예제 8.3 (DPSK 복호화)**

어떤 DPSK 복호화기 회로의 입출력특성을 설계할 때 입력비트 y_n에 대한 출력비트 x_n을 $x_n=\overline{y_n \oplus y_{n-1}}$로 정했다. 이 장치에 입력되는 DPSK 전송위상은 입력비트 값이 1일 때는 0으로, 입력비트 값이 0일 때는 π로 수신된다. 다음 굵은 선 안을 채워 넣어 복호화표를 완성하라.

$\oplus$ 기호는 배타적 논리합 XOR(exclusive OR)를 나타낸다.

DPSK 전송위상	0	0	0	π	π	0	0	π	×
복호화 입력비트 y_n	1	1	1	0	0	1	1	0	×
지연된 입력비트 y_{n-1}	×	1	1	1	0	0	1	1	0
복호화 출력비트 x_n	×	1	1	0	1	0	1	0	×

☞ 기본 예제 8.2와 비교해보면 송신 측에서 보낸 x_n이 복원된다.

8.4 QAM 변조

QAM(quadrature amplitude modulation) 혹은 직교 진폭 변조는 반송파의 진폭과 위상을 몇 가지 상태로 변화시켜 심벌 신호를 만드는 방식이다. 이 방식은 ASK와 PSK를 동시에 적용하므로 APSK(amplitude and phase shift keying) 변조 혹은 진폭위상 편이 변조라고도 한다. 상태 수 M을 늘리면서 ASK나 PSK 보다 비트 에러 확률을 줄일 수 있다. QAM의 심벌 신호는 아래와 같이 반송파의 주파수 ω_c는 일정하고 진폭 $A_i(t)$와 위상 $\phi_i(t)$를 변화시켜 M 종류의 심벌 신호 $S_i(t)$를 만든다.

$$\{A_i(t), \omega_c, \phi_i(t)\} \quad ☞ \quad \{S_1(t), S_2(t), \cdots S_i(t) \cdots, S_M(t)\} \tag{8.17}$$

QAM 신호는 심벌 구간 T마다 위의 심벌 신호 중에서 어느 하나를 골라 전송한다. 이를 식으로 나타내면 다음과 같다.

$$S_{QAM}(t) = A_i(t)\cos[\omega_c t + \phi_i(t)] \tag{8.18}$$

$$A_i(t) = \sqrt{\frac{2E_i(t)}{T}},\ \phi_i(t) = \frac{2\pi i}{M} \quad ☞ \text{ 여기서 } i = 1, 2, \ldots, M \tag{8.19}$$

식 (8.18)에서 $A_i(t)=A_i$와 $\phi_i(t)=\phi_i$로 간략히 놓고 삼각함수를 전개하면 QAM 신호를 다음 식의 형태로 유도할 수 있다.

$$\begin{aligned} S_{QAM}(t) &= A_i\cos(\omega_c t + \phi_i) \\ &= A_i(\cos\omega_c t\cos\phi_i - \sin\omega_c t\sin\phi_i) \\ &= (A_i\cos\phi_i)\cos\omega_c t - (A_i\sin\phi_i)\sin\omega_c t \\ &= I(t)\cos\omega_c t - Q(t)\sin\omega_c t \end{aligned} \tag{8.20}$$

위 식에서 $I(t) = A_i\cos\phi_i$와 $Q(t) = A_i\sin\phi_i$이므로, 만일 $I(t)$와 $Q(t)$값을 알면 다음과 같이 QAM 신호의 진폭과 위상을 구할 수 있다.

$$A_i = \sqrt{I^2(t) + Q^2(t)},\ \phi_i = \tan^{-1}\frac{Q(t)}{I(t)} \tag{8.21}$$

이를 직교 좌표 위에 x방향을 $I(t)$로, y방향을 $Q(t)$로 [그림 8-10]처럼 나타낼 수 있다. 식 (8.20)에서 I축의 성분 $I(t)$는 반송파 $\cos\omega_c t$의 진폭을 나타내며, Q축의 성분 $Q(t)$는 반송파 $-\sin\omega_c t$의 진폭을 나타낸다. 이 때문에 I축을 $\cos\omega_c t$축으로, Q축을 $-\sin\omega_c t$축으로 표시하기도 한다.

[그림 8-10]의 I—Q 평면 위에 M개의 (I,Q) 값을 좌표에 표시하면 M가지 상태의 심벌 신호 $S_i(t)$를 배치할 수 있다. 이런 그림을 성좌도라고 하며 심벌을 판정하는데 사용된다. 심벌 신호 $S_i(t)$의 위치가 정해지면 식 (8.21)에서 각각에 해당되는 진폭 A_i와 위상 ϕ_i를 계산하여 M진 QAM 신호를 완성할 수 있다.

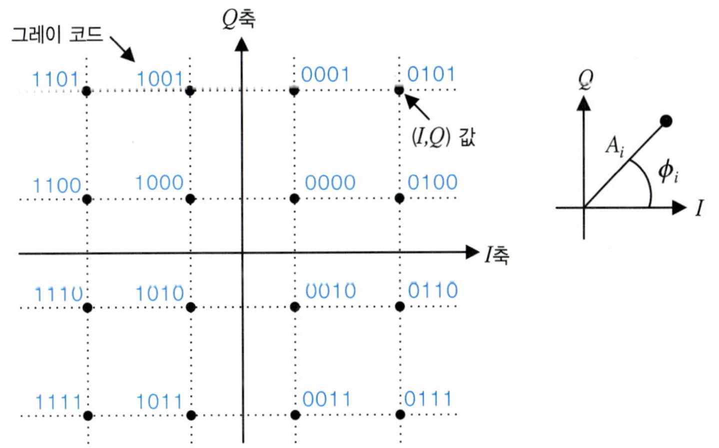

[그림 8-10] 그레이 코드를 갖는 16-QAM 성좌도

[그림 8-10]에서 성좌도의 각 점은 M가지 심벌 신호 중 한 가지를 나타낸다. 이때 각 심벌 신호에 k비트씩 비트 그룹을 할당하기 위해 주로 그레이 코드를 사용한다. 그레이 코드 방식은 인접한 심벌 간에는 1비트씩만 차이 나도록 비트 그룹을 할당하여 심벌의 평균 비트 에러 확률을 줄이는 방법이다.

[그림 8-10]은 M=16가지 상태의 QAM 심벌 신호를 나타내는 성좌도이다. I축을 MSB 2비트로 하고 Q축을 LSB 2비트로 하여 각 축에 각각 11 10 00 01을 할당해 16개 심벌에 대한 4비트 그레이 코드를 완성한 예이다.

8.5 M진 변조방식

M 종류의 심벌을 사용하는 디지털 변조방식을 M-ary(M-어리), M진 변조 혹은 M진 전송이라고 한다. 여기서 M의 의미는 다중(multi-)의 의미이다. M진 변조방식은 ASK, PSK, FSK, QAM 등의 앞에 M-ary 또는 M자를 붙여 부른다. 예를 들어 M-ary ASK, M진 ASK, MASK, M-ASK 등으로 부른다.

k비트로 구성된 심벌을 사용하는 M-ASK는 $M=2^k$개의 서로 다른 진폭을 이용해 전송된다. 마찬가지로 M-PSK는 $M=2^k$개의 서로 다른 위상을 이용해 전송되고 M-FSK는 $M=2^k$개의 서로 다른 주파수를 이용해 전송된다. M-QAM은 정보를 전달하기 위해 진폭과 위상을 $M=2^k$개로 조합해서 전송한다.

8.5.1 전력 효율과 스펙트럼 효율

디지털 변조방식을 검토할 때는 다음 몇 가지 관점에서 고려할 수 있다. 여기서는 이 중에서 전력 효율과 스펙트럼 효율에 대해서 알아보자.

① 전력 효율(power efficiency)
② 스펙트럼 효율(spectral efficiency)
③ 비선형 왜곡에서의 성능
④ 비용과 구현의 복잡성
⑤ 다중경로 페이딩 채널 환경(9장 참조)

a. 전력 효율

전력 효율(power efficiency)은 특정 에러 확률 계산을 위한 비트당 신호대잡음비(E_b/N_o, SNR)를 말한다. 신호를 전송할 때 적은 전력을 소모할수록 전력 효율이 좋다고 할 수 있다. 위성통신이나 고주파 회로는 전력 효율을 높이기 위해 전력 증폭기의 포화영역까지 사용하게 되는 경우가 많아 비선형 왜곡이 발생한다.

b. 스펙트럼 효율

스펙트럼 효율(spectral efficiency 혹은 bandwidth efficiency)은 단위 대역

폭당 데이터 전송률을 말한다. 즉, 스펙트럼 효율은 데이터 전송속도와 대역폭과의 관계로 다음 식과 같이 나타낼 수 있다.

$$\text{스펙트럼 효율 [bit/s/Hz]} = \text{전송속도 [bit/s]} \div \text{대역폭 [Hz]} \tag{8.22}$$

같은 전송속도를 나타낼 때 더 적은 대역폭을 사용한다면 스펙트럼 효율이 더 높다고 말할 수 있다. 그만큼 주파수 대역을 효율적으로 잘 사용한다는 뜻이다. 만약 스펙트럼 효율이 10bit/s/Hz인 링크에서 1Gbit/s의 전송속도를 가지려면 필요한 주파수 대역폭은 얼마나 될까? 식 (8.22)에서 대역폭은 (전송속도)÷(스펙트럼 효율)이므로 1Gbit/s÷10bit/s/Hz에서 100MHz가 필요하다.

8.5.2 직교 진폭 변조기

식 (8.20)의 QAM 신호에 대한 식을 다시 적으면 다음과 같다. 이 식은 [그림 8-11]처럼 주파수는 같고 위상이 90° 차이가 나는 두 개의 반송파인 $\cos\omega_c t$와 $-\sin\omega_c t$에 신호 $I(t)$와 $Q(t)$를 각각 실어 진폭 변조한 형태이다.

$$S(t) = I(t)\cos\omega_c t - Q(t)\sin\omega_c t$$

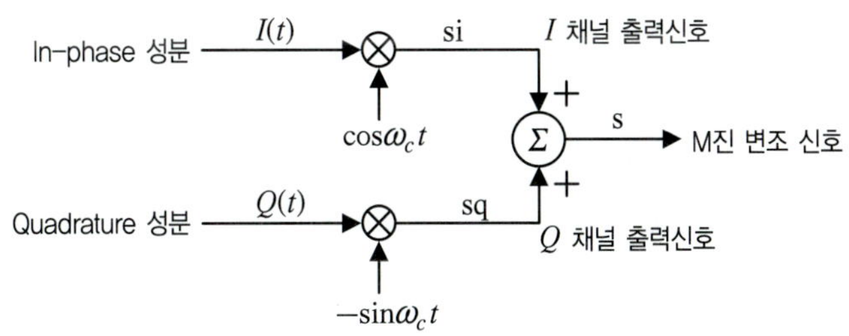

[그림 8-11] 직교 진폭 변조기

[그림 8-11]을 직교 진폭 변조기라고 하며 아날로그 변조방식과 디지털 변조방식에 모두 사용할 수 있다. 이 방식은 주파수는 같고 위상이 90° 차이 나는 2개의 반송파에 각각 다른 정보를 실어 진폭 변조한 후 이를 합쳐서 전송한다. 이런 방식

을 직교 진폭 변조(quadrature amplitude modulation, QAM)라고 한다.

[그림 8-11]에서 $I(t)$는 단일 반송파로 사용하려던 $\cos\omega_c t$에 실리는 성분으로 동위상(in-phase) 성분이라고 한다. $Q(t)$는 본래 반송파와 항상 90° 위상차(out of phase) 나는 반송파에 실리는 성분으로 직각위상(quadrature) 성분이라고 한다. 직교 진폭 변조기는 M-QAM은 물론 M-ASK와 M-PSK에도 사용할 수 있다. M-ASK는 $Q(t)$ 성분이 없이 $I(t)$ 성분만 M개의 진폭을 갖는 경우이다. 앞의 [그림 8-8]은 $I(t)$와 $Q(t)$에 2개의 NRZ 기저대역 신호를 사용해서 4개의 전송위상을 만드는 QPSK 변조기로 활용한 경우이다.

[그림 8-11]에서 반송파로 사용된 코사인파와 사인파는 직교성(orthogonality) 때문에 함께 전송되어도 독립적이고 서로 간섭하지 않는다. 그 결과 In-phase 성분과 Quadrature 성분을 동시에 전송할 때 서루 영향을 주지 않는다. 이 때문에 In-phase 성분만 전송할 때보다 Quadrature 성분까지 같이 전송하면 동일한 전송 대역폭을 사용해서 전송 용량을 2배로 늘릴 수 있는 방법이다.

8.5.3 성좌도

M진 변조방식에서 [그림 8-12]처럼 M 종류의 심벌이 가질 수 있는 진폭과 위상을 직교 좌표 위에 표시한 것을 성좌도(constellation)라고 한다. 『별자리』라는 뜻으로 M 종류의 심벌을 나타내는 작은 점들이 별처럼 배치된다. 그림 안에서 각 점들은 M 종류의 심벌 신호 중 식 (8.21)에 의해서 정해지는 한 종류의 진폭과 위상에 대한 정보를 갖고 있다.

[그림 8-12]의 성좌도는 M-ASK, M-PSK, M-QAM의 심벌 판정을 위해서 사용될 수 있다. 동일한 평균 전력을 사용해서 전송할 때 다음과 같은 2가지 관점에서 변조방식들을 비교할 수 있다.

① 성좌도 상에 위치한 점의 개수가 많아질수록 스펙트럼 효율이 좋아진다. 즉, 주파수 대역폭을 더 사용하지 않고도 데이터 전송속도를 높일 수 있다.
② 최소 거리 간격 d가 가까울수록 SNR이 나빠져 전력 효율이 떨어진다. 즉, 가까워진 심벌들을 정확히 구별하려면 신호의 전력을 더 높여야 한다.

a. M-ASK 변조의 성좌도

M-ASK는 M-PSK나 M-QAM의 경우보다 심벌 간의 최소 간격 d가 좁아 에

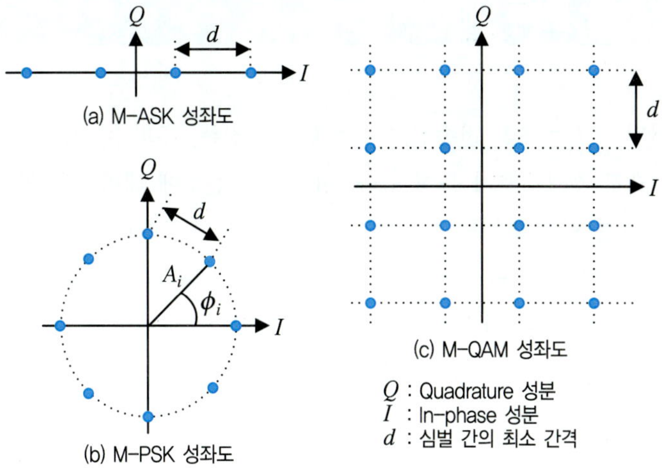

[그림 8-12] M진 변조방식의 성좌도

러 성능이 나빠진다. 포락선도 균일하지 않아 비선형 왜곡에서 성능이 나빠진다.

b. M-PSK 변조의 성좌도

M-PSK는 M-QAM의 경우보다 심벌 간의 최소 간격 d가 좁아 에러 성능이 나빠진다. 하지만 포락선이 균일해 비선형 왜곡에서 좋은 성능을 나타낸다.

c. M-QAM 변조의 성좌도

M-QAM은 M-ASK나 M-PSK의 경우보다 심벌 간의 최소 간격 d가 넓어 에러 성능이 좋아진다. 포락선은 균일하지 않아 비선형 왜곡에서 성능이 나빠진다.

출발은 다르지만 2-QAM, 4-QAM은 실제로는 각각 BPSK, QPSK와 결국 같은 방식이 된다. 심벌의 진폭과 위상을 나타내는 [그림 8-12]의 성좌도에서 그 이유를 찾을 수 있다. M=2인 경우 2-ASK, 2-PSK, 2-QAM은 성좌도에서 어떤 2개의 점을 선택하든지 결국 모두 같은 형태가 된다. M=4인 경우도 4-PSK, 4-QAM의 형태가 같아진다. 어떤 4개의 점들을 골라 원으로 연결하든 QPSK와 4-QAM의 형태는 결국 같아진다. 성좌도는 M진 변조방식에서 진폭과 위상으로 심벌을 설계하는 방법이다. 실제 사용할 구체적인 진폭과 위상 값은 다양하게 선택하기 나름이다.

8.6 비트 에러 확률

아날로그 변조된 전송신호는 반송파의 진폭, 주파수, 위상부분에 아날로그 변화량으로 정보신호가 들어 있다. 아날로그 신호에 대한 에러의 복원은 정보신호와 피해를 입는 부분들이 모두 아날로그 양이기 때문에 대단히 어렵다. 하지만 에러의 영향은 디지털 통신에 비해 상대적으로 심각하지 않다. 신호가 약간 손상되면 대개 음질이나 화질이 좋지 않다고 느끼는 정도이다.

디지털 통신에서 에러가 발생하면 컴퓨터의 파일처럼 데이터가 치명적으로 손상되어 정보가 아예 안 들리거나 안 보일 수 있다. 하지만 디지털 통신은 아날로그 통신과 달리 비트 에러가 발생했을 때 이를 복구할 방법이 많다. 디지털 신호는 모든 데이터가 1과 0으로 배열되기 때문에 아날로그 신호에 비해 복원하기 쉽다. 에러가 난 위치를 찾아 잘못된 0과 1을 바로 잡아주면 된다.

8.6.1 BER-SNR 그래프

M진 변조방식에서 상태 수 M을 늘리면 심벌당 비트 수는 증가해 전송속도를 올릴 수 있다. 그러나 [그림 8-12]처럼 심벌을 구분하기 위한 진폭이나 위상의 간격이 줄어들어 수신 측에서 에러가 발생할 확률은 증가한다. 낮은 비트 에러 확률을 계속 유지하기 위해서는 SNR을 높여주어야 하므로 심벌당 비트 수를 무한정 늘릴 수는 없다.

a. 비트 에러율(BER)과 비트 에러 확률 P_b

아날로그 통신은 SNR이 주요 지표지만 디지털 변조방식의 성능을 표시할 때는 대개 수신 측의 비트 판정에서 에러가 날 확률로 나타낸다. 디지털 전송에서 비트 에러는 통신채널에서 발생하는 잡음, 간섭, 왜곡, 비트 동기화 오류 등에 의해 수신 데이터의 비트가 바뀐 것이다. 비트 에러율(bit error rate, BER)은 일정 기간 동안 발생한 비트 오류의 수를 전송된 총 비트 수로 나눈 값이다. BER은 단위가 없는 성능 척도로 앞으로 사용할 비트 에러 확률의 동의어처럼 사용된다.

엄밀하게 말해 비트 에러 확률(bit error probability)은 BER의 기대값으로 확률과 통계이론에서 얻은 이론값이다. 즉, 오랜 기간에 걸쳐 수많은 비트에 대해 조사하면 BER은 비트 에러 확률에 가까워진다. 디지털 변조방식의 성능은 주로 비트의 평균 SNR과 BER의 관계를 나타낸 BER-SNR 그래프로 표시한다. 이를 BER 곡선(curve)이라고도 한다. BER vs. SNR 성능은 디지털 변조방식의 성능을 비교할 때 자주 사용된다. 비트당 SNR이 같을 때 BER이 낮은 변조방식이 성능이 우수한 방식이라고 말할 수 있다. 비트당 SNR을 올리면 BER은 낮아진다. 하지만 전송할 때 더 많은 에너지를 소모하게 되므로 경제적이지 못하다.

b. 비트당 신호대잡음비(SNR) E_b/N_o

디지털 변조방식을 설명할 때 표준화된 신호대잡음비(SNR) 값으로 일반적으로 사용되는 것이 비트당 SNR이다. 정확한 명칭은 비트당 에너지(E_b) 대 잡음전력 스펙트럼 밀도(N_o) 비(energy per bit to noise power spectral density ratio)이며 E_b/N_o라고 표시한다. 이에 대해 심벌당 에너지를 E_s로 나타낼 때, 심벌당 SNR을 E_s/N_o라고 한다. 이것과 비트당 SNR인 E_b/N_o 사이에는 다음 관계가 성립한다. 즉, 심벌이 k비트로 구성될 때 심벌당 SNR은 비트당 SNR의 k배가 된다.

$$E_s/N_o = kE_b/N_o \tag{8.23}$$

8.6.2 에러 함수

디지털 변조방식에 대한 심벌이나 비트의 에러 확률을 구하기 위해서 수학적으로 확률통계에서 쓰이는 적분 형식들이 동원된다. 가장 대표적인 방법은 에러 함수(error function) $erf(x)$, 보에러 함수(complementary error function) $erfc(x)$와 $Q(x)$ 함수 등을 다음과 같이 정의해 사용할 수 있다. 식 (8.24)의 에러 함수를 다른 말로 가우스(Gauss) 에러 함수라고도 한다.

$$erf(x) = \frac{2}{\sqrt{\pi}} \int_0^x e^{-t^2}\, dt \tag{8.24}$$

$$erfc(x) = 1 - erf(x) = \frac{2}{\sqrt{\pi}} \int_x^\infty e^{-t^2}\, dt \tag{8.25}$$

$$Q(x) = \frac{1}{2} erfc\left(\frac{x}{\sqrt{2}}\right) = \frac{1}{\sqrt{2\pi}} \int_x^{\infty} e^{-t^2/2} dt \tag{8.26}$$

MATLAB 버전에 따라 통신 도구상자(Communications Toolbox)가 포함되어 있으면 $Q(x)$ 함수와 몇 가지 경우의 에러 확률을 바로 구하는 함수들도 사용할 수 있다. 여기서는 통신 도구상자가 필요 없이 $erfc(x)$ 함수를 사용하기로 한다.

8.6.3 AWGN 채널 환경

디지털 변조방식에 대한 비트 에러 확률을 구하려면 몇 가지 조건을 가정할 필요가 있다. 우선 디지털 변조방식에서 구하는 이론적인 에러 확률들은 주로 신호에 백색 가우시안 잡음이 더해지는 환경을 고려한 AWGN 채널에서 구해진다. 이른바 가산성 백색 가우시안 잡음(additive white Gaussian noise)을 가정한 AWGN 채널은 일반적인 잡음이 있는 채널을 말한다. AWGN 채널 환경에서는 실제 페이딩 채널에서의 에러 확률보다 낮은 양호한 에러 확률 값으로 계산된다. 이하의 설명에서 AWGN 채널에서의 심벌 에러 확률(symbol error probability)을 P_s라고 하고, 비트 에러 확률(bit error probability)을 P_b라고 하자.

8.6.4 그레이 코드 방법

M진 변조방식은 k비트로 이루어진 $M=2^k$개의 심벌 신호를 만들어 전송한다. M-ASK, M-PSK, M-QAM 신호를 전송할 때 성좌도 상에서 인접하지 않은 다른 심벌로 잘못 인식해 에러가 발생할 확률은 매우 작아 대개 수학적으로 무시한다. 이 방식들에서 대부분의 전송 에러는 수신된 신호가 전달할 진폭과 위상이 틀어져 인접한 심벌 값으로 잘못 판정되는 경우다. 이를 이용해 성좌도 상에 위치한 각 심벌에 비트 그룹을 할당할 때는 에러 확률을 줄이기 위해서 그레이 코드(Gray code)를 적용한다. 이 방법은 [그림 8-13]의 예처럼 인접한 심벌끼리 1비트씩만 차이 나도록 비트 그룹을 정해 에러가 발생하는 평균 비트 수를 줄인다.

그레이 코드 방법은 비트 그룹을 할당할 때 연속적으로 변하는 양처럼 주변에 인접한 데이터는 1비트씩만 변하게 하고 나머지는 그대로 유지한다. 이렇게 하면 에러가 발생해도 인접한 데이터와 1비트만 차이 나므로 에러가 발생하는 총 비트 수가 감소해 전체 에러 확률이 줄어든다. 이런 장점 때문에 입출력장치, 아날로그와 디지털 변환 등에서 에러 확률을 줄이기 위한 코딩 방법으로 사용된다.

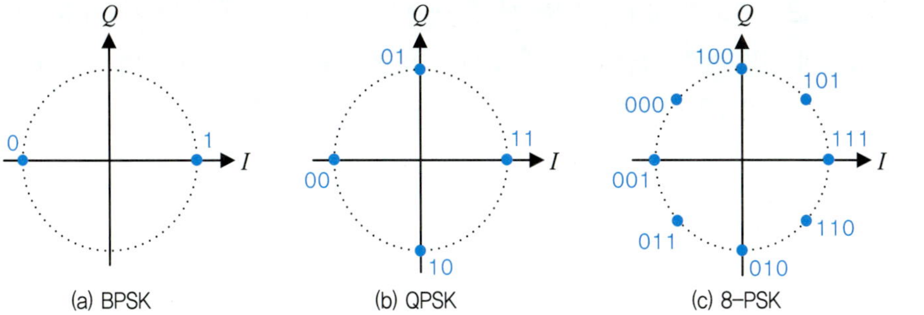

[그림 8-13] 그레이 코드를 적용한 M-PSK 성좌도

만일 k비트로 이루어진 심벌에서 항상 1비트씩만 에러가 발생할 확률이 가장 높고 나머지는 무시할 수 있다고 가정하면 다음 관계가 성립한다.

$$P_b = P_s / k \tag{8.27}$$

즉, 그레이 코드를 사용하면 M-ASK, M-PSK, M-QAM 변조의 비트 에러 확률 P_b는 심벌 에러 확률 P_s를 비트 수로 나눈 값이 된다. k=1인 경우는 심벌당 비트 수도 1이므로 심벌 에러 확률과 비트 에러 확률이 $P_b = P_s$로 같아진다.

8.7 BER-SNR 성능

M진 변조방식들로 M-ASK, M-PSK, M-QAM, M-FSK에 대한 BER-SNR 성능 그래프를 얻고 각각의 특징들을 살펴보자. 여기서 성능 그래프에 사용되는 식들은 확률과 통계이론에서 얻은 이론식들로 앞에서 설명한 AWGN 채널 환경과 그레이 코드 등의 조건이 적용되었다. 또한 이론식으로 나타내기 너무 복잡한 식들은 근사식으로 표현하기로 한다.

8.7.1 M-ASK의 BER-SNR

심벌당 k비트에 대한 상태 수를 $M=2^k$로 나타낼 때, M-ary ASK 혹은 M-ASK 변조의 BER-SNR 성능을 구해보자. AWGN 채널 환경에서 M-ASK 신호의 심벌 에러 확률 P_s와 비트 에러 확률 P_b는 다음과 같다. 여기서 kE_b/N_o 대신 식 (8.23)을 이용해 E_s/N_o로 식 (8.28)을 표현하기도 한다.

$$P_s = \left(1 - \frac{1}{M}\right) erfc\left(\sqrt{\frac{3kE_b}{(M^2-1)N_o}}\right),\ P_b = \frac{1}{k} P_s \tag{8.28}$$

MATLAB 예제를 이용해 식 (8.28)의 M-ASK 변조방식에 대한 심벌 에러 확률과 비트 에러 확률을 구할 수 있다. 8.8절의 MATLAB 예제를 실행하면 [그림 8-14]와 [그림 8-15]를 얻을 수 있다. 이 그림들은 M-ASK의 심벌 에러 확률과 비트 에러 확률을 BER-SNR 그래프로 나타낸 것이다. M-ASK의 상태 수가 M=2, 4, 8, 16으로 증가할수록 에러 확률이 급격히 증가하는 것을 알 수 있다. 또한 비트당 SNR을 높일수록 에러 확률이 감소하는 것도 알 수 있다.

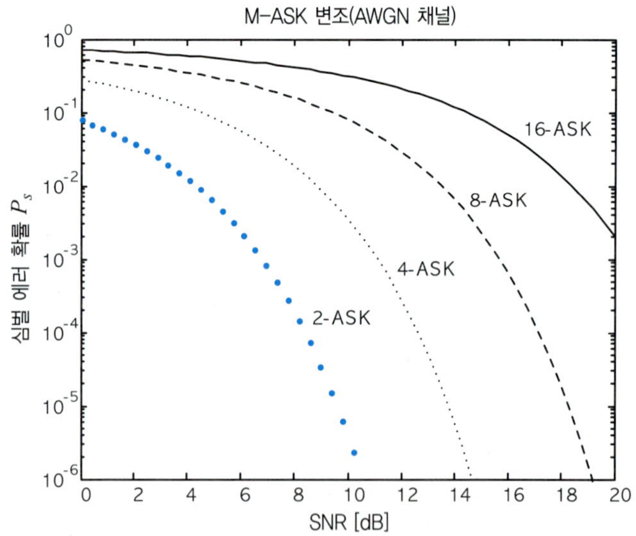

[그림 8-14] M-ASK 변조방식의 BER-SNR 성능 (1)

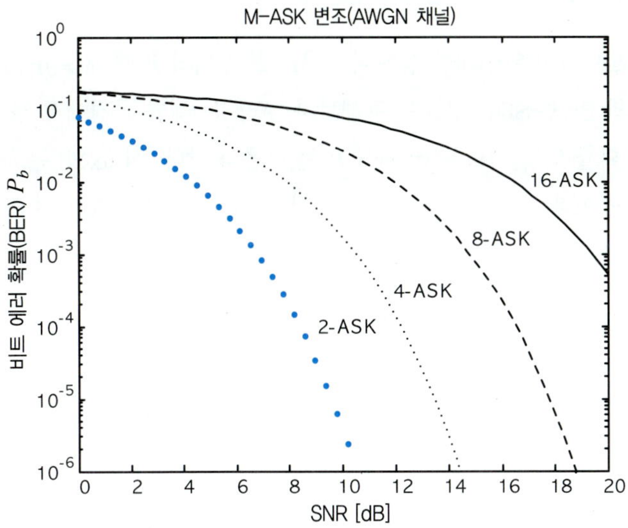

[그림 8-15] M-ASK 변조방식의 BER-SNR 성능 (2)

앞의 [그림 8-3]처럼 M-ASK 변조에서 전송되는 신호는 반송파의 진폭을 PAM 신호로 변조한 형태이다. 수신 측에서는 진폭을 검파하기 때문에 M-ASK 신호의 BER-SNR 성능은 결국 기저대역의 M-레벨 PAM 신호와 에러 확률이 같아진다.

8.7.2 M-PSK의 BER-SNR

심벌당 k비트에 대한 상태 수를 $M=2^k$로 나타낼 때, M-ary PSK 혹은 M-PSK 변조의 BER-SNR 성능을 구해보자. AWGN 채널 환경에서 M-PSK 신호의 심벌 에러 확률 P_s와 비트 에러 확률 P_b는 다음과 같다. 식 (8.29)는 $M=2$인 BPSK의 에러 확률이다. 식 (8.30)은 $M \geq 4$ 이상일 때의 M-PSK의 에러 확률이다.

$$M=2\text{일 때 } P_s = \frac{1}{2} erfc\left(\sqrt{\frac{E_b}{N_o}}\right),\ P_b = P_s \tag{8.29}$$

$$M \geq 4\text{일 때 } P_s \simeq erfc\left(\sqrt{\frac{kE_b}{N_o}} \times \sin\frac{\pi}{M}\right),\ P_b = \frac{1}{k} P_s \tag{8.30}$$

한편 BPSK와 QPSK를 DPSK 형태로 만든 것을 DBPSK와 DQPSK라고 한다. 만일 위상 판정기준이 뒤틀리지 않는 이상적인 경우라면, AWGN 채널 환경에서 $M=2$인 DBPSK의 BER은 본래의 BPSK에 비해 약간 나빠지는 정도이다. 그러나 $M=4$인 DQPSK의 BER은 8-PSK에 근접할 정도로 상당히 나빠지기 때문에 DBPSK 외에는 특별한 경우가 아니고는 유용하지 않다. 식 (8.31)은 $M=2$인 DBPSK의 심벌과 비트의 에러 확률이다. 여기서는 이 식만 이용하도록 하자.

$$M=2\text{일 때 } P_s = \frac{1}{2} e^{-E_b/N_o},\ P_b = P_s \tag{8.31}$$

MATLAB 예제를 이용해 식 (8.29)~(8.31)의 M-PSK 변조방식에 대한 심벌 에러 확률과 비트 에러 확률을 구할 수 있다. 8.8절의 MATLAB 예제를 실행하면 [그림 8-16]과 [그림 8-17]을 얻을 수 있다. 이 그림들은 M-PSK의 심벌 에러 확률과 비트 에러 확률을 BER-SNR 그래프로 나타낸 것이다. M-ASK와 마찬가지로 M-PSK의 상태 수가 M=2, 4, 8, 16, 32, 64로 증가할수록 에러 확률이 증가하는 것을 알 수 있다. 또한 비트당 SNR을 높일수록 에러 확률이 감소하는 것을 알 수 있다. [그림 8-16]과 [그림 8-17]을 비교하면 BPSK와 QPSK의 P_b는 같지만 P_s는 서로 다른 것을 알 수 있다.

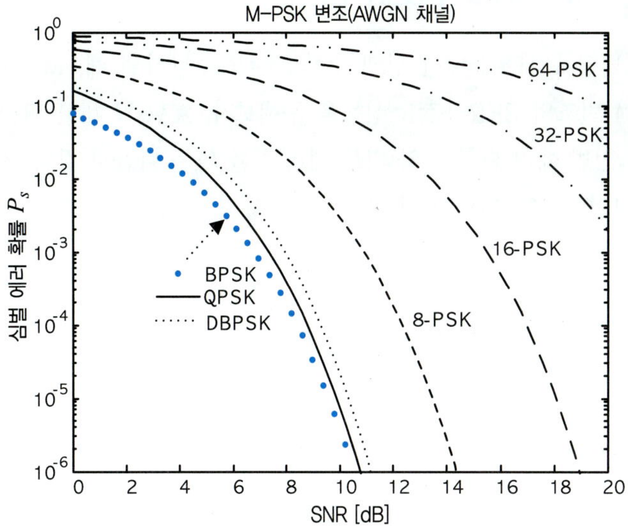

[그림 8-16] M-PSK 변조방식의 BER-SNR 성능 (1)

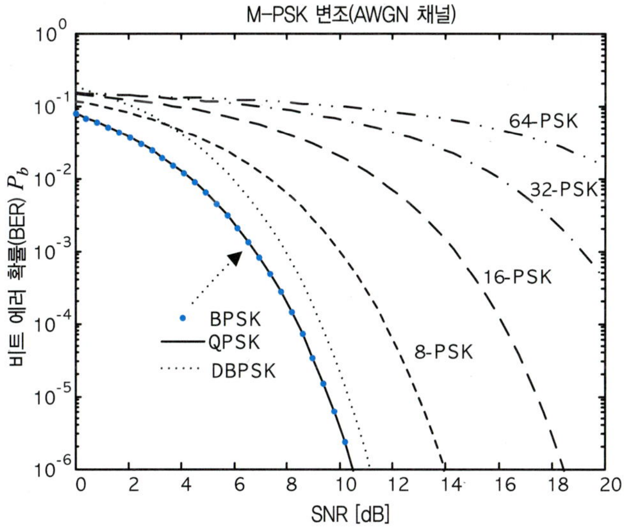

[그림 8-17] M-PSK 변조방식의 BER-SNR 성능 (2)

8.7.3 M-QAM의 BER-SNR

심벌당 k비트에 대한 상태 수를 $M=2^k$로 나타낼 때, M-ary QAM 혹은 M-QAM 변조의 BER-SNR 성능을 구해보자. AWGN 채널 환경에서 M-QAM 신호의 심벌 에러 확률 P_s와 비트 에러 확률 P_b는 다음과 같다. 식 (8.32), (8.33)은 $M \geq 4$인 M-QAM의 에러 확률을 나타낸다.

$$P_M = \left(1 - \frac{1}{\sqrt{M}}\right) erfc\left(\sqrt{\frac{3kE_b}{2(M-1)N_o}}\right) \tag{8.32}$$

$$P_s = 1 - (1 - P_M)^2,\ P_b = \frac{1}{k} P_s \tag{8.33}$$

MATLAB 예제를 이용해 식 (8.32), (8.33)의 M-QAM 변조방식에 대한 심벌 에러 확률과 비트 에러 확률을 구할 수 있다. 8.8절의 MATLAB 예제를 실행하면 [그림 8-18]~[그림 8-20]을 얻을 수 있다. [그림 8-18]과 [그림 8-19]는 M-QAM의 심벌 에러 확률과 비트 에러 확률을 BER-SNR 그래프로 나타낸 것이다. M-ASK나 M-PSK와 마찬가지로 M-QAM의 상태 수가 M=4, 16, 64로 증가할수록 에러 확률이 증가하는 것을 알 수 있다. 또한 비트당 SNR을 높일수록 에러 확률이 감소하는 것을 알 수 있다.

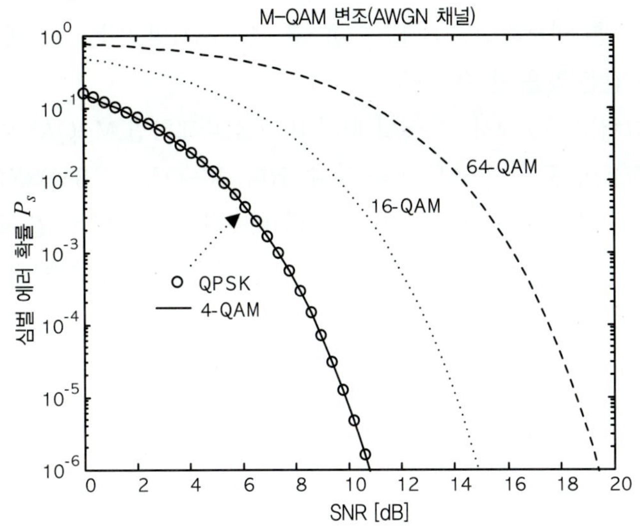

[그림 8-18] M-QAM 변조방식의 BER-SNR 성능 (1)

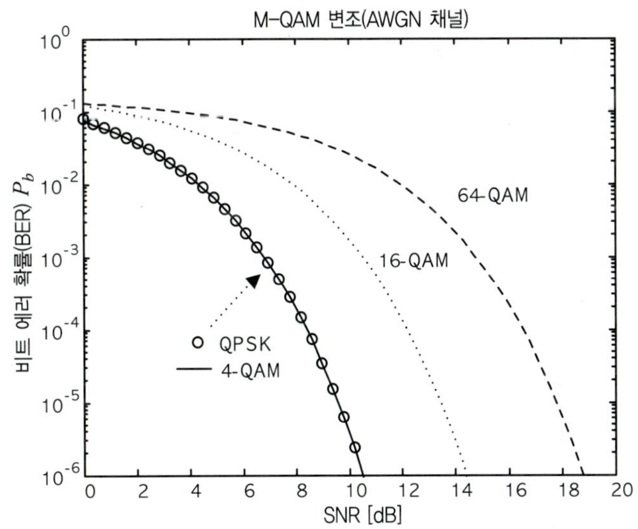

[그림 8-19] M-QAM 변조방식의 BER-SNR 성능 (2)

[그림 8-20]은 M-QAM과 M-PSK의 비트 에러 확률을 비교한 것이다. 이들 그래프를 비교해보면 BPSK, QPSK, 4-QAM의 P_b는 같고 QPSK, 4-QAM은 P_s도 같은 것을 알 수 있다.

[그림 8-20]에서 $M \geq 8$일 때의 BER을 비교하면 M-QAM이 M-PSK보다 에러 확률이 훨씬 더 낮은 것을 알 수 있다. 16-QAM은 8-PSK의 비트 에러 확률과 비슷하고 64-QAM은 16-PSK와 비슷하다. 즉, $M \geq 8$일 때 M-QAM은 M-PSK와 비슷한 BER 값으로 심벌당 비트 수를 늘려 전송속도를 높일 수 있는 방법이다.

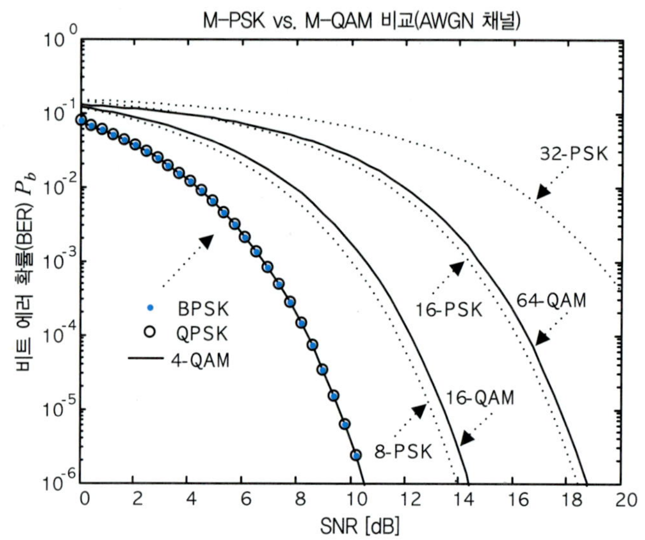

[그림 8-20] M-QAM 변조방식의 BER-SNR 성능 (3)

8.7.4 M-FSK의 BER-SNR

a. 코히런트와 비코히런트

통신에서 일반적으로 코히런트(coherent)라고 하면 두 신호 간의 위상을 동기시켜 송수신하는 구조를 말한다. 엄밀하게 말하면 송신 신호와 수신 신호 간에 주파수는 일치하고 위상은 항상 일정한 차이가 유지되도록 하는 방식이다. 한편 광학에서는 단색광처럼 위상이 일치하는 빛을 코히런트 광이라고 한다. 이에 비해 시간적으로 위상이 무질서한 빛을 인코히런트(incoherent) 광이라고 한다.

통신에서 송수신 신호의 주파수와 위상을 동시에 고려하는 방식을 코히런트(coherent) 방식이라고 한다. 이를 위해 수신기에서 국부 반송파를 이용해 송신 신호의 주파수와 위상을 추적한다. 이와 달리 위상을 무시하고 주파수만 고려하는 방식을 비코히런트(non-coherent) 방식이라고 한다. 이 방식의 수신기는 송신기의 반송파 주파수와 동일한 국부 발진기를 사용한다. 이런 개념은 아날로그와 디지털 통신에 모두 적용된다. 디지털 변조방식에서 코히런트 방식과 비코히런트 방식을 동기식과 비동기식이라고도 한다. QPSK 변조방식은 대개 coherent 방식을 사용하고 FSK 변조방식은 주로 non-coherent 방식을 사용한다.

수신 신호를 검파할 때 coherent 검파는 수신기에서 송신 신호의 주파수와 위상을 정확히 일치시켜야 한다. 이를 위해 수신기는 송신 신호의 주파수를 추적하고 위상 차이를 고정(phase locked)해 일정하게 유지하는 PLL같은 장치를 사용한다. 그렇지 않고 주파수 오차나 위상 오차가 발생하면 결국 비트 에러 확률이 증가한다. 이에 비해 non-coherent 검파는 위상을 일치시킬 필요가 없기 때문에 진폭에 대한 에너지나 상대적인 위상 차이로 검파하므로 수신기가 간단해진다.

non-coherent FSK는 위상을 동기시키지 않으므로 coherent FSK보다 BER이 높다. 같은 BER을 유지하려면 coherent 방식에 비해 non-coherent 방식이 더 많은 에너지를 사용해야 한다. non-coherent 방식은 BER에서 약간의 손해를 보는 대신 상대적으로 적은 비용으로 FSK 변조방식을 이용할 수 있다.

b. 직교 M-FSK의 심벌 에러 확률

심벌당 k비트에 대한 상태 수를 $M=2^k$로 나타낼 때, M-ary FSK 혹은 M-FSK 변조의 BER-SNR 성능을 구해보자. 직교(orthogonal)하는 M개의 반송파를 사용할 때 이를 직교 M-FSK라고 한다. 디지털 변조방식에서 일반적으로 M-FSK라고 하면 직교 M-FSK를 가리킨다. AWGN 채널 환경에서 직교 M-FSK 신호의 심벌 에러 확률 P_s는 코히런트 방식과 비코히런트 방식의 2가지로 나눌 수 있다. 신호의 직교 성질이나 직교 조건은 9장에서 설명한다.

코히런트(coherent) 직교 M-FSK의 심벌 에러 확률은 다음과 같다.

$$P_s \simeq \frac{M-1}{2} erfc\left(\sqrt{\frac{kE_b}{2N_o}}\right) \tag{8.34}$$

비코히런트(non-coherent) 직교 M-FSK의 심벌 에러 확률은 다음과 같다.

$$P_s = \sum_{n=1}^{M-1}(-1)^{n+1}\binom{M-1}{n}\frac{1}{n+1}e^{-\frac{nkE_o}{(n+1)N_o}} \tag{8.35}$$

식 (8.35)에 사용된 조합(combination) 기호에서 n개에서 k개를 고르는(k out of n) 경우라면 식 (8.36)과 같이 정의할 수 있다. 조합을 나타낼 때는 그 밖에도 ${}_nC_k$, $C(n, k)$, C_n^k 등의 다양한 기호가 사용되지만 그 의미는 모두 같다.

$$\binom{n}{k} = \frac{n(n-1)\ldots(n-k+1)}{k(k-1)\ldots1} = \frac{n!}{k!(n-k)!} \tag{8.36}$$

c. 직교 M-FSK의 비트 에러 확률

성좌도를 사용하는 M-ASK, M-PSK, M-QAM 변조와 달리 FSK 변조는 식 (8.27)의 $P_b = P_s / k$의 관계가 성립하지 않는다. 이들 방식과는 달리 주파수 편이를 이용한 M-FSK는 서로 영향을 주지 않는 직교하는 M개의 반송파를 사용할 수 있다. 서로 독립적이기 때문에 인접한 심벌 간에 심벌 에러가 일어날 확률이 가장 크다는 가정을 할 수 없다. 즉, 그레이 코드를 적용한 식을 사용할 수 없다.

직교하는 M개의 반송파를 사용하는 직교 M-FSK 변조는 모든 심벌 간에 서로 잘못 인식할 확률이 같아진다. 이 때문에 직교 M-FSK에서 비트 에러 확률 P_b와 심벌 에러 확률 P_s는 수학적으로 다음 관계가 적용된다.

$$P_b = \frac{2^{k-1}}{2^k - 1} P_s \tag{8.37}$$

식 (8.37)을 설명하기 위해서 k=4, M=16인 4비트로 구성된 16개 심벌에 대한 비트 값으로 0000~1111을 예로 들어 살펴보자. [그림 8-21]과 같이 비트 위치에 무관하게 각 자리(digit)를 기준으로 그 위치에 0이 오는 경우와 1이 오는 경우가 각각 절반(2^{k-1})인 8회씩이다. 만약 어떤 자리의 비트 값이 0인데 1로 에러가 발생했다면 수신 측에서 해당 자리의 비트 값이 1인 총 8개의 다른 심벌 중 어느 하나로 잘못 판정한 경우다. 그런데 그 8개의 심벌 중 어느 것으로 잘못 판정한 것인지는 확률적으로 동일하다. 결국 이것은 자신을 제외(2^k-1)한 15개의 심벌 중 해당 자리의 비트 값이 다른 8개의 심벌을 선택할 확률이므로 비트 에러 확률은 심벌 에러 확률의 8/15이 된다.

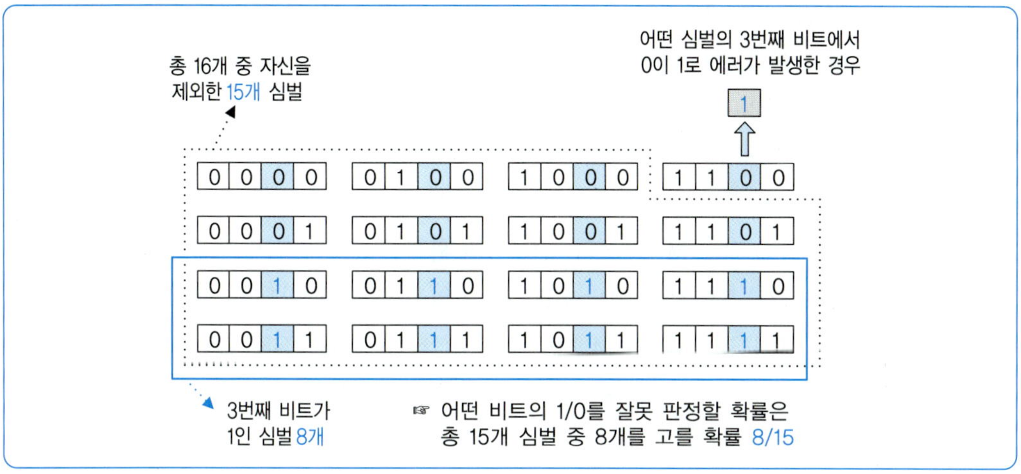

[그림 8-21] 직교 M-FSK의 비트 에러 확률 계산

d. M-FSK의 장점과 단점

M-FSK의 가장 큰 장점은 상태 수 M이 증가할수록 비트 에러 확률이 줄어든다는 것이다. M-ASK, M-PSK, M-QAM 변조방식에서 상태 수 M이 증가하면 비트 에러 확률이 급증하는 것에 반하는 획기적인 장점이다. 이것은 M-FSK가 서로 영향을 주지 않는 M개의 직교하는 반송파를 사용하기 때문에 가능하다. M-FSK는 여러 개의 반송파를 사용하므로 전체 비트율은 높이면서 심벌의 전송 속도는 낮출 수 있다. 이 때문에 전리층 효과, 도플러 효과, 페이딩, 다중경로 문제 등에 민감하지 않다. M-FSK는 보통 연속위상 FSK를 사용한다. 즉, 급격한 위상변화가 없이 서서히 주파수를 변화시키므로 잡음에 강하다. 또한 M-FSK는 전송 전력이 일정한데 이것은 진폭이 일정하기 때문이다. 이 때문에 비선형 왜곡에 의한 성능저하를 걱정하지 않아도 된다.

반면에 M-FSK는 여러 개의 반송파를 사용해야 하므로 회로가 복잡하고 송수신 장치를 구현하는 비용이 증가하는 단점이 있다. 또한 여러 개의 반송파를 좁은 주파수 대역에 할당해서 검파해야 하므로 수신 회로에서 동조가 어렵다. 또한 M-FSK는 M-ASK, M-PSK, M-QAM에 비해 주파수 대역폭을 더 많이 차지한다.

e. M-FSK의 BER-SNR 그래프

MATLAB 예제를 이용해 식 (8.34)~(8.37)의 M-FSK 변조방식에 대한 심벌 에러 확률과 비트 에러 확률을 구할 수 있다. 8.8절의 MATLAB 예제를 실행하면 [그림 8-22]~[그림 8-24]를 얻을 수 있다. 이 그림들은 직교 M-FSK의 비트 에러 확률을 BER-SNR 그래프로 나타낸 것이다.

[그림 8-22]와 [그림 8-23]은 비코히런트(non-coherent)와 코히런트(coherent) 직교 M-FSK의 비트 에러 확률을 BER-SNR 그래프로 나타낸 것이다. 두 그래프에서 비트당 SNR을 높일수록 에러 확률이 감소하는 것은 M-ASK, M-PSK, M-QAM 변조와 같다. 하지만 M-FSK는 이들 방식들과 달리 상태 수 M이 증가할수록 비트 에러 확률이 줄어든다. 이것은 M-FSK가 심벌들을 진폭이나 위상 차이로 구별하는 것이 아니라 반송파 주파수의 직교성을 이용

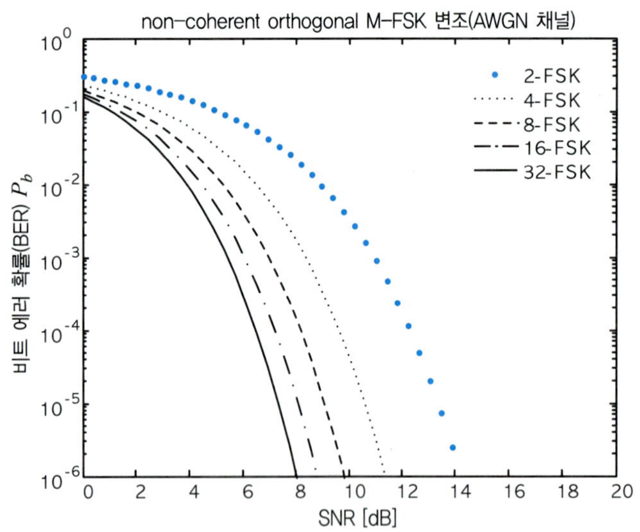

[그림 8-22] M-FSK 변조방식의 BER-SNR 성능 (1)

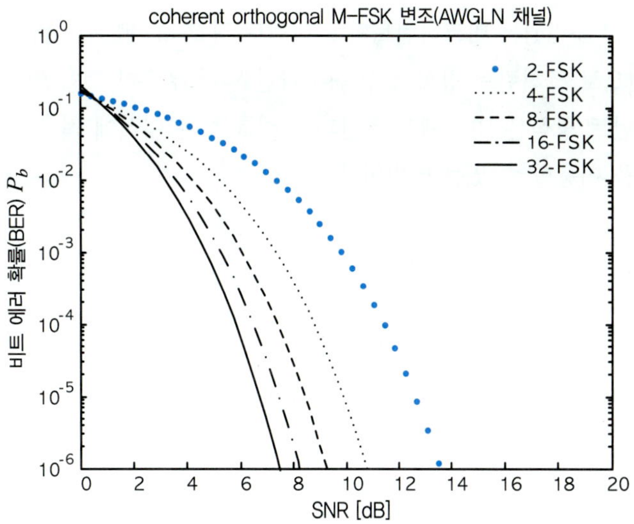

[그림 8-23] M-FSK 변조방식의 BER-SNR 성능 (2)

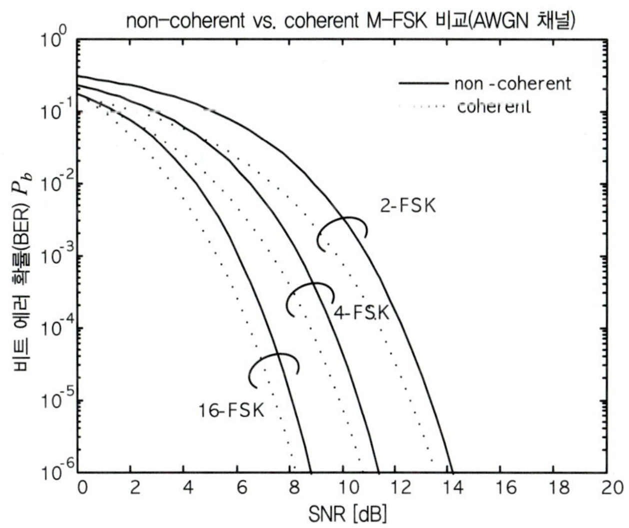

[그림 8-24] M-FSK 변조방식의 BER-SNR 성능 (3)

해서 구별하기 때문이다.

[그림 8-24]는 비코히런트와 코히런트 직교 M-FSK의 비트 에러 확률을 비교한 것으로 코히런트 방식의 성능이 약간씩 더 우수한 것을 알 수 있다. 하지만 비코히런트 방식은 BER에서 약간의 손해를 보는 대신에 적은 비용으로 FSK 변조방식을 이용할 수 있는 방법이다.

8.7.5 디지털 변조방식의 비교

MATLAB 예제를 이용해 앞에서 설명한 M-ASK, M-PSK, M-QAM, M-FSK 변조방식에 대한 비트 에러 확률을 상호 비교해 보자. 8.8절의 MATLAB 예제를 실행하면 [그림 8-25]~[그림 8-28]을 얻을 수 있다. 이 그림들은 상태 수가 M=2, 4, 8, 16일 때 이들 M진 변조방식들에 대한 비트 에러 확률을 비교해 BER-SNR 그래프로 나타낸 것이다.

a. M-ASK, M-PSK, M-QAM, M-FSK의 비교

[그림 8-25]의 2진 변조방식일 때는 2-ASK와 2-PSK의 에러 성능이 가장 우수한 것으로 비교되었다. [그림 8-26]에서 4진 변조방식일 때는 4-PSK와 4-QAM의 에러 성능이 가장 우수하고 4-ASK는 성능이 급격히 나빠지는 것을 알 수 있다. [그림 8-27]과 [그림 8-28]에서 $M \geq 8$부터는 이들 디지털 변조방식 중에서 M-FSK의 에러 성능이 점차 두드러져 가장 우수해지는 것으로 비교되었다. 이와 함께 $M \geq 8$부터는 앞의 [그림 8-20]처럼 M-QAM이 M-PSK보다 에러 성능이 우수해지는 것을 알 수 있다. 또한 앞의 [그림 8-24]처럼 모든 상태 수 M에서 코히런트 M-FSK 방식이 비코히런트 M-FSK 방식보다 에러 성능이 약간씩 우수한 것도 알 수 있다.

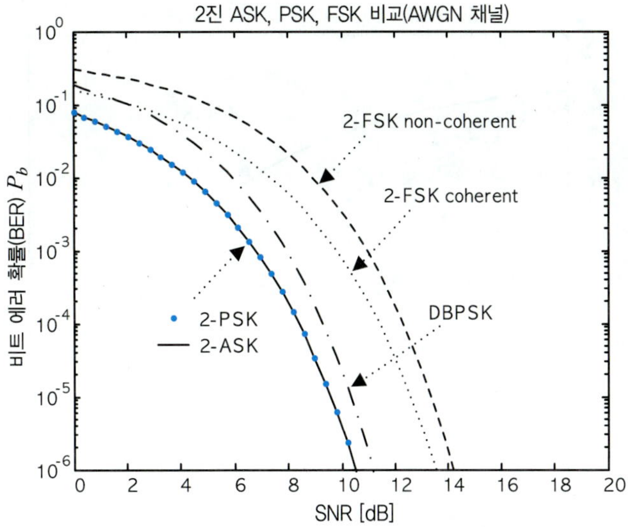

[그림 8-25] 디지털 변조방식의 BER-SNR 비교 (1)

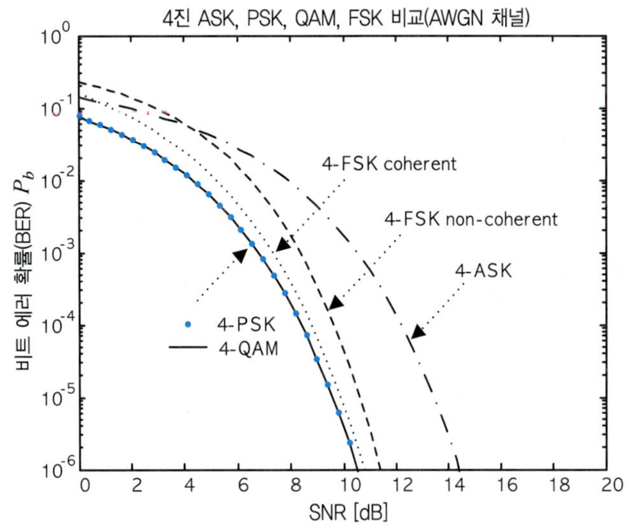

[그림 8-26] 디지털 변조방식의 BER-SNR 비교 (2)

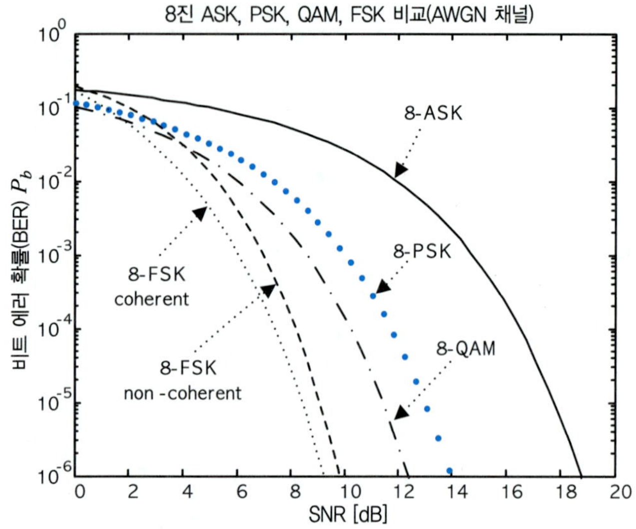

[그림 8-27] 디지털 변조방식의 BER-SNR 비교 (3)

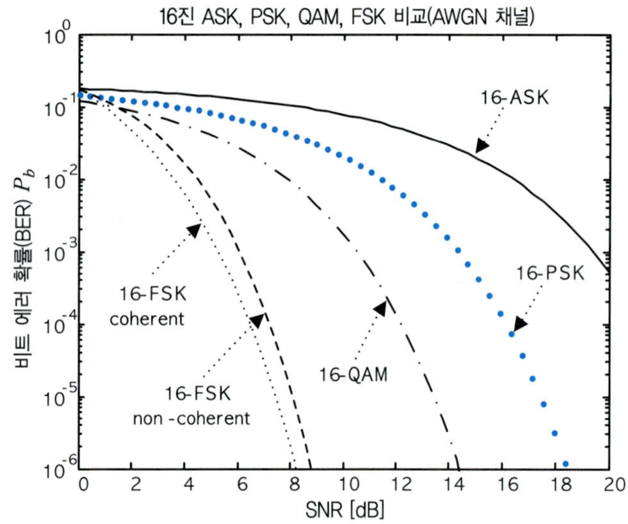

[그림 8-28] 디지털 변조방식의 BER-SNR 비교 (4)

b. M-ASK 변조의 성능

ASK는 $M=2$인 경우를 제외하면 실용성이 크지 않은 방식이다. ASK는 전파의 크기를 변화시켜 신호를 전달하는 방식이기 때문에 잡음에 매우 취약하다. 디지털 변조에서 에러를 줄이려면 잡음에 취약한 방식일수록 전파의 도달거리도 짧게 해야 하기 때문에 무선에서 ASK 방식은 실용적이지 못하다.

c. M-PSK 변조의 성능

PSK는 위상을 변화시켜 신호를 전달하는 방식으로 BPSK와 QPSK까지는 잡음에 강하고 전파의 도달거리도 길다. 하지만 상태 수가 $M \geq 8$으로 커지면 인접한 심벌 간에 위상을 판정할 때 잡음에 민감해지므로 그 이상은 실용적이지 못하다.

d. M-QAM 변조의 성능

QAM 방식은 진폭과 위상의 크기를 동시에 변화시켜 신호를 전달하기 때문에 데이터 전송속도를 높일 수 있다. 하지만 PSK처럼 $M \geq 8$부터는 인접한 심벌을 판정할 때 잡음에 취약해지므로 짧은 도달거리에서 고속으로 사용해야 한다.

e. M-FSK 변조의 성능

FSK는 직교하는 주파수를 변화시켜 신호를 전달하기 때문에 잡음에 매우 강하고 신호가 깨끗하다. FSK는 상태 수가 $M \geq 8$으로 커지면 다른 방식들에 비해서 성능이 매우 우수해진다. 하지만 상태 수 M이 증가할수록 여러 개의 반송파를 사용해야 하므로 회로가 복잡해지고 비용이 증가한다.

FSK와 ASK의 성능 차이에 따른 품질 비교는 FM 방송과 AM 방송에 비유해 볼 수 있다. 아날로그 통신에서 FM 방송은 AM 방송보다 주파수 대역폭이 넓어 맑은 음질을 전달할 수 있다. 디지털 통신에서도 FSK 방식이 ASK보다 고속전송이 가능해 높은 품질의 데이터를 전달할 수 있다.

8.8 MATLAB 예제

■ MATLAB 예제 8-1 (M-ASK 변조) - cm801.m

이 예제는 식 (8.3)~(8.6)의 M-ASK 변조 방식을 프로그램으로 작성한 것이다. M-ASK 신호는 M개의 진폭으로 M 종류의 심벌을 준비하고, 구간 T마다 이 중 하나를 골라 전송한다. 이 예제는 심벌당 비트 수가 k=2일 때, M=4가지 진폭으로 M=4 종류의 심벌을 준비해 M-ASK 신호를 만드는 과정이다. 실행결과는 그림 창을 (3×1)의 3칸으로 나누어 기저대역 신호의 2진 데이터, 시간영역의 M진 변조된 신호, f=0 중심으로 확대한 주파수 영역의 진폭 스펙트럼을 나타낸다. 이하의 설명은 편의상 프로그램에 나온 변수를 위주로 설명한다.

★ 기저대역 신호 만들기

이 예제에서 기저대역 신호로 나타낼 2진 데이터 비트열을 dn=12비트로 정하였다. 만일 데이터를 무작위로 선택하려면 randi([0 1],1,12) 명령으로 0이나 1을 1×12개 랜덤 생성할 수도 있다. randi([a b],m,n) 명령은 a≤구간≤b 사이의 정수를 m×n개 랜덤 생성한다. 만약 랜덤 데이터를 선택하면 예제를 실행할 때마다 물론 실행결과도 달라진다.

1비트 당 ds=100개의 점으로 화면에 표시한다. 비트 값이 0이면 0을 100개, 비트 값이 1이면 1을 100개 찍어 총 12비트를 1200개의 점으로 표시한다. 이것은 11장의 크로네커 곱을 이용하면 쉽게 해결할 수 있다. d*ones(1,100) 명령은 d 값이 0이든 1이든 이를 1×100개씩으로 늘려준다. kron(d,ones(1,ds))명령은 데이터 d의 12비트 원소에 대해 0이나 1을 각각 100개의 0이나 1로 변환해 1200개의 원소를 만든다.

★ 심벌 신호 만들기

이 예제에서 사용된 12비트 데이터 d=[1 0 1 1 0 1 0 0 1 1 1 0]는 심벌당 비트 수를 k=2, 3, 4, 6으로 가변시킬 수 있다. 여기서는 k=2인 경우로 2비트씩 묶어 6개의 심벌 값을 만든다. 이를 위해 7장에 설명한 reshape 명령으로 행렬을 재구성해 12비트 데이터를 10 11 01 00 11 10으로 2비트씩 묶어 sn=6개의 심벌을 만든다. 그런 후 6개 심벌의 2진 값을 10진 값으로 변환한다. 이를 위해 11장에 설명한 num2str 명령으로 2진수 숫자를 2진 문자열로 바꾼 후, bin2dec 명령으로 2진 문자열을 10진 정수로 변환한다. 그 결과로 10진 심벌 값으로 2 3 1 0 3 2를 얻는다. 여기까지는 다른 M진 변조의 예제와 동일하다.

이제 M-ASK에 사용할 M=4의 4종류 진폭을 결정해야 한다. 여기서는 4종류 10진 심벌 값 0 1 2 3을 ×1/3배로 계산해 0 1/3 2/3 1을 4가지 진폭으로 결정했다. 이렇게 심벌의 진폭을 1로 제한하면 식 (8.6)에서 반송파의 진폭은 1이 된다. 이 방법으로 앞의 10진 심벌 값에서 2/3 1 1/3 0 1 2/3을 진폭으로 얻을 수 있고, 이를 변수 Ai(1)~Ai(6)에 저장한다.

★ M진 변조 결과 그리기

[그림 8-29]에 여기서 사용한 M진 변조방식의 전송신호 s(t)의 전체 시간 축을 표시하였다. 앞의 기저대역 신호에서 정한 전체 시간 축 t와 같으며 12비트를 비트당 100개씩 총 1200개의 시간 샘플로 나타낸다. k=2인 경우 2비트씩 묶어 심벌당 샘플 수는 Ns=200이다.

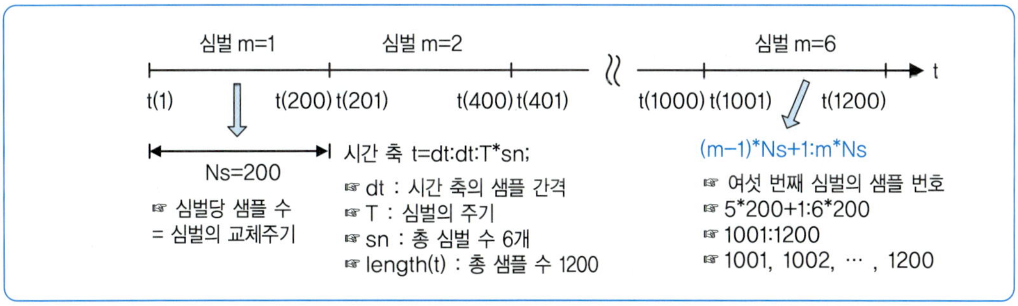

[그림 8-29] 시간 축 샘플과 심벌의 교체 주기

그림의 6개 심벌이 교체되는 위치는 시간 샘플 중 각각 1, 201, 401, 601, 801, 1001번째이다. 이때 어떻게 프로그램에 이를 반영해 전송신호 s(t)을 완성하느냐가 관건이다. 이 문제는 전송신호 s(t)의 전체 시간 축 t(1)~t(1200)과 6개 샘플내의 시간 축 ts(1)~ts(200)을 서로 매핑(mapping)시키는 문제로 다음과 같이 배열 명령어를 사용해 연결시켰다.

```
>> for m = 1:sn
>>     s((m-1)*Ns+1:m*Ns) = Ai(m)*cos(wc*ts + ph);     % M-ASK 신호
>> end
```

M진 변조방식에서 M-ASK, M-PSK, M-FSK 신호가 변하는 부분은 식 (8.4), (8.8), (8.11)에서 각각 진폭, 위상, 주파수이다. 식 (8.4)에서 M-ASK 신호 s(t)를 만드는 반송파 주파수 wc와 위상 ph는 상수이고 시간과 진폭이 변수이다. 그런데 위 for 반복문 내에서 변수 m이 고정되는 심벌 내에서는 진폭 Ai(m)도 상수이다. 남은 변수들은 등호(=) 좌측의 전체 시간 축 t와 우측의 심벌내 시간 축 ts뿐이다. 이를 연결하기 위해서 [그림 8-29]처럼 변수 t 위치에 (m−1)*Ns+1:m*Ns 명령을 사용한다. 배열명령 a:b는 a부터 b까지 1의 간격으로 원소를 배열한다. Ns=200에서 결국 (m−1)*200+1:m*200인 배열명령이다. m=1일 때 s(1:200), 즉 s(1)~s(200), m=2일 때 s(201:400), 즉 s(201)~s(400), ... 에서 m=6까지 여섯 번에 걸쳐 각 200개씩 ts(1)~ts(200)로 전송신호 s(t)를 계산한다. 그 결과 s(1)~s(1200)의 원소를 완성한다.

【 cm801.m 프로그램 】

```
% --- 입력 데이터와 변수 설정 ---
% d = randi([0 1],1,12);          % 0이나 1을 12개 랜덤 생성
d = [1 0 1 1 0 1 0 0 1 1 1 0];    % 2진 전송 데이터 (임의로 설정)
dn = length(d);         % 총 데이터 비트 수 (만약 dn=12 비트면)

k = 2;                  % 심벌당 비트 수 (k=1,2,3,4,6 처럼 가변이 가능)
M = 2^k;                % 심벌의 종류 수
sn = dn/k;              % 총 심벌 수

T = 1e-6;               % 심벌 주기 T
baud = 1/T;             % 보드율 (심벌의 전송속도)
bps = baud*k;           % 비트율 (비트의 전송속도)
Es = T/2;               % T 구간 당 심벌의 최대 에너지 설정
A = sqrt(2*Es/T);       % 반송파의 진폭 = 1 ☞ 심벌의 최대 진폭

ds = 100;               % 비트당 샘플링 개수 ☞ 100
Ns = k*ds;              % 심벌당 샘플링 개수 ☞ 2 비트면 Ns=200
dt = T/Ns;              % 시간 축의 시간 증분
ts = dt:dt:T;           % 심벌 내의 시간 축 만들기
```

```
% --- 기저대역 신호 만들기 ---
t = dt:dt:T*sn;                 % 전체 시간 축 만들기
base = kron(d,ones(1,ds));  % 크로네커 곱 ☞ 비트당 100 샘플

% --- 데이터와 변수들 화면 출력 ---
disp('심벌당 비트 수'), k
disp('심벌의 종류 수'), M
disp('총 비트 수'), dn
disp('총 심벌 수'), sn
disp('2진 전송 데이터'), d

% --- 2진 심벌 값을 10진 심벌 값으로 변환 ---
bin = reshape(d,k,sn)';           % 전송 데이터를 sn 심벌 x k 비트로 재배열
for m = 1:sn                      % sn개의 심벌에 대하여
    str = num2str(bin(m,:));  % 2진수 숫자를 2진 문자열로 바꾼 후
    i(m) = bin2dec(str);          % 10진수로 변환해 심벌 값을 i(m)에 저장
end

disp('심벌의 2진 값'), bin
disp('심벌의 10진 값'), i
disp('심벌률 [MBd]'), baud/10^6
disp('비트율 [Mbit/s]'), bps/10^6

% --- M진 변조된 전송신호 s(t) 만들기 ---
fc = 1/dt/25;                   % 반송파 주파수 [Hz] ☞ 샘플링 주파수의 1/25 정도
wc = 2*pi*fc;                   % 반송파 각주파수 [rad/sec]

ph = 0;                         % 초기 위상 ph
Ai = A*i/(M-1);                 % m 번째 심벌의 진폭
disp('M-ASK 심벌의 진폭 변화'), Ai

for m = 1:sn
    s((m-1)*Ns+1:m*Ns) = Ai(m)*cos(wc*ts + ph);      % M-ASK 신호
end

% --- 주파수 영역의 신호 만들기 ---
BW = fs/2;                              % 신호의 대역폭 (6장 표본화정리)
f = linspace(-BW,BW,length(t));         % 주파수 축 만들기
F = fftshift(fft(s))/fs;                % 푸리에 변환 s(t)⇒F(f)

% --- M-ary 변조 결과 그림 그리기 ---
figure(801)                             % 그림 창 번호 매기기
```

```
subplot(3,1,1,'align')                          % 기저대역 신호 그리기
plot(t,base)
axis([min(t) max(t) -1.0 1.5]), ylabel('데이터')
line([min(t) max(t)],[-0.5 -0.5],'color','g')  % line([x1 x2],[y1 y2])
for m = 1:sn                                    % 각 심벌 구간 구분선 그리기
    line([m*T m*T],[-0.7 -0.3],'color','m','linewidth',3)
end

subplot(3,1,2,'align')                          % 시간영역 신호
plot(t,s,'m'), range = max(s)-min(s);
axis([min(t) max(t) min(s)-range/8 max(s)+range/8])
xlabel('t'), ylabel('x_{ASK} (t)'), title('ASK 변조된 신호')

i = find(abs(f) <= 0.2*BW);                     % 조건에 대응하는 i번째 찾기
subplot(3,1,3,'align')                          % 진폭 스펙트럼
mF = abs(F); plot(f(i),mF(i))                   % zoom in 확대
axis([min(f(i)) max(f(i)) min(mF(i)) max(mF(i))])
xlabel('f [Hz]'), ylabel('|X_{ASK} (f)|'), grid
```

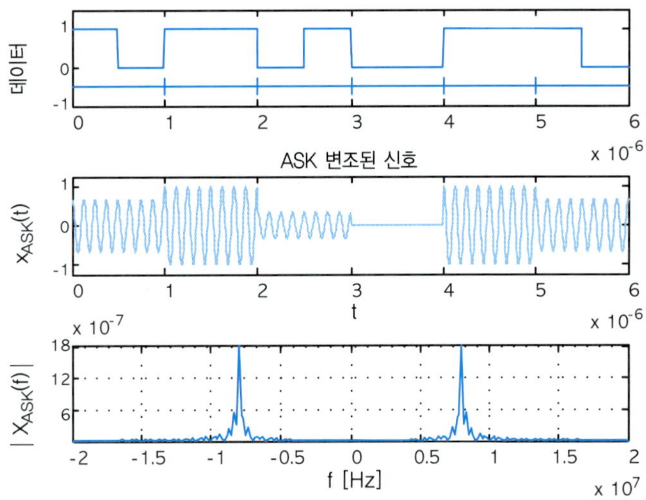

[그림 8-30] MATLAB 예제 8-1 실행결과

■ MATLAB 예제 8-2 (M-PSK 변조) - cm802.m

이 예제는 식 (8.7)~(8.9)의 M-PSK 변조 방식을 프로그램으로 작성한 것이다. M-PSK 신호는 M개의 위상으로 M 종류의 심벌을 준비하고, 구간 T마다 이 중 하나를 골라 전송한다. 이 예제는 심벌당 비트 수가 k=2일 때, M=4가지 위상으로 M=4 종류의 심벌을 준비해 M-PSK 신호를 만드는 과정을 프로그램으로 작성한 것이다. 앞의 M-ASK 예제와 기저대역 신호를 만들거나 심벌 신호를 그리는 방법은 동일하다.

여기서는 M-PSK에 사용할 M=4의 4가지 위상을 결정해야 한다. 이 예제는 4 종류 10진 심벌 값 0 1 2 3을 $\times 2\pi/4$배로 계산해 식 (8.9)처럼 0 $\pi/2$ π $3\pi/2$를 4가지 위상으로 결정하였다. 이 방법으로 앞의 10진 심벌 값에서 180 270 90 0 270 180도를 위상으로 얻을 수 있고, 이 값들을 변수 phi(1)~phi(6)에 저장한다. 앞의 M-ASK 예제와 같은 방법으로 6개 심벌의 위상 phi(1)~phi(6)을 식 (8.8)에 맞도록 프로그램에 적용해 M-PSK 신호를 완성한다.

【 cm802.m 프로그램 중 】 - cm801.m과 다른 부분

```
% --- M진 변조된 전송신호 s(t) 만들기 ---
fc = 1/dt/100;          % 반송파 주파수 [Hz] ☞ 샘플링 주파수의 1/100 정도
wc = 2*pi*fc;           % 반송파 각주파수 [rad/sec]

ph = 0;                 % 초기 위상 ph
phi = 2*pi*i/M;         % m번째 심벌의 위상
disp('M-PSK 심벌의 위상 변화 [degree]'), phi*180/pi

for m = 1:sn
    s((m-1)*Ns+1:m*Ns) = A*cos(wc*ts + phi(m));      % M-PSK 신호
end
```

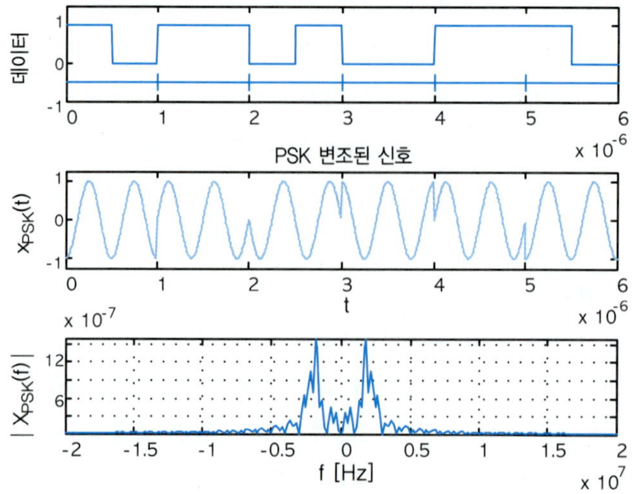

[그림 8-31] MATLAB 예제 8-2 실행결과

■ MATLAB 예제 8-3 (M-FSK 변조) - cm803.m

이 예제는 식 (8.10)~(8.12)의 M-FSK 변조 방식을 프로그램으로 작성한 것이다. M-FSK 신호는 M개의 주파수로 M 종류의 심벌을 준비하고, 구간 T마다 이 중 하나를 골라 전송한다. 이 예제는 심벌당 비트 수가 k=2일 때, M=4가지 주파수로 M=4 종류의 심벌을 준비해 M-FSK 신호를 만드는 과정을 프로그램으로 작성한 것이다. 앞의 M-ASK 예제와 기저대역 신호를 만들거나 심벌 신호를 그리는 방법은 동일하다.

여기서는 M-FSK에 사용할 M=4의 4가지 주파수를 식 (8.12)처럼 결정해야 한다. 이 예제에서는 4종류 10진 심벌 값 0 1 2 3에 대해 적용할 4가지 종류의 주파수로 2 3 4 5[MHz]를 결정했다. 이를 앞의 10진 심벌 값에 적용하면 4 5 3 2 5 4[MHz]를 주파수로 얻을 수 있고, 이 값들을 변수 wi(1)~wi(6)에 저장한다. 앞의 M-ASK 예제와 같은 방법으로 6개 심벌의 주파수 wi(1)~wi(6)을 식 (8.11)에 맞도록 프로그램에 적용해 M-FSK 신호를 완성한다.

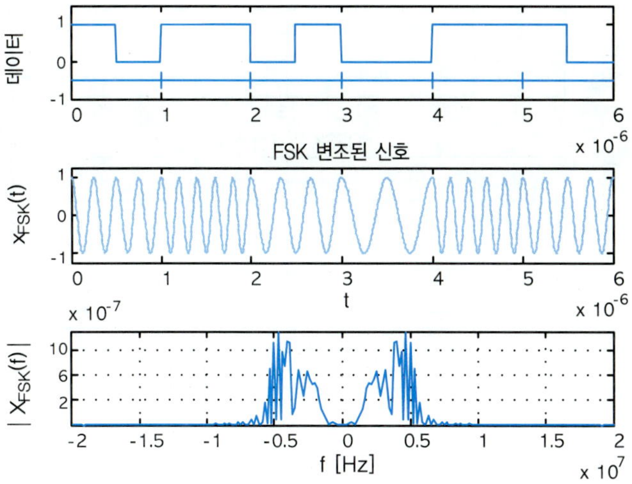

[그림 8-32] MATLAB 예제 8-3 실행결과

【 cm803.m 프로그램 중 】- cm802.m과 다른 부분

```
ph = 0;                       % 초기 위상 ph
wi = wc+wc/2*i;               % m번째 심벌의 주파수
disp('M-FSK 심벌의 주파수 변화 [MHz]'), wi/2/pi/10^6

for m = 1:sn
    s((m-1)*Ns+1:m*Ns) = A*cos(wi(m)*ts + ph);      % M-FSK 신호
end
```

■ MATLAB 예제 8-4 (QPSK 변조) - cm804.m

이 예제는 [그림 8-7]의 QPSK 신호가 만들어지는 과정을 프로그램으로 작성한 것이다. 이를 위해 식 (8.13)~(8.16)이 사용되었다. 실행결과는 그림 창을 6칸으로 나누어 2진 데이터, 시간영역에서의 QPSK 변조된 신호, QPSK 변조에 사용된 4가지 위상의 반송파 4종류를 나타낸다. MATLAB 8-2와 다른 점은 주파수 영역의 진폭 스펙트럼이 빠진 점이다.

여기서 사용된 ylim([ymin ymax]) 함수는 y축의 범위만 최소 최대로 표시하는 명령이다. 그래프 축의 범위에 대한 다른 형식 중 xlim([xmin xmax]) 명령은 x축의 범위만 표시한다.

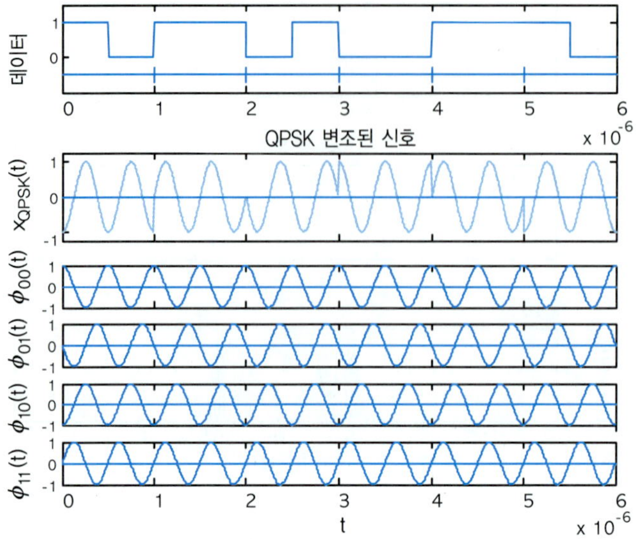

[그림 8-33] MATLAB 예제 8-4 실행결과

【 cm804.m 프로그램 중 】 - cm802.m과 다른 부분

```
% --- M-ary 변조 결과 그림 그리기 ---
psk_00 = A*cos(wc*t+2*pi*0/M);       % QPSK 심벌 1
psk_01 = A*cos(wc*t+2*pi*1/M);       % QPSK 심벌 2
psk_10 = A*cos(wc*t+2*pi*2/M);       % QPSK 심벌 3
psk_11 = A*cos(wc*t+2*pi*3/M);       % QPSK 심벌 4

% --- M-ary 변조 결과 그림 그리기 ---
figure(804)                          % 그림 창 번호 매기기

subplot(4,1,1,'align')               % 기저대역 신호 그리기
plot(t,base)
axis([min(t) max(t) -1.0 1.5]), ylabel('데이터')
line([min(t) max(t)],[-0.5 -0.5],'color','g')  % line([x1 x2],[y1 y2])
for m = 1:sn                         % 각 심벌 구간 구분선 그리기
    line([m*T m*T],[-0.7 -0.3],'color','m','linewidth',3)
end

subplot(4,1,2,'align')               % 시간영역 신호
plot(t,s,'m','linewidth',2), range = max(s)-min(s);
axis([min(t) max(t) min(s)-range/8 max(s)+range/8])
```

```
ylabel('x_{QPSK} (t)'), title('QPSK 변조된 신호')

% --- M-PSK 심벌신호 그리기 ---
subplot(8,1,5,'align'), plot(t,psk_00,'g')
ylabel('\phi_{00}(t)'), ylim([-1.2 1.2])    % ylim([ymin ymax])
subplot(8,1,6,'align'), plot(t,psk_01,'r')
ylabel('\phi_{01}(t)'), ylim([-1.2 1.2])    % ylim([ymin ymax])
subplot(8,1,7,'align'), plot(t,psk_10,'color',[0 0.6 1])
ylabel('\phi_{10}(t)'), ylim([-1.2 1.2])    % ylim([ymin ymax])
subplot(8,1,8,'align'), plot(t,psk_11,'color',[0 0.7 0.4])
ylabel('\phi_{11}(t)'), ylim([-1.2 1.2]), xlabel('t')
```

■ MATLAB 예제 8-5 (M-ASK의 BER-SNR) - cm805.m

MATLAB 예제 8-5~9는 AWGN 채널 환경에서 M진 변조방식의 BER-SNR 성능 그래프를 비교한 것이다. 이번 예제는 AWGN 채널 환경에서 M-ASK 변조의 BER-SNR 성능 그래프를 얻는 프로그램이다. 이를 위해 본문의 식 (8.23)~(8.28)이 사용되었고 실행결과로 얻어지는 그림은 본문의 [그림 8-14]~[그림 8-15]와 형태가 같아진다.

프로그램 작성에 사용된 변수들을 이용해 설명하자. 우선 디지털 변조방식에서 심벌이 k비트로 구성될 때 심벌당 SNR은 비트당 신호대잡음비(SNR)의 k배, 즉 esno = k*ebno가 된다. MATLAB 예제 8-5~7은 ASK, PSK, QAM 변조방식으로 반송파의 주파수는 일정하고 진폭이나 위상만 변한다. 이 경우는 k비트 그레이 코드(Gray code)를 적용해 식 (8.27)처럼 심벌 에러 확률 Ps에 대한 비트 에러 확률 Pb를 Pb = Ps/k로 줄일 수 있다.

여기서 logspace(a,b,n) 함수는 10^a과 10^b 사이를 log10의 스케일로 분할해 n개의 원소를 만드는 명령이다. ebno = logspace(0,2,51)은 10^0=1과 10^2=100 구간을 log10의 스케일로 분할해 51개의 원소를 만든다. 이렇게 정한 ebno에 다시 상용로그 log10 함수를 취하면 log10(10^0)=0과 log10(10^2)=2 구간이 된다. 여기에 다시 10배를 곱해 x축 방향으로 그릴 SNR[dB] 축의 값을 정할 수 있다. 결국 snr = 10*log10(ebno)에서 SNR[dB] 축의 0~20[dB] 사이를 50 등분하여 51개의 원소를 배열한다. 한편 semilogy(x,y) 함수는 x축은 선형으로 그대로 놓아둔 채, y축만 log10 스케일로 그리는 명령이다. 그래프에서 로그 스케일을 사용하는 이유는 넓은 범위의 값을 표현하기 편리하기 때문이다.

【 cm805.m 프로그램 】

```
% --- SNR [dB] 축 설정하기 ---
ebno = logspace(0,2,51); % 10^0~10^2 사이에 51 원소를 log10 스케일로 배열
snr = 10*log10(ebno);     % SNR 축의 0~20[dB] 구간을 50 등분 ☞ 51 원소

% --- M-ASK의 BER-SNR 계산 ---
for k = 1:4                     % 각각 M=2, 4, 8, 16-ASK
    M = 2^k;
    Ps_ask(k,:) = (1-1/M)*erfc(sqrt(3/(M^2-1)*k*ebno));
    Pb_ask(k,:) = Ps_ask(k,:)/k;
end

figure(851)                     % 그림 창 번호 매기기
semilogy(snr,Ps_ask(1,:),'.',snr,Ps_ask(2,:),snr,Ps_ask(3,:),snr,Ps_ask(4,:))
legend('2-ASK','4-ASK','8-ASK','16-ASK')
axis([min(snr) max(snr) 1e-6 1])            % axis([xmin xmax ymin ymax])
title('M-ASK 변조 (AWGN 채널)')
xlabel('SNR [dB]'), ylabel('심벌 에러 확률 P_s')

figure(852)                     % 그림 창 번호 매기기
semilogy(snr,Pb_ask(1,:),'.',snr,Pb_ask(2,:),snr,Pb_ask(3,:),snr,Pb_ask(4,:))
legend('2-ASK','4-ASK','8-ASK','16-ASK')
axis([min(snr) max(snr) 1e-6 1])            % axis([xmin xmax ymin ymax])
title('M-ASK 변조 (AWGN 채널)')
xlabel('SNR [dB]'), ylabel('비트 에러 확률 (BER) P_b')
```

■ MATLAB 예제 8-6 (M-PSK의 BER-SNR) - cm806.m

이번 예제는 AWGN 채널 환경에서 M-PSK 변조의 BER-SNR 성능 그래프를 얻는 프로그램이다. 앞의 M-ASK 예제와 다른 점은 본문의 식 (8.28)대신 식 (8.29)~(8.31)이 사용되었다. 실행결과로 얻어지는 그림은 본문의 [그림 8-16]~[그림 8-17]과 형태가 같아진다. SNR[dB] 축은 MATLAB 예제 8-5~9에서 동일하므로 여기서부터는 생략한다.

【 cm806.m 프로그램 】

```
% --- M-PSK의 BER-SNR 계산 ---
% M=2 BPSK일 때 비트와 심벌의 에러 확률은 같다
Pb_psk(1,:) = 1/2*erfc(sqrt(ebno)); Ps_psk(1,:) = Pb_psk(1,:);
```

```
% M-PSK의 M>=4일 때의 근사식
for k = 2:6                              % 각각 M=4, 8, 16, 32, 64-PSK
    M = 2^k;
    Ps_psk(k,:) = erfc(sqrt(k*ebno)*sin(pi/M));
    Pb_psk(k,:) = Ps_psk(k,:)/k;
end

% Differential PSK
Pb_dpsk(1,:) = 1/2*exp(-ebno);           % DBPSK
Ps_dpsk(1,:) = Pb_dpsk(1,:);             % M=2일 때는 Pb=Ps

figure(861)     % 그림 창 번호 매기기
semilogy(snr,Ps_psk(1,:),'.',snr,Ps_psk(2,:),snr,Ps_psk(3,:),snr,Ps_psk(4
,:),...
     snr,Ps_psk(5,:),snr,Ps_psk(6,:),snr,Ps_dpsk(1,:),':')
legend('BPSK','QPSK','8-PSK','16-PSK','32-PSK','64-PSK','DBPSK')
axis([min(snr) max(snr) 1e-6 1])    % axis([xmin xmax ymin ymax])
title('M-PSK 변조 (AWGN 채널)')
xlabel('SNR [dB]'), ylabel('심벌 에러 확률  P_s')

figure(862)                         % 그림 창 번호 매기기
semilogy(snr,Pb_psk(1,:),'.',snr,Pb_psk(2,:),snr,Pb_psk(3,:),snr,Pb_psk(4
,:),...
     snr,Pb_psk(5,:),snr,Pb_psk(6,:),snr,Pb_dpsk(1,:),':')
legend('BPSK','QPSK','8-PSK','16-PSK','32-PSK','64-PSK','DBPSK')
axis([min(snr) max(snr) 1e-6 1])    % axis([xmin xmax ymin ymax])
title('M-PSK 변조 (AWGN 채널)')
xlabel('SNR [dB]'), ylabel('비트 에러 확률 (BER)  P_b')
```

■ MATLAB 예제 8-7 (M-QAM의 BER-SNR) - cm807.m

이번 예제는 AWGN 채널 환경에서 M-QAM 변조의 BER-SNR 성능 그래프를 얻는 프로그램이다. 앞의 M-ASK 예제와 다른 점은 본문의 식 (8.28)대신 식 (8.32)~(8.33)이 사용되었다. 실행결과로 얻어지는 그림은 본문의 [그림 8-18]~[그림 8-20]과 형태가 같아진다.

【 cm807.m 프로그램 】

```
% --- M-QAM의 BER-SNR 계산 ---
% M-QAM의 M>=4일 때의 이론식
for k = 2:6 % 각각 M=4, 8, 16, 32, 64-QAM
```

```
    M = 2^k;
    Pm = (1-1/sqrt(M))*erfc(sqrt(3/2/(M-1)*k*ebno));
    Ps_qam(k,:) = 1-(1-Pm).^2;
    Pb_qam(k,:) = Ps_qam(k,:)/k;
end

% --- M-PSK의 BER-SNR 계산 ---
% M=2 BPSK 일 때 비트와 심벌의 에러 확률은 같다
Pb_psk(1,:) = 1/2*erfc(sqrt(ebno)); Ps_psk(1,:) = Pb_psk(1,:);

% M-PSK의 M>=4일 때의 근사식
for k = 2:6 % 각각 M=4, 8, 16, 32, 64-PSK
    M = 2^k;
    Ps_psk(k,:) = erfc(sqrt(k*ebno)*sin(pi/M));
    Pb_psk(k,:) = Ps_psk(k,:)/k;
end

% Differential PSK
Pb_dpsk(1,:) = 1/2*exp(-ebno);                % DBPSK
Ps_dpsk(1,:) = Pb_dpsk(1,:);                  % M=2일 때는 Pb=Ps

figure(871)       % 그림 창 번호 매기기
semilogy(snr,Ps_psk(2,:),'o',snr,Ps_qam(2,:),snr,Ps_qam(4,:),snr,Ps_qam(6
,:))
legend('QPSK','4-QAM','16-QAM','64-QAM')
axis([min(snr) max(snr) 1e-6 1])              % axis([xmin xmax ymin ymax])
title('M-QAM 변조 (AWGN 채널)')
xlabel('SNR [dB]'), ylabel('심벌 에러 확률  P_s')

figure(872)       % 그림 창 번호 매기기
semilogy(snr,Pb_psk(2,:),'o',snr,Pb_qam(2,:),snr,Pb_qam(4,:),snr,Pb_qam(6
,:))
legend('QPSK','4-QAM','16-QAM','64-QAM')
axis([min(snr) max(snr) 1e-6 1])              % axis([xmin xmax ymin ymax])
title('M-QAM 변조 (AWGN 채널)')
xlabel('SNR [dB]'), ylabel('비트 에러 확률 (BER)  P_b')

figure(873)       % 그림 창 번호 매기기
semilogy(snr,Pb_psk(1,:),'.',snr,Pb_psk(2,:),'o',snr,Pb_psk(3,:),':',snr,
Pb_psk(4,:),...
':',snr,Pb_psk(5,:),':',snr,Pb_qam(2,:),snr,Pb_qam(4,:),snr,Pb_qam(6,:))
legend('BPSK','QPSK','8-PSK','16-PSK','32-PSK','4-QAM','16-QAM','64-QAM')
```

```
axis([min(snr) max(snr) 1e-6 1])     % axis([xmin xmax ymin ymax])
title('M-PSK vs. M-QAM 비교 (AWGN 채널)')
xlabel('SNR [dB]'), ylabel('비트 에러 확률 (BER)  P_b')
```

■ MATLAB 예제 8-8 (M-FSK의 BER-SNR) - cm808.m

이 예제는 AWGN 채널 환경에서 M-FSK 변조의 BER-SNR 성능 그래프를 얻는 프로그램이다. M-FSK 변조는 반송파의 진폭과 위상은 일정하고 주파수만 변하는 경우이므로 k 비트 그레이 코드를 적용한 식 (8.27)을 사용할 수 없다. 그 대신 [그림 8-21]에 설명한 식 (8.37)을 이용해, 심벌 에러 확률 Ps에 대한 비트 에러 확률을 Pb = 2^(k-1)/(2^k-1)*Ps로 구한다. 앞의 M-ASK 예제와 다른 점은 본문의 식 (8.27)~(8.28)대신 식 (8.34)~(8.37)이 사용되었다. 실행결과로 얻어지는 그림은 본문의 [그림 8-22]~[그림 8-24]와 형태가 같아진다.

【 cm808.m 프로그램 】

```
% --- M-FSK의 BER-SNR 계산 ---
% non-coherent orthogonal M-FSK에 대한 이론식
len = length(ebno);
for k = 1:5                        % 각각 M=2, 4, 8, 16, 32-FSK
    M = 2^k;
    for i= 1:len
        for n = 1:M-1
            Psn(n) = (-1)^(n+1)*nchoosek(M-1,n)/(n+1)...
                *exp(-n*k*ebno(i)/(n+1));
        end
        Ps_fsk(i) = sum(Psn);
    end
    Pb_fsk(k,:) = 2^(k-1)/(2^k-1)*Ps_fsk;
end

% coherent orthogonal M-FSK에 대한 근사식
for k = 1:5                        % 각각 M=2, 4, 8, 16, 32-FSK
    M = 2^k;
    Ps_fskc(k,:) = (M-1)/2*erfc(sqrt(k*ebno/2));
    Pb_fskc(k,:) = 2^(k-1)/(2^k-1)*Ps_fskc(k,:);
end

figure(881)                        % 그림 창 번호 매기기
```

```
semilogy(snr,Pb_fsk(1,:),'.',snr,Pb_fsk(2,:),snr,Pb_fsk(3,:),...
    snr,Pb_fsk(4,:),snr,Pb_fsk(5,:))
legend('2-FSK','4-FSK','8-FSK','16-FSK','32-FSK')
axis([min(snr) max(snr) 1e-6 1])    % axis([xmin xmax ymin ymax])
title('non-coherent orthogonal M-FSK 변조 (AWGN 채널)')
xlabel('SNR [dB]'), ylabel('비트 에러 확률 (BER)  P_b')

figure(882)                              % 그림 창 번호 매기기
semilogy(snr,Pb_fskc(1,:),'.',snr,Pb_fskc(2,:),snr,Pb_fskc(3,:),...
    snr,Pb_fskc(4,:),snr,Pb_fskc(5,:))
legend('2-FSK','4-FSK','8-FSK','16-FSK','32-FSK')
axis([min(snr) max(snr) 1e-6 1])          % axis([xmin xmax ymin ymax])
title('coherent orthogonal M-FSK 변조 (AWGN 채널)')
xlabel('SNR [dB]'), ylabel('비트 에러 확률 (BER)  P_b')

figure(883)                              % 그림 창 번호 매기기
semilogy(snr,Pb_fsk(1,:),snr,Pb_fsk(2,:),snr,Pb_fsk(4,:),...
     snr,Pb_fskc(1,:),':',snr,Pb_fskc(2,:),':',snr,Pb_fskc(4,:),':')
legend('2-FSK','4-FSK','16-FSK non-coherent',...
       '2-FSK','4-FSK','16-FSK coherent')
axis([min(snr) max(snr) 1e-6 1])    % axis([xmin xmax ymin ymax])
title('non-coherent vs. coherent M-FSK 비교 (AWGN 채널)')
xlabel('SNR [dB]'), ylabel('비트 에러 확률 (BER)  P_b')
```

■ MATLAB 예제 8-9 (M진 디지털 변조방식의 비교) – cm809.m

이 예제는 앞에 설명한 디지털 변조방식들의 성능을 종합해 비교한 것이다. AWGN 채널 환경에서 M진 ASK, PSK, QAM, FSK 변조의 BER-SNR 성능을 그래프로 비교하였다. 이를 위해 MATLAB 예제 8-5~8에서 적용된 프로그램들이 재사용되었다. 실행결과로 얻어지는 그림은 본문의 [그림 8-25]~[그림 8-28]과 형태가 같아진다.

【 cm809.m 프로그램 】

```
figure(891)                 % 그림 창 번호 매기기
semilogy(snr,Pb_ask(1,:),snr,Pb_psk(1,:),'.',...
    snr, Pb_dpsk(1,:),snr,Pb_fsk(1,:),snr,Pb_fskc(1,:))
legend('2-ASK','2-PSK','DBPSK','2-FSK non-coherent','2-FSK coherent')
axis([min(snr) max(snr) 1e-6 1])    % axis([xmin xmax ymin ymax])
title('2진 ASK, PSK, FSK 비교 (AWGN 채널)')
```

```
xlabel('SNR [dB]'), ylabel('비트 에러 확률 (BER)  P_b')

figure(892)                    % 그림 창 번호 매기기
semilogy(snr,Pb_ask(2,:),snr,Pb_psk(2,:),'.',...
    snr,Pb_qam(2,:),snr,Pb_fsk(2,:),snr,Pb_fskc(2,:))
legend('4-ASK','4-PSK','4-QAM','4-FSK non-coherent','4-FSK coherent')
axis([min(snr) max(snr) 1e-6 1])      % axis([xmin xmax ymin ymax])
title('4진 ASK, PSK, QAM, FSK 비교 (AWGN 채널)')
xlabel('SNR [dB]'), ylabel('비트 에러 확률 (BER)  P_b')

figure(893)                    % 그림 창 번호 매기기
semilogy(snr,Pb_ask(3,:),snr,Pb_psk(3,:),'.',...
    snr,Pb_qam(3,:),snr,Pb_fsk(3,:),snr,Pb_fskc(3,:))
legend('8-ASK','8-PSK','8-QAM','8-FSK non-coherent','8-FSK coherent')
axis([min(snr) max(snr) 1e-6 1])      % axis([xmin xmax ymin ymax])
title('8진 ASK, PSK, QAM, FSK 비교 (AWGN 채널)')
xlabel('SNR [dB]'), ylabel('비트 에러 확률 (BER)  P_b')

figure(894)                    % 그림 창 번호 매기기
semilogy(snr,Pb_ask(4,:),snr,Pb_psk(4,:),'.',...
    snr,Pb_qam(4,:),snr,Pb_fsk(4,:),snr,Pb_fskc(4,:))
legend('16-ASK','16-PSK','16-QAM','16-FSK non-coherent','16-FSK coherent')
axis([min(snr) max(snr) 1e-6 1])      % axis([xmin xmax ymin ymax])
title('16진 ASK, PSK, QAM, FSK 비교 (AWGN 채널)')
xlabel('SNR [dB]'), ylabel('비트 에러 확률 (BER)  P_b')
```

■ MATLAB 예제 8-10 (QAM 변조) - cm810.m

이 예제는 식 (8.17)~(8.21)의 QAM 변조 방식을 프로그램으로 작성한 것이다. QAM은 APSK의 일종으로 진폭과 위상을 조합해 M 종류의 심벌을 준비하고, 구간 T마다 이중 하나를 골라 전송한다. 이 예제는 k=2일 때 M=4인 4-QAM의 경우로 실제 실행결과는 본문의 설명대로 QPSK와 같은 형태가 된다. 이 예제의 결과를 통해 이를 확인할 수 있다.

실행결과로 그림 창을 (4×1)의 4칸으로 나누어 기저대역 신호의 2진 데이터, QAM 신호, I 채널 출력신호 si, Q 채널 출력신호 sq를 차례로 나타낸다. 실행결과로 명령 창에 함께 출력되는 복소수 심벌 값의 진폭과 위상을 살펴볼 수 있다. 이 예제에 사용된 4가지 복소수 심벌의 진폭은 sqrt(2)≒1.4142로 모두 동일하다. 반면 심벌의 전송 위상은 ±45 ±135도의 4가지가 나온다. 앞의 MATLAB

예제 8-2에서 QPSK의 전송 위상은 0 90 180 270도의 4종류이다. 이 예제와 비교해 선택한 위상만 다를 뿐, 심벌의 진폭은 일정하고 4종류의 전송 위상을 사용한다는 점에서 4-QAM과 QPSK는 결국 같은 변조 방식이 된다.

여기서는 앞의 MATLAB 예제 8-1~4와 다른 부분만 설명하도록 한다. 이 예제에서는 기저대역 신호로 나타낼 2진 데이터 비트열 12비트를 랜덤 생성한다. 이 때문에 예제를 실행할 때마다 실행결과 그림과 화면에 출력되는 내용도 달라진다. 이 예제는 [그림 8-11]의 직교 진폭 변조기를 사용해 QAM 전송신호를 만든다. 먼저 2진 심벌 값을 복소수 심벌 값으로 변환한다. 복소수 심벌 값의 실수부는 I 채널의 입력에 들어가고 허수부 값은 Q 채널의 입력에 들어간다. 심벌의 진폭과 전송 위상은 식 (8.21)에서 구할 수 있다. 한편 전송신호의 진폭을 1로 만들기 위해 I 채널과 Q 채널 출력신호의 진폭을 sqrt(2)로 나눈다.

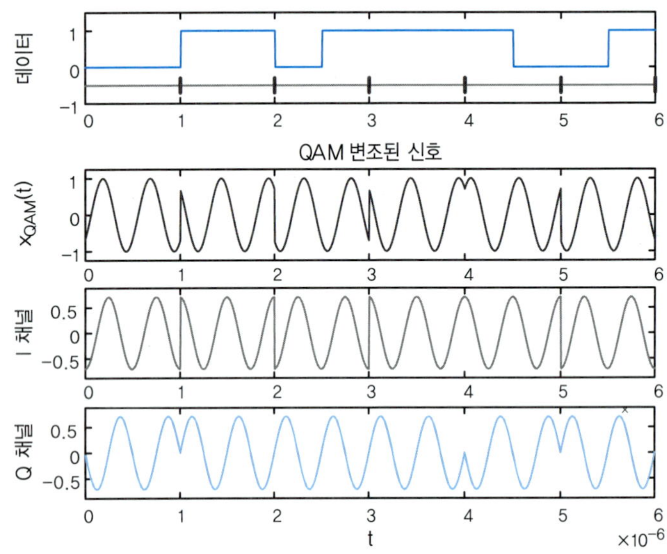

[그림 8-34] MATLAB 예제 8-10 실행결과

【 cm810.m 프로그램 중 】- cm802.m과 다른 부분

```
% --- 2진 심벌 값을 복소수 심벌 값으로 변환 ---
bin = reshape(d,k,sn)';             % 데이터를 sn 심벌 x k 비트로 재배열
bp = 2*bin-1;                       % 1과 0의 범위에서 1과 -1의 범위로 이동
for m = 1:sn                        % sn개의 심벌에 속한 2비트를
    c(m) = bp(m,1)+bp(m,2)*1j;      % 00, 01, 10, 11에 따라 복소수 값을
end                                 % c(m) = ±1±1j 중 하나로 변경

disp('심벌의 2진 값'), bin
disp('심벌의 복소수 값'), reshape(c,sn,1)
disp('QAM 심벌의 진폭 변화'), abs(c)
disp('QAM 심벌의 위상 변화 [degree]'), angle(c)*180/pi

% --- I 채널 출력 si와 Q 채널 출력 sq 만들기 ---
fc = 1/dt/100;          % 반송파 주파수 [Hz] ☞ 샘플링 주파수의 1/100 정도

wc = 2*pi*fc;           % 반송파 각주파수 [rad/sec]

for m = 1:sn
    si((m-1)*Ns+1:m*Ns) = A/sqrt(2)*real(c(m))*cos(wc*ts);
    sq((m-1)*Ns+1:m*Ns) = A/sqrt(2)*imag(c(m))*sin(wc*ts);
end

% --- 직교 진폭 변조기의 출력신호 s(t) 만들기 ---
s = si - sq;                        % QAM 신호

% --- M-ary 변조 결과 그림 그리기 ---
figure(810)                         % 그림 창 번호 매기기

subplot(4,1,1,'align')              % 기저대역 신호 그리기
plot(t,base)
axis([min(t) max(t) -1.0 1.5]), ylabel('데이터')
line([min(t) max(t)],[-0.5 -0.5],'color','g')  % line([x1 x2],[y1 y2])
for m = 1:sn                        % 각 심벌 구간 구분선 그리기
    line([m*T m*T],[-0.7 -0.3],'color','m','linewidth',3)
end

subplot(4,1,2,'align')              % 직교 진폭 변조기 출력신호 s
plot(t,s,'m'), range = max(s)-min(s);
axis([min(t) max(t) min(s)-range/8 max(s)+range/8])
ylabel('x_{QAM} (t)'), title('QAM 변조된 신호')
```

```
subplot(4,1,3,'align')                % I 채널 출력신호 si
plot(t,si,'color',[0 0.6 1]), range = max(si)-min(si);
axis([min(t) max(t) min(si)-range/8 max(si)+range/8])
ylabel('I 채널'),

subplot(4,1,4,'align')                % Q 채널 출력신호 sq
plot(t,sq,'color',[0 0.7 0.4]), range = max(sq)-min(sq);
axis([min(t) max(t) min(sq)-range/8 max(sq)+range/8])
xlabel('t'), ylabel('Q 채널')
```

■ MATLAB 예제 8-11 (OQPSK 변조) - cm811.m

이 예제는 [그림 8-9]의 OQPSK 변조 방식을 프로그램으로 작성한 것이다. OQPSK는 위상변화 범위를 최대 ±90° 이내로 제한하기 위해 한 번에 한 비트씩 2회에 걸쳐 변경시킨다. 이를 위해 [그림 8-11]의 직교 진폭 변조기에서 Q 채널 신호를 심벌의 반주기 동안 차이가 나게 시간차를 두고 전송한다. 심벌의 주기를 T라고 할 때 이를 식 (8.38)처럼 나타낼 수 있다.

$$S_{OQPSK}(t) = I(t)\cos\omega_c t - Q\left(t + \frac{T}{2}\right)\sin\omega_c t \tag{8.38}$$

오프셋(offset)의 사전적 의미는 상쇄(서로 영향을 주어 효과가 없어짐)나 벌충(모자라는 것을 채움)으로 여기서는 심벌의 반주기 구간을 채우는 일이다.

여기서는 앞의 MATLAB 예제 8-10과 다른 부분만 설명하도록 한다. 이 예제 역시 기저대역 신호로 나타낼 2진 데이터 비트열 12비트를 랜덤 생성한다. 이 때문에 예제를 실행할 때마다 실행결과 그림과 화면에 출력되는 내용도 달라진다.

이 예제의 실행결과는 [그림 8-35]처럼 앞 예제와 같은 구성으로 OQPSK 신호와 I 채널, Q 채널 출력 성분을 비교하였다. 그림에서처럼 오프셋 처리는 Q 채널 출력의 앞부분, 기저대역 신호와 I 채널 출력의 뒷부분에 심벌의 반주기 동안 0을 삽입한다. 한편 그림과 함께 명령 창에 출력되는 전송 위상은 OQPSK로 오프셋 처리되기 이전의 QPSK 신호를 나타낸다. 오프셋이 없을 때는 최대 ±180의 급격한 위상변화가 일어난다.

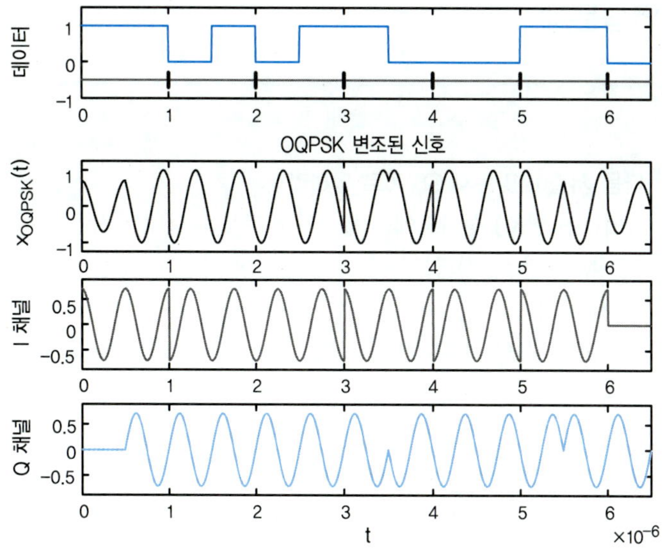

[그림 8-35] MATLAB 예제 8-11 실행결과

【 cm811.m 프로그램 중 】- cm810.m과 다른 부분 (1)

```
% --- 기저대역 신호 만들기 ---
t = dt:dt:T*sn+T/2;          % 전체 시간 축 만들기 + 오프셋 시간 T/2 늘림
offset = zeros(1,Ns/2);      % 심벌의 반주기 T/2 동안 오프셋으로 삽입할 0
base = kron(d,ones(1,ds)); % 크로네커 곱 ☞ 비트당 100 샘플
base = [base offset];        % 기저대역 신호 출발 + 오프셋으로 T/2 채움
```

【 cm811.m 프로그램 중 】- cm810.m과 다른 부분 (2)

```
% --- 직교 진폭 변조기의 출력신호 s(t) 만들기 ---
si = [si offset];            % I 채널 출발 + 오프셋으로 T/2 채움
sq = [offset sq];            % 오프셋으로 T/2 지연 + Q 채널 출발
s = si - sq;                 % OQPSK 신호
```

연습문제

1. 다음 서술이 맞는지 O, X로 답하라.
   (1) 【M진 변조】 성좌도에는 M가지 비트를 나타내는 작은 점들이 배치된다.
   (2) 【M진 변조】 성좌도는 M가지 심벌이 가질 수 있는 진폭과 위상을 I–Q 평면 위에 표시한다.
   (3) 【M진 변조】 성좌도는 각 심벌 신호의 진폭과 주파수에 대한 정보를 나타낸다.
   (4) 【M진 변조】 성좌도 상에 위치한 점들이 많을수록 스펙트럼 효율이 좋아진다.
   (5) 【M진 변조】 성좌도 상에 위치한 점들이 가까울수록 SNR이 나빠진다.
   (6) 【직교 M-FSK】 직교 M-FSK는 M개의 서로 직교하는 반송파를 사용한다.
   (7) 【직교 M-FSK】 직교 M-FSK는 상태 수 M이 증가할수록 비트 에러 확률이 감소한다.
   (8) 【직교 M-FSK】 직교 M-FSK는 진폭이 일정하지 않아 비선형 왜곡에 취약하다.
   (9) 【직교 M-FSK】 직교 M-FSK는 M-PSK, M-QAM에 비해 주파수 대역폭을 덜 차지한다.
   (10) 【직교 M-FSK】 직교 M-FSK에서 코히런트 방식이 비코히런트 방식보다 비트 에러 확률이 약간 더 높다.

2. 다음 디지털 변조 방식에서 관한 설명으로 맞는 것을 【보기 A】에서 모두 골라라.
   (1) 반송파의 진폭만 몇 가지 상태로 변화
   (2) 반송파의 위상만 몇 가지 상태로 변화
   (3) 반송파의 주파수만 몇 가지 상태로 변화
   (4) 반송파의 진폭과 위상을 몇 가지 상태로 변화

보기 A

① QAM ② PSK ③ ASK ④ FSK ⑤ APSK
⑥ 위상 편이 변조 ⑦ 직교 진폭 변조
⑧ 진폭 편이 변조 ⑨ 주파수 편이 변조

3. 디지털 변조방식에 해당하는 것을 모두 골라 번호를 적어라.
① PM ② FSK ③ QAM ④ FM ⑤ ASK ⑥ PSK ⑦ AM

4. 각 심벌당 비트 수가 6개이고, 365개의 심벌이 25ms에 전송될 때 다음을 구하라.
(1) 보드율은 몇 Bd인가?
(2) 비트율은 몇 kbit/s인가?

5. 심벌당 4비트를 사용하는 M-PSK에서 위상을 균일하게 배정하면 몇 도 간격인가?

6. 심벌당 5비트를 사용하는 직교 M-FSK에서 비트 에러 확률은 심벌 에러 확률의 몇 배인가?

7. 어떤 DPSK 부호화기 회로의 입출력특성을 설계할 때 입력비트 a_n에 대한 출력비트를 $b_n = a_n \oplus b_{n-1}$로 정했다. 전송위상은 출력비트 값이 0일 때는 0으로, 출력비트 값이 1일 때는 π로 만들어 전송한다. 다음 굵은 선 안을 채워 넣어 부호화표를 완성하라. ⊕기호는 배타적 논리합 XOR를 나타낸다.

부호화 입력비트 a_n	×	0	1	0	1	0	0	1
부호화 출력비트 b_n	0							
DPSK 전송위상								

8. 어떤 DPSK 복호화기 회로의 입출력특성을 설계할 때 입력비트 b_n에 대한 출력비트를 $a_n = b_n \oplus b_{n-1}$로 정했다. 입력되는 전송위상은 입력비트 값이 0일 때는 0으로, 입력비트 값이 1일 때는 π로 수신된다. 다음 굵은 선 안을 채워 넣어 복호화표를 완성하라. ⊕기호는 배타적 논리합 XOR를 나타낸다.

DPSK 전송위상	π	0	π	π	π	0	0	π	×
복호화 입력비트 b_n									×
지연된 입력비트 b_{n-1}	×								
복호화 출력비트 a_n	×								×

Chapter 09

다중화와 다중접속

Chapter

Communication Theory

09 다중화와 다중접속

9.1 통신 자원의 할당

9.1.1 다중화와 다중접속

통신시스템의 기술적인 목표는 짧은 시간에 많은 데이터를 효율적으로 전송하는 것이다. 이를 위해서 많은 방식들이 시도되고 연구된다. 신호를 전송하려면 통신 자원이 필요하다. 특히 한정된 통신 자원은 통신시스템의 성능을 좌우한다. 먼 거리에 전송하려면 높은 주파수에 신호를 실어 보내야 한다. 이때 주파수 자원이 필요하다. 고속으로 전송하려면 더 넓은 주파수 대역폭에 신호를 실어야 한다. 사용자가 많아 주파수 자원이 한정되면 시간을 나눠서 사용해야 한다. 이때 시간 자원의 분배 문제가 생긴다. 주파수 자원과 시간 자원을 동시에 활용하면 더 효율적이다. 전파는 도달거리가 있어 공간 자원으로 분리할 수도 있다. 이때 다중화와 다중접속은 통신 자원의 할당을 위한 기술적인 방법이다.

한편 통신은 공공의 목적으로 자원을 할당하기도 한다. 국가에서 치안이나 구조를 위한 재난안전통신망 등에도 통신 자원을 할당한다. 또한 새로운 통신 서비스가 출현할 때마다 방송사업자와 통신사업자 간의 이해도 조정해야 한다. 물론 경제적인 비용도 고려되면 더욱 좋을 것이다. 통신은 전 국민을 대상으로 하는 공공 서비스 성격이 있기 때문이다. 이런 이유로 통신 자원의 할당은 학술적이거나 산업적인 연구는 물론이고 정책적인 연구들이 꾸준히 계속되고 있다.

a. 통신 자원의 할당

다중 방식(multiplex system)에서 다중화와 다중접속은 모두 통신 자원의 분배

방식이다. <표 9-1>에 통신 자원의 대표적인 분배 방법을 나타내었다. 이 방식들은 통신 자원을 주파수, 시간, 코드로 나누어 한정된 채널을 공유하도록 해준다.

<표 9-1> 통신 자원의 대표적인 분배 방법

통신 자원의 할당 방법	다중화(multiplexing)	다중접속(multiple access)
주파수분할 (frequency division) ☞ 서로 다른 반송파 주파수를 할당	주파수분할 다중화 FDM (frequency division multiplexing)	주파수분할 다중접속 FDMA (frequency division multiple access)
시분할 (time division) ☞ 서로 다른 시간 슬롯(slot)을 할당	시분할 다중화 TDM (time division multiplexing)	시분할 다중접속 TDMA (time division multiple access)
부호분할 (code division) ☞ 서로 다른 코드(code)를 할당	부호분할 다중화 CDM (code division multiplexing)	부호분할 다중접속 CDMA (code division multiple access)

b. 다중화와 다중접속의 차이

다중화(multiplexing) 방법은 『채널을 나누는 방법』이다. 다중화의 목표는 전송로에서 동시에 최대한 많은 채널을 공유하는 것이다. 다중화는 만들어진 채널을 차지하는 방법까지는 정하지 않는다. 다중접속이 그 방법을 정한다.

다중접속(multiple access) 방법은 『나누어진 채널을 사용하는 방법』이다. 다중접속의 목표는 전송로가 만든 한정된 채널들을 최대한 효율적으로 공유해 사용하는 것이다. 다중접속이 다중화와 가장 크게 다른 점은 사용자들이 채널을 요구할 때 채널을 차지하려는 경쟁이 있다는 점이다. 이동통신 기지국에서 동시에 서비스가 가능한 사용자가 100명인데 현재 95명이 사용하고 있다고 하사. 추가로 20명의 사용자가 이동전화를 걸려고 시도하면 결국 20명의 사용자가 남아 있는 5개의 채널을 차지하기 위해 경쟁을 벌여야 한다. 이때 다중접속 방법은 다중화로 만들어진 채널 중에서 비어 있는 채널을 차지하는 방법을 결정하는 것이다.

통화를 원하는 이동통신 단말기들은 통신 사업자의 기지국 중 어느 한 곳에 반드시 접속되어야 한다. 단말기는 기지국과 교신을 계속 시도하며 통화 채널을 할당받아야 한다. 특정 주파수, 특정 시간 슬롯 혹은 특정 코드를 바꾸어가며 비어 있는 주파수, 비어 있는 시간 슬롯 혹은 비어 있는 코드를 찾아야 한다. 기지국과의 접속에 성공하면 통화를 위해 기지국에서 정해주는 주파수, 시간 슬롯 혹은 코드를 채널로 할당받는다.

9.1.2 신호의 직교성

다중화와 다중접속 방법을 사용할 때 수신 측에서 신호를 검출하려면 다른 신호들의 간섭을 피하고 원하는 신호만 골라내야 한다. 주파수, 시간, 공간 등으로 할당된 통신 자원에서 성질이 같은 신호들이 같은 영역 내에서 존재하면 서로 간섭을 일으킬 수 있다. 이를 피하려면 서로 직교하는 신호들을 사용해야 한다.

a. 직교 성질

직교성(orthogonality)은 직교하는 3차원 xyz 좌표와 같이 성격이 같은 신호들이 서로 영향을 주지 않고 함께 동작할 수 있는 성질을 말한다. 그런 관계를 갖는 것을 서로 직교(orthogonal)한다고 한다. 통신 신호가 직교하려면 동일한 특성을 갖는 신호들을 동시에 전송할 때 서로 독립적으로 동작할 수 있어야 한다.

b. 직교 조건

수학적으로 신호의 직교 조건은 식 (9.1)과 같이 표현된다. 송수신 측의 약속에 의해 전송신호의 형태를 미리 정해놓아야 한다. 수신 측에서 원하는 신호의 형태를 알고 있다면 아래와 같이 곱셈기와 적분기를 이용해 신호를 검출할 수 있다.

$$\int_{-l}^{+l} s_m(x)\, s_n(x)\, dx = \begin{cases} \text{상수}\ (m=n) \\ 0 \quad (m \neq n) \end{cases} \tag{9.1}$$

식 (9.1)에서 수신 신호에 원하는 형태의 신호를 곱한 후 적분하면 원하는 신호만 0이 아닌 값으로 검출되고 나머지 신호는 0이 되어 받아들이지 않도록 한다. 이 조건을 만족하는 신호가 서로 직교하는 신호이다. 서로 직교하는 신호에는 여러 가지 형태가 있지만 사인파와 코사인파가 대표적이다.

디지털 통신은 전송 채널의 용량을 증대시키기 위해 다양한 직교 방식들을 사용한다. 식 (9.1)에서 $x=f$가 되면 원하는 주파수 신호만 골라낼 수 있으므로 주파수분할 다중화에 사용될 수 있다. $x=t$가 되면 원하는 시간 신호만 골라낼 수 있으므로 시분할 다중화에 사용될 수 있다. 부호분할 다중화는 다수의 채널이 혼재할 때 직교 코드를 사용해 원하는 코드 신호만 추출해 낼 수 있다.

9.1.3 통신 링크의 방향

이동통신의 통신 채널은 통화를 위한 통화 채널(traffic channel)과 단말기의 위치파악과 통화연결을 위한 제어 채널(control channel)로 크게 나눈다. 통화 채널은 [그림 9-1]과 같이 통신 링크에 따라 다시 나눌 수 있다. 그림에 이동통신 기지국(base station, BS)과 단말기인 이동국(mobile station, MS) 사이의 데이터 전송방향을 나타내었다. 또한 지구국(earth station, ES) 혹은 지상국(ground station, GS)과 통신 위성(satellite) 사이의 데이터 전송방향도 나타내었다. 지상국은 비행기와 관제탑 간의 교신을 나타낼 때도 사용되므로 여기서는 위성과 지구국으로 용어를 통일하도록 하겠다. 링크(link)는 연결 혹은 연결 장치를 나타내는 말이다.

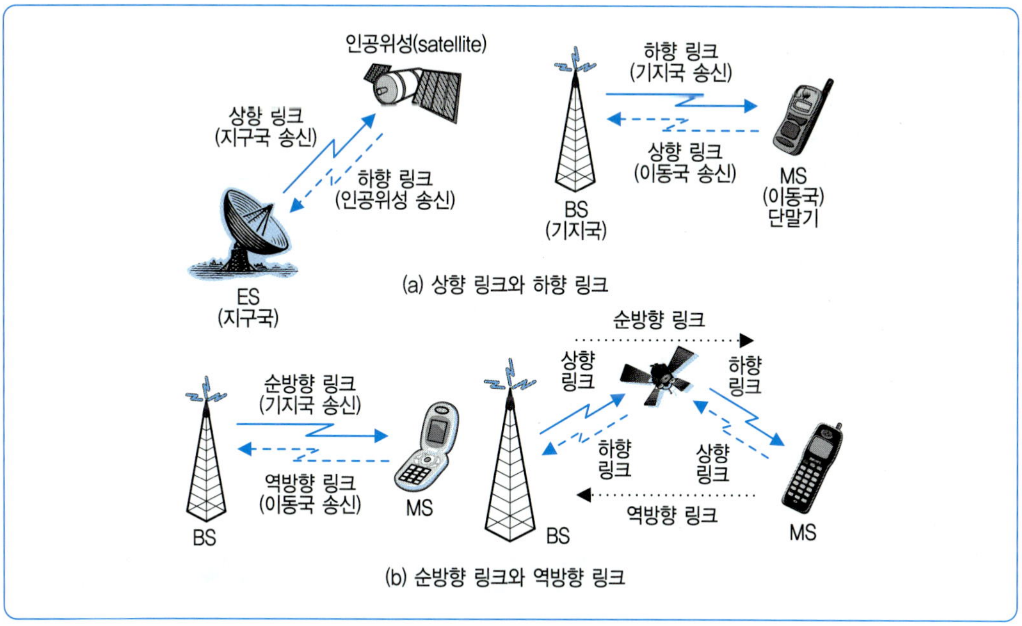

[그림 9-1] 통신 링크의 방향

a. 상향 링크와 하향 링크

[그림 9-1(a)]에서 상향 링크 혹은 업 링크(uplink, UL)는 위성통신의 지구국에서 위성으로 연결되는 통신 링크를 말한다. 데이터 전송장치에서 업 링크는 때

로는 전파 중계기까지의 연결을 말하기도 한다. 한편 이동통신망에서 업 링크는 이동 단말기에서 기지국까지 연결되는 전송 경로를 말한다.

하향 링크 혹은 다운 링크(downlink, DL)는 위성통신의 위성에서 지구국으로 연결되는 통신 링크를 말한다. 한편 이동통신망에서 다운 링크는 기지국에서 이동 단말기까지 연결되는 전송 경로를 말한다.

비슷한 개념으로 컴퓨터 사용자가 컴퓨터 통신망에 자료를 전송할 때도 서버나 상대방에게 파일을 올려 보내면 업로드(upload)라고 한다. 반대로 통신망에서 자신의 컴퓨터로 파일을 내려 받으면 다운로드(download)라고 한다.

b. 순방향 링크와 역방향 링크

[그림 9-1(b)]에서 순방향 링크(forward link)는 고정된 기지국에서 이동통신 사용자로 연결되는 통신 링크를 말한다. 위성을 통한 순방향 링크는 기지국에서 위성까지의 상향 링크와 위성에서 이동통신 사용자까지의 하향 링크로 구성된다.

역방향 링크(reverse link)는 이동통신 사용자에서 고정된 기지국으로 연결되는 통신 링크를 말한다. 회수 채널(return channel)이라고도 한다. 위성을 통한 역방향 링크는 이동통신 사용자에서 위성까지의 상향 링크와 위성에서 기지국까지의 하향 링크로 구성된다. 다중접속의 경쟁은 역방향 링크에서 일어난다.

순방향 링크와 역방향 링크는 통신 사업자를 중심으로 전송방향을 표시한 용어다. 반대로 휴대전화와 같은 이동통신 단말기 입장에서 표현할 때는 상향 링크를 발신 채널이라고 하고 하향 링크를 수신 채널이라고 한다.

9.2 다중화 방법

9.2.1 전송로와 다중화

전송로(transmission channel) 혹은 전송채널은 비트 스트림(bitstream) 같은 정보 신호를 전송한다. 여기서 스트림(stream)은 연속적인 흐름이라는 뜻으로 비트 스트림은 2진 형태로 전송되는 데이터를 말한다.

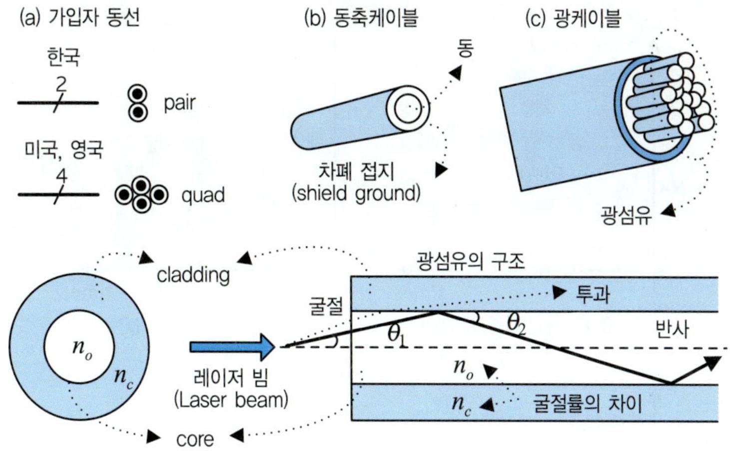

[그림 9-2] 전송로의 종류

전송로는 전선과 같이 물리적으로 직접 연결되는 전송 매질과 공기 중의 전파처럼 눈에 보이지 않는 논리적인 연결을 모두 포함한다. 전송로가 유선 연결인 경우에는 전송선로(transmission line)라는 표현도 사용한다.

전송로의 예를 [그림 9-2]에 나타내었다. 광케이블은 광섬유를 다발로 묶은 것이다. 전송로는 물리적으로 허용하는 주파수 대역폭과 최대 전송속도에 한계가 있으며 전송로마다 차이가 있다. 다중화 기술은 어느 전송로에나 적용이 가능하다. 어떤 전송채널이 정보를 전송할 수 있는 최대 능력을 그 채널의 용량이라고 하며 종종 비트율(bit/s)로 나타낸다.

9.2.2 FDM, TDM, CDM 비교

[그림 9-3]에서 주파수분할 다중화(FDM)는 주파수 채널이 분리되고 시간 영역에서는 섞인다. 마찬가지로 시분할 다중화(TDM)는 시간 채널이 분리되고 주파수 영역은 섞인다. 코드분할 다중화 혹은 부호분할 다중화(CDM)는 두 방식을 혼합한 형태이다. CDM은 여러 개의 주파수 채널과 시간 슬롯을 넘나들며 직교하는 부호를 바꾸어가며 통신채널을 이룬다.

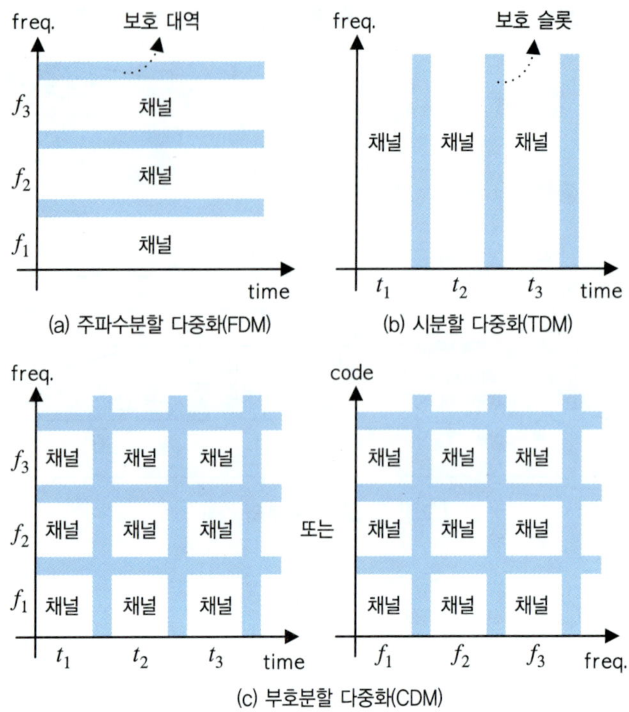

[그림 9-3] FDM, TDM, CDM의 개념

FDM, TDM, CDM 방식을 비교하기 위해서 예를 들자. 회의실에 모인 사람들이 토론을 하기 위해서 먼저 발언 규칙을 정하자. 회의실이라는 한정된 공간과 회의 시간을 효율적으로 활용하기 위해서 주파수, 시간과 부호를 나누어 사용하기로 하고 FDM, TDM, CDM의 3가지 방식을 도입했다.

FDM 방식은 발언하는 톤(tone)을 달리하는 것이다. 합창단의 노래를 들어보면 소프라노, 알토, 테너, 베이스의 목소리를 구별할 수 있다. TDM 방식은 규칙적으로 돌아오는 시간마다 시간 슬롯을 할당하는 것이다. 일정한 시간 간격으로 여러 사람이 교대로 발언한다. 보통 이 경우는 TDM에 앞서 먼저 FDM을 실시한다. 주파수 채널을 먼저 나누고 각 주파수 채널을 여러 개의 시간 슬롯으로 또다시 나누어 사용한다. 예를 들어 합창단의 각 목소리 파트가 3명으로 늘어난 것과 같다. 소프라노가 3명, 알토가 3명 이런 식인데 각자 말하는 시간이 정해져 있기 때문에 FDM에 비해 대화에 참여할 수 있는 숫자는 3배로 늘어난다.

CDM 방식은 주파수 채널과 시간 슬롯을 섞어 더욱 많은 사람이 동시에 대화하는 것이 목표이다. 모든 사람들이 동시에 대화하되 서로 다른 언어로 대화하는 것이다. 회의실에 모인 사람들이 사용하는 언어를 서로 다르게 짝을 정해 여러 명이 동시에 대화하는 방법이다. 영어, 불어, 스페인어, 일어, 한국어로 동시에 떠든다고 하자. 상대방과 대화하기로 정했던 언어가 영어라면 잡음처럼 웅성거리는 와중에도 잘 들어보면 영어가 들린다. 다른 사람들이 영어를 모르면 대화의 비밀도 보호된다. 여기서 사용된 언어가 서로 직교하는 부호가 된다.

9.2.3 시분할 다중화 기술

북미, 일본, 한국에서 주로 사용된 T-반송파(T-carrier) 기술표준은 미국 AT&T 벨연구소(Bell Labs)가 만든 대표적인 시분할 다중화(TDM) 전송기술이다. 그 중 하나인 T1 전송로는 전화선 2가닥으로 1.544Mbit/s를 전송할 수 있는 TDM 기술이다. T1 기술은 전화국 간의 통신에서 64kbit/s PCM 음성전화 가입자 24명의 데이터를 다중화해 동시에 전송할 수 있다. 또한 T3 기술은 44.736Mbit/s TDM 전송선으로 672가입자의 음성전화를 다중화해 동시에 전송할 수 있다.

[그림 9-4]는 T1 전송로의 기저대역 신호인 디지털 펄스이다. T1은 192비트의 데이터와 동기신호 1비트를 묶어 하나의 전송 프레임을 구성한다. 프레임(frame)은 정보 데이터와 제어 신호를 합쳐 완성된 하나의 전송블록 단위를 말한다.

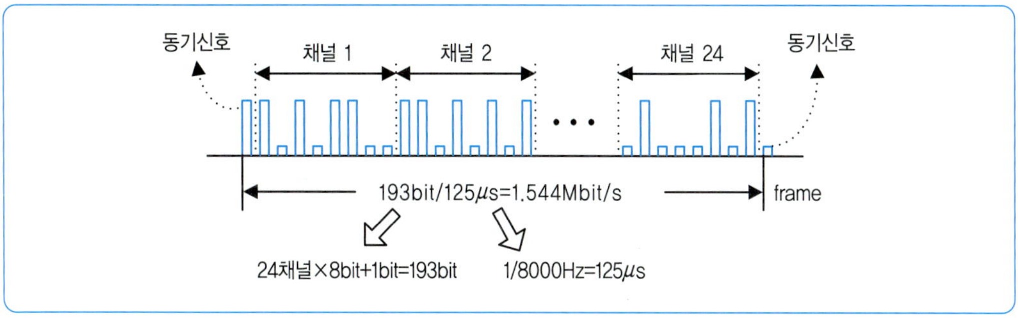

[그림 9-4] T1 전송로를 이용한 TDM 전송 프레임

한편 유럽방식의 E-반송파(E-carrier) 기술표준 중 하나인 E1은 전화선 4가닥으로 2.048Mbit/s를 전송할 수 있는 TDM 전송기술이다. E1 기술은 A-law

방식의 64kbit/s PCM 음성전화 가입자 30명의 데이터를 다중화해 동시에 전송할 수 있다. 또한 E3 전송기술은 34.368Mbit/s의 TDM 전송선으로 512가입자의 음성전화를 동시에 전송할 수 있다. T-반송파나 E-반송파 모두 TDM 전송로의 전송속도 표시에는 동기신호나 제어신호 비트가 포함되어 있다.

T1과 E1은 처음에는 동축케이블(coaxial cable)을 이용해 전화국 간의 TDM 전송에 사용되다 나중에는 일반 가입자 동선을 사용하는 기술로 발전했다. 기존 PSTN 전화선에 인터넷을 연결하려면 xDSL(x-digital subscriber line, 디지털 가입자 선로) 기술이 적용된 모뎀을 접속해야 했다. ADSL(asymmetric DSL)은 상하향 링크의 속도가 다른 비대칭 디지털 가입자 선로라는 뜻이다.

9.2.4 파장분할 다중화

광통신(optical communication)의 기본 전송방식은 TDM 형태의 전기신호이다. 광섬유로 전송되는 빛을 온-오프(on-off)하여 빛과 전기를 상호 변환하는 방식이다. 광통신은 빛을 시간적으로 분할해 사용하므로 광시분할 다중화(optical TDM, OTDM)라고도 한다. 광통신에서 전송 용량을 늘리기 위해 주로 땅에 묻는 광케이블을 추가로 설치하려면 공사비용이 급증한다. 용량 증설을 보다 쉽게 해결할 수 있는 방법은 서로 다른 파장을 갖는 여러 개의 광 신호를 하나의 광섬유에 넣는 것이다.

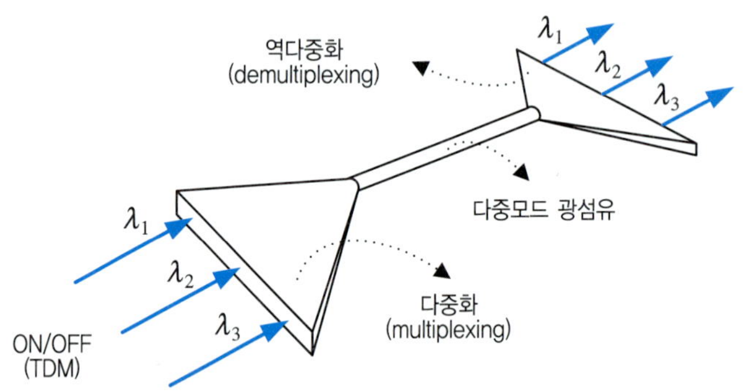

[그림 9-5] 파장분할 다중화(WDM)

WDM(wavelength division multiplexing)을 파장분할 다중화라고 한다. WDM의 예로 [그림 9-5]는 하나의 광섬유에 서로 다른 파장의 광 신호들을 다중화해 전송한다. 수신 측에서는 역다중화(demultiplexing)를 실시해 여러 종류의 파장을 갖는 광 신호들로 다시 분리해낸다. WDM은 기존에 설치되어 있는 광케이블 망을 이용해 전송 용량을 대폭 증대시킬 수 있는 기술이다.

물리적 특성상 한 개의 파장을 갖는 빛을 이용하기에 적합한 광섬유를 단일모드 광섬유(single mode optical fiber)라고 한다. 또한 여러 개의 파장을 갖는 빛을 이용할 수 있는 광섬유를 다중모드 광섬유(multi mode optical fiber)라고 한다.

9.2.5 공간분할 다중화

통신에서 사용하는 공간분할 다중화(space division multiplexing, SDM)나 공간분할 다중접속(space division multiple access, SDMA)은 전파의 유효한 도달거리에는 공간적으로 한계가 있다는 점에서 출발한다. 쉬운 예로 같은 FM 방송사라도 지역에 따라 방송수파수가 다른 예를 발견할 수 있다.

[그림 9-6]은 공간분할과 주파수분할의 차이점을 잘 설명해준다. (a)처럼 위성통신에서 같은 지역에 사용하는 전파는 다른 주파수를 써야만 다중화가 가능하다. 이 방법은 주파수분할을 이용한다. 반면에 (b)처럼 다른 지역과 통신할 때는 동일한 주파수를 다른 곳에 다시 재사용해도 된다. 이를 위성의 다중 빔 주파수재사용(multi-beam frequency reuse)이라고 한다. 이 방법은 공간분할을 이용한다.

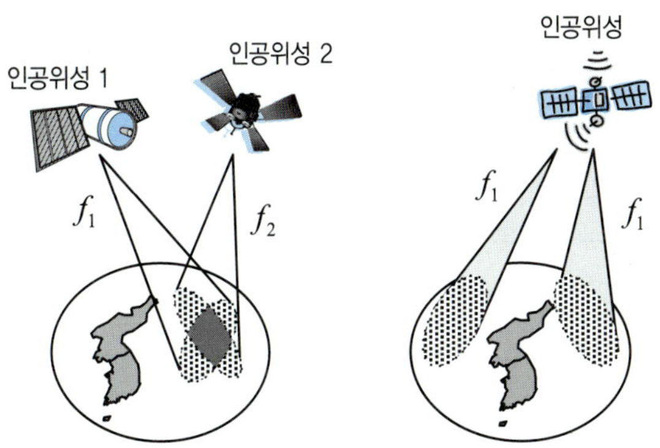

(a) 주파수분할 이용 (b) 공간분할 이용

[그림 9-6] 주파수분할과 공간분할

공간분할의 다른 예로 [그림 9-7]은 기존의 유선전화인 PSTN 전화국 교환기에서 사용하는 회선교환 기법이다. 전화 가입자들의 통화 회선을 실제로 연결하기 위해 각 연결 스위치를 물리적으로 서로 분리해서 전용경로를 형성한다. 이를 공간분할 교환(space division switching)이라고 한다.

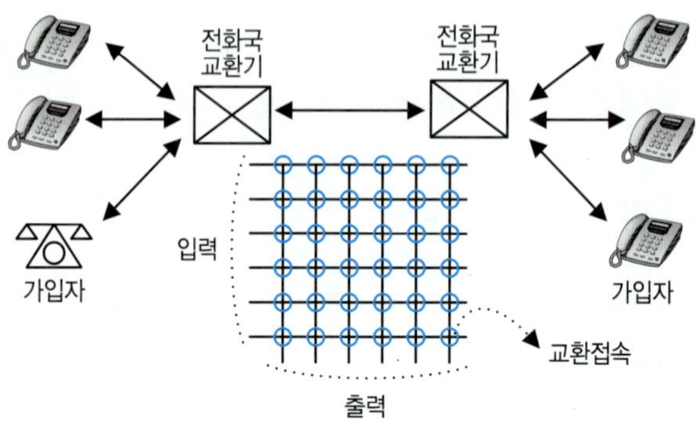

[그림 9-7] 공간분할 교환

9.2.6 PSTN 가입자선과 다중화

전통적인 방식의 기존의 일반 유선전화 서비스를 위한 통신망을 공중교환전화망 혹은 PSTN(public switched telephone network)이라고 한다. 여기서는 가입자선의 종류를 망(network) 개념으로 표시하여 다중화를 설명하기로 하자. 가입자(subscriber)는 통신시스템의 유료가입자를 말한다.

[그림 9-8]은 PSTN 교환기와 유선 단말기의 연결을 나타낸 것이다. 그림에서 가입자선은 다중화가 없는 실선 구간이며 아날로그 구간이다. PSTN 교환기를 거쳐 다른 PSTN 교환기로 가는 선로는 다중화 구간이며 디지털 구간이다. 전화국의 PSTN 교환기로 들어온 유선 전화기 사용자의 아날로그 음성을 전화국에서 디지털로 변환하여 PCM 신호로 만든다. 이를 다중화시켜 T1 등의 TDM 장비를 이용해 여러 경로를 거쳐 상대방 전화국의 PSTN 교환기로 보낸다. 상대방 교환기는 이를 아날로그 음성신호로 복원하여 통화 상대방에게 들려준다.

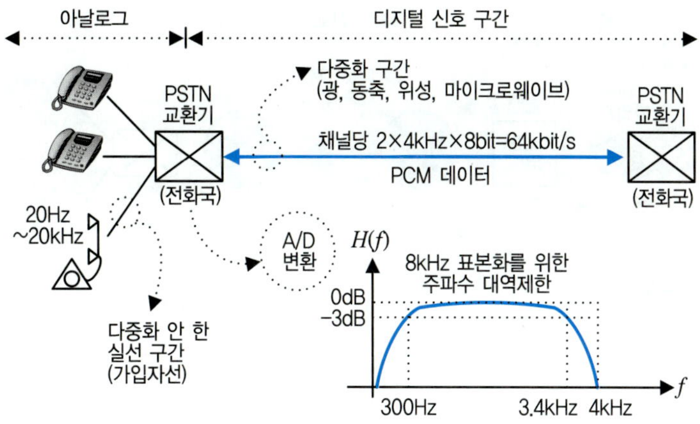

[그림 9-8] PSTN 가입자 선로와 64kbit/s PCM 음성전화

[그림 9-8]의 LPF는 [그림 6-4]의 에일리어싱을 방지한다는 뜻의 앤티에일리어싱 필터(anti-aliasing filter)라고 한다. 이 LPF는 샘플링 하기 전에 음성전화 신호의 주파수 대역을 4kHz로 제한하는 역할을 한다. 전화국의 PCM 음성전화 장비는 A/D(analog to digital) 변환기에서 4kHz의 2배 속도인 8kHz로 샘플링 한다. 그런 후 각 샘플당 8비트씩의 PCM 코드를 얻어 가입자 채널당 64kbit/s의 음성 데이터를 만든다.

9.2.7 VoIP 가입자선과 다중화

컴퓨터 네트워크 방식 중 하나인 인터넷의 통신 규칙을 기반으로 한 통신망을 IP(internet protocol) 망이라고 한다. VoIP(Voice over IP)는 인터넷 기술의 하나로 IP 망을 이용한 음성통화 서비스이다. 시장에서는 VoIP를 이용한 음성전화 서비스를 IP 전화 혹은 인터넷 전화라고도 한다.

[그림 9-9]는 가정이나 직장에 연결된 IP 망에 접속한 VoIP 유선전화의 가입자선을 나타낸다. VoIP 연결을 위한 가입자 선로는 IP 망의 일부로 이미 디지털화가 되어 있지만 사람의 음성은 여전히 아날로그 신호이다. 이 때문에 전화기에서 VoIP 코덱을 이용해 음성신호를 A/D 변환하여 송신하고 D/A(digital to analog) 변환하여 수신해야 한다.

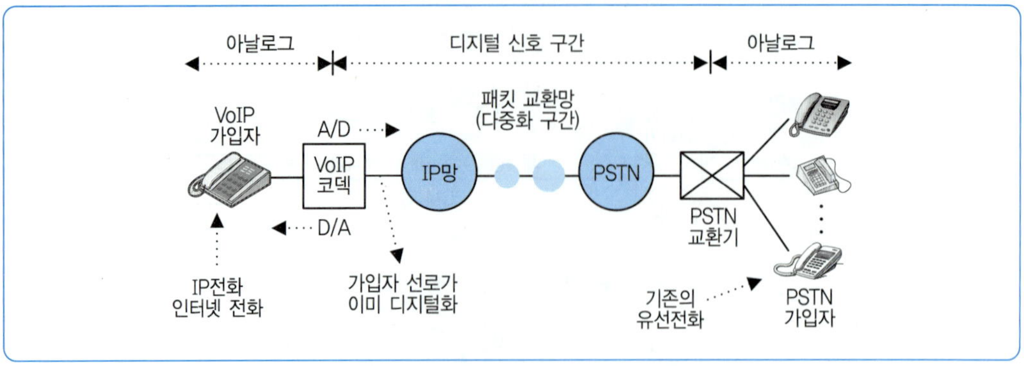

[그림 9-9] VoIP 유선전화의 가입자선

여기서 VoIP 전화를 위해 사용되는 음성 코덱의 표준을 알아보자. 〈표 9-2〉는 ITU-T에서 표준으로 정한 음성 코덱 중에서 몇 가지를 예로 든 것이다. ①의 G.711 방식은 앞에서 설명한 64kbit/s PCM 음성전화 표준으로 PSTN에서 사용하는 유선전화의 음질이다. 이 방식은 음성을 압축하지 않는 PCM 방식으로 음질이 좋다. 하지만 IP 망에서 실시간으로 음성을 주고받을 만큼 데이터 전송속도가 보장되지 않으면 곤란하다. 특히 데이터 전송속도가 떨어지기 쉬운 무선 IP 망에서는 통화 중에도 대화가 끊길 수 있다. 이에 비해 음성을 압축하는 방식들은 약간의 음질 손해를 감수하지만 통화가 중간에 끊어지는 것을 막을 수 있다.

〈표 9-2〉 ITU-T의 음성 코덱 표준

번호	코덱 표준	방식	표준화	비트율	음질
①	G.711	PCM	1972년	64kbit/s	PSTN
②	G.721	ADPCM	1984년	32kbit/s	PSTN 수준
③	G.729	CS-ACELP	1996년	8kbit/s	양호
④	G.723.1	MPC-MLQ	1995년	5.3, 6.3kbit/s	양호

〈표 9-2〉의 ③, ④에서 G.729와 G.723.1 방식은 낮은 비트율을 요구하기 때문에 VoIP 응용에 많이 사용된다. ③의 G.729는 10ms마다 패킷으로 전송할 디지털 음성을 만드는 음성 데이터 압축 알고리즘이다. ④의 G.723.1은 화상회의 기술로 개발된 알고리즘이다. 이 방식은 8kHz마다 16비트로 샘플링한 음성 데이

터를 압축해 30ms마다 20바이트나 24바이트의 고정된 프레임 크기로 전송한다.

〈표 9-2〉의 ③, ④처럼 낮은 비트율로 음성을 압축하는 방법들은 PSTN에서 사용하던 DTMF나 팩시밀리 신호 등은 완벽하게 전송한다고 보장하지 못한다. 만약 문제가 생기면 음질이 보장되는 ①의 PCM 방식을 써야 한다. DTMF(dual tone multi-frequency) 신호란 PSTN 전화기의 전자식 다이얼링(dialing)에서 번호판의 각 자리에 해당하는 번호를 눌러 발생하는 음향 신호이다. DTMF의 각 자리의 음은 〈표 9-3〉처럼 2가지 주파수를 합성해서 만든다.

〈표 9-3〉 DTMF 주파수

	1209Hz	1336Hz	1447Hz
697Hz	1	2	3
770Hz	4	5	6
852Hz	7	8	9
947Hz	*	0	#

9.2.8 VoLTE

VoLTE(Voice over LTE)는 LTE 망을 이용한 음성통화 서비스다. 4G LTE 망으로는 데이터를 송수신하고 음성통화는 3G 방식으로 전환하던 것을 LTE 망으로 통합했다. 같은 데이터 망을 이용하므로 통화 중 영상통화로의 전환도 자유롭다. 3G 망을 이용한 모바일 인터넷전화(mVoIP)보다 음질이 단연 우수하다. 한국은 2015년 세계 최초로 이동통신사 간 연동 서비스로 이를 상용화했다.

이동통신 사업자들에 따라서는 VoLTE 대신 HD 보이스라는 용어를 사용하기도 한다. 본래 HD(high definition, 고선명도)는 화면 해상도가 높은 것을 나타내는 비디오 용어를 오디오로 가져온 것이다. 해외 이동전화에서 말하는 HD Voice는 3G를 기반에서 출발한 광대역 오디오(Wideband audio)를 뜻한다. 〈표 9-4〉에서 광대역 오디오는 VoLTE와 음성 대역폭이나 코덱 표준(AMR-WB, adaptive multi-rate wideband)은 같지만 전송률이 낮아 음질에 차이가 있다.

〈표 9-4〉 VoLTE와 와이드밴드 오디오

비교항목	VoLTE	Wideband audio	3G 음성통화
음성 대역폭(Hz)	50~7000	50~7000	20~3400
전송률(kbit/s)	6.6~23.85	6.6~12.65	4.75~12.2
코덱 표준	ARM-WB G722.2	ARM-WB G722.2	ARM
표준화 연도	2003	2003	1999

9.2.9 교환 방식과 시그널링

컴퓨터 네트워크의 교환 방식은 여러 가지로 나눌 수 있지만 대표적으로 회선 교환과 패킷 교환 방식으로 나눌 수 있다. 이 방식들을 설명하고 또한 통신망의 트래픽과 시그널링의 개념에 대해서도 간략히 설명하기로 하자.

a. 회선 교환

회선 교환(circuit switching) 혹은 써킷 교환은 통신하기 이전에 송신과 수신 측의 두 개의 네트워크 노드가 독점적으로 회선 경로를 확보하는 통신 기술이다. 노드(node)는 교환 회선의 연결점에 존재하는 접합부로 각 정보망의 데이터 교환 지점을 말한다. 회선 교환에서 연결된 회선은 데이터 전송 작업이 완료될 때까지 유지된다. 이 방식은 전송률이 낮은 데이터라도 한정된 전송로를 독점하기 때문에 사용자마다 전송로를 예약해야 한다. 이 때문에 네트워크의 효율이 낮다.

b. 패킷 교환

패킷 교환(packet switching)은 데이터를 패킷이라고 불리는 적당한 크기의 데이터 블록으로 나누어 전송하는 네트워크 통신방식이다. 패킷 교환 방식은 통신 선로를 독점하지 않고 경로상의 통신 지점인 여러 노드를 거쳐 다양한 경로로 패킷이 전달된다. 트래픽 부하(load)에 따라 패킷 전달이 지연되기 때문에 중간 노드에 일시 저장된다. 그 결과 전송속도가 변할 수 있으며 패킷의 전달 순서가 바뀔 수도 있다. 패킷 교환망은 패킷 블록을 상호 간에 전송할 때 패킷의 다중화에 의해 교환국 간에 회선 절약이 가능하다. 데이터를 전송하는 동안만 네트워크 자원을 사용하므로 짧은 트래픽이 많이 사용되는 데이터 전송에 특히 유리하다.

c. 트래픽

통신망의 트래픽(traffic)은 자동차로 치면 교통의 흐름이나 교통량에 비유된다. 통신 트래픽은 현재 정보가 전송되는 상황(자동차로 치면 도로 상황)을 나타내거나 음성이나 데이터의 통화량을 가리킨다.

d. 시그널링

전화의 호(call)는 상대방을 연결해 달라는 요구를 말한다. 호 처리란 통화 상대방을 찾아 연결시키고 통화가 종료되면 다시 해제하는 일이다. 전화망에서의 시그널링은 호에 대한 제어를 포함한 망 관리를 위해서 가입자와 교환기, 교환기와 교환기 간에 관련된 정보를 서로 교환하는 작업이다. 통신망에서의 시그널링(signaling)은 통신 프로토콜의 일부로 다음과 같은 용도로 사용될 수 있다.

① 통신망을 제어하기 위해 신호를 사용하는 것
② 통신 선로를 설치하고 제어하기 위해 정보를 교환하는 것
③ 송신 측에서 수신 측으로 정보를 보낼 것이라는 신호를 보내는 것

9.3 다중접속 방법

수박을 몇 인분으로 잘라 놓았다면 여기까지가 다중화이다. 이에 대해 다중접속은 이미 잘라 놓은 수박 조각을 어떻게 사용할 지 고민하는 것이다. 해수욕장에 샤워시설 몇 칸을 지었다면 여기까지가 다중화이다. 다중접속은 이미 만들어진 샤워장을 운영하는 방법이다. 여기서 수박 한 조각이나 샤워장 한 칸이 통신망에 접속할 수 있는 비어 있는 채널 하나에 해당한다.

다중접속(multiple access)은 여러 사용자가 한정된 채널을 차지하려고 할 때 이를 조정하고 공유해서 통신망에 접속할 수 있도록 채널을 할당해주는 기술이다. 다른 말로 채널접속 방법(channel access method)이라고 한다.

실제의 통신시스템은 다중화나 다중접속에서 한 가지 방식이나 기술만 사용하는 것이 아니다. 각 구성요소에서 필요한 기술 방식들을 모두 복합적으로 사용한다. TDMA 방식을 위해서는 먼저 채널을 FDM으로 나누어야 한다. CDMA 방식

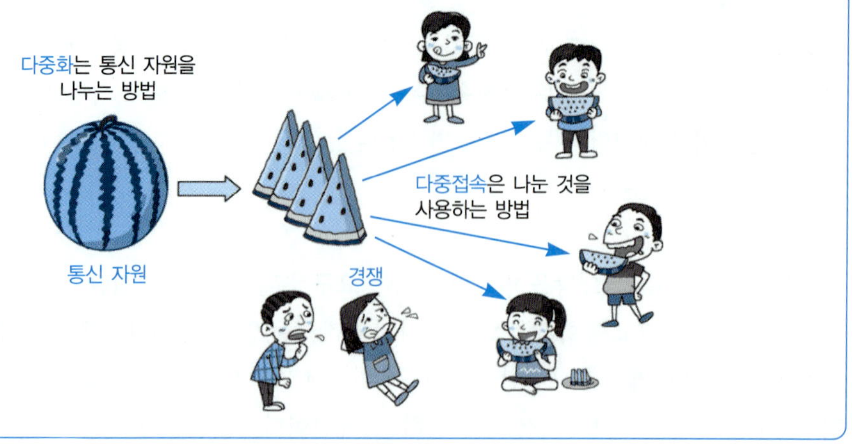

[그림 9-10] 다중화와 다중접속의 차이

의 기지국도 이동 교환국으로 데이터를 전송할 때는 TDM 전송선로를 이용한다.

3가지 방식의 이동전화를 예로 들어 FDMA, TDMA, CDMA를 설명하자. 이동통신의 서비스 지역을 세포(cell) 형태로 나누어 기지국을 설치하고 이를 연결해 제어하는 방식을 셀룰러 통신망이라고 한다(10장 참조).

9.3.1 FDMA 방식

주파수분할 다중접속(FDMA) 방식의 아날로그 셀룰러 전화는 북미, 호주, 한국에서 사용된 AMPS(advanced mobile phone system)와 유럽 및 일본 등에서 사용된 TACS(total access communication system)가 대표적이다. FDMA 방식의 셀룰러 전화는 [그림 9-11]과 같이 주파수 채널을 분리해 한 주파수 채널에 대해 한 명의 가입자가 사용할 수 있는 아날로그 방식이다.

FDMA 방식은 이동통신 시스템의 다중접속 방법 중에서 가장 기본이 된다. 이를 제1세대 이동통신이라고도 한다. FDMA 방식에서 이동전화의 통화를 위해서는 남들이 사용하지 않고 있는 주파수 채널을 이용해 통화를 시도한다.

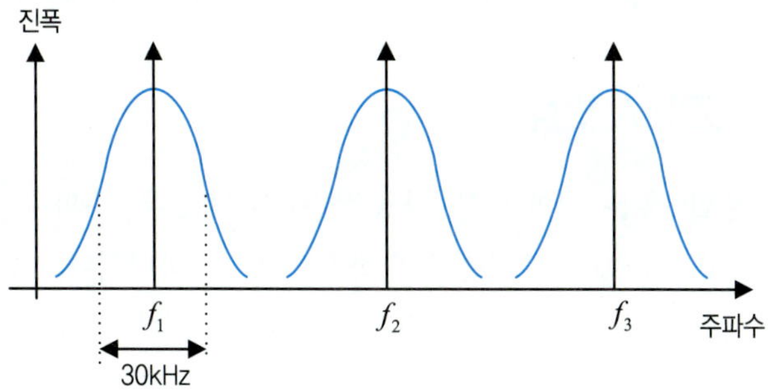

[그림 9-11] 주파수분할 다중접속(FDMA)

9.3.2 TDMA 방식

시분할 다중접속(TDMA) 방식의 디지털 셀룰러 전화는 유럽 33개국에서 시작해 세계적으로 널리 대중화된 2G 방식의 GSM(global system for mobile communications)과 미국의 PDC(pacific digital cellular)가 대표적이다.

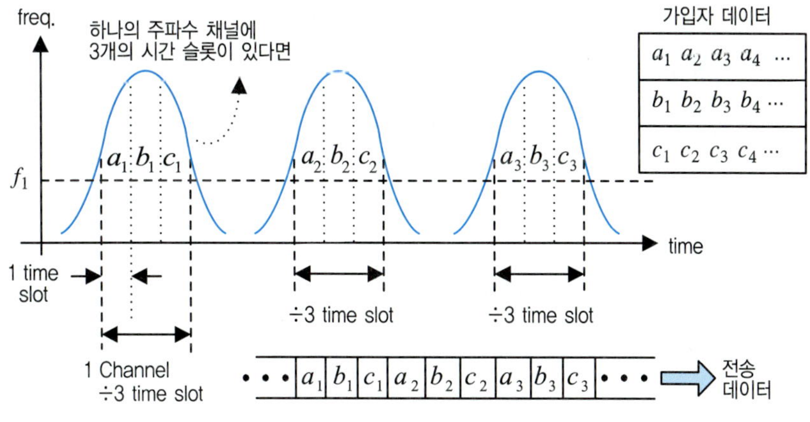

[그림 9-12] 시분할 다중접속(TDMA)

TDMA 방식의 셀룰러 전화는 [그림 9-12]와 같이 FDMA 채널을 여러 개의 시간 슬롯으로 나누어 주파수 채널당 가입자 수를 늘리는 디지털 방식이다. 이를 제2세대 이동통신이라고 한다. TDMA 방식은 주파수 채널을 한 사람이 독점하지 않고 남들이 사용하고 있지 않는 시간 슬롯을 이용해서 통화를 시도한다.

9.3.3 CDMA 방식

코드분할 혹은 부호분할 다중접속(CDMA)은 주파수 대역확산(spread spectrum) 기술에서 유래한 다중접속 방식 중 하나이다. 대역확산 기술은 본래 비밀을 유지하고 방해 전파를 방지하기 위해 위성통신이나 군사 기술용으로 개발되었다. 미국의 퀄컴(Qualcomm)사가 이 기술을 CDMA 이동전화에 적용했다.

CDMA 방식의 디지털 셀룰러 전화는 1996년에 한국이 협대역 방식으로 세계 최초로 상용화 서비스에 성공해 한국과 미국 등 일부에서 사용되었다. 그러나 3G 시장은 유럽방식의 광대역(wideband) CDMA 기술이 사실상 석권했다.

a. CDMA의 특징

다중접속에서 CDMA의 기술적 특징을 요약하면 ① 부호분할과 ② 대역확산이다. CDMA 방식은 FDMA와 TDMA를 혼합한 방식으로 여러 사용자가 주파수 자원과 시간 자원을 공유하며 비어 있는 채널을 액세스 하는 기술이다. 이를 위해 다수의 사용자들은 서로 직교하는 부호를 바꾸어가며 접속한다. 송신 측에서 남들이 사용하고 있지 않는 고유한 부호를 할당받아 이를 전송에 사용하고 상대방의 부호를 알고 있는 수신 측에서 이를 역으로 복원하는 방식이다.

[그림 9-13]은 CDMA 방식의 주파수 대역확산 특성을 나타낸다. 주파수 영역에서 CDMA 신호를 살펴보면 본래 신호의 주파수 대역 보다 넓은 주파수 대역으로 신호를 확산시켜 전송하는 대역확산이 일어난다. 반대로 수신 측에서는 이를 본래의 주파수 대역으로 다시 복귀시켜 신호를 복원한다. [그림 9-13]의 (b)에서 대역확산된 신호가 백색잡음 레벨, 즉 배경잡음 이하로 내려가면 마치 잡음이 증가된 것처럼 보여 도청이 쉽지 않다. 또한 (a)보다 주파수 스펙트럼이 넓게 분포되어 있어 방해전파에 의한 간섭이나 잡음도 확산되므로 영향을 덜 받는다.

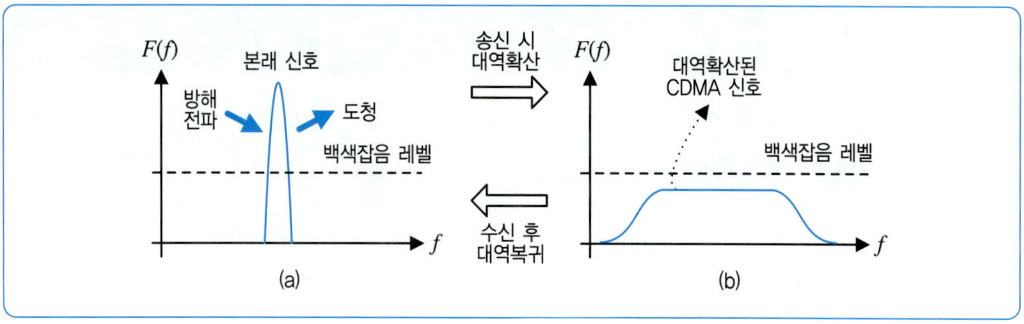

[그림 9-13] CDMA의 주파수 대역확산

b. CDMA의 장점

아날로그 이동통신 방식인 FDMA에서 디지털 이동통신 방식인 TDMA나 CDMA 방식으로 발전할 수밖에 없었던 필연적인 이유는 가입자 수의 증가이다. 단위면적당 가입자 수가 많은 방식이라면 기지국 건설비용이 그 만큼 덜 들기 때문이다. 같은 주파수 대역을 동시에 사용할 수 있는 가입자 수로 비교해 보면 [그림 9-11]의 FDMA 방식을 1배로 했을 때 [그림 9-12]의 TDMA 방식은 3배가 된다. CDMA 방식은 이론적으로는 10~20배까지라고 한다. 실제로는 사용되는 지역에 따라 FDMA의 1~10배 등 다양한 통계 자료가 보고되었다. CDMA 방식은 단위면적당 가입자 수를 늘릴 수 있다는 것과 함께 부호분할과 대역확산에 따른 효과로 다음과 같은 장점이 있다.

① 잡음이나 간섭 등 전파 방해(jamming)에 대한 저항성이 강하다.
② 사용자마다 고유한 코드로 암호화하므로 통화비밀을 유지할 수 있다.
③ 주파수 다이버시티 효과를 얻을 수 있어 페이딩에 의한 영향이 적다.
④ TDMA, FDMA 방식에 비해 낮은 송출 전력으로 배터리 사용시간이 길다.
⑤ TDMA에 비해 정확한 전송시간 조정이 필요하지 않다.
⑥ 주파수 간섭에 덜 민감해 동일 주파수를 인접지역에 사용할 수 있다.

9.4 대역확산

9.4.1 대역확산 변조

확산 스펙트럼(spread spectrum) 기술을 주파수 대역확산이라고도 한다. 특정 대역폭에서 발생한 신호를 주파수 영역에서 고의로 확산시켜 본래 신호보다 넓은 주파수 대역폭을 차지하게 하는 방법이다. 본래는 통신 보안유지, 간섭이나 전파 방해에 대한 저항성, 위성통신의 하향링크에서 전력밀도 제한 등이 목적이었다.

대역확산 변조되어 전송되는 신호는 변조되기 이전보다 상당히 넓은 대역폭으로 퍼져 신호가 전송된다. 이를 통해 다른 수신기와의 잠재적인 간섭을 경감시키고 비밀을 유지시켜준다. 통신시스템에서 보면 대역확산은 전송에 사용되는 반송파 신호들이 넓은 주파수 스펙트럼 대역에 나타나는 것을 의미한다. 고정된 하나의 주파수로 전송하는 것보다 대역확산 전송이 가져다주는 장점은 다음과 같다.

① 협대역 간섭이나 전파 방해에 강한 저항성을 갖는다.
② 배경잡음 레벨 이하로 신호를 줄여 협대역 수신기로는 도청이 어렵다.
③ 다른 통신 수단에 최소한의 간섭을 일으키면서 주파수 대역을 공유한다.

a. 대역확산 기술

통신에 사용되는 대역확산 기술로는 직접 확산(direct sequence), 주파수 도약(frequency hopping), 시간 도약(time hopping) 방법과 정현파 주파수를 가변시키는 첩(chirp) 방식과 이들이 결합된 기술 등이 있다. 그 밖에 홈 네트워크와 같은 근거리 무선 데이터 통신에 사용되는 초광대역(ultra wideband, UWB) 변조 기술도 대역확산과 유사하다. UWB는 반송파를 사용하지 않고 매우 짧은 (ns) 펄스폭을 사용한다. 10m 안팎의 짧은 거리를 GHz 대역에서 매우 낮은 스펙트럼 밀도를 지닌 기저대역 신호로 전송한다.

b. 대역확산 변조

[그림 9-14]에 대역확산 통신의 대역확산(spreading)과 대역복귀(de spreading) 과정을 나타내었다. [그림 9-14]의 (a)와 같은 본래 신호의 대역을

확산시키면 (b)처럼 신호의 스펙트럼이 확산된다. 이때 대역이 확산된 상태에서 간섭이 발생하더라도 (c)처럼 신호를 본래의 대역으로 복귀시키면 역으로 간섭 스펙트럼이 확산된다. 이때는 신호의 통과대역에서 간섭의 스펙트럼 밀도가 낮아지기 때문에 신호를 다시 (a)처럼 복원하기가 용이해진다.

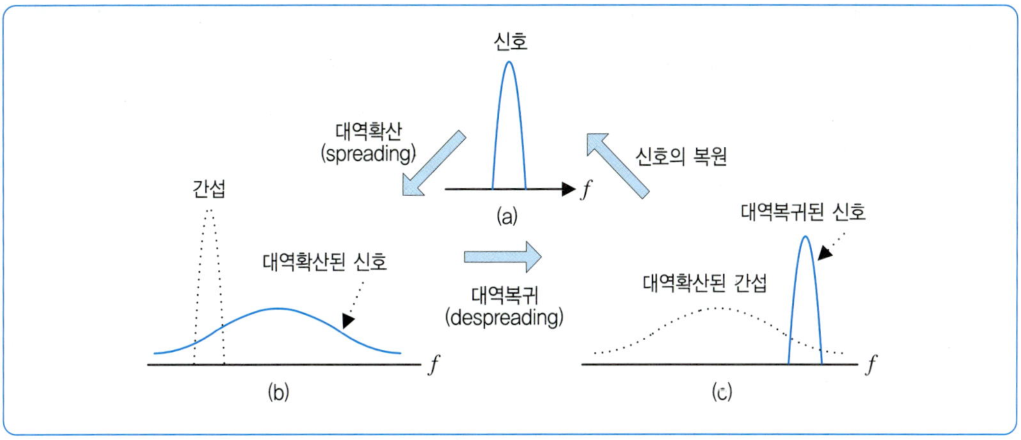

[그림 9-14] 대역확산 변조

9.4.2 직접 확산 방법

직접 확산에 의한 대역확산을 DSSS(direct sequence spread spectrum)라고 한다. 직접 확산 방법은 원래의 정보 비트를 빠른 비트 패턴으로 연산(곱하거나 XOR)하여 대역을 확산시키는 변조 방식을 말한다. 이때 주로 위상 변조를 많이 사용하며 채널이 허용하는 전 주파수 대역으로 확산시켜 전송한다.

a. PN 코드

대역확산에 사용된 비트 패턴을 의사 잡음(pseudo noise, PN) 코드 혹은 확산코드라고 한다. 주파수 스펙트럼 상에 넓게 퍼져 마치 잡음처럼 보이기 때문에 실제 잡음은 아니지만 의사 잡음 혹은 의사랜덤잡음(pseudo random noise)이라는 표현을 쓴다.

PN 코드의 심벌을 칩(chip)이라고 부르기 때문에 PN 코드를 다른 말로 칩 코드(chipping code)라고도 한다. 송신기는 각 정보 비트를 칩(chip)이라는 심벌 단위의 여러 비트로 변조시키고, 수신기는 송신기와 같은 칩을 사용해 다시 원래의 정보 비트로 복원한다. 칩이 클수록, 즉 정보 비트에 비해 빠른 코드를 칩에 사용할수록 더 넓은 대역폭으로 확산한다.

직접 확산 방법으로 간단히 CDMA 신호를 만들어 보자. 먼저 보내고자 하는 정보코드 d보다 속도가 빠른 PN 코드 열을 만든다. 송신 측은 식 (9.2)처럼 정보코드 d를 PN 코드와 배타적 논리합(exclusive OR, XOR)하여 전송한다. PN 코드는 수신 후 정보가 아니므로 잡음으로 처리된다. 수신 측은 식 (9.3)처럼 수신 신호를 송신 측에서 사용한 것과 동일한 PN 코드로 다시 한 번 XOR하여 PN 코드를 제거하고 원하는 정보신호 d만을 수신한다.

$$\text{송신 측 } Tx = d(\text{정보코드}) \oplus PN \tag{9.2}$$

$$\text{수신 측 } Rx = Tx \oplus PN = d \oplus PN \oplus PN = d(\text{정보코드}) \tag{9.3}$$

식 (9.3)의 수신 측 신호를 계산할 때 $1 \oplus 1=0$, $0 \oplus 0=0$에서 같은 신호끼리의 XOR 연산은 0이 되므로 $PN \oplus PN=0$이 된다. 또 $1 \oplus 0=1$, $0 \oplus 0=0$에서 어떤 신호와 0과의 XOR 연산은 그 신호 자신이 된다. 즉 $d \oplus 0=d$가 된다.

b. DSSS 송수신

[그림 9-15]는 DSSS 송수신의 일반적인 구조를 나타낸다. 직접 확산 방법은 반송파를 하나만 사용한다. 송신 측에서 데이터로 변조된 반송파 신호는 PN 코드와 곱해져 넓은 주파수 대역으로 확산된다. 수신 측은 DSSS 신호에 송신 측에서 사용한 것과 같은 PN 코드를 다시 곱해 본래의 대역으로 신호를 복귀시킨다. 그런 후 BPF와 복조기로 데이터를 재생해 낸다. 이때 수신 측은 송신 측이 사용한 PN 코드를 미리 알고 있어야 한다. 이 방식은 9.8절의 MATLAB 예제를 통해 좀 더 쉽게 이해할 수 있을 것이다.

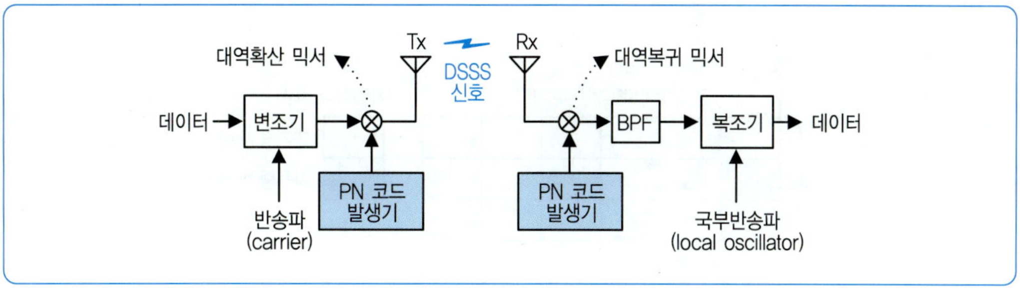

[그림 9-15] DSSS

DSSS 기술을 다중접속에 사용하려면 사용자마다 각기 다른 PN 코드를 사용해 통화 채널을 확보해야 한다. 이동통신에서 사용되는 확산 코드는 PN 코드처럼 통화 채널을 위한 것과 이동 단말기와 기지국 사이에 채널을 구분하고 동기를 맞추기 위한 것들이 있다. DSSS 방식의 응용 예는 다음과 같다.

① 대부분의 CDMA 방식은 DS(direct sequence)-CDMA 방식
② 미국의 GPS, 유럽의 Galileo 같은 위성 항법 시스템
③ 디지털 방식의 코드 없는 무선전화기(900MHz, 2.4GHz 대역)의 일부 방식
④ 무선 랜 일부 방식

9.4.3 주파수 도약 방법

주파수 도약에 의한 대역확산을 FHSS(frequency hopping spread spectrum)라고 한다. 주파수 도약 방법은 반송파를 여러 개 사용해 일정한 주기마다 바꾸어가면서 신호를 전송해 대역을 확산시키는 변조 방식을 말한다.

a. 주파수 도약

주파수 도약 방법은 [그림 9-16]처럼 여러 개의 주파수 채널 중에서 하나를 골라 반송파를 빠르게 교체하면서 전송한다. 일종의 의사 잡음(PN) 패턴을 갖도록 무작위로 반송파 주파수를 옮겨 다니며 전송한다. 그 결과 주파수 스펙트럼 상에는 주파수를 점유한 대역폭이 확산된 것처럼 보인다. 이때 수신 측은 송신 측에서 사용하는 주파수 도약 패턴을 미리 알고 있어야 한다. 이 기술을 다중접속에 사용하면 사용자마다 주파수 도약 패턴을 달리해 통화 채널을 확보하게 된다.

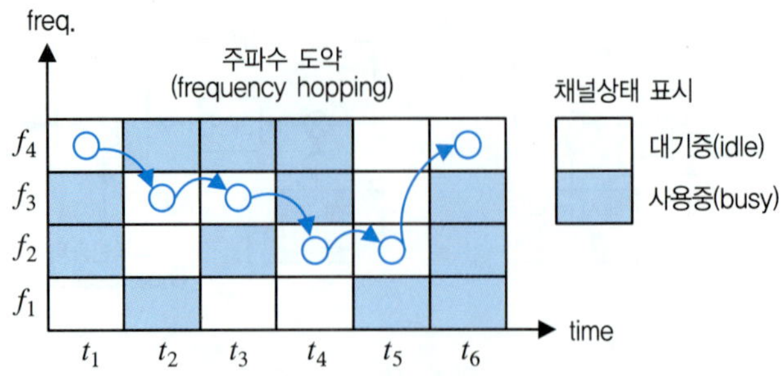

[그림 9-16] 주파수 도약 방법

b. FHSS 송수신

[그림 9-17]은 FHSS 송수신의 일반적인 구조를 나타낸다. DSSS 송수신 방식과 다른 점은 주파수 합성기로 여러 개의 주파수 채널을 만들어 대역확산에 사용하는 것이다. 송신 측에서 변조된 신호는 PN 코드로 구동되는 주파수 합성기의 출력과 곱해져 넓은 주파수 대역으로 확산된다. 수신 측은 같은 PN 코드로 구동되는 주파수 합성기의 출력을 곱해 본래의 대역으로 신호를 복귀시킨다.

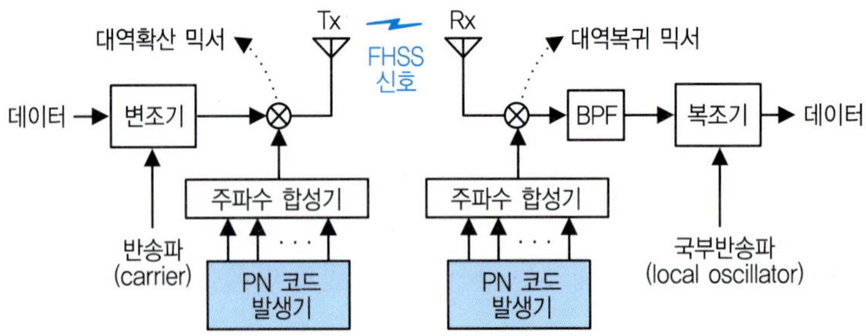

[그림 9-17] FHSS 송수신

이동통신에서 FHSS 방법은 동시에 많은 사용자가 여러 개의 반송파를 사용해야 하므로 직접 확산 방법에 비해 가입자 수용 용량이 작고 저속이다. 또한 송수신 측의 주파수 합성기의 복잡성 때문에 비용이 비싸 대부분의 CDMA 방식 이동통신은 DSSS 방법을 주로 사용한다. FHSS 방식의 응용 예는 다음과 같다.

① 저속의 무선 랜 일부 방식
② 코드 없는 무선전화기의 일부
③ 블루투스(Bluetooth)

블루투스에 사용된 적응 주파수 도약(adaptive FH, AFH) 방법은 불량한 주파수 채널을 피하고 양호한 채널을 골라 사용한다. 이 방법은 복잡한 주파수 도약 절차를 피하고 저렴한 비용으로 무선 주파수 간섭에 대한 저항성을 개선한다. 이런 종류의 적응 방법은 DSSS보다 FHSS로 구현하는 것이 쉽다.

9.5 채널 환경

페이딩(fading)은 통신 신호가 전송 채널의 매질로 전달될 때 전파의 강도가 불규칙하게 변하는 현상을 말한다. 변조된 신호들이 상호 간에 간섭을 일으키거나 수신기의 이동, 대기상태의 영향 등으로 통신 신호의 진폭이나 위상에 영향을 준다. 페이딩은 시간에 따라, 또는 기하학적인 위치나 주파수에 따라 변동된다. 페이딩은 종종 무작위로 발생하는 절차(random process)로 모델링된다. 주로 시간적으로 무작위하게 변하는 전송신호의 진폭과 위상이 수학적 모델의 대상이 된다. 페이딩 채널(fading channel)은 페이딩을 겪게 되는 통신 채널을 말한다. 무선통신에서 페이딩은 다중경로에 의해 발생하거나 장애물에 의해 발생할 수 있다. 다중경로 채널이 겪는 문제와 도플러 확산에 대해 알아보자.

9.5.1 다중경로 채널

다중경로(multipath) 채널 환경은 [그림 9-18]처럼 송신기에서 보낸 전파가 수신기에 도달할 때 여러 경로를 지나오는 환경을 말한다. 이동통신에서 송신기와 수신기를 둘러싸고 있는 채널 환경은 송신된 전파가 반사되거나 방해받아 여러 경로를 거쳐 수신기에서 합쳐진다. 이때 경로에 따라 전파가 이동하는 길이가 달라지기 때문에 신호가 감쇠되고, 늦게 도착한 전파는 위상 변화나 시간 지연을 겪게 된다. 다중경로 채널을 거쳐 전달된 전파를 수신 측에서 합성하면 시간적으로 파형이 늘어지는 현상이 발생한다. 이를 지연 확산(delay spread)이라고 하며, 다중경로 채널에서 다음과 같이 2가지 관점에서 문제를 발생시킨다.

① 지연 확산은 시간영역에서 심벌간 간섭과 페이딩을 일으킨다.
② 지연 확산은 주파수영역에서 주파수 선택적 페이딩을 일으킨다.

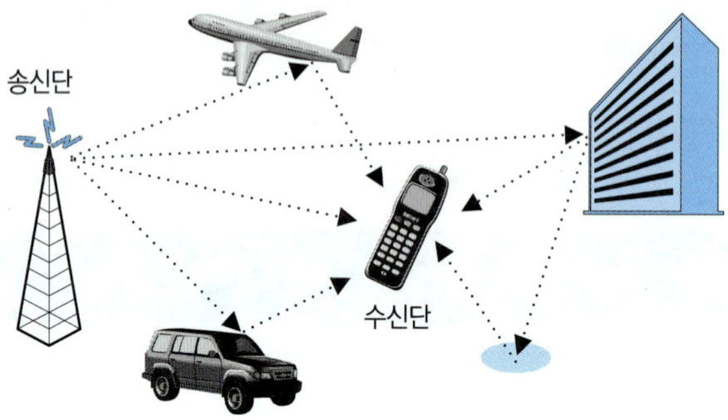

[그림 9-18] 다중경로 채널 환경

다중경로 채널은 전파가 여러 경로를 거쳐 지연되어 중복 수신되므로 지연 확산으로 인해 인접심벌간 간섭(ISI)과 반송파간 간섭(ICI)이 발생한다. 이때 다양한 개선책이 사용된다. TDMA 방식은 등화기가 사용될 수 있다. CDMA 방식은 지연된 신호를 다른 코드처럼 분리하는 방법이 사용된다. OFDMA 방식은 [그림 9-23]처럼 시간 영역의 OFDM 심벌에 보호구간을 추가한다. 이와 더불어 지연 확산에 따른 페이딩을 해결하는 방법으로 다이버시티 기법이 사용된다.

9.5.2 주파수 선택적 페이딩

주파수 선택적 페이딩(frequency selective fading)은 주파수에 따라 페이딩 크기가 다른 것을 말한다. 다중경로 채널의 어떤 주파수에서는 중복 수신되어 신호가 강해지고 어떤 주파수에서는 서로 상쇄하여 신호가 약해진다. 무선통신에서 사용자가 위치를 이동하면 계속해서 새로운 다중경로들이 만들어지고 사라진다. 이로 인해 수신 신호가 약해졌다 강해지고 하는 현상이 무작위로 발생한다.

다중경로 채널에서 지연 확산은 주파수별로 선택적으로 일어난다. 전송신호가 수신 측에 다중경로 채널 환경으로 전달될 때 최소 한쪽 경로 길이가 짧아지거나 길어지는 변화로 인해 발생한다. 전형적인 예로 이른 아침이나 초저녁에 다층구조의 전리층들이 이동, 분리 또는 결합되면서 공간파와 지상파 사이에 발생한다. 지상에서 약 50km 이상의 고도에 위치한 대기는 태양 에너지에 의해 공기 분자가 전자와 양이온으로 이온화되어 전리층(ionosphere)을 형성하고 있다. 이들은 지상에서 발사한 전파를 흡수하거나 반사하며 무선통신에 중요한 영향을 미친다. 낮과 밤의 전리층의 모양이 다르고 주파수가 낮을수록 저층에서 반사된다.

특히 무선통신에서 주파수 선택적 페이딩은 본래의 전송신호가 자신에 의해 부분적으로 제거되는 비정상적인 전파의 전달을 말한다. 느리고 주기적으로 전송신호를 방해하고 지속적으로 특정 주파수를 청소해 신호가 깊게 제거된다. 이를 막으려면 가입자 인터리빙과 순방향 에러 정정(FEC)을 갖는 OFDM처럼 일련의 다이버시티 구조를 적용할 수 있다. 예를 들어 1/4 파장이 떨어진 2개의 안테나로 수신하거나 특별히 설계된 다이버시티 수신기를 사용한다. 이들 수신기는 두 개의 안테나에 도달하는 신호를 지속적으로 비교하여 좋은 신호를 골라낸다.

코히런스 대역폭(coherence bandwidth)은 채널이 평탄(flat)한 것으로 간주될 수 있는 주파수의 범위다. 이 구간은 유사하거나 밀접하게 연관된 진폭 페이딩을 겪을 확률이 통계적으로 높다. 주파수 선택적 페이딩은 신호가 코히런스 대역폭보다 넓어 신호의 다른 주파수 성분이 서로 상관없는 페이딩을 겪는다. 이에 비해 플랫 페이딩(flat fading)은 신호가 코히런스 대역폭보다 좁아 전송신호의 모든 주파수 성분이 같은 크기의 진폭 페이딩을 겪는다. 대역폭이 5MHz로 넓은 3G의 WCDMA는 주파수 선택적 페이딩을 겪는다. 이에 비해 반송파간 간격이 15kHz로 좁은 LTE 표준은 플랫 페이딩을 겪는다.

9.5.3 도플러 확산

도플러 효과(Doppler effect)는 오스트리아 물리학자의 이름에서 따온 말이다. 이 현상은 파동의 원인, 즉 파원과 관찰자가 움직이는 상대적인 방향에 따라 주파수가 변하는 현상을 말한다. 관찰자와 파원이 가까워질수록 주파수가 더 높게 관찰되고, 관찰자와 파원이 멀어질수록 주파수가 더 낮게 관찰되는 현상이다. 예를 들어 [그림 9-19]처럼 구급차가 가까워질 때는 사이렌 소리의 주파수가 높아지고 구급차가 멀어질 때는 사이렌 소리의 주파수가 낮게 느껴지는 현상이다.

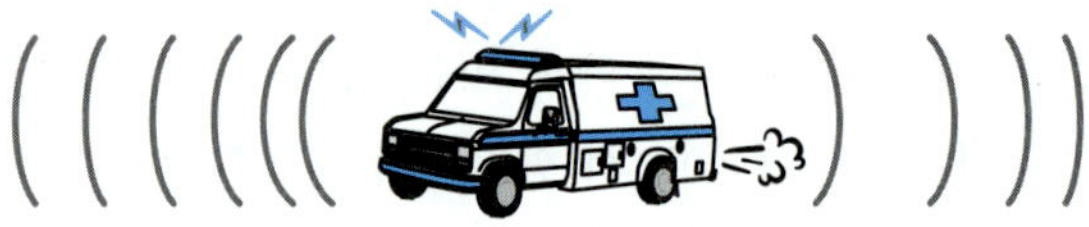

[그림 9-19] 도플러 효과

도플러 효과에 의한 주파수 변동을 도플러 천이(Doppler shift)라고 한다. 도플러 천이는 단말기의 이동 속도, 전파와 단말기의 이동 방향과 관련된다. 주파수 영역에서 보면 도플러 천이로 주파수 대역이 확산된 것처럼 보인다. 이를 도플러 확산(Doppler spread)이라고 한다. 다중경로 채널에서 신호의 지연 확산이 시간 영역의 확산인데 비해 도플러 확산은 주파수 영역의 확산이다. 무선통신에 사용하는 주파수가 달라지면 무선 신호의 파장이 달라지고 다중경로 신호들의 위상차이가 달라진다. 도플러 확산은 지연 확산과 함께 수신기에 전달되는 전파에 간섭과 페이딩을 일으키는 중요한 원인이 된다.

a. 가간섭성

전파가 간섭이 가능하려면 두 신호의 주파수가 같고 위상차가 시간에 관계없이 일정해야 한다. 이런 상태를 코히런트(coherent, 일관성 있는)하다고 한다. 코히런스(coherence, 일관성)는 두 신호의 파장이 겹쳤을 때 형태가 일치하여 서로 간섭을 일으킬 수 있는 성질을 말한다. 이 때문에 이를 가간섭성이라고도 한다.

코히런스 시간(coherence time)은 코히런스를 가질 수 있는 시간이다. 즉, 간섭이 가능한 시간이다. 이 시간 동안은 전파의 형태가 일관성을 유지하여 전송신호의 위상이 평균적으로 예측 가능해진다. 장거리 전송은 전파의 확산, 산란, 회절 등에 의해서 전파의 일관성이 틀어져 코히런스 시간이 줄어들 수 있다. 도플러 확산이 커지면 역시 전파의 일관성이 틀어져 코히런스 시간이 줄고, 도플러 확산이 작아지면 코히런스 시간은 늘어나는 반비례의 관계를 갖는다.

b. 시간 선택적 페이딩

선택적 페이딩은 대개 주파수 선택적 페이딩을 가리킨다. 시간 선택적 페이딩(time selective fading)은 시간에 따라 페이딩 크기가 다른 것을 말한다. 도플러 확산이 만들어 낸 페이딩이다. 이동체가 빠르게 이동할 때 수신 신호가 응축되면 전송신호가 지속되어야 하는 최소한의 시간보다 작아져 왜곡이 발생한다. 이런 경우는 저속의 데이터를 전송하는 경우에만 발생한다. 신호보다 페이딩 변동이 빠른 경우로 이를 고속 페이딩(fast fading)이라고 한다.

반대로 이동체가 느리게 이동하면 왜곡에 대해 상대적으로 안전하다. 신호보다 페이딩 변동이 느린 경우로 이를 저속 페이딩(slow fading)이라고 한다. 저속 페이딩은 넓은 지역에서 느리게 변한다. 전파가 전달되면서 겪는 경로 손실과 장애물 뒤에 음영지역이 생기는 효과(shadowing)가 대표적인 예이다.

9.6 OFDM

직교주파수분할 다중화(orthogonal frequency division multiplexing, OFDM)는 직교하는 수많은 협대역 부반송파에 디지털 정보를 나누어 싣고 이를 다중화해 고속으로 전송하는 기술이다. OFDM은 디지털 비트 열을 각 부반송파에 병렬로 나누어 각각을 낮은 전송률로 변조시킨 후 이를 합쳐 고속으로 전송한다. OFDM에 대한 아이디어는 이미 1960년대에 나왔다. 그러나 시장에서 이 기술이 성숙하게 된 것은 디지털신호처리(digital signal processing, DSP) 기술이 발달하면서이다.

OFDM 기술은 유선이든 무선이든 폭넓은 분야에서 활용되고 있다. ADSL, VDSL 등의 광대역 가입자망, 이동 TV로 알려진 DMB, 디지털 TV나 라디오 등의 디지털 방송, 이동통신, 광통신, 무선 랜 등에서 대중적으로 사용된다. 그밖에도 다양한 분야에 이를 적용하기 위한 연구가 계속되고 있다.

OFDM은 다중 반송파 변조 방식 중 하나이다. 이 방식은 새로운 변조 형식이 아니라 전송방식 중 하나로 봐야 한다. 다중 반송파 변조 방식은 다중화 기술이면서 동시에 변조 기술이다. 주파수분할 다중화 측면에서는 다중화 기술이고, 다중 부반송파로 나누어 정보를 싣는 측면에서는 일종의 변조 기술이다.

9.6.1 다중 반송파 변조

[그림 9-20(a)]에서 단일 반송파 변조(single-carrier modulation) 방식은

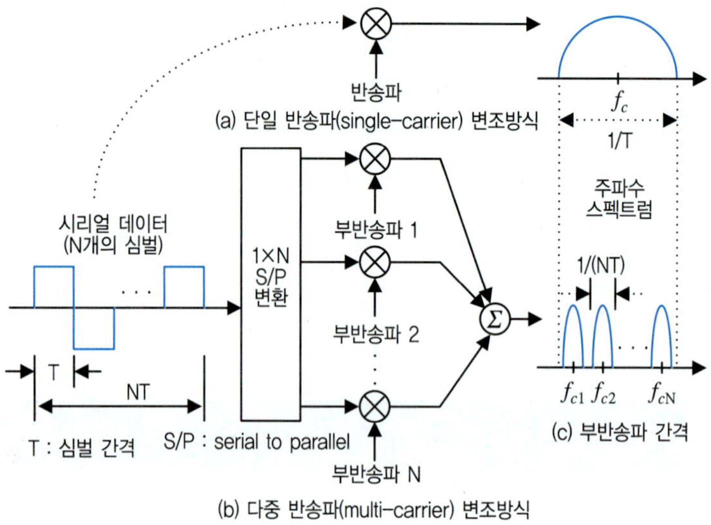

[그림 9-20] 다중 반송파 변조 방식

각 데이터 심벌을 하나의 반송파를 이용해 순차적으로 전송한다. 신호를 처리하는 주기는 각 데이터의 심벌 간격 T와 같다. 이 방식은 하나의 변조파가 전체 가용 주파수 대역을 모두 차지한다.

[그림 9-20(b)]에서 다중 반송파 변조(multi-carrier modulation) 방식은 반송파를 여러 개 사용한다. 순차적인 N개의 데이터 심벌을 N개의 부반송파(sub carrier)에 나누어 병렬로 변조한 후 다중화시켜 전송한다. 신호를 처리하는 주기는 각 데이터 심벌 간격 T의 N배인 NT이다. 이 방식은 병렬로 데이터를 처리해 다중화하기 때문에 고속의 데이터 전송이 가능하다. 각 부반송파에 k 비트 심벌을 사용하면 신호 처리 간격 NT 동안 모두 k×N 비트가 전송된다. 한편 부반송파 단위로는 저속으로 변조하기 때문에 수신 측에서는 심벌을 재생하기에 유리하다.

다중 반송파 변조 방식은 부반송파의 개수가 늘어날수록 각 부반송파의 주파수 대역폭은 [그림 9-20(c)]처럼 점점 좁아진다. 각 부반송파는 전체 가용 주파수 대역을 1/N로 나누어 자신에게 할당된 일부 영역만 사용한다.

하나의 심벌을 전송하는데 걸리는 시간을 심벌 타임(symbol duration time, 심벌 지속 시간)이라고 한다. [그림 9-20(b)]의 NT가 된다. 심벌 타임이 작으면 고속 전송이 가능하나 물리적으로 정보를 추출할 때 오류가 많이 발생한다. 반대로 심벌 타임이 크면 오류는 적으나 전송속도가 느려진다. 다중경로에서 심벌 타임이 지연 확산보다 작으면 왜곡이 커지고 심벌 타임이 크면 왜곡은 작아진다.

9.6.2 OFDM의 스펙트럼

전통적인 FDM과 OFDM은 주파수 분할과 부반송파를 이용한다는 점에서 같다. 하지만 직교성을 이용하는 점에서 큰 차이가 있다. 전통적인 FDM은 직교성을 갖지 않기 때문에 [그림 9-20(c)]처럼 각 부반송파 사이에 주파수 보호대역을 넣어야 한다. 전통적인 FDM 방식은 인접한 부반송파끼리 주파수 스펙트럼이 겹치지 않게 배치해야 하므로 주파수 효율이 떨어진다. OFDM 방식은 각 부반송파간의 직교성을 이용해 [그림 9-21]처럼 여러 부반송파의 스펙트럼을 중첩시켜 사용할 수 있다. 그 결과 필요한 대역폭이 줄어 주파수를 효율적으로 사용할 수 있다.

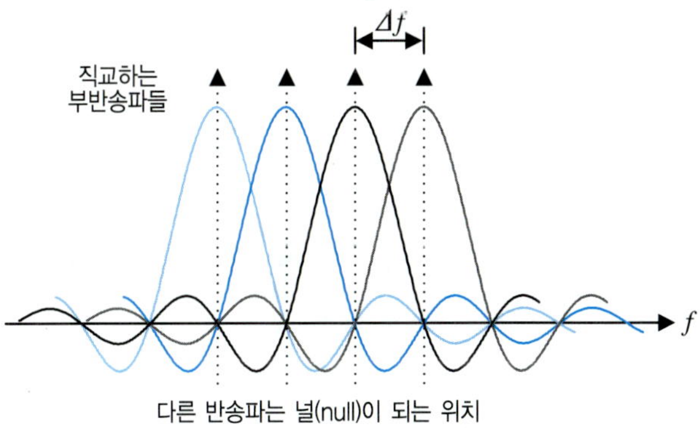

[그림 9-21] OFDM의 주파수 스펙트럼

OFDM 변조에서 각 부반송파 사이에 직교성을 유지하기 위한 최소한의 주파수 간격은 심벌 타임의 역수로 다음과 같은 관계가 있다. 즉, 부반송파의 간격이 식 (9.4)의 정수배가 되면 직교성이 유지되며 보통은 1배를 사용한다.

$$\Delta f(\text{부반송파간 간격}) = \frac{1}{\text{심벌 타임}} \tag{9.4}$$

직교성이 유지되면 OFDM의 주파수 스펙트럼은 [그림 9-21]처럼 이웃한 부반송파의 주파수 스펙트럼끼리 중첩되어 전송될 수 있다. 수신 측에서는 주파수 스펙트럼이 중첩되어 더해진 부반송파들을 직교성을 이용해 분리해낸다. OFDM에서 부반송파들은 [그림 9-21]처럼 자신을 제외한 다른 부반송파들의 파형이 널(null)이 되는 위치에 배치시켜 인접반송파간 간섭(inter-carrier interference, ICI)이 발생하지 않도록 한다. 주파수 간격을 밀착시켜 배열하면 전체 스펙트럼의 대역폭을 줄일 수 있어 주파수 사용이 효율적이다.

[그림 9-22]는 부반송파의 개수 N에 따른 OFDM 방식에서 필요한 주파수 대역폭의 크기를 FDM 방식과 비교하였다. 반송파의 개수 N이 늘어날수록 FDM 방식에 비해 OFDM 방식이 주파수 대역을 효율적으로 사용한다는 것을 알 수 있다.

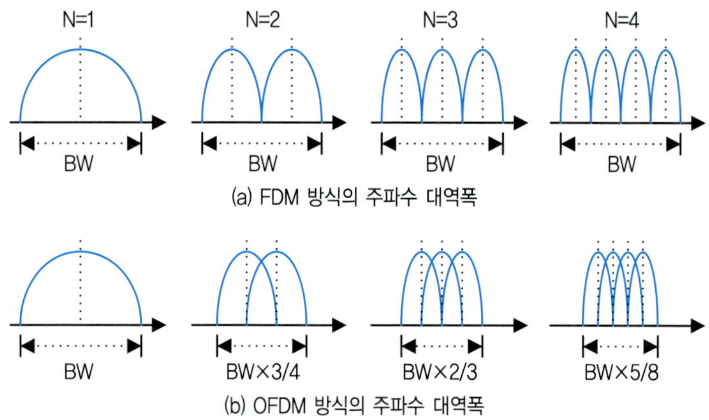

[그림 9-22] FDM과 OFDM의 주파수 대역폭 비교

9.6.3 보호구간

다중경로 채널은 전파가 여러 경로를 거쳐 지연되어 중복 수신되므로 OFDM에서 같은 부반송파를 사용하는 인접한 심벌간에 간섭(ISI)이 발생한다. 또한 지연 확산으로 인한 주파수 선택적 페이딩은 부반송파들간에 부분적인 직교성 손실을 가져온다. 그 결과 인접한 부반송파간에도 간섭(ICI)이 발생한다.

OFDM에서 가장 중요한 부반송파간의 직교성이 깨지면 심각한 성능저하를 가져온다. 지연 수신으로 직교성이 깨지는 것을 방지하기 위해 OFDM 심벌에 예상 지연 시간 이상의 길이를 갖는 보호구간(guard interval)을 삽입한다. [그림 9-

23]처럼 지연된 신호가 들어오면 이를 보호구간으로 옮겨 심벌의 연속성과 부반송파의 직교성을 유지한다. 채널의 시간 응답 길이보다 긴 보호구간을 설정하면 이 보다 짧은 지연 수신은 심벌간 간섭을 일으키지 않는다.

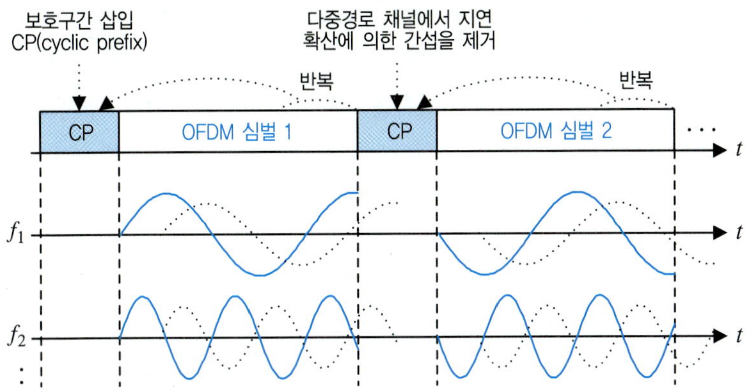

[그림 9-23] OFDM 심벌과 보호구간

[그림 9-23]에서 보호구간 CP(cyclic prefix)는 『주기적인 접두사』라는 뜻으로 OFDM 심벌의 뒷부분의 일부를 복사해 신벌의 앞부분에 붙이는 것을 말한다. CP의 개념은 전통적으로 OFDM에 사용하지만 현재는 다중경로의 문제를 완화하기 위해 단일 반송파 변조에도 사용하기도 한다. 수신 측은 CP를 분리해서 버리지만 CP를 사용하면 다음과 같은 장점이 있다.

① 시간 보호구간으로 인접심벌간 간섭과 인접반송파간 간섭을 제거한다.
② 심벌의 끝부분을 반복하면 수신 측의 DFT나 FFT연산에서 채널을 예측하거나 채널 등화(equalization)와 같은 주파수 영역의 처리를 용이하게 해준다.

LTE 표준에서 부반송파 간격은 15kHz이다. 이 경우 심벌 타임은 식 (9.4)에서 약 66.7㎲로 계산된다. 이동통신 환경에서 지연 확산은 보통 수㎲ 정도로 LTE의 심벌 타임이 훨씬 길어 다중경로에 의한 간섭에서 상대적으로 안전하다. 물론 LTE 표준도 다중경로 문제를 대비해 수㎲의 보호구간(CP)을 삽입한다. 시간 영역이든 주파수 영역이든 보호구간은 서로 간섭하거나 중복되는 신호를 구분하려는 것이다. 시간 영역의 보호구간은 TDMA는 다른 사용자와의 신호를 구별하기 위한 것이고, OFDM은 같은 사용자에 의한 신호를 구별하기 위한 것이다.

9.6.4 부반송파 매핑

OFDM은 광대역 주파수 채널을 효율적으로 분할해 수백, 수천 개의 부반송파(subcarrier)를 만든다. 부반송파는 여러 개씩 그룹지어 부채널(subchannel)을 형성한다. 사용자들은 전체 대역폭을 모두 사용할 수도 있고, 수시로 서로 다른 부채널을 할당받아 사용할 수도 있다. 이때 각 부채널 내의 부반송파들은 서로 인접할 필요가 없다. 다만 같은 부채널 내에서 부반송파들이 인접하면 대역폭이 줄어든다. 이로 인해 전체 FFT 사이즈가 줄어들고 계산량도 줄어든다.

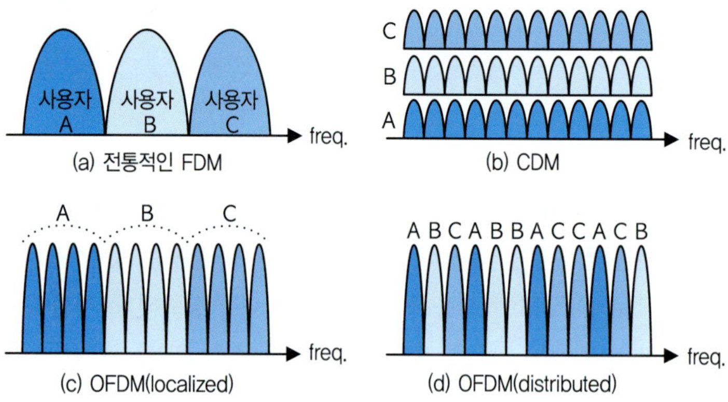

[그림 9-24] 부반송파로 구성된 부채널 A, B, C

[그림 9-24]에 다중화 방식별로 부채널의 주파수 스펙트럼을 비교하였다. 사용자 A, B, C는 부채널을 각각 하나씩 사용한다. (a)에서 전통적인 FDM 방식은 각 부채널에서 부반송파를 하나만 사용한다. (b)에서 CDM은 모든 사용자가 전체 채널의 주파수 대역을 함께 사용한다. OFDM은 (c)의 국지식(localized)과 (d)의 분산식(distributed)의 두 가지 방법으로 부채널을 구성할 수 있다.

부반송파 개수가 M개면 뒤에 설명할 [그림 9-25]에서 M-point IFFT 연산이 필요하다. FFT 사이즈는 부반송파 개수와 같거나 그보다 커야 한다. 통신에서는 대역폭을 편리하게 확장할 수 있도록 FFT 사이즈로 2의 승수인 64 128 256 512 1024 2048을 주로 사용한다. 부반송파의 개수와 관련된 예제를 하나 풀어보자. LTE 표준에서 5MHz 대역폭의 가장자리 주파수 10%를 보호대역(guard band)으로 제외하고 4.5MHz에 부반송파를 할당한다. 단위를 통일해 부반송파 간격 15kHz로 나누면 4500/15=300개의 부반송파를 할당할 수 있다. 300개의 부반송파를 처리하려면 300-point IFFT 연산이 필요하다. FFT 사이즈는 2의 승수로 부반송파 개수와 같거나 커야 하므로 이때의 FFT 사이즈는 512가 된다.

OFDM에서 부반송파 매핑이란 각 부반송파에 전송 비트를 싣기 위해 디지털 변조 방식의 성좌도에 따라 심벌을 할당하는 것이다. 수학적으로 매핑(mapping)은 일련의 데이터 세트와 대응 관계를 가지는 다른 세트의 자료나 목록을 1:1로 맺어주는 과정이다. OFDM의 각 부반송파에 정보를 싣기 위해서 디지털 변조 방식으로 저속일 때는 BPSK나 QPSK 방식을 사용하고 고속일 때는 QAM 방식을 많이 사용한다. 이때 각 부반송파별로 서로 다른 변조 방식을 사용할 수도 있고 변조 방식을 계속 변경할 수도 있다. 예를 들어 어떤 부반송파에 QPSK를 사용하다가 QAM으로 바꾸고 다시 다른 변조 방식으로 바꿀 수 있다. 사용자의 전송속도 변경 요구가 있으면 사용 중간에 아예 자원 할당을 다시 할 수도 있다. 이것은 좁은 지역 내에서 작은 크기의 FFT를 사용하는 무선 LAN 등에서 유리하다.

9.6.5 OFDMA

OFDM은 주파수분할 다중화 기술인 동시에 다중 부반송파에 정보를 싣는 변조 기술이다. 이에 대해 OFDMA(orthogonal frequency division multiple access)는 OFDM을 이용한 다중접속 방법이다. OFDMA는 OFDM 전송방식의 다중 사용자 버전에 해당한다. OFDMA는 OFDM으로 만들어진 채널을 사용자의 요구에 따라 할당하고 비어 있는 채널을 찾아 통신망에 접속시키는 방법이다. OFDMA에서 사용자는 항상 같은 부반송파를 차지하는 것이 아니다. 여러 사용자는 부반송파의 집합인 부채널을 각각 다르게 할당받아 사용한다. 사용자들이 현재 사용하고 있는 부채널이나 부채널을 구성하는 부반송파의 집합도 변경될 수 있다.

OFDM 기술은 데이터를 전송하기 위해 넓은 채널 대역폭에 배치한 수백, 수천 개의 서로 직교하는 협대역 부반송파를 사용하는 것을 기반으로 한다. 전통적인

FDM 방식과 달리 OFDM의 부반송파들은 주파수 영역에서 서로 직교하기 때문에 매우 근접하게 배치하는 것이 가능하다.

전통적인 FDM 방식은 실제로 여러 개의 부반송파를 사용하고 각 부반송파마다 변복조기가 필요하므로 시스템이 복잡해지고 비용이 증가한다. 하지만 OFDM은 실제로 여러 개의 부반송파를 사용하는 것이 아니다. 그 대신 이와 수학적으로 일치하는 IFFT 혹은 IDFT 연산을 사용한다. 이런 디지털 연산은 DSP 장치에서 이루어진다. 이렇게 하는 것은 시간영역에서 여러 개의 부반송파를 변조해서 합치는 것보다 주파수영역에서 DSP 장치로 신호를 합성하는 것이 회로를 구성하기 쉽기 때문이다. 수신 측에서는 이와 반대로 FFT 혹은 DFT 연산 후에 채널 등화(equalization)가 이루어진다. 이때 주파수 영역에서의 등화는 전통적인 시간영역에서의 등화보다 전력 소모를 줄일 수 있다. 이것은 아날로그 회로 장치가 아닌 DSP 장치에서 디지털 값으로 연산하기 때문이다.

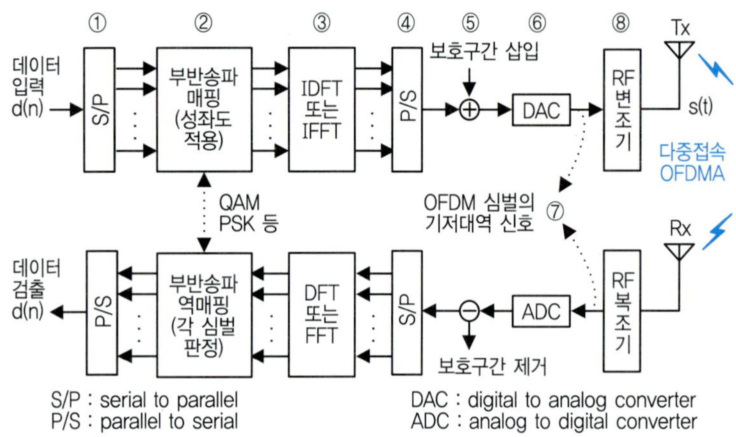

[그림 9-25] OFDMA 신호처리 과정

[그림 9-25]는 AWGN 채널에서 사용하기에 적합한 이상적인 OFDMA 시스템의 일반적인 모델이다. 그림에서 ①~⑤까지는 모두 디지털 신호처리이다. 즉, OFDM 방식에서 수백, 수천 개의 부반송파를 이용한 변조와 복조는 모두 디지털 연산으로 이루어진다. ⑥~⑧번의 DAC 출력에서 변복조기를 거쳐 수신 측의 ADC 입력까지의 과정만 아날로그 신호처리이다. [그림 9-25]에서 직렬 스트림

형태의 정보 비트가 송신 측의 데이터 입력 d(n)으로 들어올 때 이를 처리하는 ①~⑧의 과정을 살펴보자.

① S/P : 직렬 데이터 스트림을 병렬 데이터 스트림으로 나누어 각각에 하나의 부반송파를 할당할 수 있도록 준비한다. 역으로 수신 측은 직렬 데이터 스트림을 다시 회수하기 위해 P/S 장치를 사용한다.
② 부반송파 매핑(성좌도 적용) : 각 부반송파에 전송 비트를 싣기 위해 원하는 디지털 변조 방식의 성좌도에 따라 심벌을 할당한다. 부반송파마다 다른 성좌도를 사용해 각 스트림의 전송 비트율을 다르게 하는 것도 가능하다. 역으로 수신 측의 부반송파 역매핑은 성좌도에 따라 각 심벌을 판정한다. 이때 각 부반송파는 직교하기 때문에 복잡한 등화기가 필요 없다.
③ IFFT 연산 : 각 부반송파에서 데이터 심벌을 변조하는 절차는 수학적으로 IFFT의 동작과 같다. 각 부반송파는 QPSK나 QAM과 같은 전통적인 디지털 변조 방법으로 변조된다. 각 부반송파에 할당된 심벌 세트에 대해 병렬로 IFFT 연산이 실행된다. 수신 측에서는 각 부반송파에서 데이터 심벌을 복조하는데 이 절차는 수학적으로 FFT의 동작과 같다.
④ P/S : 병렬 스트림을 직렬 스트림으로 다중화하여 OFDM 심벌 데이터를 조합한다. 각 부반송파들끼리 서로 직교하기 때문에 다중화가 가능하다.
⑤ 보호구간 삽입 : OFDM 심벌 데이터 사이에 주기적으로 반복되는 보호구간을 추가하여 다중경로 채널에서 발생하는 지연 확산을 제거한다.
⑥ DAC : IFFT의 출력으로 얻은 OFDM 심벌 데이터를 아날로그로 변환한다.
⑦ OFDM 심벌의 기저대역 신호이다. 이를 멀리 전송하려면 변조가 필요하다.
⑧ 무선(RF) 변조기 : 기저대역 신호를 하나의 주반송파로 변조해서 전송한다.

9.6.6 무선 변조

[그림 9-25]에서 IFFT의 출력으로 얻은 OFDM 심벌 데이터는 [그림 9-26]처럼 디지털 연산의 결과로 나온 비트 데이터이다. 이를 아날로그 상태인 기저대역 신호로 변환하려면 DAC 장치를 거쳐야한다. [그림 9-26]의 ⑦에서 이렇게 만들어진 OFDM 심벌의 기저대역 신호는 부반송파가 합쳐진 합성파의 형태이다. 여기에는 각 부반송파들을 QPSK나 QAM 등으로 변조한 정보가 이미 들어가 있

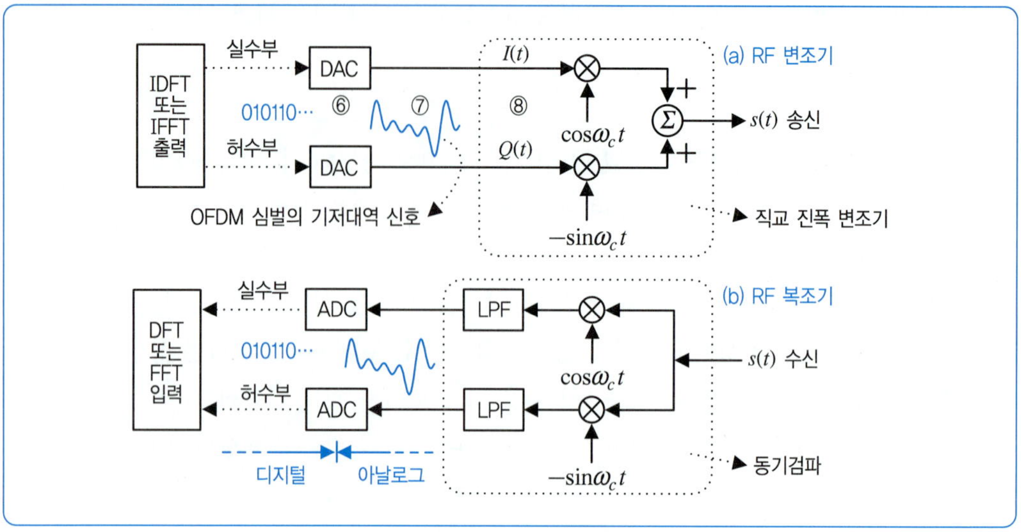

[그림 9-26] OFDMA의 무선(RF) 변조기와 복조기

다. 하지만 기저대역 신호를 멀리 보내기 위해서 통과대역으로 전송하려면 주반송파로 다시 변조한 후 증폭시켜 내보내야 한다.

[그림 9-26]에 OFDMA의 무선 변조기와 무선 복조기 부분을 다시 나타내었다. OFDM의 무선 변조기는 주로 직교 진폭 변조기를 사용한다. 이 방식은 동일한 전송 대역폭을 사용할 때 전송 속도를 2배로 늘릴 수 있는 효과적인 방법이다. 같은 주파수를 갖는 코사인파와 사인파를 반송파로 이용해 2개의 기저대역 신호로 진폭 변조시켜 동시에 전송하면 서로에게 영향을 주지 않기 때문이다.

[그림 9-26]에서 송신 측은 IFFT의 출력을 2세트의 비트 그룹으로 나누고 ⑥의 DAC에서 아날로그 신호로 변환하여 기저대역 신호 ⑦을 만든다. 이들은 ⑧의 직교 진폭 변조기에서 코사인파와 사인파로 이루어진 주파수 f_c를 갖는 주반송파의 진폭을 변조시킨 후 전송신호 $s(t)$로 합쳐져 전송된다. 수신 측은 송신과 반대되는 과정을 거친다. 무선 복조기는 동기검파 방법으로 신호 $s(t)$에 주파수 f_c를 갖는 코사인파와 사인파를 각각 곱한 후 LPF를 통과시켜 2개의 기저대역 신호를 출력한다. 이 신호들은 ADC에서 표본화하여 2세트의 디지털 비트 그룹으로 다시 변환한 후 FFT 연산을 통해 주파수 영역으로 돌아온다.

[그림 9-26]에서 DAC를 거쳐 무선 변조기의 $I(t)$와 $Q(t)$ 성분으로 들어오는 2개의 입력을 위해서 IFFT의 출력을 2 세트의 비트 그룹으로 나누어야 한다. 일반적

으로 IFFT의 출력은 복소수 값을 갖기 때문에 이를 실수부와 허수부로 나눌 수 있다. 여기서 설명한 OFDM 방식의 변조와 복조 과정은 9.8절의 MATLAB 예제를 통해 좀 더 쉽게 이해할 수 있을 것이다.

9.6.7 PAPR

PAPR(peak to average power ratio) 혹은 피크대평균 전력비는 식 (9.5)처럼 평균 전력에 대한 피크 전력의 크기를 나타낸다. 여기서 x_n은 N가지 중 한 가지 신호의 크기를 나타내고, x_{rms}는 실효치, $x_{\max}=x_{peak}$는 최대치로서 피크치를 나타낸다. PAPR은 상대비이므로 식 (9.6)과 같이 주로 데시벨[dB]로 크기를 표시한다. PAPR을 다른 말로 파고율(crest factor)이라고도 한다.

$$PAPR = \frac{P_{\max}}{\frac{1}{N}\sum_{n=1}^{N} P_n} = \frac{x_{\max}^2}{\frac{1}{N}\sum_{n=1}^{N} x_n^2} = \frac{x_{\max}^2}{x_{rms}^2} \tag{9.5}$$

$$PAPR[\text{dB}] = 10\log(PAPR) = 10\log\left(\frac{x_{\max}^2}{x_{rms}^2}\right) \tag{9.6}$$

[그림 9-27]은 정현파에 대한 PAPR의 계산 예이다. 이 경우는 정현파의 실효치와 평균 전력에 대한 식 (3.3)과 (3.4)를 참조하여 식 (9.7)처럼 계산할 수 있다.

$$PAPR = 10\log\left(\frac{1}{1/\sqrt{2}}\right)^2 = 10\log 2 \simeq 3.01\,[\text{dB}] \tag{9.7}$$

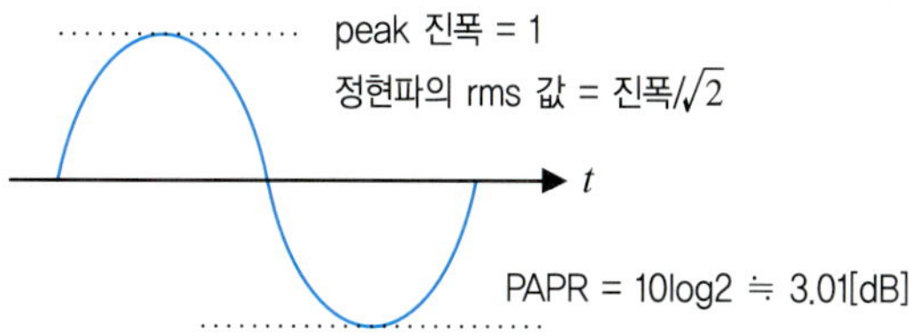

[그림 9-27] 정현파의 PAPR 계산

OFDM 심벌은 정현파인 여러 개의 부반송파가 합쳐지는 구조이므로 [그림 9-28]과 같이 주기적으로 높은 PAPR이 발생하는 단점이 있다. PAPR이 높으면 순간적으로 큰 전력소모와 송수신 전력 증폭기에 큰 선형구간을 요구한다.

PAPR은 송수신기의 전력 효율을 나타내는 성능 측정치 중 하나다. OFDM 심벌에서 PAPR이 높은 부분은 출력이 낮은 증폭기에서 파형이 제대로 증폭되지 않아 [그림 3-18]처럼 비선형 왜곡이 발생한다. PAPR이 높은 부분을 선형구간에서 증폭하려면 출력이 높은 증폭기가 필요하게 되므로 전력 효율이 나빠진다.

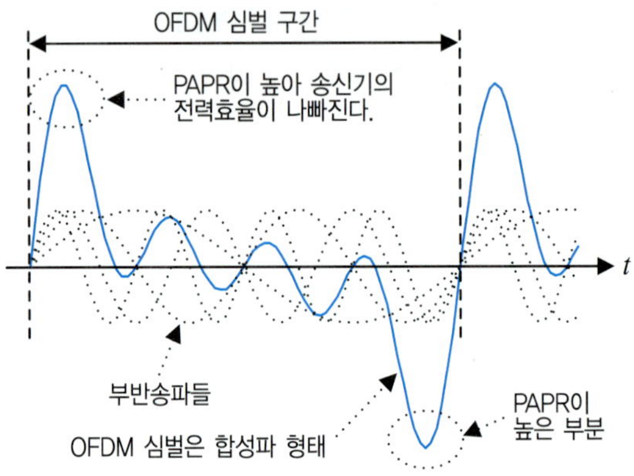

[그림 9-28] OFDM 심벌의 기저대역 신호

9.6.8 OFDMA의 장단점

OFDMA의 가장 큰 기술적인 특징은 (a) 직교하는 부반송파를 사용한다는 것과 (b) 심벌에 시간 보호구간을 사용해 지연 확산을 제거한다는 것이다. 이를 통해 만들어지는 OFDMA의 장점과 단점들을 아래에 정리해보자.

a. OFDMA의 장점

① 보호구간을 사용해 다중경로에서 지연 확산에 대한 내성을 높이고 인접심벌간 간섭과 반송파간 간섭을 제거한다.

② 지연 확산에 의한 주파수 선택적 페이딩에 대한 저항성이 강하다.

③ 직교하는 부반송파들을 사용하기 때문에 스펙트럼 효율이 높고 주파수 대

역을 유연하게 활용할 수 있다

④ 인접한 부반송파나 심벌 간에 상관관계가 없기 때문에 이동통신 기지국의 셀 내 간섭이 없다. 이로 인해 더 많은 가입자와 데이터를 처리할 수 있다.

⑤ 긴 심벌 타임과 부반송파 별로 낮은 전송률은 심벌간 간섭을 감소시킨다.

⑥ 사용자마다 다른 부반송파로 이루어진 부채널을 사용하기 때문에 트래픽을 다중화해 셀 내의 모든 사용자들의 데이터 전송속도를 최적화시킬 수 있다.

⑦ 다중 반송파를 사용해 여러 채널을 전송하는 디지털 방송에도 유용하다.

b. OFDMA의 단점

① PAPR이 높아 무선 증폭기의 전력효율을 떨어뜨린다. 순간적으로 큰 전력 소모와 선형구간이 큰 전력 증폭기를 요구한다. 이 때문에 단말기의 배터리 용량이 부담된다. 특히 기지국 셀의 경계 부분에서 전력 소모가 많아진다.

② 단일 반송파 신호에 비해 주파수 편차나 위상 잡음에 민감하다. 특히 단말기의 빠른 이동에 따른 도플러 확산 조건하에서는 주파수 오차에 매우 민감하여 성능이 떨어진다.

9.6.9 OFDMA의 채널 부호화

OFDMA의 채널 부호화에는 순방향 에러 정정(FEC) 코딩과 함께 주파수 인터리빙 및 시간 인터리빙(interleaving)이 사용된다. OFDMA에서 인터리빙을 사용하는 이유는 비트 에러를 분산시키려는 것이다. 만일 에러정정 복호화기(decoder)에 보내질 비트 스트림에 에러가 집중되면 이를 모두 정정하지 못하고 에러가 급증하게 된다.

주파수 선택적 페이딩에 대항하기 위해서 부반송파의 주파수 인터리빙을 사용한다. 만일 채널 대역폭의 일부가 페이딩의 영향을 받을 때 주파수 인터리빙은 대역폭 확산에 의해 비트 에러가 집중되지 않고 분산된다. 그러나 협대역 채널에서는 에러가 분산되지 않아 별 장점이 없다.

마찬가지로 시간 인터리빙도 원래는 인접한 비트 스트림을 시간적으로 멀리 떨어뜨려 고속 전송에서 심각한 페이딩의 영향을 완화시켜준다. 시간 인터리빙도 저속 페이딩 채널에서는 에러가 분산되지 않아 장점이 적다.

OFDMA 기반 시스템의 순방향 에러 정정(FEC) 코딩에 사용되는 전형적인 타입은 컨벌루셔널 코딩이다. 이를 위해 터보 코드처럼 보통 2층 구조의 컨벌루셔널 부화화기 사이에 주파수나 시간 인터리빙을 사용한 코딩을 구현한다.

9.6.10 SC-FDMA

SC-FDMA(single-carrier FDMA)는 OFDMA 방법 중 하나로 전형적인 OFDM 처리과정에 앞서 송신 측에 DFT 처리를 추가한다. 수신 측에는 이와 반대로 전형적인 OFDM 처리과정 뒤에 IDFT 처리를 추가한다. 다른 말로 선형 사전부호화(linearly precoded) OFDMA, 즉 LP-OFDMA라고도 한다.

전형적인 OFDMA는 PAPR이 높아 특히 기지국 셀의 경계 부분에서 전력 소모가 많아지는 단점이 있다. SC-FDMA는 이를 개선해 OFDMA와 비록 성능차이가 크지 않더라도 PAPR을 감소시켜 전력효율을 높인다. 이것은 특히 상향 링크 통신에서 이동통신 단말기의 전력 효율을 높일 수 있어 매우 중요한 장점을 지닌다. PAPR이 낮으면 단말기에서 전력 증폭기의 출력을 줄일 수 있어 적은 전력으로도 넓은 셀을 커버할 수 있고 배터리를 더 오래 사용할 수 있다. 〈표 10-1〉에서 LTE의 하향 링크는 OFDMA를 사용하고 상향 링크는 SC-FDMA를 사용한다.

[그림 9-29]에 SC-FDMA의 신호처리 과정을 나타내었다. 그림에서 ⑨번으

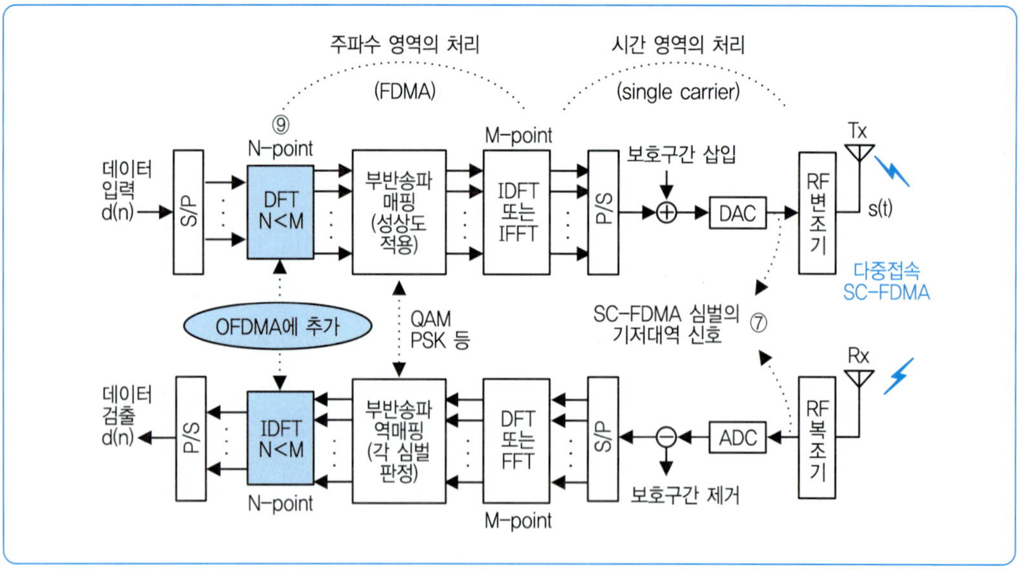

[그림 9-29] SC-FDMA 신호처리 과정

로 표시한 송신 측의 DFT 장치와 수신 측의 IDFT 장치가 추가된 점이 [그림 9-25]의 OFDMA 신호처리 과정과 차이 나는 점이다. 그림에서 SC-FDMA의 의미는 주파수 영역의 처리는 다중 반송파로 하고(FDMA), 시간 영역의 처리는 기저대역의 심벌을 단일 반송파(single carrier)처럼 처리한다는 것이다.

앞에서 설명한 바와 같이 OFDMA와 SC-FDMA 두 방식 모두 다중 반송파 구조를 사용한다. 그러나 [그림 9-29]의 ⑦에서 심벌의 기저대역 신호를 관찰하면 SC-FDMA는 마치 단일 반송파를 갖는 것처럼 보인다. [그림 9-30]에 주반송파로 무선(RF) 변조되기 이전의 심벌 스트림으로 구성된 OFDMA와 SC-FDMA의 기저대역 신호를 비교하였다. [그림 9-30(a)]에서 OFDMA 기저대역 신호는 OFDM 심벌들이 각각 다른 부반송파를 사용해서 각 심벌에 해당하는 성좌도 값으로 변조되는 형태이다. 한편 [그림 9-30(b)]에서 SC-FDMA 기저대역 신호는 시간적으로 같은 순간에는 부채널내의 모든 부반송파들을 같은 성좌도 값으로 변조된 형태이다. 그 결과 SC-FDMA 심벌들을 주파수 영역에서 관찰하면, 실제로는 다중 반송파를 사용하지만 마치 단일 반송파를 사용해 변소하는 것처럼 보인다. DFT 추가로 심벌의 시간 축과 주파수 축이 바뀌는 효과다.

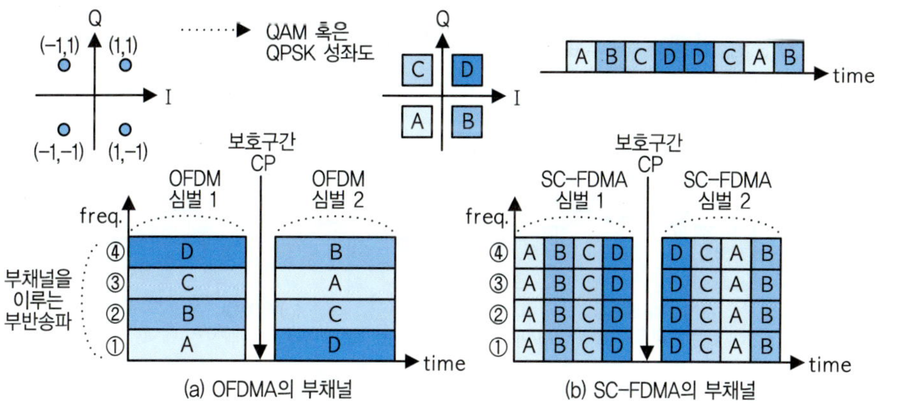

[그림 9-30] OFDMA와 SC-FDMA 심벌의 기저대역 신호 비교

9.7 MIMO

9.7.1 스마트 안테나

스마트 안테나(smart antennas)는 공간 신호를 인식하는 스마트 신호처리 알고리즘을 사용하는 안테나 배열을 말한다. 스마트 안테나의 사례는 적응 배열 안테나, MIMO 등의 다중 안테나로 널리 알려져 있다. 스마트 안테나의 중요한 기술은 ① 신호의 도착 방향을 예측하는 기술과 ② 안테나의 방사 빔을 형성하는 기술로 크게 나눌 수 있다. 안테나에서 발사되는 전파의 방사 패턴을 계산해 전파의 도착방향(direction of arrival, DOA)을 예측한다. 또한 각 안테나의 위상을 조절해 안테나에서 발사되는 빔을 형성(beam forming)하고 이를 추적한다. 각 안테나는 또한 탐지기가 될 수 있다. 이런 기술은 음향탐지기, 레이더나 전파망원경 등 전통적인 분야는 물론 대부분의 이동통신과 무선통신 기술에 사용된다.

9.7.2 MIMO 시스템

MIMO(multiple input and multiple output)는 무선통신에서 다중 입출력이 가능한 안테나 시스템을 말한다. 『마이모』 혹은 『미모』라고 발음한다. MIMO는 무선 채널 환경에서 간섭을 줄이고 전송 용량을 증대시키기 위해 송수신 측에 다

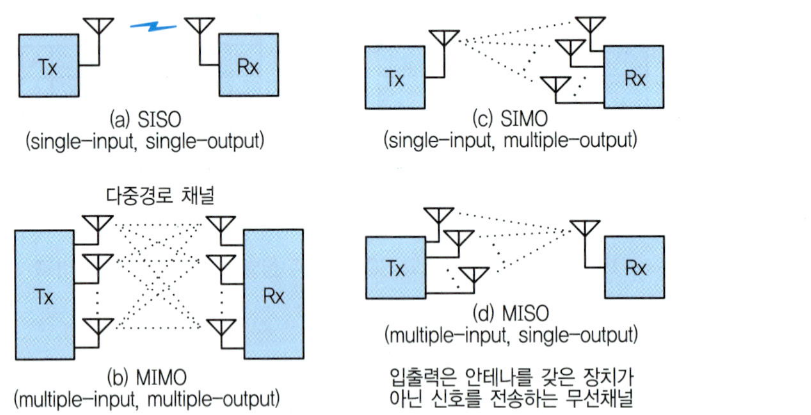

[그림 9-31] MIMO 시스템

중 안테나를 사용하는 기술이다. [그림 9-31]에서 MIMO는 스마트 안테나 기술의 몇 가지 형태 중 하나로 다른 종류로 MISO와 SIMO 기술도 있다. 여기서 특기할 점은 다중 입출력의 주체는 안테나를 가진 장치가 아니라 신호를 전송하는 다중경로 채널이다.

SISO(single input, single output) 기술로 표현되는 전통적인 무선통신은 송신 측과 수신 측에 각각 하나씩의 안테나가 사용된다. 이 때문에 종종 다중경로 환경에서 문제가 발생했다. 전파가 언덕, 협곡, 빌딩이나 전선 등을 만나면 파면(wavefront)이 산란되어 목적지에 도달하기까지 수많은 경로를 거친다. 이때 늦게 도착한 산란된 신호의 일부가 페이딩, 차단, 간헐적 수신 등의 문제를 일으킨다. 무선 인터넷과 같은 디지털 통신에서 이들은 전송속도 감소와 에러 증가를 유발한다. 다중 안테나를 사용해 각 안테나에 독립적인 신호를 할당해 전송하는 다중 시스템을 사용하면 다중경로 전파를 만들어 이러한 문제를 해결할 수 있다.

MIMO는 송신과 수신 측에 여러 개의 안테나를 사용해 데이터를 여러 경로로 전송한다. 이 방식은 수신된 신호에서 간섭을 줄여 신뢰성을 증가시키고 에러를 최소화한다. 또한 각각의 안테나에서 데이터 속도는 낮추고 전체의 전송속도는 높이는 최적화된 조합으로 전체의 채널 용량을 증가시킨다. MIMO 기술은 무선통신에서 높은 스펙트럼 효율(bit/s/Hz)을 구현하고 다이버시티 기법으로 페이딩 효과를 감소시켜 통신 링크의 신뢰성을 향상시킨다. MIMO 기술은 추가적인 대역폭과 전송 전력 없이도 데이터 전송속도를 크게 증대시키고 연결 거리를 획기적으로 개선하는 매력적인 기술이다. 대표적인 응용분야는 MIMO-OFDMA를 기반으로 한 이동통신 표준과 무선 랜 표준 등 고속의 무선통신들이다.

9.7.3 MIMO 채널 용량

무선 환경에서 다중 안테나 기술의 목표는 ① 수신 측에서는 공간 간섭을 제거하는 것이고 ② 송신 측에서는 채널의 용량을 증대시키는 것이다.

셀룰러 이동통신의 각 셀에서 동적으로 이루어지는 주파수 할당을 원활히 하려면 공간 간섭을 제거해야 한다. 무선 랜도 주변의 다른 액세스 포인트들의 공간 간섭을 줄여야 한다. 공간 간섭이 발생했을 때 이를 피하려면 동적으로 주파수 재사용 비율을 줄일 수 있다. 하지만 이 방법은 주파수 자원의 손실이 있다. 이때 다중 안테나 기술을 사용하면 주파수의 손실 없이 공간 간섭을 제거할 수 있다.

공간 간섭이 없다면 다중 안테나의 다중 스트림 전송기술로 사용된 안테나 수에 비례해 전송 용량을 증대시킬 수 있다. 이것은 다중 안테나를 통해 새로운 공간 차원을 활용하기 때문에 가능하다. 식 (1.7)의 섀넌(Shannon)의 채널 용량 공식과 SISO와 MIMO 환경을 고려하면 이에 대한 이론식을 다음처럼 얻을 수 있다.

$$\text{SISO 채널 용량} : C = B \times \log_2(1 + \frac{S}{N})[\text{bit/s}] \tag{9.8}$$

$$\text{MIMO 채널 용량} : C = \min(m, n) \times B \times \log_2(1 + \frac{S}{N})[\text{bit/s}] \tag{9.9}$$

식 (9.8)에서 기존의 SISO 방식의 채널 용량은 주파수 대역폭 B와 잡음 전력 N에 대비한 신호의 전송 전력 S에 의해서만 결정되었다. 식 (9.9)에서 MIMO 방식은 송신과 수신 측의 안테나 개수가 m개와 n개, 즉 $m \times n$ MIMO일 때 둘 중 작은 개수인 $\min(m, n)$을 곱해 채널의 이론적인 채널 용량을 얻을 수 있다.

9.7.4 MIMO 기술 구성

MIMO의 기능은 ① 일명 빔 형성이라고 불리는 사전 코딩 ② 공간 다중화 ③ 다이버시티 기술의 크게 세 가지로 구성된다. 만일 송신 측에서 채널에 대해 미리 알고 있다면 이 기술들이 적절히 결합될 수 있다.

a. 사전 코딩 기술

사전 코딩(pre-coding)은 좁은 의미에서는 다중 스트림 빔 형성(beam forming)이고 보다 일반적으로는 송신 측에서 이루어지는 모든 공간 처리를 말한다. 다중 빔 형성에서는 같은 신호가 각 안테나에 인가되어 각 위상의 가중치가 적절히 조절되어 수신 측의 입력에서 신호 전력이 최대가 되도록 전송한다. 빔 형성의 장점은 수신 신호의 이득을 증가시키는 것이다. 이를 위해 각 안테나에 인가된 신호들이 구조적으로 더해지고 다중경로에서 페이딩 효과를 감소시키도록 한다.

b. 공간 다중화 기술

여기서의 공간 다중화(spatial multiplexing) 기술은 MIMO 안테나의 구성을 말한다. 고속의 신호는 공간 다중화에서 저속의 여러 신호로 쪼개져 각 스트림은 분리된 송신 안테나를 통해서 같은 주파수 채널을 사용해 수신 측으로 전송된다. 이 신호들이 공간적으로 충분히 구별되는 수신 안테나 배열에 도달하면 수신기는 이를 병렬 스트림으로 분리한다. 공간 스트림의 최대 개수는 송신기 또는 수신기의 안테나 개수 중 적은 수로 제한된다. 이 기술은 높은 SNR에서 채널 용량을 증대시키는 매우 강력한 기술이다.

9.7.5 다이버시티

다이버시티(diversity)는 『다양성』이라는 뜻이다. 서로 다른 특성을 갖는 2개 이상의 다양한 채널을 이용해 통신신호의 신뢰성과 품질을 개선하거나 전송 용량을 증대시키는 방법을 말한다. 다이버시티는 페이딩의 영향, 동일채널 간섭 및 착오신호를 피하는데 중요한 역할을 한다. 이것은 각 채널은 서로 다른 간섭과 페이딩 환경을 겪는다는 사실을 기반으로 한다. 다이버시티 기술은 같은 신호가 중복해서 송수신 되거나 수신 측에서 결합될 수 있다. 이를 위해 여분의 순방향 에러정정(FEC) 코드가 더해지고 다른 채널로 신호의 다른 부분이 전송될 수 있다. 다이버시티를 시행하려면 안테나가 MISO나 MIMO 구조가 되어야 한다.

다이버시티 코딩(diversity coding)은 각 다중 안테나 연결에서 신호의 다이버시티를 개선하기 위해 독립적인 페이딩을 갖도록 하는 작업이다. 이 기술은 송신 측에서 채널에 대한 정보가 전혀 없을 때도 사용된다. 채널에 대한 정보가 없으면 아무런 빔 형성 이득이나 배열 이득을 기대할 수 없다. 송신전력이 일정할 때 다중 안테나의 이득은 배열에 의한 빔 형성, 공간 다중화 경로 이용, 다이버시티 효과에 따라 달라지며 간섭이 감소할수록 좋아진다.

a. 편파 다이버시티

편파 다이버시티(polarization diversity)는 전파가 진행하면서 특정 지점에서 전기장과 자기장 성분이 극성을 갖는 편파 성질을 이용한다. 2개의 편파로 송수신하면 페이딩의 영향을 개선할 수 있다. 이 기술은 1개의 안테나로도 가능하다.

b. 주파수 다이버시티

주파수 다이버시티(frequency diversity)는 같은 신호를 몇 개의 다른 주파수 채널로 전송해 양호한 수신 신호를 선택하거나 합성한다. OFDM 변조에서 부반송파의 주파수 인터리빙을 사용하면 페이딩에 의한 영향을 줄일 수 있다. 또한 확산 스펙트럼 변조는 주파수 선택적 페이딩을 피해 광대역으로 확산하는 방식을 사용한다.

c. 시간 다이버시티

시간 다이버시티(time diversity)는 동일한 신호를 충분한 시간 간격을 두고 여러 번 전송해 각 페이딩의 영향을 독립적으로 구별해 제거한다. 이 방법은 여분의 에러정정 코드가 더해지고 신호가 전송되기 전에 비트 인터리빙 방법으로 시간영역에서 정보가 분산된다. 그 결과 착오신호를 피해 에러정정이 용이해진다.

d. 공간 다이버시티

공간 다이버시티(space diversity)는 신호가 몇 개의 다른 전파 경로를 통해 전송된다. 유선전송인 경우는 복수의 배선을 통해 전송이 이루어진다. 무선통신인 경우는 다수의 안테나를 이용해 전송이 이루어진다. 공간 다이버시티를 이용한 예로 위상 배열 안테나와 MIMO 기술에서 채널의 빔 형성이 있다.

공간 다이버시티는 안테나의 송신 다이버시티 기술과 수신 다이버시티 기술을 합쳐 최종적으로 다이버시티 결합기술이 적용된다. 이때 공간적으로 다른 페이딩 환경을 겪게 되어 각 수신 안테나의 신호들은 독립적이 된다. 이를 통해 채널 환경이 열악할 때는 동일 시간에 동일 주파수를 사용해 여러 채널에서 신호를 고르거나 합성해 신호의 품질을 개선한다. 채널 환경이 양호할 때는 각 안테나마다 독립적인 다른 신호를 송수신해 전송 용량을 증대시킨다.

그 밖에도 송신기와 각 수신기사이의 채널 품질에 따라 여러 사용자 가운데 최선의 수신기를 선택하는 다중사용자(multiuser) 다이버시티, 지향성을 지닌 안테나를 이용하는 각도(angular) 다이버시티, 분산 안테나의 상호작용에 의해 다이버시티 이득을 조절하는 협동(cooperative) 다이버시티 등이 있다.

9.8 MATLAB 예제

■ MATLAB 예제 9-1 (직접 확산 방법의 CDMA) – cm901.m

이 예제는 직접 확산에 의한 대역확산(DSSS) 방식의 예로, DS-CDMA 신호의 하나인 DS-BPSK 변조 방식을 프로그램으로 작성한 것이다. 이를 위해 [그림 9-32]의 송신과 수신 측에서 단계별로 처리하는 신호를 표현한다.

식 (9.2)~(9.3)을 참고해 송신 측에서 PN 코드로 전송 코드를 만들고 수신 측에서는 동일한 PN 코드로 본래의 데이터를 추출한다. 또한 DS-BPSK 신호 $s_{DS}(t)$의 주파수 특성을 구해, 대역확산시키지 않은 BPSK 신호 $s(t)$와 비교해 주파수 스펙트럼이 확산되는 것을 결과 그림으로 확인할 수 있다.

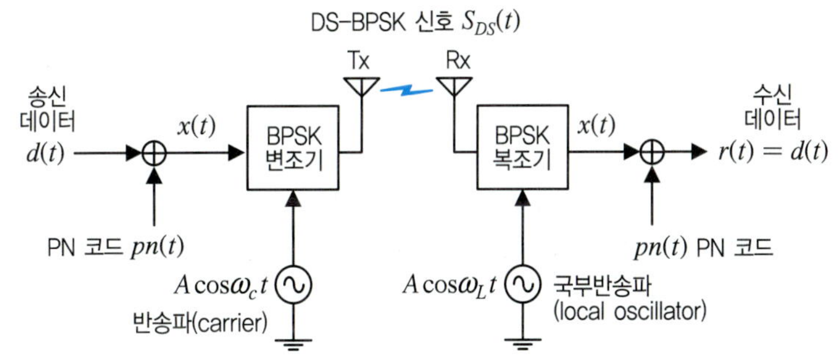

[그림 9-32] 직접 확산 방식의 CDMA 송수신

이 예제의 실행결과는 [그림 9-33]에서 그림 창을 (6×1)의 6칸으로 나누어 나타낸다. 위에서부터 순서대로 전송할 데이터, PN 코드, 전송 코드, 수신 측에서 복원한 데이터, 대역확산시키지 않은 신호, 대역이 확산된 BPSK 신호의 주파수 스펙트럼을 나타낸다.

이 예제에서 PN 코드는 실행시마다 랜덤으로 선정하고 심벌 길이마다 20비트씩을 적용한다. 심벌당 1비트인 심벌 3개를 전송하려면 PN 코드를 3번 사용하므로 [그림 9-33]에 나타낼 전체 비트 수는 20비트*3심벌=60비트이다. 송신 측에서 데이터와 PN 코드를 XOR 연산해 전송하면, 수신 측에서 같은 PN 코드로 XOR 연산해 전송 데이터를 복원한다.

BPSK 변조 과정은 [그림 8-4]를 참조해 만들었다. 송신 측에서 1과 0의 2진 데이터를 ±1의 양극성 진폭을 갖는 기저대역 신호로 변환시켜 전송한다. [그림 9-33]에서 PN 코드 비트당 50개의 샘플로 표현하면 시간 축의 총 샘플 개수는 60비트*50샘플=3000개이다.

한편 총 3000개의 샘플 중 대역확산 채널을 거치면서 25%가 잡음에 영향을 받는다고 가정하고 수신 코드를 구한다. rand 명령은 0과 1 사이의 랜덤 값을 균일한 확률로 나타낸다. 즉, rand(1,length(ad))>0.25) 명령은 1×3000개의 rand 값 중 그 크기가 0.25보다 큰 경우로 75%의 확률로 관계연산 >의 조건이 참이 되어 값이 1이 된다. 이 예제는 실행할 때마다 심벌 길이의 PN 코드 값이 매번 변한다. 또한 만약 PN 코드가 같더라도 3000개의 샘플 중 잡음이 발생한 위치와 이에 따른 크기가 무작위로 변해, [그림 9-33]의 마지막 그림인 스펙트럼 확산 형태가 매번 변한다. 소스를 수정해 잡음에 의한 영향을 40% 이상으로 높이면 수신 코드에 잡음이 유입되는 것을 (6×1) 그림 창의 4번째인 Rx 파형에서 쉽게 확인할 수 있

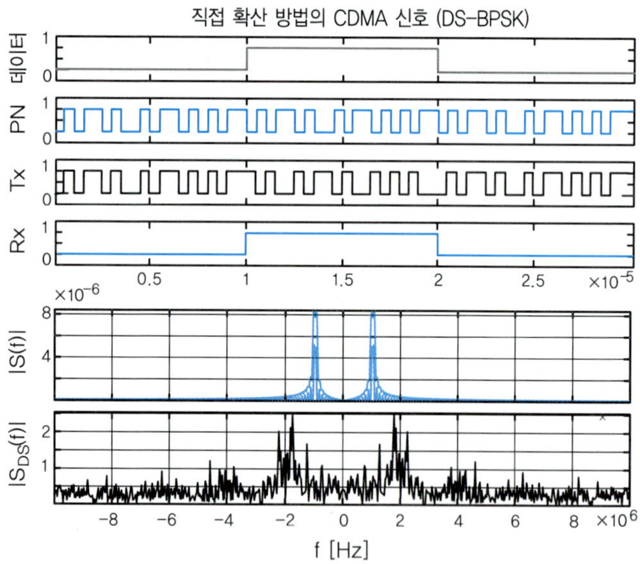

[그림 9-33] MATLAB 예제 9-1 실행결과

다. 또한 20% 이하로 낮추면 잡음에 의한 영향은 거의 나타나지 않는다. 이 비교 실험을 통해 잡음이나 간섭에 강하다는 CDMA의 장점을 확인할 수 있다.

수신 측에서 신호를 검출하는 방법을 알아보자. 식 (9.1)의 직교조건에서 수신된 신호에 대해 같은 반송파를 곱해주고 적분하면 송신 측에서 전송한 코드를 검출할 수 있다. 적분 결과는 같은 반송파로 변조된 신호의 값만 의미를 갖고 다른 반송파로 변조된 신호들은 0이 된다. 여기서는 디지털 연산이므로 적분대신 합한다. sum 명령은 첫 배열 방향의 합으로 나타낸다. BPSK에서 반송파의 진폭을 ±1의 양극성으로 송신하고 같은 반송파를 곱하면 각 비트 샘플에 진폭과 반송파 제곱 값이 곱해지고 이를 합한 극성은 유지된다. 수신 측에서는 적분 결과인 극성값이 양수인지 음수인지, 즉 반송파의 ±양극성을 판정한다. 이 예제는 그 극성값이 양수이면 해당 비트에 1을 할당하고, 음수이면 0을 할당한다.

【 cm901.m 프로그램 】

```
% --- 입력 데이터와 변수 설정 ---
b = [0 1 0];                % 전송할 데이터 ☞ 심벌당 1비트
pns = randi([0 1],1,20);    % 심벌 길이의 PN 코드 20비트 랜덤 생성
sn = length(b);             % 심벌의 개수
pb = length(pns);           % 심벌당 PN 코드의 비트 수
tb = sn*pb;                 % 전체 비트 수
d = kron(b,ones(1,length(pns)));               % 전체 데이터
pn = reshape(kron(pns',ones(1,sn)),1,tb);      % 전체 PN 코드
tx = xor(d,pn);             % 송신 코드 tx ☞ 식 (9.2)
bp = 2*d-1;                 % 1과 0을 1과 -1로 ☞ 진폭 준비 (BPSK)
bpd = 2*tx-1;               % 1과 0을 1과 -1로 ☞ 진폭 준비 (DS-BPSK)

% --- 기저대역 신호 만들기 ---
T = 1e-5;                   % 심벌 주기 T
Ns = 50*pb;                 % PN 코드 비트당 샘플링 개수 50개
dt = T/Ns;                  % 시간 축의 시간 증분
t = dt:dt:T*sn;             % 전체 시간 축 만들기
a = kron(bp,ones(1,50));    % 크로네커 곱 ☞ 진폭 샘플 (BPSK)
ad = kron(bpd,ones(1,50)); % 크로네커 곱 ☞ 진폭 샘플 (DS-BPSK)

% --- 잡음이 있는 채널 가정하기 ---
n = 2*(rand(1,length(ad))>0.25)-1; % 진폭 샘플의 25%에 잡음 추가
ad = ad.*n;       % 진폭의 75%에 1, 25%에 -1을 곱해 일부 극성을 반대로

% --- 반송파에 ±1을 진폭으로 곱해 BPSK 변조 실시 ---
```

```
fs = 1/dt;                     % 샘플링 주기 dt ☞ 샘플링 주파수 [Hz]
fc = 1e6; wc = 2*pi*fc;        % 반송파의 주파수 [Hz]
s = a.*cos(wc*t);              % 시간 영역의 신호 (BPSK)
sd = ad.*cos(wc*t);            % 시간 영역의 신호 (DS-BPSK)

% --- 수신 측에서 직교 조건으로 신호를 검출 ---
% 같은 반송파를 곱하고, 여기서는 디지털 연산이므로 적분대신 합한다.
r = sum(reshape(sd.*cos(wc*t),50,tb));

% 적분 결과 ☞ 극성이 양수이면 1, 음수이면 0을 해당 비트에 할당
for m = 1:tb
    if r(m)>= 0 r(m)=1;  else r(m)=0;  end
end
rx = xor(r,pn);                         % 수신 코드 rx ☞ 식 (9.3)
base = kron(d,ones(1,50));              % 기저대역 데이터 샘플
base_pn = kron(pn,ones(1,50));          % 기저대역 PN 코드 샘플
base_tx = kron(tx,ones(1,50));          % 기저대역 송신 코드 샘플
base_rx = kron(rx,ones(1,50));          % 기저대역 수신 코드 샘플

disp('■송신 측에서 전송할 데이터'), b
disp('■심벌 길이의 PN 코드'), pns
disp('■수신 코드 샘플 재배열'), rxs = reshape(rx',pb,sn)
disp('■수신 측에서 복원한 데이터'), d = unique(rxs,'rows')

% --- 주파수 영역의 신호 만들기 ---
BW = fs/2;                              % 신호의 대역폭 (6장 표본화정리)
f = linspace(-BW,BW,length(t));        % 주파수 축 만들기
F = fftshift(fft(s))/fs;                % 주파수 영역의 신호 (BPSK)
Fd = fftshift(fft(sd))/fs;              % 주파수 영역의 신호 (DS-BPSK)

% --- 직접확산 방법의 CDMA 변조 신호 그리기 ---
figure(901)                             % 그림 창 번호 매기기

subplot(8,1,1,'align')                  % 전송 데이터
plot(t,base,'color',[0 0.7 0.4],'linewidth',2)
axis([min(t) max(t) -0.5 1.5]), ylabel('데이터')
title ('직접 확산 방법의 CDMA 신호  (DS-BPSK)')
subplot(8,1,2,'align')                  % PN 코드
plot(t,base_pn,'color',[0 0.6 1],'linewidth',2)
axis([min(t) max(t) -0.5 1.5]), ylabel('PN')
subplot(8,1,3,'align')                  % 송신 코드
plot(t,base_tx,'m','linewidth',2)
```

```
axis([min(t) max(t) -0.5 1.5]), ylabel('Tx')
subplot(8,1,4,'align')              % 수신 코드
plot(t,base_rx,'g','linewidth',2)
axis([min(t) max(t) -0.5 1.5]), ylabel('Rx')

i = find(abs(f) <= 0.2*BW);         % 조건에 대응하는 i번째 찾기
subplot(4,1,3,'align')              % BPSK 신호
mF = abs(F);  plot(f(i),mF(i),'color',[0 0.7 0.4])
axis([min(f(i)) max(f(i)) min(mF(i)), max(mF(i))])
ylabel('|S(f)|'), grid
subplot(4,1,4,'align')              % DS-BPSK 신호
mFd = abs(Fd);  plot(f(i),mFd(i),'r')
axis([min(f(i)) max(f(i)) min(mFd(i)) max(mFd(i))])
xlabel('f [Hz]'), ylabel('|S_{DS}(f)|'), grid
```

■ MATLAB 예제 9-2 (직교주파수분할 다중접속 OFDMA) - cm902.m

이 예제는 [그림 9-25]의 직교주파수분할 다중접속 방식을 프로그램으로 작성한 것이다. 어렵지 않고 쉽게 OFDMA 신호의 변복조 과정을 이해하도록 도와줄 것이다. 앞에서 익힌 MATLAB 프로그래밍 기법과 다양한 개념들을 종합적으로

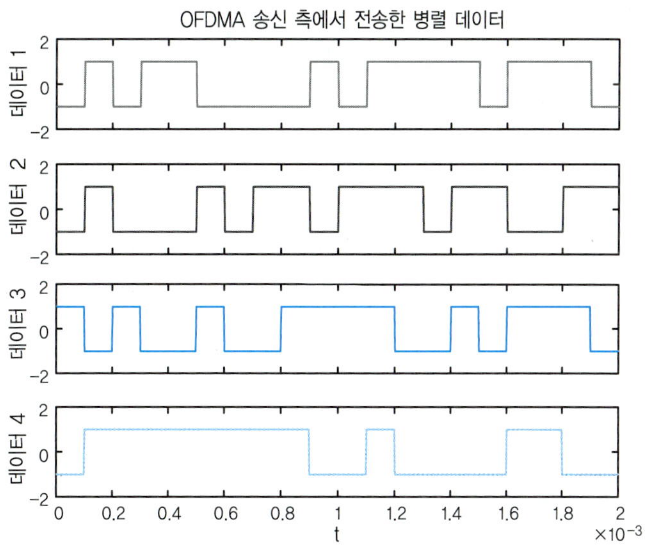

[그림 9-34] MATLAB 예제 9-2 실행결과 (1)

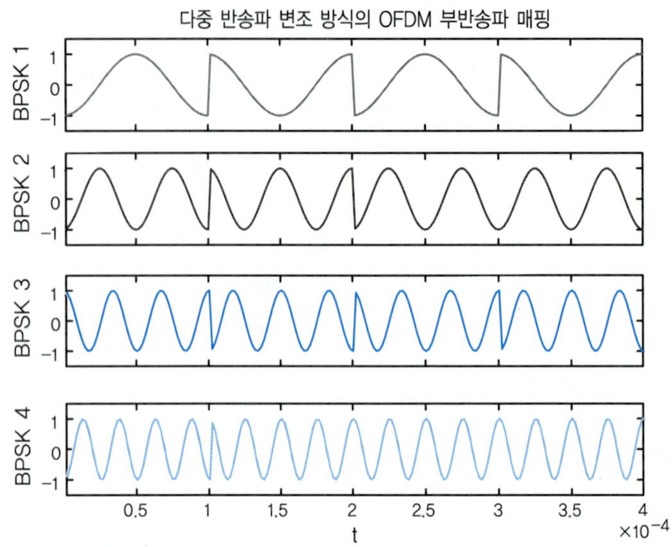

[그림 9-35] MATLAB 예제 9-2 실행결과 (2)

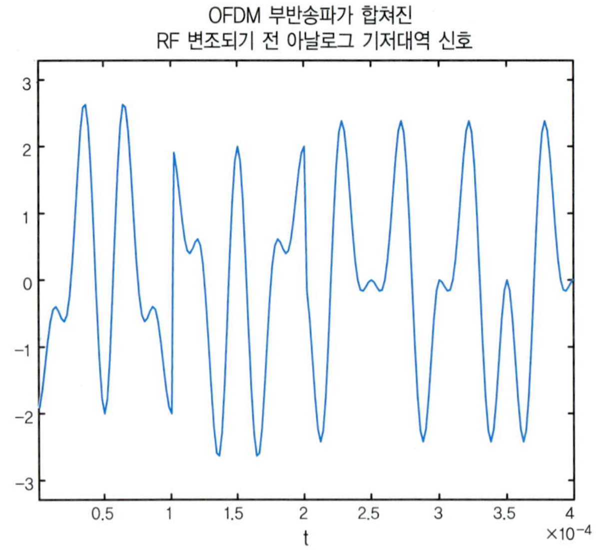

[그림 9-36] MATLAB 예제 9-2 실행결과 (3)

정리하는 기회가 될 것이다.

이 예제의 실행결과로 [그림 9-34]~[그림 9-37] 4개의 그림을 얻을 수 있다. 이하의 설명은 편의상 프로그램에 나온 변수들을 위주로 설명하겠다. OFDMA의 근간이 되는 다중 반송파 변조 방식을 예제에 적용하기 위해 4개의 BPSK 신호를 부반송파로 사용했다. 여기서는 [그림 9-20]의 구조에서 직렬로 랜덤 선정된 2진 데이터 80비트가 입력되어 이를 4개의 반송파에 사용될 기저대역 신호로 [그림 9-34]처럼 (4×20)비트로 분할한다. 이를 위해 랜덤 2진수 생성에는 randi 명령을, 80비트를 (4×20)비트로 재배열할 때는 reshape 명령을 사용한다. 기저대역 신호를 만들 때는 크로네커 곱인 kron 명령을 사용한다. 또한 전체 시간 축은 앞의 예제들처럼 비트당 샘플 수를 비트 수만큼 늘려 정하는데, 여기서는 병렬 데이터를 고려해 20비트 전송 구간으로 정한다.

[그림 9-34]는 송신 측에서 전송할 병렬 데이터를 나타내며, [그림 8-4]의 BPSK 변조 과정을 참조해서 만들었다. 즉, 송신 측에서 1과 0의 2진 데이터를 ±1의 양극성 진폭을 갖는 4가지 기저대역 신호 b1~b4로 변환시켜 전송한다.

[그림 9-25]의 OFDMA 신호처리 과정을 보면 [그림 9-34]는 그 ①단계인 직렬 데이터의 병렬 변환에 해당한다. 이 병렬 데이터에 대해 그 다음 ②단계인 부

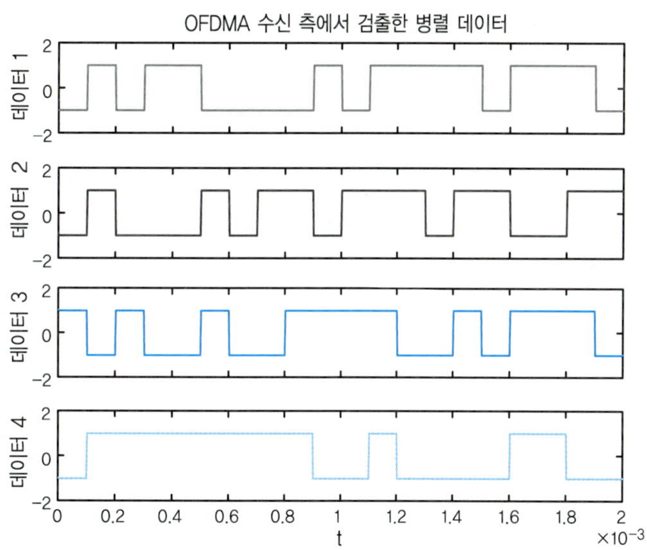

[그림 9-37] MATLAB 예제 9-2 실행결과 (4)

반송파 매핑을 해주어야 한다. 여기서 전송 데이터와 부반송파의 매핑은 [그림 8-4]처럼 BPSK 변조로 처리한다. 주파수가 다른 4개의 부반송파 c1~c4에 앞에서 준비한 4가지 기저대역 신호 b1~b4를 진폭으로 곱한다. 이렇게 매핑한 결과로 4가지 BPSK 신호 x1~x4를 구해 [그림 9-35]에 나타내었다.

부반송파 매핑을 실시한 [그림 9-35]는 시간 축의 앞부분 20%만 확대해 그렸다. 기저대역 신호를 표시한 [그림 9-34]처럼 20비트 전체 구간을 표시하려면, BPSK 신호는 아날로그 파형이라 너무 촘촘해서 변화를 알아보기 힘들기 때문이다.

[그림 9-25] OFDMA 신호처리 과정의 그 다음 단계는 ④처럼 병렬 데이터를 다시 직렬 데이터 하나로 모아 변조해서 전송하는 일이다. 이때 OFDM 심벌의 기저대역 신호는 [그림 9-26]의 ⑦에 해당하는 형태로 [그림 9-36]에 프로그램 실행결과를 나타내었다. 이 결과는 여러 개의 부반송파가 합쳐진 형태로 [그림 9-28]과 유사하다. 여기서는 CP 삽입과 무선 변복조 과정은 생략하고 기저대역의 OFDM 심벌에서 수신 데이터를 바로 복원해 보자.

이제 마지막 단계는 [그림 9-25]처럼 OFDMA 수신 측에서 병렬 데이터를 다시 추출하는 일이다. 수신 측의 검출 결과는 [그림 9-37]처럼 [그림 9-34]에 나타낸 OFDMA 송신 측에서 전송한 병렬 데이터와 같아진다. 송수신 양측의 전송 데이터와 수신 데이터가 일치해야 당연한 것이나 처리과정은 약간 복잡하다.

수신 측에서 [그림 9-37]의 병렬 데이터를 추출하려면 식 (9.1)의 직교조건에서 수신 측에서 같은 반송파를 곱해주고 적분하면 신호를 검출할 수 있다. 즉, 여러 개의 부반송파가 합쳐진 합성파 y에 수신 측에서 4가지 부반송파를 각각 곱해주고 적분하면 직교 조건에서 신호를 검출 할 수 있다. 직교 조건에서 적분한 결과는 같은 부반송파로 변조된 신호의 값만 의미를 갖고 다른 신호들은 0이 된다.

최종 목표는 각 부반송파에 실린 20비트에 대한 정보를 검출하는 일이다. 우선 reshape 명령으로 수신 신호의 시간 샘플을 비트 수에 맞게 재배열한다. 이 과정은 기저대역 신호를 구하기 위해 앞에서 사용한 kron 명령에 대한 역산이다. 그런 후 여기서는 디지털 연산이므로 적분대신 합한다. 수신 측에서는 적분 결과인 극성 값이 양수인지 음수인지 반송파의 ±양극성을 판정한다. 이 예제는 그 극성 값이 양수이면 해당 비트에 1을 할당하고, 음수이면 −1을 할당한다. 이렇게 다시 복원한 기저대역 신호를 [그림 9-37]처럼 다시 그림으로 출력해 수신 데이터를 완성한다.

【 cm902.m 프로그램 】

```
% --- 입력 데이터와 변수 설정 ---
N = 4;                    % 부반송파 개수
d = randi([0 1],1,N*20);  % 0이나 1을 N×20개 랜덤 생성
bin = reshape(d,N,20);    % 전송 데이터를 N×20 비트로 재배열
bp = 2*bin-1;             % 1과 0을 1과 -1로 ☞ 부반송파의 진폭을 준비

% --- 기저대역 신호 만들기 ---
k = 1;                              % 심벌당 비트 수
T = 100e-6;                         % 심벌 타임
ds = 50;                            % 비트당 샘플링 개수
Ns = k*ds;                          % 심벌당 샘플링 개수
dt = T/Ns;                          % 시간 축의 시간 증분
t = dt:dt:T*20;                     % 전체 시간 축 만들기
base = kron(bp,ones(1,ds));         % 크로네커 곱 ☞ 비트당 50 샘플

% 4가지 반송파에 ±1을 곱해 전송 데이터와 부반송파를 매핑
fs = 1/dt;                          % 샘플링 주파수 [Hz] ☞ 샘플링 주기 dt
fc = 1/T; wc = 2*pi*fc;             % 부반송파 간격 [Hz] = 1/(심벌 타임)
b1 = base(1,:); c1 = cos(1*wc*t); x1 = b1.*c1;      % BPSK 1
b2 = base(2,:); c2 = cos(2*wc*t); x2 = b2.*c2;      % BPSK 2
b3 = base(3,:); c3 = cos(3*wc*t); x3 = b3.*c3;      % BPSK 3
b4 = base(4,:); c4 = cos(4*wc*t); x4 = b4.*c4;      % BPSK 4

disp('심벌당 비트 수'), k
disp('비트당 샘플 수'), ds
disp('심벌 타임 [μs]'), T/1e-6
disp('부반송파 간격 [kHz]'), fc/1e3
disp('■부반송파 개수'), N
disp('■전송 데이터 (N×20)'), bin
disp('■부반송파 BPSK의 진폭 (N×20)'), bp
disp('■부반송파 주파수 [kHz]'), [1 2 3 4]*fc/1e3

% ---  송신할 병렬 데이터 그리기 ---
figure(921)               % 그림 창 번호 매기기
subplot(4,1,1,'align'), plot(t,b1,'color','g','linewidth',2)
ylim([-2 2]), ylabel('데이터 1')
title('OFDMA 송신 측에서 전송한 병렬 데이터')
subplot(4,1,2,'align'), plot(t,b2,'color','m','linewidth',2)
ylim([-2 2]), ylabel('데이터 2'),
subplot(4,1,3,'align'), plot(t,b3,'color',[0 0.6 1],'linewidth',2)
ylim([-2 2]), ylabel('데이터 3')
```

```
subplot(4,1,4,'align'), plot(t,b4,'color',[0 0.7 0.4],'linewidth',2)
ylim([-2 2]), ylabel('데이터 4'), xlabel('t')

% --- 부반송파 매핑 그리기 ---
figure(922)                          % 그림 창 번호 매기기
t2 = t(1:length(t)*0.20);            % zoom in ☞ 앞부분 20% 확대
subplot(4,1,1,'align'), plot(t,x1,'color','g','linewidth',2)
ylabel('BPSK 1'), axis([min(t2) max(t2) -1.5 1.5])
title('다중 반송파 변조 방식의 OFDM 부반송파 매핑')
subplot(4,1,2,'align'), plot(t,x2,'color','m','linewidth',2)
ylabel('BPSK 2'), axis([min(t2) max(t2) -1.5 1.5])
subplot(4,1,3,'align'), plot(t,x3,'color',[0 0.6 1],'linewidth',2)
ylabel('BPSK 3'), axis([min(t2) max(t2) -1.5 1.5])
subplot(4,1,4,'align'), plot(t,x4,'color',[0 0.7 0.4],'linewidth',2)
ylabel('BPSK 4'), axis([min(t2) max(t2) -1.5 1.5]), xlabel('t')

% --- 부반송파가 합쳐진 아날로그 기저대역 신호 그리기 ---
figure(923)                          % 그림 창 번호 매기기
y = sum([x1; x2; x3; x4]);           % 각 열을 합산해 행으로 나타냄
y2 = y(1:length(y)*0.20);            % zoom in ☞ 앞부분 20% 확대
plot(t,y,'color',[0.9 0.5 0.5],'linewidth',2)
range = max(y2)-min(y2); xlabel('t'),
axis([min(t2) max(t2) min(y2)-range/8 max(y2)+range/8])
title('OFDM 부반송파가 합쳐진 RF 변조되기 전 아날로그 기저대역 신호')

% --- 수신 측에서 직교 조건으로 신호를 검출 ---
% 같은 반송파를 곱하고, 여기서는 디지털 연산이므로 적분대신 합한다.
r1 = sum(reshape(y.*c1,ds,20 ));
r2 = sum(reshape(y.*c2,ds,20 ));
r3 = sum(reshape(y.*c3,ds,20 ));
r4 = sum(reshape(y.*c4,ds,20 ));

% 적분 결과 ☞ 극성이 양수이면 1, 음수이면 -1을 해당 비트에 할당
for m = 1:20
    if r1(m)>= 0 r1(m)=1;  else r1(m)=-1;  end
    if r2(m)>= 0 r2(m)=1;  else r2(m)=-1;  end
    if r3(m)>= 0 r3(m)=1;  else r3(m)=-1;  end
    if r4(m)>= 0 r4(m)=1;  else r4(m)=-1;  end
end

% 시간 축에 수신 데이터를 그리기 위해 기저대역 신호 만들기
d1 = kron(r1,ones(1,ds));
```

```
d2 = kron(r2,ones(1,ds));
d3 = kron(r3,ones(1,ds));
d4 = kron(r4,ones(1,ds));

% --- 수신 측에서 검출한 병렬 데이터 그리기 ---
figure(924)                                    % 그림 창 번호 매기기
subplot(4,1,1,'align'), plot(t,d1,'color','g','linewidth',2)
ylim([-2 2]), ylabel('데이터 1')
title('OFDMA 수신 측에서 검출한 병렬 데이터')
subplot(4,1,2,'align'), plot(t,d2,'color','m','linewidth',2)
ylim([-2 2]), ylabel('데이터 2'),
subplot(4,1,3,'align'), plot(t,d3,'color',[0 0.6 1],'linewidth',2)
ylim([-2 2]), ylabel('데이터 3')
subplot(4,1,4,'align'), plot(t,d4,'color',[0 0.7 0.4],'linewidth',2)
ylim([-2 2]), ylabel('데이터 4'), xlabel('t')
```

연습문제

1. 다음 서술이 맞는지 O, X로 답하라.

(1) 【다중화와 다중접속】 다중화와 달리 다중접속은 통신 자원의 분배방식이 아니다.

(2) 【다중화와 다중접속】 다중접속은 비어있는 채널을 차지하려는 경쟁이 있다.

(3) 【다중화와 다중접속】 간섭을 피하고 원하는 신호만 골라내려면 서로 직교하는 신호를 사용해야 한다.

(4) 【다중화와 다중접속】 세계 최초로 CDMA 이동전화 상용화에 성공한 나라는 미국이다.

(5) 【다중화와 다중접속】 주파수 대역확산에 의해 보안성이 좋아진다.

(6) 【다중화와 다중접속】 주파수 도약 방법은 여러 개의 반송파를 사용한다.

(7) 【OFDM 변조】 OFDM은 보호구간을 삽입해 다중경로에서 지연 확산에 대한 내성을 높인다.

(8) 【OFDM 변조】 OFDM은 직교하는 부반송파들을 사용하기 때문에 스펙트럼 효율이 낮다.

(9) 【OFDM 변조】 OFDM은 단일 반송파 변조방식의 일종이다.

(10) 【OFDM 변조】 OFDMA는 PAPR이 높아 무선 증폭기의 전력효율이 떨어진다.

2. 다음 중 다중화의 방법을 【보기 A】에서 모두 골라라.

보기 A

① WDM	② FDMA	③ TDM	④ SDMA	⑤ OFDM
⑥ CDMA	⑦ SDM	⑧ FDM	⑨ OFDMA	ⓐ TDMA

3. 다중접속의 방법을 【보기 A】에서 모두 골라 번호를 적어라.

4. OFDMA 다중접속의 신호처리 과정에서 송신 측에서 내보내는 신호를 처리하는 순서를 【보기 B】에서 골라 차례대로 번호를 적어라.

보기 B

① 보호구간 삽입	② IFFT	③ DAC	④ P/S
⑤ 부반송파 매핑	⑥ RF 변조	⑦ S/P	

5. OFDMA 다중접속의 신호처리 과정에서 수신 측으로 들어오는 신호를 처리하는 순서를 【보기 C】에서 골라 차례대로 번호를 적어라.

보기 C

① 보호구간 제거	② P/S	③ RF 복조	④ S/P
⑤ 부반송파 역매핑	⑥ FFT	⑦ ADC	

6. 어떤 시분할 전송로가 864㎲마다 2421바이트짜리 6프레임을 전송할 때, 이 전송로의 전송속도는 몇 Mbit/s인가?

7. 주파수가 0~19kHz로 제한된 신호를 22비트 PCM으로 전송하려고 한다.
(1) 이 신호를 한 채널만 전송할 때 필요한 전송속도는 최소 몇 kbit/s인가?
(2) 이 신호를 다중화해 전송하려고 한다. 최대 전송속도 146.3Mbit/s인 전송로를 사용하면 같은 종류의 신호를 최대 몇 채널까지 동시에 수용할 수 있는가?

8. 시분할 다중화 장비로 최대 전송속도가 20.58Mbit/s인 전송로를 이용해 21비트 PCM 데이터를 전송하려고 한다. 같은 종류의 신호 80채널을 동시에 수용하려면 각 채널은 최대 몇 Hz까지 주파수 대역을 제한해야 하는가?

9. LTE 표준에서 부반송파 간격이 15kHz일 때 다음 표를 완성하라. 전체 대역폭에서 가장자리 주파수 10%는 보호대역으로 제외하고 부반송파를 할당한다. 또한 부반송파를 12개씩 묶어 부채널로 만들어 자원 블록을 할당한다.

대역폭(MHz)	3	5	10	15	20
부반송파 수					
부채널 수					
FFT 사이즈					

10. 원소가 6개인 이산 신호 {−19, 6, 36, −12, 25, −5}에 대하여 피크대평균 전력비 PAPR[dB] 값을 계산하라. (반올림하여 소수점 둘째자리까지 구하라.)

11. MIMO의 송신 안테나가 4개이고 수신 안테나가 3개이다. 대역폭이 33kHz, 신호 전력이 38.1W, 잡음 전력이 0.3W일 때 이 시스템의 채널 용량은 몇 kbit/s인가?

12. MIMO 안테나 시스템으로 무선통신 채널을 만들려고 한다. 대역폭을 200kHz로 하고, 신호 전력이 12.6W, 잡음 전력이 0.2W일 때 채널 용량을 최소 9Mbit/s이상으로 설계하려면 송수신 안테나의 개수는 각각 최소 몇 개가 되어야 하는가?

13. 사인과 코사인으로 구성된 sin(10*x), sin(20*x), cos(30*x), cos(40*x) 각 신호 사이의 직교성을 검사하는 MATLAB 프로그램을 작성하라. 이를 위해 기호수학 도구상자를 사용하고 파일명은 cm903.m으로 저장하라. 프로그램 작성 방법은 식 (9.1)처럼 다른 신호끼리 곱하거나 자신과 곱한 후 [$-\pi$, π] 구간에서 적분하여 값을 구하라. 프로그램 실행결과 직교 조건에서 자신과 같은 신호만 0이 아닌 값으로 검출되고, 나머지 신호는 0이 되는 것을 검증하라.

Chapter 10

Communication Theory

이동통신

Chapter

Communication Theory

10 이동통신

10.1 셀룰러 이동통신

이동통신에서 서비스 지역을 세포(cell) 형태로 나누어 다수의 기지국을 설치하고 이를 연결해 제어하는 방식을 셀룰러 통신망(cellular network)이라고 한다. 셀 사이트(cell site)는 통신사업자의 기지국을 가리킨다. 거의 모든 이동 전화(mobile phone)는 셀룰러 방식을 이용한다. 특히 미국 지역은 휴대폰을 셀폰(cellphone)이라고 한다. 미국 벨연구소가 표준을 만든 AMPS 방식의 아날로그 이동전화를 셀룰러 전화(cellular phone)라고 불렀기 때문이다.

10.1.1 기지국과 셀

[그림 10-1]에서 기지국은 이동통신 단말기와의 통신을 담당하며 다른 무선통신망이나 유선통신망 교환기에 연결된다. 이동통신에서 기지국과 교환기는 T1이나 E1과 같은 TDM 장비로 연결된다. 우리가 알고 있는 무선통신 구간은 실제로는 셀의 중심부에 위치한 기지국과 이동통신 단말기 사이에 불과하다. 실제의 대부분의 통신구간은 그림처럼 유선으로 연결이 이루어져 있다.

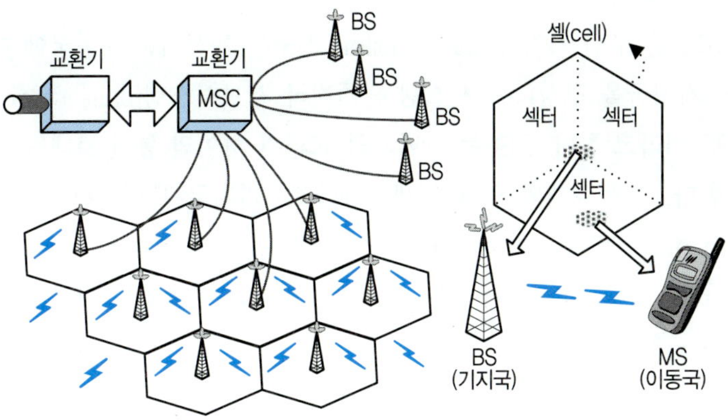

[그림 10-1] 셀룰러 통신망과 셀의 구조

[그림 10-1]에 기지국에서 관리하는 섹터(sector)와 셀(cell)을 구분해 나타내었다. 셀(cell)은 하나의 무선 기지국이 관리하는 지역을 말한다. 섹터는 셀을 다시 나눈 것이다. 셀은 기지국에서 발사한 전파가 미치는 지역이 된다. 위성 이동통신은 위성에서 발사하는 빔의 개수가 셀의 개수가 된다. 기지국이 관리하는 면적은 자로 재듯 규격화되어 나누어지지 않는다. 서울시청 앞 광장과 같이 통화량이 많은 지역은 100m 간격으로 설치되기도 하고 산간벽지는 몇 km 간격씩 떨어진다.

10.1.2 이동통신 용어정리

이동통신 서비스 사업자나 시스템에 따라 용어들이 다르지만 전통적인 셀룰러 통신망에 사용되는 일반적인 용어들 몇 가지를 다음에 정리했다.

a. 이동국

이동통신 단말기를 이동국(mobile station, MS)이라고 한다. 고정된 자리에 위치한 기지국에 대응되는 용어이다. 또한 이동 단말기를 무선 송수신기(transmitter and receiver)를 의미하는 트랜스시버(transceiver)라고도 표현한다. 요즘은 휴대폰 이외에도 다양한 데이터 단말이 접속할 수 있다. 한 사용자가 동시에 여러 개의 단말을 사용할 수도 있다. 이때 휴대폰과 노트북 등 네트워크에 접속되는 모든 사용자 단말을 UE(user equipment, 사용자 장비)라고도 한다.

b. 기지국

고정된 무선 기지국(base station, BS)은 움직이는 이동국에 대응되는 용어이다. 기지국을 구성하는 시스템을 기지국 서브시스템(base station subsystem, BSS)이라고 한다. BSS는 단말기와 교환기 사이의 통신 트래픽과 시그널링을 담당한다. 이를 2개의 역할로 세분하면 ① 기지국 트랜스시버(base transceiver station, BTS)는 이동국과의 무선 전송을 담당한다. ② 기지국 제어기(base station controller, BSC)는 각종 유선망과의 접속과 기지국 트랜스시버의 제어를 담당한다.

c. 이동 교환국

이동 교환국(mobile switching center, MSC)은 PSTN 교환기와 유사한 교환기의 역할을 한다. 이동 교환국은 기지국을 통해 연결된 단말기들을 다른 이동 교환국이나 다른 유선망에 연결시켜 주는 역할을 한다. 이동 교환국을 구성하는 시스템을 망교환 서브시스템(network switching subsystem, NSS)이라고 한다. 이동 교환국을 구성하는 NSS는 기지국을 구성하는 BSS에 대응되는 용어이다. NSS는 시그널링을 교환하고 이동 단말기가 기지국간에 이동하는 것을 관리한다. 또한 이동 단말기가 같은 망 내의 다른 이동 단말기나 다른 네트워크에 접속된 단말기와 연결하도록 허락해준다. 이를 위해 이동 단말기의 인증, 사용자의 위치 등록, 이동성 관리, 핸드오버, 로밍 등을 담당한다. BSS와 NSS의 트래픽과 시그널링 제어 절차는 상향 링크와 하향 링크의 흐름에 따라 이루어진다.

d. 가입자 위치 등록

가입자가 이동통신 서비스를 받으려면 자신의 단말기가 현재의 무선 기지국을 통해 이동 교환국에 등록되어 있어야 한다. 이를 HLR(home location register)에 등록되었다고 한다. HLR은 이동통신 가입자의 데이터베이스를 말하며, 우리말로는 홈 위치 등록명부에 해당한다. HLR은 통신사업자가 수천만 명의 가입자 정보를 데이터베이스 형태로 저장하기 위해서 주로 분산시스템을 사용한다. 방문 지역에서 방문자 위치 등록명부(visitor location register, VLR)를 별도로 저장하고 관리하는 기술도 있다. 이것은 HLR의 내용 중 일부를 복사한 것이다. 그런데 HLR의 검색속도가 빠르면 VLR이 필요 없기 때문에 VLR은 잘 사용되지 않는다.

단말기의 위치를 파악하기 위해 기지국과 단말기는 계속 교신하고 있다. 통화 중이 아니더라도 전원을 켜놓은 상태이면 이동통신 단말기는 기지국과 계속해서 신호를 주고받는다. 한적한 지방이나 시골로 내려가면 기지국과의 거리가 멀어져 전파의 강도가 약하고 불규칙해지기 쉽다. 이때 단말기가 기지국과의 교신을 위한 채널을 빨리 찾지 못하면 계속해서 채널을 액세스하므로 배터리 소모가 빨라진다. 아예 전파가 통하지 않는 곳으로 가면 배터리는 더욱 급속히 소모된다.

e. 로밍

통신사업자의 가입지역을 벗어나 다른 통신사업자의 서비스 지역으로 간 단말기에 대한 서비스를 로밍(roaming)이라고 한다. 로밍을 위해서는 휴대전화 설정을 바꾸거나, 국내나 외국의 다른 통신사업자와 제휴된 단말기로 바꾸어야 한다.

f. 인증국

인증국(authentication center, AC)은 기지국에 접속하는 단말기가 사사의 통신서비스 가입자로서 서비스 대상인지 판단한다. 단말기에 장착된 가입자 식별 모듈(subscriber identity module, SIM) 카드에 수록된 인증키에 대한 정보를 활용한다. 무선통화 구간에서 암호화된 비밀 키를 단말기와 공유하며 가입자의 적법성을 판단하는 알고리즘을 갖고 있다. 그 밖에 가입자별로 사용도수에 따라 정산하는 요금센터(billing center)의 기능도 동작하고 있다.

10.1.3 셀의 설계

건물옥상에 설치된 삼각형 철탑 모양을 한 기지국 안테나를 본 일이 있을 것이다. 기지국에서 사용하는 전파의 도달되는 거리는 [그림 10-2]처럼 자로 재듯이 잘라지는 것은 아니다. 셀의 경계에서 전파는 인접한 셀에 의해서 겹쳐진다.

통신서비스 사업자마다 사용 주파수 대역이 한정되어 있으므로 각 기지국에 할당된 주파수 채널의 수도 역시 한정된다. 이것은 한 기지국에서 동시에 서비스할 수 있는 가입자 수가 제한된다는 것을 의미한다. 이때 면적당 가입자 수를 늘려야 투자비가 적게 든다. 이를 위해 효과적으로 셀을 설계하는 방법이 필요하다.

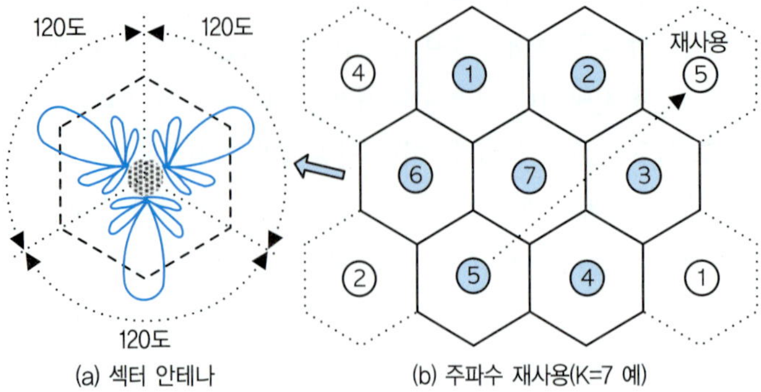

[그림 10-2] 섹터 안테나 방사 패턴과 주파수 재사용

a. 셀의 분할

전파의 세기는 거리가 멀어질수록 약해진다. 멀리 떨어진 곳에서는 같은 주파수 채널을 다른 사용자를 위해 사용할 수 있다. 이런 원리에서 단위면적당 가입자 수를 늘리려면 전파의 세기를 줄여 셀을 좀 더 세분화해서 작게 나눌 필요가 있다. 이러한 방법을 셀 분할(cell splitting)이라고 한다. 하지만 무한정 셀을 늘리면 엄청난 기지국 건설비용이 추가된다. 이보다 보편적인 방법은 [그림 10-2(a)]처럼 셀의 중심부에 위치한 기지국에 섹터(sector) 안테나를 설치해 셀 내부를 나누는 것이다. 주로 120° 방향의 섹터 안테나로 기지국의 셀을 세 방향으로 나누어 사용한다. 여기에 지향성 안테나를 사용하면 특정 방향의 신호대잡음비가 좋아져서 인접 기지국과의 간섭이 최소화되고 단위면적당 가입자 수가 늘어난다.

b. 주파수 재사용

셀을 설계하려면 인접한 기지국끼리 전파가 넘어가지 않도록 미리 정해야 한다. 인접된 셀끼리 같은 주파수를 사용하면 다른 이동통신 단말기가 간섭을 받을 우려가 크다. 이를 방지하기 위해 [그림 10-2(b)]처럼 각 기지국에서 사용할 수 있는 주파수를 일정한 간격을 두고 배열한다. 이처럼 이동통신 기지국에서 사용하는 주파수를 효율적으로 할당하는 기술을 주파수 재사용(frequency reuse)이라고 한다. 다중접속 방식 중에서 FDMA나 TDMA 방식은 주파수 재사용 기술이 필수적이다. 하지만 CDMA와 OFDMA 방식은 전체 기지국의 셀들이 동일한 주파수를 사용하므로 주파수 재사용 기술이 필요 없다.

c. 주파수 재사용 비율

주파수 재사용 계수(frequency reuse factor) 혹은 주파수 재사용 비율은 셀룰러 통신망에서 같은 주파수 채널이 사용되는 비율이다. 동일한 주파수를 사용할 수 없는 인접한 셀들의 집합을 클러스터(cluster)라고 한다. 클러스터 내의 셀의 개수가 K일 때 각 셀에서의 주파수 재사용 비율은 $1/K$이다. 이 값은 기지국을 분할하는 기하학적인 모양에 의존하기 때문에 보통 1/3, 1/4, 1/7, 1/9, 1/12과 같은 값들이 된다. FDMA 방식의 셀룰러 전화인 AMPS는 1/7이고 TDMA 방식의 GSM은 1/4이다. 또한 기지국 내의 섹터 안테나의 개수를 N(보통 $N=3$)이라고 하면 각 섹터의 주파수 재사용 비율은 $1/(NK)$이 된다. 전체 주파수 대역에서 사용할 수 있는 채널의 개수를 B라고 하면 각 셀은 B/K개의 채널을 사용할 수 있고, 각 섹터는 $B/(NK)$개의 채널을 사용할 수 있다. 그러나 실제로 섹터 안테나를 사용하게 되면 SNR이 좋아져 클러스터의 크기 K가 줄어 전체 주파수 재사용 비율은 높아진다. 또한 부분 주파수 재사용(fractional frequency reuse, FFR)은 주파수 재사용 비율을 부분적으로 다르게 적용해 전체 주파수 이용효율을 높이는 기술을 말한다.

주파수 재사용 비율은 셀룰러 통신망의 주파수 이용효율이 얼마나 높은지를 나타낸다. 그 값이 0이면 모든 셀에서 전부 다른 주파수를 사용한다는 것이다. CDMA나 OFDMA 방식처럼 그 값이 1이면 모든 셀에서 동일한 주파수를 사용할 수 있다는 것이다. 이 방식들은 채널을 단순히 주파수로 나누지 않는다. CDMA는 같은 주파수라도 다른 부호를 사용해 채널을 나눈다. OFDMA 역시 직교하는 부반송파를 사용자마다 다른 방법으로 조합해서 채널을 나눈다.

10.1.4 핸드오버

단말기가 현재의 기지국을 떠나 다른 기지국이 서비스하는 지역으로 이동하는 경우에도 이동통신 서비스는 계속 연결되어야 한다. 핸드오버와 핸드오프는 기술적인 절차상 용어의 차이지만 같은 역할을 하게 되므로 동의어처럼 사용된다.

인접한 기지국 사이에 단말기에 대한 제어를 넘기는 것을 핸드오버(handover)라고 한다. 핸드오버는 우리말에 인수인계 정도에 해당한다. 현재 사용자의 통화가 있든 없든 핸드오버가 이루어져야 이동통신 서비스가 지속될 수 있다. 핸드오버 방법은 핸드오버 동작을 요청하는 주체가 단말기이냐 기지국이냐에 따라서 나눌 수 있다. 또한 패킷 망을 사용하는 이동통신에서 핸드오버 시간이 길어지면 패킷 손실이 발생할 수 있는데 이를 처리하는 방법에 따라 분류할 수도 있다.

a. 동작을 요청하는 주체에 따른 핸드오버

① 단말기 개시(MS-initiated) 핸드오버 : 주기적으로 기지국이 보내오는 신호의 세기를 단말기가 판단하고 보고해 기지국의 지시에 따라 핸드오버 한다.
② 기지국 개시(BS-initiated) 핸드오버 : 단말기에서 보내오는 신호가 일정 레벨 이하로 떨어지면 현재 기지국이 단말기에 새로운 기지국을 통보한다.

b. 패킷 손실을 처리하는 방법에 따른 핸드오버

① 고속(fast) 핸드오버 : 패킷 손실이 일어나지 않도록 지연 시간을 줄여 빠르게 핸드오버가 이루어지게 한다.
② 스무스(smooth) 핸드오버 : 우리말에 순조로운 권력이양 정도에 해당한다. 핸드오프 동안 패킷 망의 중간 노드에 있는 패킷을 버리지 않게 하여 패킷 손실을 줄이는 방법이다.
③ 심리스(seamless) 핸드오버 : 앞의 fast 핸드오버와 smooth 핸드오버를 더한 개념이다. 핸드오프 전후의 전송률 및 에러율과 관련된 서비스 품질(quality of service, QoS)을 그대로 유지한 채 핸드오버한다. seamless의 뜻은 『중간에 이음매 없이 아주 매끄러운』이다.

10.1.5 핸드오프

통화 중이던 이동 단말기가 해당 기지국의 서비스 지역을 벗어나 이동할 때는 인접 기지국에서 새로운 채널을 할당받아 계속 통화가 유지되어야 한다. 기지국을 이동하려면 일시적으로 통화를 끊었다가 다시 연결해야 한다. 이때 통화를 단절하고 다시 연결하는 방법을 핸드오프(handoff)라고 한다. 몇 가지 방법이 있다.

① FDMA와 TDMA는 아주 짧지만 일시적으로 통화가 끊어지는 현상이 있는 하드(hard) 핸드오프 방식을 사용한다.
② CDMA는 통화를 끊지 않고 두 군데 기지국에서 이동 단말기의 송신 레벨을 주시하다가 부드럽게 넘기는 소프트(soft) 핸드오프 방식을 사용한다.

③ 같은 기지국 내에서 다른 섹터간의 단말기 이동에 사용되는 핸드오프 기법을 소프터(softer) 핸드오프라고 한다.

기지국에서 섹터를 많이 사용하면 핸드오프 횟수가 늘게 되어 이동통신 시스템의 링크와 스위칭에 부하로 작용한다. 이를 방지하기 위해 하나의 셀을 여러 개의 구역(zone)으로 나누어 채널이 바뀌지 않고 하나의 기지국에 링크되는 방식도 사용한다. 이 방식은 셀 반경이 큰 고속도로나 농촌지역에서 효과적이다. 같은 셀 내의 다른 구역으로 이동할 때 채널이 바뀌지 않는다. 그리고 각 구역에 설치된 안테나에서 가장 강한 전파를 받아 동축케이블이나 광케이블 등으로 하나의 기지국에 링크한다. 한편 고속철도를 타고 가면서 통화를 시도할 때처럼 핸드오버 절차가 많이 일어나면 그만큼 단말기의 배터리 소모도 많아진다.

LTE는 소프트나 소프터 핸드오프가 필요 없기 때문에 생략하고 하드 핸드오프만 구현한다. 소프트 핸드오프를 사용하는 CDMA는 다른 코드를 사용해 인접한 셀 양쪽에서 같은 주파수로 동작할 수 있다. 한편 LTE와 같은 OFDMA는 기본적으로 주파수 분할 방식이므로 셀을 이동하면 다른 부반송파 세트에 동기를 다시 맞추어야 한다. 하지만 OFDMA는 부반송파의 직교성 때문에 셀의 경계에서 문제가 없다. LTE는 과거의 기술들보다 훨씬 빠르고 완벽하게(seamless) 채널을 재조정해 소프트 핸드오버의 필요성을 없앴다. LTE의 핸드오버는 같은 LTE 망 내부, 다른 LTE 망 사이, LTE와 다른 무선기술 간의 3종류가 있다.

10.2 이동통신 주파수 대역

10.2.1 국내 이동통신 주파수 대역

2017년 12월 3GPP 총회는 각국에서 연구 중이던 5G 주파수 대역의 공통부분을 골라 그중 일부를 5G NR(new radio) 주파수 대역의 표준으로 채택했다. 5G NR은 네트워크 가상화 기술로 기존의 LTE와 연동되는 비독립형(non-standalone, NSA) 표준 중 하나이다. 한편 독립형(standalone, SA) 표준은 이런 연동 없이 5G 효과를 극대화하는 기술이다. 이를 국내 이동통신에 적용하면

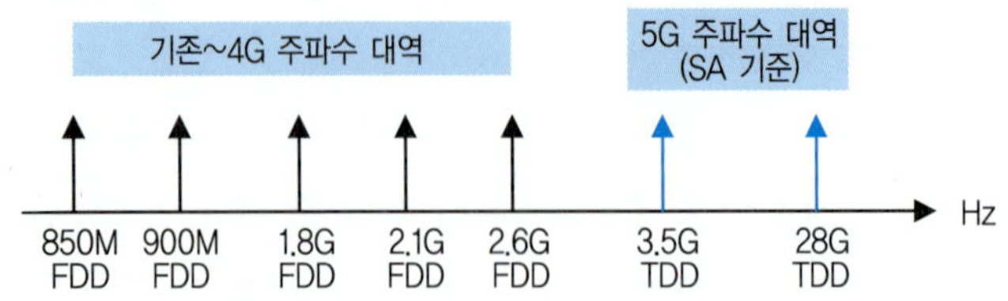

[그림 10-3] 국내 이동통신 주파수 대역

[그림 10-3]처럼 기존의 4G까지 사용된 주파수 대역에 5G 주파수 대역이 새로 추가되었다.

[그림 10-4]는 이동통신 주파수 대역의 활용 사례를 나타낸 것이다. (a)는 하향과 상향 링크에 각각 130.38MHz와 85.38MHz라는 특이한 IF 주파수를 사용한다. 그 이유는 IF 주파수의 체배(×N)가 되는 주파수가 단말기나 통신시스템 내의 다른 주파수와 혼변조되는 영향을 막기 위한 것이다. 또한 130.38−85.38에서 두 IF 주파수의 차이는 하향과 상향 대역의 차이인 45MHz와 같다. 이렇게 설정하면 국부발진기(LO) 신호를 단말기의 송수신 측에 모두 쓸 수 있기 때문이다. PLL과 믹서를 하나만 사용해서 단말기를 설계해도 송수신이 가능해진다.

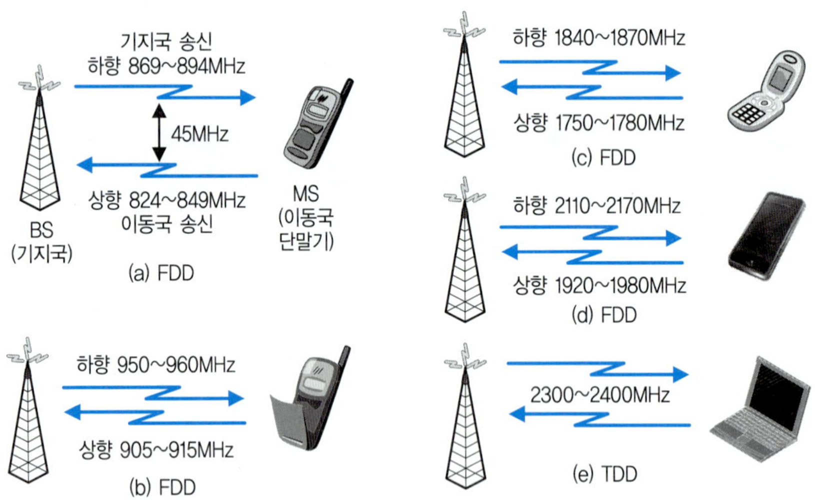

[그림 10-4] 이동통신 주파수 대역의 사용 예

10.2.2 FDD와 TDD

이동통신에서 사용하는 양방향 전송방식을 [그림 10-4]처럼 FDD 방식과 TDD 방식으로 나눌 수 있다. 주파수분할 양방향통신(frequency division duplex, FDD)은 송수신 주파수 채널을 분리하는 방식이다. [그림 10-4]의 (a)~(d)가 그 예이다. 기지국과 단말기 사이에서 상향 링크와 하향 링크의 주파수 대역이 분리되어 있는 것을 보여준다. FDD는 무선망 설계가 용이하지만 업 링크와 다운 링크를 대칭으로 설계해야 한다. FDD는 업 링크와 다운 링크가 분리되어 안정적이나 보호대역이 필요하고 다운로드가 더 많은 상황에서 효율적이지 못하다.

시분할 양방향통신(time division duplex, TDD)은 하나의 반송파를 이용해 TDM으로 송수신 채널을 분리하는 방식이다. [그림 10-4(e)] 대역이 TDD를 사용한 예이다. TDD는 업 링크와 다운 링크를 비대칭으로 설계할 수 있다. 보호 시간 대역이 불필요하지만 기지국 간에 시각을 동기시켜야 한다.

FDD는 대규모 셀에서 음성 통신에 유리하고 TDD는 작은 셀에서 파일의 다운로드에 유리하다. TDD 방식을 도입하면 비대칭 설계로 다운로드가 더 많은 상황에서 주파수 대역의 효율을 극대화할 수 있다. 국내 통신사업자들은 4G까지는 주로 FDD 방식을 사용했으나 5G부터는 TDD 방식을 도입했다. LTE나 5G 표준은 FDD/TDD 두 가지 방식을 모두 지원한다.

10.2.3 화이트 스페이스 통신

화이트 스페이스(white spaces)는 주로 TV 방송용으로 분배된 VHF 및 UHF 주파수 대역에서 방송사업자가 사용하지 않는 비어 있는 주파수 대역을 말한다. 우리말로 여백이나 공백이라는 뜻이다. 공간적으로는 방송사업자 간의 주파수 간섭을 우려하여 비워둔 대역, 지역별로 사용되지 않는 대역, 방송전파가 미치지 못하는 지역을 의미한다. TV 화이트 스페이스 대역은 정부의 전파규제에 대한 조건을 만족하면 누구나 사용할 수 있는 비면허 대역이다. 이에 반해 면허 대역은 이동통신 주파수처럼 통신사업자가 이를 사용하는 대가로 전파를 경매한 정부에 비용을 지불하고 일정 기간 독점적으로 사용하는 대역을 말한다.

TV 화이트 스페이스 대역이 주목을 끄는 이유는 주파수가 낮을수록 셀의 반경이 커지므로 이동통신 기지국의 건설비용이 적게 들고 전파의 효율이 높기 때문이다. 정부는 TV 화이트 스페이스 주파수 이용에 관한 정책을 정해 전파를 적합하게 사용하도록 규제한다. 예를 들어 다른 TV 시청자에게 간섭을 주어 수신을 방해해서는 절대 안 되며, 무선마이크 장치에 영향을 주어서도 안 된다. 이러한 조건을 만족하기 위해 TV 화이트 스페이스 장치는 현재 사용 중인 TV 채널을 인지하여 방송채널을 보호하는 스펙트럼 감지 기술이 필요하다. 또한 기존 채널과의 공유방안에 대한 무선 접속 및 보안기술 등이 필요하다.

10.3 이동통신 세대구분

이동통신의 발전방향은 과거 음성 서비스의 한계를 벗어나 무선 데이터통신과 대용량 멀티미디어 서비스를 더욱 고속으로 제공하는 것이다. 또한 전 세계를 연결하는 글로벌 로밍도 주요 목표다. 유선, 무선 및 위성 망이 결합된 시스템을 통해 이용자가 세계 어느 곳으로 이동하더라도 다양한 서비스를 받을 수 있도록 노력해왔다. 이를 위해 전 세계를 아우르는 이동통신 표준화 작업이 계속되고 있다. 하지만 세대별로 그 이전의 이동통신과 완전히 차별되는 전혀 다른 네트워크를 구축해서 새로운 서비스를 제공하는 것은 사실상 불가능한 일이다. 예를 들어 기존의 2G나 3G 가입자들을 위해서 운용하던 이동통신망을 진화, 발전시키는 방향으로 4G가 발전했다. 5G도 마찬가지다.

10.3.1 이동통신의 세대별 특징

다른 어떤 기술 분야의 발전보다 이동통신 방식이 급변해온 이유는 크게 2가지로 시장에서 찾아 볼 수 있다. 3G까지는 주로 가입자 수의 폭발적인 증가다. 4G부터는 무엇보다 데이터 사용량의 폭발적인 증가다. [그림 10-5]에서 이동통신의 세대별 진화단계가 갖는 특징들을 살펴보자.

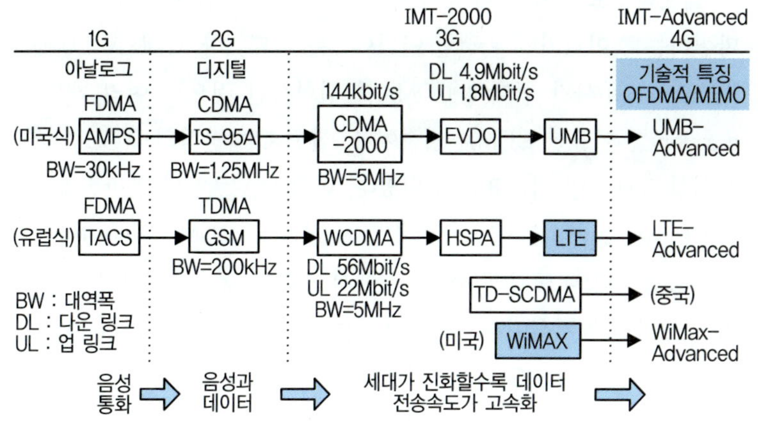

[그림 10-5] 이동통신의 세대별 진화단계

a. 1세대 이동통신

1세대(1st generation, 1G) 이동통신은 1990년대 중반까지 대중적으로 사용된 아날로그 이동전화를 말한다. FDMA 기술을 사용했으며 음성통화 위주의 서비스를 제공했다.

b. 2세대 이동통신

2세대(2nd generation, 2G) 이동통신은 1990년대 중반에 본격적으로 대중화된 디지털 이동전화를 말한다. 아날로그 방식인 1G에 비해 진보한 보안성과 로밍 능력을 갖추었다. 문자나 사진 전송 등 초보적인 수준의 저속 무선 인터넷 서비스가 제공되었다. [그림 10-5]에서 미국과 한국이 주요 시장인 IS-95A 방식은 한국에서 세계 최초로 상용화시킨 협대역 CDMA 기술이다. 한편 TDMA 기술이 적용된 유럽방식의 GSM 이동전화는 전 세계 시장의 80% 이상을 차지했다.

c. 3세대 이동통신

3세대(3rd generation, 3G) 이동통신은 2000년대 중반부터 본격적인 서비스가 실시되었다. ITU-R에서 규정한 3G 이동통신을 일명 IMT-2000이라고 한다. 2000년대를 위한 국제이동통신(international mobile telecommunications)이라는 뜻이다. 영상통화와 스마트 폰 등 다양한 무선 인터넷 서비스가 가능해졌으며 국제 협력으로 전 세계에 로밍서비스를 일부 실현했다. 3G 기술의 주요 목표는 세계적으로 공통 주파수 대역과 장비 및 네트워크 기술을 갖는 단일 표준안을 마련하는 것이었지만 완전한 단일화에는 실패했다. CDMA-2000은 미국의 퀄컴(Qualcomm)사가 협대역 CDMA를 진화시킨 것으로 여러 개의 반송파(multi-carrier)를 이용한 CDMA 기술이다. 한편 유럽방식의 WCDMA가 3G 시장에서 사실상 지배적인 기술표준이 되었다. WCDMA는 하나의 반송파를 이용하여 직접 확산(direct spread)시키는 광대역(wideband) CDMA 기술이다.

이동통신의 네트워크 동기방식에서 전파를 전송하는 모든 기지국의 시각정보가 일치하면 동기식이라고 하고 일치하지 않으면 비동기식이라고 한다. 네트워크 동기식인 CDMA-2000 방식은 GPS 위성을 이용해 발신자 기지국과 수신자 기지국의 동작시각을 일치시킨다. 네트워크 비동기식인 WCDMA 방식은 각 교환기가 기지국의 동작 시각을 제어한다.

d. 4세대 이동통신

4세대(4th generation, 4G) 이동통신 시스템이나 관련 기술을 4G라고 한다. 일명 차세대 IMT라고 하여 IMT-Advanced 기술이라고도 부른다. 4G에 가장 근접한 이동통신 방식으로 유럽 표준인 LTE와 와이브로 계열의 미국 표준인 모바일 WiMAX 등을 3.9세대라고 한다. 4G는 이들이 발전된 형식으로 앞에 4G나 차세대를 붙여 차세대 LTE(LTE-Advanced), 차세대 WiMAX(WiMAX-Advanced)라고 한다. 4G 기술에서 3G와의 가장 큰 차별성은 데이터 전송률이다. 가장 큰 기술적 특징은 3.9세대부터 적용된 OFDMA와 MIMO라고 할 수 있다.

CDMA 방식은 데이터 전송속도가 증가하면 시스템의 복잡도가 급격히 증가한다. OFDMA 기술은 데이터 전송속도를 증가시키면서도 CDMA보다 덜 복잡하게 시스템을 구현할 수 있다. CDMA와 OFDMA 방식 모두 셀 간이나 섹터 간에 사용자들끼리 간섭이 존재한다. 하지만 CDMA와 달리 OFDMA는 동일한 셀이나 섹터 내의 사용자끼리는 심벌간 간섭이 존재하지 않는다.

10.3.2 롱텀에볼루션(LTE)

LTE는 유럽 통신규격 협회 중 하나인 3GPP(3rd generation partnership project)에서 만든 기술 표준으로 '장기적인 진화' 라는 뜻을 가진 롱텀에볼루션(long term evolution)의 약어다. 유럽방식의 3G 이동통신인 비동기식 광대역 부호 분할 다중접속(WCDMA) 계열의 거의 마지막 표준에 해당한다. LTE 표준은 이후 4G인 차세대 LTE(LTE-Advanced)와 호환되고 같은 주파수대역을 사용한다. LTE의 가장 큰 기술적인 특징은 OFDMA와 MIMO이다. 이 때문에 CDMA를 사용하는 기존의 다른 3G 시스템과 LTE는 호환되지 않는다.

a. LTE와 Mobile WiMAX 비교

3GPP LTE와 Mobile WiMAX는 3GPP2의 UMB(ultra mobile broadband) 방식과 함께 4G에 가장 근접한 이동통신 방식들이다. 시장에서는 이들을 3.9세대라고도 한다. 이중에서 LTE와 WiMAX 방식을 〈표 10-1〉에 비교하였다.

〈표 10-1〉에서 두 방식 모두 패킷 교환 기술을 사용한다. LTE의 업 링크는 SC-FDMA를 사용한다. LTE의 다운 링크와 모바일 와이맥스(Mobile WiMAX)의 양방향 링크는 모두 일명 SOFDMA인 스케일러블(scalable) OFDMA를 사용한다. 이 방식은 대역폭의 크기에 따라 FFT 사이즈를 편리하게 확장해 변경한다. 한편 4G 이동통신 시장에서 Mobile WiMAX가 LTE에 밀려난 이유는 나음과 길다.

〈표 10-1〉 LTE와 WiMAX 이동통신 표준 비교

비교 항목		3GPP LTE	Mobile WiMAX
대역폭		~20MHz	~20MHz
다중화 방식		FDD, TDD	TDD
주파수 대역		주로 ~2.2GHz 대역	주로 2.3G~ 대역
다중 접속	다운 링크	OFDMA	OFDMA
	업 링크	SC-FDMA	OFDMA
변조 방식	다운 링크	QPSK, 16-QAM, 64-QAM	
	업 링크	QPSK, 16-QAM	
전송 속도	다운 링크	~100Mbit/s	~128Mbit/s
	업 링크	~50Mbit/s	~56Mbit/s
부반송파 매핑 방법		localized	localized, distributed
부반송파 간격		15kHz, 주파수 도약	10.94kHz, 주파수 도약
채널 부호화		컨벌루셔널 코드, 터보 코드 등	
MIMO		2×2 (송신, 수신 측 각 2개)	

① 주파수가 낮을수록 셀의 반경이 커지므로 LTE가 경제적으로 유리하다.

② PAPR 문제로 Mobile WiMAX는 셀의 경계에서 네트워크 품질이 나빠진다.

③ GSM이나 WCDMA와 같은 기존의 주류 이동통신망을 기반으로 한 유럽방식의 LTE가 미국방식의 Mobile WiMAX 보다 상호 연동성과 로밍, 국가별로 공통 주파수를 할당하는 문제에서 유리하다.

b. 무선통신의 자원 단위

무선통신의 가장 작은 자원 요소는 심벌 1개가 전송되는 주파수와 시간 자원이다. LTE의 부반송파 간격은 15kHz이고 하나의 심벌을 전송하는데 걸리는 심벌 타임은 1/15kHz≒66.7㎲로 계산된다. LTE의 자원 요소(resource element, RE)로 부반송파 1개와 심벌 타임 1개를 할당하면 이것은 너무 작아 관리가 불편하다. LTE 표준은 부반송파 12개와 심벌 타임 7개를 묶어 이보다 큰 자원 블록(resource block, RB)을 만든다. 자원 블록의 주파수 대역폭은 12*15=180kHz다. 자원 블록의 0.5ms 시간 슬롯(slot), 즉 500㎲에는 1/15kHz*7≒466.7㎲에서 심벌 타임 7개가 들어가고 나머지 33.3㎲에 각 보호구간(CP)이 삽입된다. 단말기에 할당되는 실제 최소 단위는 자원 블록 쌍(pair)으로 부반송파 12개와 심벌 타임 14개로 구성되어 12*14=168개의 심벌을 처리한다.

[그림 10-6]은 FDD 방식의 LTE 무선 프레임(radio frame) 구조로 10ms가 10개의 서브프레임(subframe)으로 나누어진다. 1ms 서브프레임은 2개의 0.5ms 시간 슬롯을 수용하고 각 슬롯에 자원 블록이 하나씩 들어간다. LTE 무선 프레임 하나에는 20개의 자원 블록이 들어가므로 총 1680개의 심벌 처리가 가능

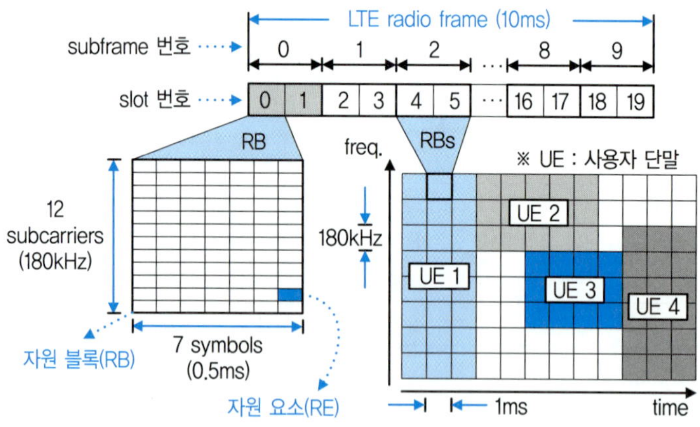

[그림 10-6] LTE 무선 프레임 구조와 OFDMA 사용자 할당

하지만 이론적인 용량이다. 실제로는 종종 비어있거나 통신 링크를 설치하기 위한 물리적인 채널과 참조 및 동기 신호와 같은 오버헤드(overhead)가 추가로 들어간다. TDD 방식은 업다운 링크의 구성에 따라 FDD 방식과 무선 프레임 구조가 다르다.

c. LTE의 처리 용량

처리 용량(throughput)은 일정한 시간 내에 처리할 수 있는 최대 작업량이다. 통신 네트워크의 처리 용량은 채널을 통해 전송에 성공한 메시지의 전달 속도로 보통 비트율로 나타낸다. FDD 방식의 LTE에서 처리 용량을 계산해보자. 다운 링크 10MHz 대역폭의 가장자리 주파수에 10%의 보호대역을 두고 15kHz 간격으로 부반송파를 할당한다. 즉, 9000/15=600개의 부반송파를 사용할 수 있다. 각 부반송파에 64-QAM 변조를 적용하면 2^6=64에서 심벌당 6비트다. 만약 무선 프레임 채널 하나만 사용하면 자원 블록 쌍 하나로 1ms 동안 6*168=1008bit를 처리할 수 있다. 10MHz 대역폭에서 선체 무선 프레임의 채널 수는 총 600/12=50개로 1008*50에서 1ms 동안 50400bit를 처리한다. 이 비율은 1008*50/1e-3/1e6에서 비트율로 50.4[Mbit/s]다. LTE 단말들은 대개 2개 이상의 안테나를 장착하므로 2×2 MIMO를 적용하면 식 (9.9)에서 2배인 100.8[Mbit/s]까지 제공할 수 있다. 이 이론적인 수치는 데이터와 함께 전송되는 오버헤드를 전혀 고려하지 않은 것이다. 결국 제어 메시지에 대한 추가 비트를 25% 정도로 제외하면 LTE 기지국에서 실제로 단말에 제공할 수 있는 최대 전송속도는 75[Mbit/s] 정도가 된다.

LTE-Advanced 표준의 스펙트럼 효율은 다운 링크에서 최대 30[bit/s/Hz]다. 대역폭이 10MHz일 때 300[Mbit/s]의 전송속도다. 그러나 이 숫자는 기지국과 단말기에 각각 8개의 안테나를 사용하는 8×8 MIMO 기술을 가정한 것이다. 역시 이런 식으로 이론적인 숫자에 불과하나 20MHz 대역폭 5개를 묶어 총 100 MHz 대역폭을 사용하면 30[bit/s/Hz]×100[MHz]에서 최대 3[Gbit/s]를 제공할 수 있다.

d. LTE의 기술 발전

〈표 10-2〉는 심벌당 6비트인 64-QAM과 2×2 MIMO 기술을 가정하고 오버헤드 25%를 제외한 것이다. 캐리어 애그리게이션(carrier aggregation, CA, 반

송파 결합) 기술은 다른 주파수 대역까지 끌어와 전송 속도를 높인다. CA 기술은 흩어져 있는 주파수 대역을 하나처럼 묶어 주로 다운 링크의 속도를 개선한다. (20+10), (20+10+10), (20×2), (20×3) MHz 이런 식으로 주파수 대역을 끌어다 넓힐 수 있다. <표 10-2>에서 시장에 사용된 이름들은 이전보다 대역폭이 넓으면 광대역을 붙이고, 주파수 대역을 3개 모았으면 3 band CA라고 한다. 40MHz 대역폭은 LTE의 4배이므로 LTE×4로 표시하기도 한다. 각각의 표현은 달라도 전송속도는 10MHz 대역폭인 LTE 채널의 처리 용량인 75Mbit/s에 비례해서 빨라진다.

<표 10-2> LTE 기술의 발전

비교 항목 (시장의 이름들)	LTE	LTE-A	광대역 LTE-A	3 band LTE-A
대역폭(MHz)	10	20	20+10	20+10+10
전송속도(Mbit/s)	75	150	225	300
반송파 결합(CA)			2CA	3CA

256-QAM을 도입하면 2^8=256에서 심벌당 8비트이므로 전송속도를 더욱 높일 수 있다. 즉, 64-QAM에 비해 ×8/6배로 빨라진다. 또한 8×8 MIMO 기술을 적용하면 2×2 MIMO에 비해 4배로 빨라진다. 8×8은 단말기와 기지국 모두 안테나를 8개씩 가지고 있어야 한다.

10.4 5G

5세대(5th generation, 5G) 이동통신 시스템이나 관련 기술을 5G라고 한다. 5G 기술 역시 4G보다 대용량과 고속 처리를 요구받는다. 통신사업자들은 이를 구축하고 소비자들의 요구를 만족시킬만한 새로운 서비스를 추구한다. 5G가 추구하는 기술 목표는 대략 다음과 같다.

① 폭발적으로 증가하는 데이터 트래픽 처리 (4G 대비 ~1000배)
② 스펙트럼 효율이 대폭 향상 (4G 대비 ~1000배)
③ 사용자당 데이터 전송률을 획기적으로 증대 (~1Gbit/s)

지속적으로 늘어나는 정보량의 증가는 대용량과 고속 처리를 요구한다. 이를 위해 채널 용량을 증대시키면 그동안 기술이 없어 제공하지 못하던 서비스들이 출현한다. 이에 반응해 새로운 시장이 열리면 또다시 폭발적으로 트래픽이 증가하는 순환구조를 갖는다. 5G에서 선보이는 기술들을 몇 가지 정리해보자.

a. 고밀도 무선 네트워크

5G가 목표하는 전송률은 수만 명의 사용자가 몰리는 장소는 수십 Mbit/s, 대도시 지역을 거닐 때 100Mbit/s, 사무실 근로자들에게 1Gbit/s 수준이다. 이를 위해서는 무선 전파가 미치는 커버리지(coverage, 무선통달 거리)를 개선해야 한다. 또한 이동통신의 셀을 더욱 작은 크기로 분할하고 단위 면석낭 채닐 용량을 증대시켜 폭발적인 트래픽 증가에 대비해야 한다. 한편 기존에 기지국에서 관리하는 면적인 셀을 중심으로 네트워크를 운영하던 것을, 사용자 중심으로 근처의 여러 셀들과 연합해 셀을 운영하기도 한다.

b. 밀리미터파 대역의 광대역 무선 채널

LTE-A는 ~20MHz까지 대역폭을 지원하나 5G의 트래픽 목표는 수백 MHz ~ 수 GHz의 대역폭이 요구된다. 스펙트럼 효율이 4G에 비해 크게 개선되기 위해서는 한계가 있으며, 근본적인 해결책은 더 높은 주파수 대역이 필요하다. 통상 6GHz 이하의 속칭 셀룰러 대역의 3.5GHz, 4.5GHz 근방과 무선 특성이 많이 다른 6GHz 이상에서 28GHz, 39GHz 근방 등의 밀리미터파 대역이 사용될 수 있다. 5G에서는 이런 광대역 무선 채널에 적합한 송수신 기술이 필요하다.

c. 대규모 다중 안테나 시스템

대규모 다중 안테나(massive MIMO) 기술은 기지국에 수십, 수백 개의 안테나를 장착해 같은 자원으로 수십 명의 사용자를 동시에 지원해 용량을 높인다. 9장에 설명한대로 다중 안테나 시스템은 원하는 방향으로 빔을 형성(beam forming)하고 이를 추적한 것이 가능하다. 안테나 수가 늘면 이득이 높은 빔을 형성해 정보를 대용량으로 전송하거나, 여러 채널로 동시에 정보를 전송할 수 있다. TDD 기술과 결합해 채널 간에 간섭을 없애고 전송효율을 극대화 할 수 있다.

d. 채널 용량의 한계를 넘는 동일채널 전이중(IBFD) 방식

동일채널 전이중(in-band full duplex, IBFD) 방식은 기존의 반이중 방식이 갖는 채널 용량의 한계를 극복하고 무선 채널 자원을 늘리기 위해 사용된다. 기존의 반이중(half duplex, HD) 방식은 하나의 안테나를 사용해 주파수 영역이나 시간 영역에서 송수신 채널을 분리한다. 그러나 IBFD 방식을 사용하려면 송신 안테나와 수신 안테나를 물리적으로 분리해야 한다. 또한 같은 무선 채널을 사용하므로 자신이 송신한 신호가 되돌아와 수신신호와 섞이는 것을 막기 위해 일명, 자기간섭제거(self interference cancellation, SIC) 기술을 적용해야 한다. 이를 위해 송수신 안테나를 멀리 분리하거나, 크기를 줄이려면 지향성 안테나 또는 편파 안테나 기법 등을 사용해야 한다.

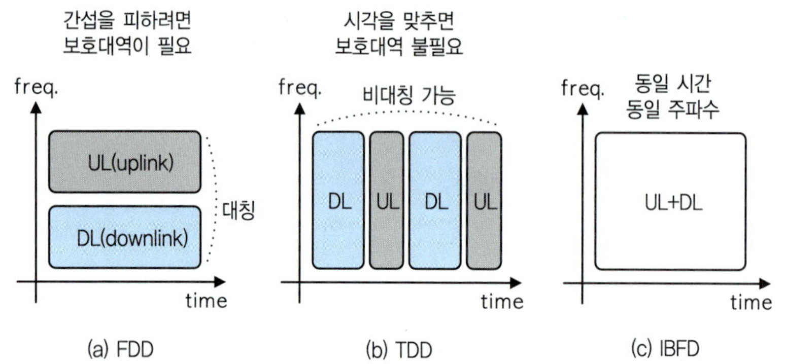

[그림 10-7] 전이중 방식 비교

e. 주파수 할당 효율을 높이는 비직교 다중접속 (NOMA)

5G는 OFDMA 방식의 직교성을 깨고 비직교 다중접속(non-orthogonal multiple access, NOMA) 기술을 추가할 수 있다. NOMA는 동일 주파수에 여러 단말을 중첩되게 할당해 주파수 효율을 높이는 기술이다. 이를 위해 기지국은 주파수 영역에서 전력제어를 실시한다. 셀 중심에 위치한 단말에는 작은 전력을 할

당하고 셀 경계에 위치한 단말에는 높은 전력을 할당한다. 셀 중심의 단말에 대한 신호의 세기는 약하므로, 셀 경계의 단말은 이를 간섭으로 간주해 자신의 신호를 구별한다. 셀 중심 단말은 신호가 큰 셀 경계 단말에 대한 신호를 먼저 찾아 자신의 것이 아니므로 제거한 후, 순차적으로 자신의 신호를 찾아낸다.

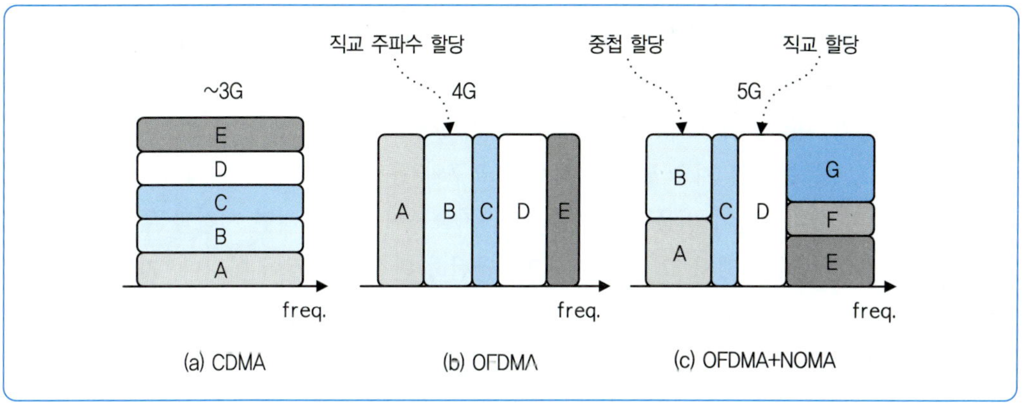

[그림 10-8] 다중접속 기술의 발달

f. 실감형 통신과 사물간 통신 지원

실감형 콘텐츠는 다양한 센서를 이용해 사람의 동작을 인식하고 디지털 콘텐츠를 마치 사물처럼 조작하는 기술을 말한다. 이를 통해 실제와 유사한 경험을 하고 감성을 느끼게 한다. 3D에 인간의 5감 중 일부를 더한 4D나 가상현실 등이 그 예이다. 응용 분야로 실시간 게임, 원격 의료, 원격 제어 등의 서비스가 원활히 지원되기 위해서는 실시간에 가깝게 빠르게 정보를 주고받는 기술이 필요하다. 디지털 홀로그램 등을 실시간 전송하는 기술은 4G로는 소화하기 힘들다.

5G는 단말간 통신을 지원한다. 사물인터넷(internet of things, IoT)의 대표적인 예로 도로상의 자동차끼리 정보를 교환해 사고를 줄이려면 다양한 기기간의 통신을 지원해야 한다. 또한 넓은 지역에 배치된 수많은 센서들과 유기적으로 결합되어 지진이나 해일 등에 대비한 국가재난 안전통신망을 구축할 수도 있다. 또한 무선기기의 배터리 소모량을 4G 대비 대폭 감소시키는 노력이 필요하다.

실감형 통신과 사물간 통신을 위해서는 패킷 전송 지연(latency)이 4G에 비해 크게 감소하고 신뢰성이 높은 통신 기술이 필요하다. LTE의 ~20ms 수준이 아닌 수 ms로 지연시간을 줄여야 한다. 지연시간에는 통신사업자의 내부 망은 물론 기지국과 단말기 사이의 무선접속을 위한 스케줄링 요청, 자원할당 등이 포함된다. 이와 관련된 기술 목표를 정리해보자.

① 지연(latency) 시간이 크게 감소 (4G 대비 10~20분의 1수준)
② 4G 대비 시그널링 효율성 향상
③ 수십만 개의 무선 센서들을 동시에 연결 (4G 대비 ~1000배)

g. 이동통신 세대 구분은 조금 더 편리해진 기술

이동통신의 기술 발달은 시장의 요구와 통신사업자들의 이해관계에서 출발한다. 소비자들이 비용을 지불할 만한 기술들이 준비되려면 시간과 투자가 필요하다. 5G라고 해서 그 이전 세대와 완전히 단절되는 것이 아니다. 가입자들도 한 번에 5G로 바뀌지 않는다. 기존의 기술들이 여전히 활용되면서 그 위에 새로운 기술들이 추가로 구현된다. 통신시스템은 한 가지 방식이나 기술만 사용하는 것이 아니다. OFDMA 방식의 이동통신도 각 구성요소에서 필요하다면 FDM, TDM, CDM 기술들을 복합적으로 모두 사용한다. 5G에서 회자되는 기술들도 수십 년 전부터 개발되고 진출할 기회를 노렸던 기술들이다. 어제와 오늘의 세상이 연결되듯이, 5G 역시 어느 날 바뀌는 전혀 다른 세상이 아니다. 4G나 5G의 세대 구분은 편의상 기술의 발전을 보여주는 것이다.

10.5 무선 랜

10.5.1 와이파이

와이파이(Wi-Fi)는 무선 충실도(wireless fidelity)의 약자로 정확하게는 기술 표준에 대한 이름이 아니다. 무선 랜 접속을 포함해 1:1 통신장비나 UHF TV를 네트워크에 연결하는 장치 등에 붙이는 상표명이다. 본래는 IEEE 802.11 표준을 사용하는 제품을 의미하는 말이지만 현재는 무선 랜 기술을 가리키는 용어처럼 사용된다. 와이파이 기술이라고 하면 노트북, 스마트 폰, 태블릿 PC 등에 적용되는 무선 랜 기술을 의미한다. 무선 액세스 포인트(wireless access point, WAP)

는 와이파이(Wi-Fi)나 블루투스(Bluetooth) 같은 표준을 사용해 무선장치가 유선 네트워크에 연결되도록 해주는 장치이다. 우리말로 일명 『공유기』로 알려진 액세스 포인트(access point, AP)는 컴퓨터 통신용 단말기를 광역 통신망(WAN)에 연결해주는 장치를 말한다.

10.5.2 무선 랜 표준

무선 랜(LAN) 혹은 무선 근거리통신망(wireless local area network, WLAN)은 무선 액세스 포인트를 통해 광역 통신망(wide area network, WAN)에 접속할 수 있게 해준다. 무선 인터넷 서비스를 받기 위해 유료 이동통신망을 이용하는 것에 비해 무료 와이파이로 접속할 기회가 많아지면서 급격히 보급되었다.

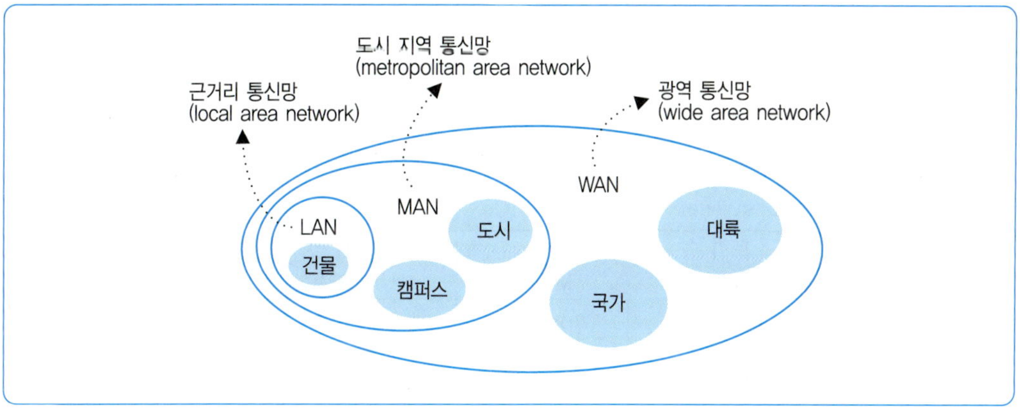

[그림 10-9] LAN, MAN, WAN의 개념

컴퓨터통신을 위한 무선 랜 통신규격은 IEEE 802.11 표준이 대표적이다. 이 표준은 최초 프로토콜 버전(1997.06)을 시작으로 〈표 10-3〉처럼 다양한 개선 버전들이 개발되고 있다. 무선 랜의 할당 주파수 중 5GHz 대역은 채널 수가 많고 대역폭이 넓어 전송속도가 빠르다. 2.4GHz 대역은 주파수가 낮은 전파의 특성상 장애물을 넘는 회절 능력이 좋고 무선통달 거리가 길다. 802.11n 표준은 MIMO 기술이 추가되어 한 명의 사용자가 액세스 포인트와 동시에 최대 4개의 데이터 스트림을 주고받을 수 있다. 그러나 공유기 1대를 여러 기기가 동시에 출입할 수 없었다. 802.11ac 표준은 MIMO의 다중 사용자 버전인 MU(multi-user)-

MIMO 기술이 추가되었다. MU-MIMO는 다중 안테나 시스템으로 구성된 공유기에 여러 기기가 동시에 출입할 수 있도록 허용해 전송속도를 획기적으로 증대시킨 기술이다. 802.11 표준과 블루투스는 TDD 방식을 사용한다.

〈표 10-3〉 IEEE 802.11 무선 랜 주요 기술 표준

프로토콜	802.11n	802.11ac	802.11ax
다른 이름	Wi-Fi 4	Wi-Fi 5	Wi-Fi 6
표준화 시기	2009.10	2013.12	2021.02
주파수 대역	2.4/5GHz	5GHz	2.4/5/6GHz
변조 방식	OFDM	OFDM	OFDM/OFDMA
대역폭(MHz)	20 40	20 40 80 (80+80) 160	20 40 80 (80+80)
부반송파 간격	312.5kHz		78.125kHz
심벌 타임 + CP	3.2+0.4/0.8 ㎲		12.8+0.8/1.6/3.2 ㎲
가용 부반송파 수	52 108 234 468		234 468 980 1960
FFT size	64 128 256 512		256 512 1024 2048
부반송파 매핑	MCS 0~7	MCS 0~9	MCS 0~11
single stream	~150Mbit/s	~867Mbit/s	~1201Mbit/s
공간 스트림 수 (spatial streams)	4 MIMO	4 DL MU-MIMO	8 DL/UL MU-MIMO
실내/외 도달(m)	70 / 250	35 /	30 / 120

〈표 10-3〉에서 802.11ac까지의 부반송파 간격은 312.5kHz로 심벌 타임은 그 역수인 3.2㎲가 되며 여기에 보호구간을 삽입한다. 802.11 표준은 TDD 방식을 사용하지만 전체 대역폭 중 보호대역과 DC 성분 복구를 위한 RF 중심주파수를 비워둔다. 20MHz 대역폭일 때 부반송파 개수는 20000/312.5=64지만 실제로는 52개만 사용할 수 있다. 한편 802.11ax의 부반송파 간격은 78.125kHz로 심벌 타임이 12.8㎲로 4배로 길어지고 역시 보호구간도 삽입한다. 심벌 타임이 길어지면 실내는 물론 실외의 커버리지를 넓히는데도 유리하다.

802.11ax는 OFDMA까지 고려한다. 기존의 무선 랜 표준은 [그림 10-6]의 LTE처럼 전체 대역폭을 부채널로 나누어 여러 사용자를 할당하지 않고 사용자 1인이 독점한다. 그러나 사용자가 늘면 채널이 중복되어 시간을 분할해 사용하게

되므로 무선 랜 속도는 급격히 떨어진다. 이를 해결하고자 MU-MIMO 기술과 함께 전체 대역폭을 부채널로 나누어 사용자들이 공유하는 기술을 적용한다.

〈표 10-4〉 IEEE 802.11 MCS(modulation and coding scheme)

MCS	부반송파 매핑	코드율	MCS	부반송파 매핑	코드율	802.11
0	BPSK	1/2	6	64-QAM	3/4	
1	QPSK	1/2	7	64-QAM	5/6	.n ↑
2	QPSK	3/4	8	256-QAM	3/4	
3	16-QAM	1/2	9	256-QAM	5/6	.ac ↑
4	16-QAM	3/4	10	1024-QAM	3/4	
5	64-QAM	2/3	11	1024-QAM	5/6	.ax ↑

〈표 10-4〉는 부반송파의 변조 방법과 코딩 방법을 나타낸다. 코드율(code rate)을 이용하면 채널 코딩의 오버헤드를 제외한 실제 데이터 전송률을 구할 수 있다. 무선 랜의 처리 용량을 계산하는 문제를 하나 풀어보자. 802.11ac 표준의 160MHz 대역폭을 이용해보자. 이 전송 채널이 사용할 수 있는 부반송파 개수는 〈표 10-3〉에서 468개다. FFT 사이즈는 2의 승수로 부반송파 개수와 같거나 커야 하므로 512가 된다. 보호구간(CP)은 0.4㎲ 길이로 삽입하고 MCS 9의 방법으로 부반송파를 변조해보자. 이 채널의 처리 용량은 심벌이 처리되는 심벌 타임과 CP를 더해 3.2+0.4=3.6㎲ 동안 처리되는 데이터 용량을 구하고 이 시간 비율을 곱하면 된다. 심벌을 처리할 시간 비율에 256-QAM은 2^8=256에서 심벌당 8비트를 곱하고, 부반송파 개수를 곱하고, 코드율을 곱한 후 Mbit/s 단위를 위해 1e6으로 나누면 1/3.6e-6*8*468*5/6/1e6 ≒ 867 [Mbit/s]이다. 이는 〈표 10-3〉에서 단일 스트림(single stream)일 때의 최대 전송속도와 일치한다. 추가로 송수신 측에 각각 4개씩의 4×4 MIMO 안테나를 적용하면 최대 전송속도는 약 867*4=3468 [Mbit/s]가 된다.

10.5.3 블루투스

블루투스(Bluetooth)는 적은 전력으로 아주 짧은 거리에 위치한 고정 장치나 이동 장치 간에 데이터를 교환하기 위한 무선 기술 표준이다. 2.4GHz 대역의 짧은 파장의 무선전파를 이용한다. 주로 높은 보안이 필요한 몇 m 이내의 개인 네트워크(personal area network, PAN)에 사용된다. 예를 들어 자동차의 핸즈프리 기능에 휴대폰의 블루투스 기능을 접속한다. 무선 헤드 셋이나 이어폰을 위한 블루투스 오디오 연결도 가능하다. 키보드나 마우스, 스피커, 프린터 등 블루투스 기능을 가진 기기들 간에 데이터 전송이 가능하다. 블루투스 기능을 가진 전자 오락기들을 상호 연결해서 하는 게임도 가능하다.

10.6 위성통신

10.6.1 위성궤도

물리적으로 적합한 위성궤도(satellite orbit)는 [그림 10-10]처럼 이미 정해져 있다. 육상 이동통신, 해상, 항공 서비스에 적합한 위성은 대체로 위도 80° 이하이다. 인공위성이 지구의 중력과 힘의 균형을 이루어 지구 주위를 공전하려면 지구의 중심을 지나는 궤도면(orbital plane)을 돌아야 한다. 이때 지구의 적도가 그리는 적도면과 위성이 그리는 궤도면 사이의 경사진 각도를 궤도경사(orbital inclination)라고 한다. 극궤도 위성의 경사각은 90°이고 적도 상공에 떠 있는 정지궤도 위성의 경사각은 0°이다. 또한 인공위성이 지구 주위를 공전하는 주기를 궤도주기(orbital period)라고 한다. 지구가 자전하므로 경사궤도 위성은 지구 주

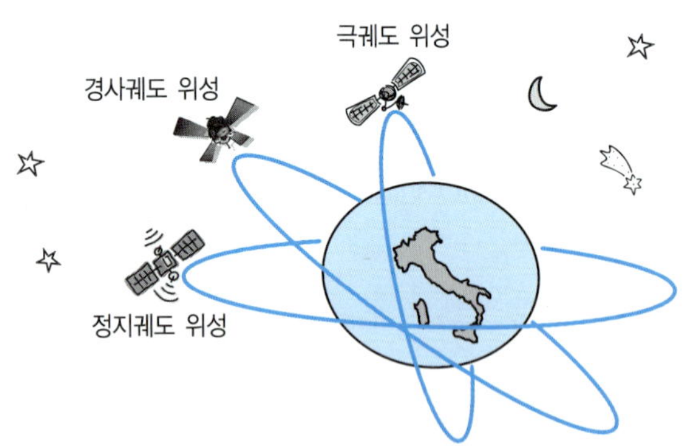

[그림 10-10] 위성의 궤도

위를 공전하면서 지구상의 전 지역을 관찰할 수 있다.

위성통신에 사용하는 우주 궤도는 지상 35,786Km의 정지궤도와 지상 2만km 정도의 중궤도(medium earth orbit, MEO), 1만km 이하의 저궤도(low earth orbit, LEO)로 나눈다. 넓은 지역을 커버해야 하는 통신, 방송, 기상 위성들은 정지궤도에서 돌고 있다. GPS 위성은 중궤도에서 돌고 있다. 고도가 낮을수록 지구를 근접해서 관찰할 수 있으므로 첩보위성과 과학 위성 등은 주로 저궤도에서 돌고 있다. 지구의 중력 때문에 위성이 지구로 추락하지 않으려면 고도가 낮을수록 빠른 속도로 지구 주위를 돌아야 한다.

a. 정지궤도 위성

정지궤도(geostationary orbit, GEO) 위성은 적도 근방을 따라 지구의 자전 주기와 같은 24시간 주기로 회전한다. 지구의 자전과 같은 각속도로 지구 주위를 맴돌기 때문에 지상에서 볼 때는 항상 같은 곳에 정지해 있는 것처럼 보인다. 지구의 중력장과 다른 천체에서 생기는 중력의 균형으로 정지궤도 상의 물체는 지구에 대해서 완전히 정지된 상태다.

정지궤도 위성은 적도 상공의 지상 35,786Km에만 가능하다. 위성이 너무 가까우면 전파 간섭의 문제가 발생하기 때문에 정지궤도 위성의 개수는 제한된다. 이 때문에 우주에서도 영토권 문제가 생긴다. 우리나라에서 사용 중인 정지궤도 위성들은 동경 127도 근방의 동쪽과 서쪽의 적도 상공에 떠 있다. 통신과 방송용으로 사용되고 한반도 주변의 기상과 해양관측용으로 사용된다.

b. 극궤도 위성

극궤도(polar orbit) 위성은 남극과 북극 상공을 통과하는 궤도를 따라 지구 주위를 공전하는 인공위성이다. 일반적으로 극궤도 위성의 고도는 700~800km 사이로 정지궤도 위성에 비해 고도가 1/40 정도로 매우 낮아 지구의 중력 값이 커진다. 극궤도 위성은 이를 상쇄하는 원심력을 얻기 위해 회전 속도를 높여야 하므로 궤도주기는 약 100분이다. 극궤도 위성이 공전할 때 지구도 자전하므로 결국 지구상의 모든 곳을 볼 수 있다. 지구상의 같은 장소를 대개 하루에 두 번 정도 관측하게 된다. 극궤도 위성은 고도가 낮아 지상의 기후나 지형을 보다 자세하게 관측하기에 유리하다. 그러나 고도가 높은 정지궤도 위성에서나 추적이 가능한 변화가 심한 기상관측이나 방송, 통신 등의 역할은 수행하기 어렵다.

10.6.2 위성통신 주파수

[그림 10-11]에 위성통신의 주파수 대역을 나타내었다. 위성통신에서도 상향 링크와 하향 링크의 주파수를 달리해 송수신 채널을 분리하는 양방향 방식을 사용한다. 위성통신에 사용하는 전파는 대기권과 전리층을 통과하기 위해서 일반적으로 높은 대역의 주파수를 사용한다.

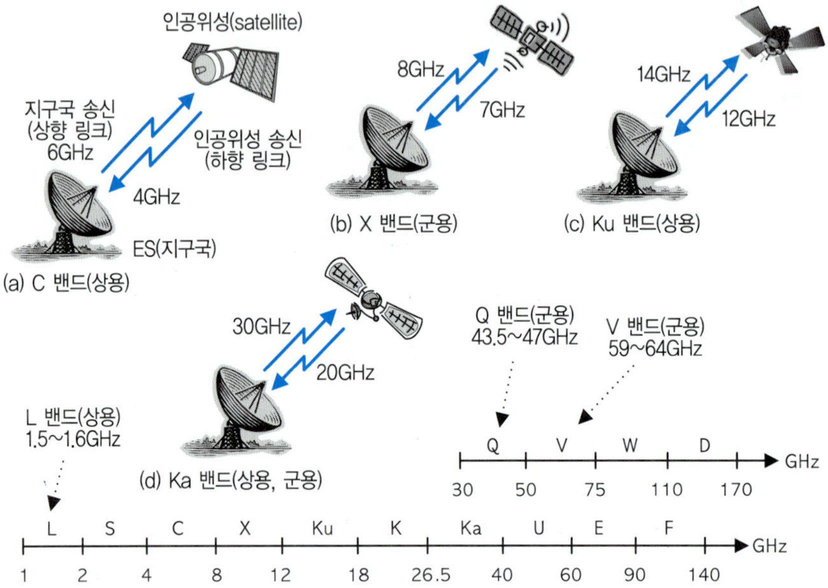

[그림 10-11] 위성통신 주파수 대역

국내 상업용 통신위성은 대부분 [그림 10-11]의 C 밴드와 Ku 밴드를 사용하고 군용은 X 밴드와 Ka 밴드를 많이 사용한다. 한편 지구국보다 위성의 송출 전력이 작기 때문에 지구국에서 높은 주파수로 송출하는 것이 더 효율적이다. 주파수가 높을수록 감쇠가 심해 더 큰 전력을 요구하기 때문이다. 마찬가지로 지상 이동통신도 기지국에서 송출하는 주파수가 단말기보다 더 높다.

10.6.3 위성 이동통신

위성전화(satellite phone)와 같은 이동통신 기술은 하늘에 떠 있는 인공위성을 이용한다. 위성 이동통신에서 사용되는 위성은 지상으로부터 전파를 받아 하늘에서 기지국이나 중계기(repeater)의 역할을 한다. 위성 이동통신은 사막이나 산간벽지에서 진가를 발휘하지만 전파의 간섭이 심한 대도시의 고층빌딩 내에서는 전파의 강도가 약해 교신에 취약하다. 또한 지상 이동통신이 발달한 지역에서는 수요가 부족하고, 위성의 수명이 비교적 짧아 지속적으로 투자해야 한다. 그러나 지상 이동통신이 발달하지 않은 넓은 지역에서 여전히 진가를 나타낸다. 바다 한가운데나 사막, 산악지대는 물론 통신 기반이 취약한 지역에서 능력을 발휘한다.

a. 정지궤도 위성 이동통신

정지궤도(GEO)에서 통신위성의 일반적인 역할은 지상의 지구국과 위성을 연결하는 단순한 중계 역할이다. 정지궤도 위성은 지구에서 멀리 떨어진 만큼 전파의 반경이 커서 3~4개의 위성만으로도 위성전화 서비스를 할 수 있다. 하지만 지상에서 거리가 멀리 떨어진 만큼 전파가 약해 여러 가지 단점이 발생한다. 차량이동 중에는 사용할 수 없고 정지 상태라도 하늘이 개방된 곳에서만 가능하다. 하늘이 개방된 곳에서도 가파른 언덕이나 숲에서는 통신이 끊어질 수 있다. 전화를 걸려면 때로는 위성에서 신호가 잡히는 것을 몇 분씩 기다려야 한다. 이 때문에 통화가 언제 가능할지 몰라 수신용으로는 부적합하고 주로 발신 전용으로 사용한다. 또한 정지궤도 위성은 적도 상공에 있어, 위도 70도가 넘는 극지방에 가까운 지역들은 위성전파 수신이 원활하지 않아 서비스를 제공하기가 힘들다. 정지궤도(GEO) 위성을 이용한 대표적인 위성전화 서비스는 다음 예와 같다.

① 인말새트(inmarsat) : 1979년 UN 산하 국제해사기구 주도로 설립되었다. 선박의 조난신호 등 해상안전 확보를 위한 이동통신 서비스로 출발해 육상 및 항공기로 서비스를 확대했다. 영국 런던에 본사를 두고 11~12개의 정지궤도 위성으로 극지방을 제외한 대부분의 지역을 서비스한다.

② 투라야(Thuraya) : 1997년에 설립되어 아랍에미리트에 본사를 두고 2개의 정지궤도 위성으로 유럽, 아프리카, 중동, 아시아 및 호주 지역을 서비스한다.

b. 저궤도 위성 이동통신

저궤도(LEO) 위성이 기존의 위성들과 다른 점은 국제간 통신 중계나 방송에만 국한되던 역할에서 벗어나 우주에서 지상의 기지국과 같은 역할을 하는 것이다. 저궤도 위성은 정지궤도 위성을 이용하는 경우보다 지상에 가까워 감도가 좋고 데이터 전송속도가 높다. 단말기의 출력을 낮게 하고 통화품질을 높일 수 있다. 하지만 전파의 반경이 작아 수십 개의 위성을 띄워야 한다. 또한 수십 개의 위성 간에 네트워크를 구성하고 이 위성들을 한꺼번에 조정해야 한다.

저궤도 위성을 이용한 이동통신으로 〈표 10-5〉의 이리듐이나 글로벌스타 같은 인공위성 네트워크가 있다. 이들은 극궤도 위성과 경사궤도 위성을 포함해 하늘의 별자리처럼 수십 개의 위성으로 전 세계를 커버하는 인공위성 망을 갖는다.

저궤도를 이용한 이동전화는 전 세계의 서비스 지역이 워낙 방대해 투자비가 많이 들어 몇 개의 컨소시엄(consortium) 형태로 시작했다. 하지만 상대적으로 크고 비싼 단말기와 비싼 요금 때문에 쉽게 가입자 수를 늘리지 못했다. 그러는 동안 1990년대 말부터 지상 이동통신이 눈부시게 발달해 위성 이동전화는 활성화되지 못했다. 저궤도는 정지궤도를 이용한 경우보다 데이터 전송속도가 빠르기는 하지만 지상 이동통신의 인터넷 속도에 비하면 여전히 너무 느리다. 위성의 수명도 제한되어 초기 투자비를 회수하지 못한 적자 상태에서 위성을 계속 쏘아 올리는데 투자하다가 결국 파산과 인수합병을 거치게 된다. 가장 먼저 투자한 이리듐 위성전화 사업은 학계에서도 미국 기업의 대표적인 투자실패 사례로 꼽힌다.

〈표 10-5〉 저궤도(LEO) 위성전화 시스템

컨소시엄 명칭	위성고도 (km)	설계 위성 수	사업초기 참여업체	최초 위성발사
이리듐 (Iridium)	780	66	모토로라, SK텔레콤 등	1997.5
글로벌스타 (Globalstar)	1,414	48	로럴, 퀄컴, 데이콤 등	1998.2

저궤도를 이용한 위성 이동통신에서 만약 위성이 필요한 만큼 확보되지 않으면 지구상의 모든 지역을 커버할 수 없게 된다. 이 경우 일부 서비스가 되는 지역도 24시간 내내 위성이 지나가는 것이 아니기 때문에, 하루 중에도 통화가 가능한 시간과 가능하지 않은 시간이 존재한다.

10.7 위성 항법

지구상에서 위치를 파악하는 기술은 인공위성을 이용하는 방법과 이동통신 기지국 등을 이용하는 방법 등이 있다. 위성 항법(satellite navigation) 기술은 위성에서 수신한 신호로 지구상에서 공간적인 위치를 판단하게 해준다. 소형 수신기를 통해 수 m 이내의 정밀도로 지구상의 경도, 위도, 고도의 3차원 지리정보를 제공받는다. 자신의 위치뿐만 아니라 목적지를 정해놓고 찾아가는 내비게이션(navigation, 항법) 기능이나 수신기가 장착된 무언가의 위치를 추적하는데 사용될 수 있다. 또한 수신기는 현재의 로컬(local) 시간을 고정밀도로 계산할 수 있도록 허용되므로 지구상 어디서나 시간 동기화가 가능하다. 한편 이 시스템은 이동전화나 인터넷 연결 등 모바일 네트워크와는 독립적으로 작동한다. 이 덕분에 기지국이 없는 산악지역 등에서 급속히 소모되는 배터리의 낭비를 막을 수 있다.

10.7.1 GNSS

위성 항법 시스템 중에서 서비스 지역이 전 세계를 커버하는 경우를 이른바 글로벌 항법 위성 시스템(global navigation satellite system, GNSS)이라고 한다.

대표적인 GNSS로 미국의 지피에스(GPS), 러시아의 글로나스(GLONASS), 유럽연합(EU)의 갈릴레오(Galileo), 중국의 베이더우(BeiDou)가 있다. 〈표 10-6〉에 이들을 간략히 비교하였다. 전 세계 지역에 위성 항법을 서비스하려면 대략 18~30개 정도의 위성을 중궤도(MEO) 상에 몇 개의 궤도면에 걸쳐 쏘아 올려야 한다. 보통 50° 이상의 궤도경사를 이용하며, 대략 2만km 상공에서 12시간 정도의 궤도주기를 갖는다. 각 위성은 하루 2바퀴 정도 지구 주위를 공전하면서 지구상의 전 지역을 커버하는 위치정보를 서비스한다.

글로벌 위치결정 시스템이라는 뜻의 GPS(global positioning system)는 미국 국방성이 개발한 인공위성 네트워크이다. GPS의 위치정보 서비스는 차량, 선박, 비행기의 현재 위치를 알려준다. 또한 자동항법장치, 군사목적, 대형 토목공사의 지적 측량 등에 광범위하게 사용된다. 이런 위치기반 서비스는 GPS 수신기를 장착한 스마트폰의 대중화에 힘입어 다양한 분야에서 수요가 폭발적으로 확대되었다.

〈표 10-6〉 글로벌 항법 위성 시스템(GNSS)

구분	GPS	GLONASS	BeiDou	Galileo
소유 국가	미국	러시아	중국	유럽연합
위성고도	20,180km	19,130km	21,150km	23,222km
위성궤도 (×면)	6×MEO	3×MEO	GEO 5 MEO 30	3×MEO
공전횟수	2회/일	2.1회/일	1.9회/일	1.7회/일
위성 수	궤도 24~31 총 33	궤도 24 총 27	궤도 22 총 35	궤도 14~24 총 30
최초 발사	1978년	1982년	2000년	2011년
정확도	일반 5m	일반 4.5~7.4m	일반 10m 암호 0.1m	일반 1m 암호 1cm
방식	CDMA	FDMA	CDMA	CDMA
주파수	1.2~1.6GHz 대역에서 시스템마다 다름			

GPS 시스템은 지상 20,180km 상공의 중궤도(MEO)에 쏘아 올린 33개의 위성으로 구성된다. 적도면에 대해 55° 이상의 경사각을 갖는 6개의 중궤도면에 각 4개씩 배치된 24개 위성과 문제발생에 대비한 백업용 위성 등으로 구성된다. GPS 위성은 태양 에너지로 작동하며 수명은 10년 정도이다. 위성의 수명 때문에 첫 발사 이래 40년 동안 70개 이상의 GPS 위성을 쏘아 올렸다.

과거의 항법 위성 시스템은 미국의 GPS와 구 소련시절 러시아가 군사목적으로 시작한 GLONASS뿐이었다. 미국에서 GPS 위치정보 서비스의 운영을 독점하는 상황은 다른 나라의 선박이나 비행기의 운항은 물론, 상업적 이용에 제약을 받을 수 있다는 우려가 있었다. 이에 대해 유럽연합의 갈릴레오는 미국의 독점을 벗어나 군사목적이 아닌 정밀화로 상업화를 추구하였다. 미국과 함께 경제력에서 G2로 부상한 중국의 굴기는 군사적, 상업적 목적의 베이더우 항법 위성 시스템을 등장시켰다. BeiDou는 우리말로 북두(北斗)이며 예전에 길을 잃었을 때, 북두칠성으로 북극성을 찾아 나침반 역할을 했던 유래에서 우리에게도 친근한 이름이다.

10.7.2 위치정보 서비스

GPS는 지구상 세계 어디에서나 최소 6개 정도의 GPS 위성을 관측할 수 있도록 설계했다. GPS 위성에는 정밀한 시계가 장착되어 이를 기반으로 정확한 시각

정보를 제공하고 위도, 경도, 고도의 3차원 위치를 파악하게 해준다. GPS 위성 정보는 단방향성이며 GPS 수신기에서 무료로 수신한다. GPS 수신기가 지구상에서 자신의 위치를 파악하려면 [그림 10-12]처럼 최소 4개의 GPS 위성이 필요하다. GPS 수신기는 3개의 위성에서 보내는 전파가 수신기에 도달하는 시간과 전파의 속도를 고려해 위성과의 거리를 계산한다.

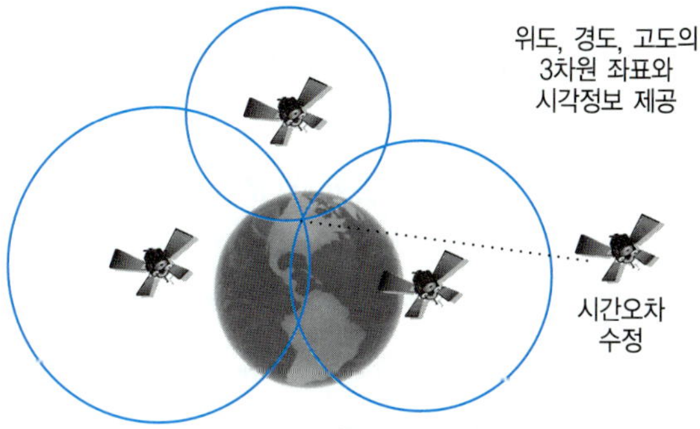

[그림 10-12] GPS 위성을 이용한 위치정보 계산

상대성 이론에서 중력이 강한 곳은 중력이 약한 곳보다 시간이 더디게 흐른다. 지구 표면과 인공위성 간에도 미세하지만, 중력의 차이로 시간차가 발생한다. 이 때문에 GPS 수신기는 위성과 지표면에서 발생한 시간차를 보정해야 한다. 만약 위성과 GPS 수신기의 시간 기준이 맞지 않으면 위치 계산에 오차가 발생하기 때문에, 위성을 하나 더 사용해 이 둘 사이의 시계를 일치시킨다.

한편 자동차가 터널 안으로 들어가면 GPS 수신기가 자신의 위치를 어떻게 파악할까? GPS 신호가 차단되기 직전의 위치와 차량의 이동속도, 방향 등을 고려해 현재의 위치를 계산해 추측한다. 이처럼 현재의 정보가 없더라도 앞에서 받은 정보를 기반으로 손실된 부분을 추산하는 기술을 데드 레커닝(dead reckoning) 혹은 추측항법이라고 한다. dead의 뜻은 바다를 항해할 때 바람, 조류, 하늘의 별자리가 안 보이는 것처럼 항로 계산에 필요한 정보가 아예 없는 상태를 말한다.

10.7.3 RNSS

한국형 GPS 보정시스템인 KASS(Korea augmentation satellite system, 한국 증강 위성 시스템)는 지상 5~7개 기준국에서 수신한 GPS 오차를 모아 분석한다. 17~34m의 오차를 3m급으로 보정한 후 한반도 상공의 KASS 정지궤도 위성에 보내 최종적으로 이 신호를 전국에 서비스한다. KASS는 국제민간항공기구(ICAO)가 표준화하고 각국에 적용을 권장하는 SBAS(satellite based augmentation system, 위성 기반 증강 시스템)의 한국형 명칭이다. 일본의 국토교통성(2007년, 위성 1기)과 인도의 인도항공공사(2015년, 위성 3기)도 SBAS를 도입했다. 한국은 2020년 공개서비스와 2022년 항공용서비스가 목표이다.

한편 다른 나라의 위성에 의존하는 방식은 한계가 있다. 자국이 통제할 수도 없고, 특히 유사시 안보에 큰 혼란이 발생할 수도 있다. 이 때문에 글로벌 용도는 아니지만 〈표 11-7〉처럼 자국의 영토를 포함한 독립적인 지역 항법 위성 시스템(regional navigation satellite system, RNSS)이 사용된다. 인도의 NAVIC, 일본의 QZSS가 대표적이다. 한국도 장기적으로는 위성 7기 정도로 구성된 독자 운영이 가능한 지역 항법 위성 시스템으로 독립하는 것이 더 바람직하다. 한국형 RNSS인 KPS(Korea positioning system, 한국 위치결정 시스템)의 구축 목표는 대략 2034년 서비스와 2.5조원 정도의 투자를 예상하고 있다.

〈표 10-7〉 지역 항법 위성 시스템(RNSS)

구분	NAVIC	QZSS
소유 국가	인도	일본
위성고도	36,000 km	32,600~39,000 km
계획 위성	7개	7개
최초 발사	2013년	2010년
정확도	일반 10m 암호 0.1m	일반 1m 암호 1cm
방식	CDMA	CDMA

연습문제

1. 다음 서술이 맞는지 O, X로 답하라.
   (1) 【이동통신】 단위면적당 가입자 수를 늘리기 위해서는 기지국의 셀을 크게 해 주어야 한다.
   (2) 【이동통신】 기지국 셀을 작게 나눌 때는 전파의 세기를 줄여 인접한 셀 간의 간섭을 극복해야 한다.
   (3) 【이동통신】 기지국 사이에서 단말기에 대한 제어가 넘어가는 것을 핸드오버라고 한다.
   (4) 【이동통신】 한 기지국 내의 다른 섹터간의 핸드오프를 소프터 핸드오프라고 한다.
   (5) 【이동통신】 TDD 방식은 기지국과 단말기에서 사용하는 송수신 주파수 채널이 분리된다.
   (6) 【위성통신】 물리적으로 적합한 위성궤도는 이미 정해져 있다.
   (7) 【위성통신】 정지궤도 위성은 지구의 자전주기와 같은 주기로 회전한다.
   (8) 【위성통신】 정지궤도 위성은 지구상의 모든 곳을 관찰할 수 있다.
   (9) 【위성통신】 위성 이동통신은 대도시의 고층빌딩 내에서 사용하기에 적합하다.
   (10) 【위성통신】 적도가 그리는 적도면과 위성의 궤도면 사이의 각도를 궤도경사라고 한다.

2. 다중접속 방식 중 주파수 재사용 기술이 반드시 필요한 것을 모두 골라라.
   ① FDMA　② OFDMA　③ CDMA　④ TDMA

3. 4세대 이동통신이 3세대와 구분되는 가장 큰 기술적 특징 2가지를 골라라.
   ① Wi-Fi　② CDMA　③ OFDMA　④ Bluetooth　⑤ MIMO

4. 저궤도(LEO) 위성전화 시스템을 【보기 A】에서 모두 골라 번호를 적어라.

보기 A

① NAVIC	② GPS	③ ISS	④ BeiDou
⑤ Globalstar	⑥ QZSS	⑦ GLONASS	⑧ Iridium
⑨ Galileo	ⓐ Hubble		

5. 글로벌 항법 위성 시스템(GNSS)을 【보기 A】에서 모두 골라 번호를 적어라.

6. 어떤 FDD FDMA 방식의 셀룰러 이동통신 사업자에게 허가된 전체 대역폭이 16.24MHz이다. 서비스 면적은 132336km^2, 클러스터 내 셀의 개수 4, 가입자당 발신 대역폭이 35kHz일 때
(1) 한 기지국은 최대 몇 명의 가입자를 동시에 수용할 수 있는가?
(2) 클러스터 면적이 72km^{2}일 때 클러스터의 개수는 총 몇 개인가?
(3) 이 사업자가 서비스하는 셀의 개수는 총 몇 개인가?
(4) 이 사업자는 최대 몇 명의 가입자를 동시에 수용할 수 있는가?

7. 어떤 FDD 방식의 이동통신 시스템에서 전체 50MHz의 대역폭을 사용한다. 전송속도가 다운 링크에서 310Mbit/s, 업 링크에서 380Mbit/s일 때 이 시스템의 (1) 다운 링크와 (2) 업 링크의 스펙트럼 효율은 몇 bit/s/Hz가 되는가?

8. 어떤 FDD 방식의 이동통신 시스템에서 전체 66MHz의 대역폭을 사용한다. 스펙트럼 효율이 다운 링크에서 14.7bit/s/Hz, 업 링크에서 13.5bit/s/Hz이다. 이 시스템의 (1) 다운 링크와 (2) 업 링크의 전송속도는 몇 Mbit/s가 되는가?

9. 어떤 TDD 방식의 이동통신 시스템에서 전체 80MHz의 대역폭을 사용한다. 다운 링크는 업 링크 대비 5배의 시간을 할당 받는다. 스펙트럼 효율이 다운 링크에서 9.3bit/s/Hz, 업 링크에서 8.7bit/s/Hz이다. 이 시스템의 (1) 다운 링크와 (2) 업 링크의 전송속도는 몇 Mbit/s가 되는가?

10. 어떤 TDD 방식의 이동통신 시스템에서 다운 링크는 업 링크 대비 10배의 시간을 할당 받는다. 양방향 링크의 스펙트럼 효율은 8.5bit/s/Hz로 동일하다. 다운 링크의 전송속도를 578Mbit/s로 설계하려면 전체 대역폭은 몇 MHz가 필요한가?

11. FDD 방식의 LTE에서 20MHz 대역폭의 가장자리 주파수에 10%의 보호대역을 두고 15kHz 간격으로 부반송파를 할당한다. LTE 무선 프레임 한 채널은 반송파 12개와 심벌 14개를 묶어 1ms 동안 전송한다. 각 부반송파는 64-QAM으로 변조한다. 다음 질문에 답하라.
(1) 몇 개의 부반송파를 할당할 수 있는가?
(2) 각 부반송파의 심벌률은 몇 kBd/s인가?
(3) 각 부반송파의 비트율은 몇 kbit/s인가?

(4) 무선 프레임을 한 채널만 사용할 때 전송속도는 몇 kbit/s인가?
(5) 전체 대역폭은 무선 프레임을 몇 채널 수용할 수 있는가?
(6) 전체 대역폭을 모두 사용할 때 최대 전송속도는 몇 Mbit/s인가?
(7) (6)에서 2×2 MIMO를 적용하면 최대 전송속도는 몇 Mbit/s인가?
(8) (7)에서 오버헤드 25%를 제외하면 최대 전송속도는 몇 Mbit/s인가?

12. 부반송파 간격이 312.5kHz인 802.11ac 표준에서 40MHz 대역폭에 사용가능한 부반송파 개수는 108개다. 보호구간(CP) 0.4㎲를 삽입하고 코드율 3/4과 64-QAM으로 변조할 때 다음 질문에 답하라. (소수점은 반올림해 첫째자리까지 구하라.)
(1) FFT 사이즈는 얼마인가?
(2) 직교 조건의 심벌 타임은 몇 ㎲인가?
(3) 각 부반송파의 심벌률은 몇 kBd/s인가?
(4) 각 부반송파의 비트율은 몇 kbit/s인가?
(5) 단일 스트림을 사용할 때 최대 전송속도는 몇 Mbit/s인가?
(6) 2×3 MIMO를 적용하면 최대 전송속도는 몇 Mbit/s인가?

Chapter 11

Communication Theory

MATLAB 사용법

Chapter

Communication Theory

11 MATLAB 사용법

11.1 MATLAB 사용 준비

11.1.1 MATLAB 버전에 대해

이 책의 매트랩(MATLAB) 예제들은 MS 윈도우 운영체제용 매트랩(MATLAB) 버전 R2014a에서 작성되었다. 본 교재의 예제들을 실행시키려면 MATLAB 소프트웨어의 여러 가지 구성요소 중 다음 두 가지 요소가 설치되어 있어야 동작한다.

① MATLAB (기본 프로그램) : 각 장의 모든 예제에 필요

② Symbolic Math Toolbox (기호수학 도구상자) : 일부 예제에 필요

위 ①의 MATLAB만 설치하여도 본 교재에 수록된 대부분의 예제가 실행된다. 또한 ②의 기호수학 도구상자까지 설치하면 이를 이용한 실습을 할 수 있다. 기호수학 도구상자는 그래픽 라이브러리를 사용하지 않으므로 이 책의 예제들을 실행시키는데 시뮬링크(Simulink)는 필요하지 않다. MATLAB의 자세한 설치방법은 버전마다 조금씩 다르기 때문에 생략한다.

매스웍스코리아(https://kr.mathworks.com)에서 판매하는 MATLAB 프로그램 중 가격 면에서 대학 강의실에 적합한 버전은 교육용 네트워크 버전이다. 네트워크 버전은 PC 중 1대를 서버로 설정하고 나머지 PC들을 클라이언트로 사용하는 방식이다. 서버용과 클라이언트용 설치 프로그램은 동일하다. 서버의 유일한 역할은 네트워크에 연결된 학생들 PC의 MATLAB 라이선스만 관리해준다.

11.1.2 MATLAB 작업 환경

MATLAB을 실행시키면 MATLAB 소프트웨어의 로고가 잠시 뜨다가 MATLAB 명령 창이 열린다. MATLAB에서 주로 사용하는 작업 창은 다음 3가지다.

① 명령 창(Command Window) : MATLAB 명령어와 *.m 파일을 실행시킨다.
② 문서 편집기(Editor) 창 : 프로그램 소스를 작성한다.
③ 그림(Figure) 창 : 그래픽 명령의 결과로 만들어진다.

MATLAB 명령 창은 화면에 〉〉 표시의 프롬프트가 나타난다. 명령 프롬프트 〉〉 기호 뒤에 명령어들을 입력하고 엔터키를 치면 해당 줄의 명령어가 실행되고 완료되면 다시 〉〉 기호가 나타난다. 프롬프트(prompt)는 컴퓨터가 명령어 입력을 받을 준비가 되었음을 사용자에게 알려 주는 화면상의 기호나 어구를 말한다.

명령 창은 사용자가 입력한 명령이나 확장자가 *.m인 스크립트 파일들을 실행시킬 수 있다. 확장자가 *m인 스크립트 파일은 연속적인 MATAB 명령을 저장한 파일이다. 스크립트(script)의 일반적인 뜻은 대본이지만, 컴퓨터 용어로는 순차적인 작업을 기록한 연속된 명령어의 집합을 뜻한다.

MATLAB 문서 편집기는 *.m 파일을 새로 작성하거나 기존에 작성해 놓은 *.m 파일을 불러들여 수정할 수 있다. MATLAB 스크립트 파일인 *.m 파일을 작성할 때는 꼭 MATLAB 문서 편집기만 고집할 필요는 없다. 텍스트 파일의 편집이 가능한 MS 윈도우 메모장이나 다른 문서 편집기를 사용해도 상관없다.

한편 MATLAB 명령 창에서 이루어지는 모든 작업은 경로(path) 창에 표시된 현재의 폴더(current folder)를 기준으로 이루어진다. 즉, 편집기의 파일 읽기와 저장은 물론 프로그램의 실행도 모두 현재의 작업 폴더에서 이루어진다. 만약 실행을 원하는 *.m 파일이 현재의 작업 폴더 안에 없다면 실행할 파일이 놓여있는 폴더의 위치로 작업 폴더를 이동시켜 주면 된다.

11.1.3 m 파일 함수

MATLAB은 컴퓨터 프로그래밍 언어의 기계어 번역 방식 중에서 주로 인터프리터 방식을 사용한다. 컴파일러(compiler) 방식은 소스 프로그램을 한 번에 모두 읽어 들여 기계어로 번역해 저장해두고 실행한다. 인터프리터(interpreter) 방식은 이와 달리 소스 프로그램을 그때그때 한 줄씩 읽어 번역하고 실행한다. 인터프리터 방식은 컴파일러 방식에 비해 실행속도는 느리지만 메모리나 파일의 저장 공간을 적게 차지하고 에러 찾기가 용이하다. MATLAB 프로그램을 실행시키는 방법은 다음 2가지이다.

① MATLAB 명령 창에서 명령어를 하나씩 입력해서 실행하기
② MATLAB 명령 창에서 *.m 파일을 실행하기

위에서 방법 ②는 명령어 리스트를 하나로 묶은 별도의 *.m 파일을 작성해 실행시키는 방법이다. *.m 파일의 각 줄은 MATLAB 명령어로 구성된 일반 텍스트 형식의 파일이다. MATLAB은 외부 함수인 파일명의 확장자로 *.m을 사용하기 때문에 *.m 파일을 m 파일 함수라고 한다. 문서편집기로 m 파일 함수를 먼저 작성해두면 명령 창에서 실행할 수 있다. m 파일 함수의 파일명은 반드시 영문 알파벳으로 시작한다. 파일명에 사용할 수 있는 기호는 _ 정도로 매우 제한되어 있다.

MATLAB 명령 창에 dir 혹은 ls 명령과 엔터키[↙]를 치면 현재의 폴더에 저장된 모든 파일들의 이름을 확장자를 포함해 보여준다. 명령 창에 what이라고 치면 실행이 가능한 *.m 파일들만 확장자를 떼고 보여준다. *.m 파일을 실행시키려면 확장자를 제외한 파일명만 입력한 후 엔터키를 친다. 현재 작업 폴더에 있는 ○○○.m 파일을 실행시키려면 명령 창에 ○○○과 엔터키[↙]를 치면 실행된다.

■ MATLAB 연습 01 (m 파일 작성) - ex01.m

MATLAB은 디지털 연산이므로 화면에 보이는 모든 그림은 디지털 좌표를 가진다. 이 때문에 그림을 그릴 때는 x축에 대한 데이터를 먼저 만든 후, 그에 대응하는 y축의 데이터를 구한다. 문서 편집기를 이용해 다음의 m 파일 함수를 작성

해 보자. MATLAB 명령 창에서 실행하고 결과를 확인하자. 실습 요령을 순서대로 정리하면 다음과 같다.

① MATLAB 문서 편집기나 윈도우 메모장을 이용해 프로그램을 작성한다.
② 줄 단위로 %가 표시된 이후는 주석이므로 작성하지 않아도 실행된다.
③ 파일명은 ex01.m으로 저장한다.
④ MATLAB 명령 창에서 ex01을 입력하고 엔터키를 쳐서 실행시킨다.
⑤ 실행결과로 그림 창에 사인파의 그림이 나오는지 확인한다.

```
clear                  % 기존의 변수 지우기
x = 0 : 0.1 : 10;      % x축 데이터 만들기
y = sin(x);            % y축 데이터 만들기
plot(x,y)              % 그림 그리기
```

위 예제에서 x축의 데이터는 0부터 0.1의 간격으로 10까지 101개의 원소를 먼저 만들고, y축은 x축의 원소의 개수에 대응하는 101개의 사인 값을 구한 것이다. plot은 (x,y) 좌표에 대한 그래프를 그리는 2차원 그래픽 명령어이다.

명령 창은 m 파일 함수를 작성하는 도중에 명령어를 연습해 보거나 도움말을 찾는데 매우 편리하다. 물론 위 예제도 *.m 형태의 스크립트 파일로 만들지 않고 명령 창에서 명령어를 하나씩 입력시켜도 실행이 된다. 그러나 명령 창은 프로그램을 종료하면 입력한 내용이 지워지므로, 작업한 내용을 저장하고 싶다면 m 파일 함수로 보관하는 것이 좋다.

11.2 기본 명령 연습

11.2.1 간단한 명령과 도움말 보기

MATLAB 명령 창에서 다음의 몇 가지 기본 명령어들을 하나씩 실습해보자. 이때 〈표 11-1〉과 같이 % 이후는 기계어로 번역되지 않아 실제로는 실행되지 않는 숨은 설명(comment, 주석)이므로 이를 무시하고 % 앞 쪽의 명령어만 입력한다.

```
>> 3+4          % 마치 계산기처럼 사용할 수 있다.
>> a=3          % ; 기호가 없으면 화면에 실행결과를 나타낸다.
>> b=4;         % ; 기호가 있으면 화면에 결과를 나타내지 않는다.
>> a*b          % 두 변수의 곱

>> help         % 도움말 요약 보기
>> help sin     % 내장 함수인 sin(x)에 대한 도움말 보기
>> help plot    % 2차원 그래픽 plot 명령에 대한 도움말 보기
>> help  +      % MATLAB 연산자 및 명령 리스트 보기
>> help xor     % xor(a,b) 명령 도움말 보기
```

〈표 11-1〉 프로그램 작성에 필요한 기호와 명령 창의 커서 키

기호	설명
%	주석(숨은 설명)으로 % 표시 이후는 실행되지 않는다.
...	다음 줄에 프로그램 명령어를 연속 연결한다는 표시
;	앞 명령의 실행결과가 명령 창에 나타나지 않게 한다.
, 또는 ;	여러 개의 명령을 한 줄로 적을 때 각 명령을 구분
↑ ↓ 커서 키	이미 입력한 명령어를 다시 불러들일 때 사용

11.2.2 변수 보기와 창 다루기

앞의 MATLAB 명령어를 실행 후 다음 명령을 실행해보자. 현재 메모리에 남아있는 변수 이름과 각 변수의 (m×n) 크기를 볼 수 있다. 변수를 메모리에서 지우지 않으면 최종 사용된 변수 값이 명령 창이 종료될 때까지 메모리에 남아 오동작을 유발하므로 주의해야 한다.

```
>> dir              % 현재 폴더에 있는 모든 file 리스트 보기
>> ls               % dir과 같은 명령어
>> what             % 현재 폴더에 있는 m file 리스트 보기
>> who              % 현재 사용 중인 변수들 이름 보기
>> whos             % 현재 사용 중인 변수들의 m x n 크기

>> clear            % 기존의 변수 지우기
>> close            % 현재 열려있는 그림 창 닫기
>> close all        % 열려있는 그림 창 모든 닫기
>> clc              % 명령 창의 화면 지우기

>> format compact   % 명령 창 줄 간격 줄이기
>> format           % 명령 창 줄 간격 원래대로 돌리기
```

11.2.3 MATLAB 함수와 연산자

MATLAB 프로그램에서 다양한 함수들과 특수한 상수들을 사용할 수 있다. 〈표 11-2〉와 〈표 11-3〉에 MATLAB 프로그램에서 사용하는 몇 가지 기본 함수들과 상수들을 나타내었다. 이를 이용해 명령 창에서 몇 가지 간단한 연습을 해보자. 참고로 아래의 연습에 사용된 어림수의 연산 결과는 모두 5로 동일하다.

〈표 11-2〉 기본 함수와 상수

함수	설명	상수	설명
sin	sine	pi	원주율 π=3.141592...
cos	cosine	inf	무한대
abs	절대값	NaN	숫자가 아님 (not a number)
sqrt	$\sqrt{\ }$	i, j	허수 $\sqrt{-1}$
exp	지수	eps	부동소수 최소 간격 2^{-52}
log10	$\log_{10}$	realmax	최대 양의 부동소수 $(2-eps)*2^{1023}$
log2	$\log_2$	realmin	최소 양의 부동소수 2^{-1022}

〈표 11-3〉 어림수(round number) 함수

함수	설명
round	소수점 이하를 버리고 가까운 정수 값으로 변환
fix	소수점 이하를 버리고 0쪽 정수 값으로 변환
ceil	소수점 이하를 버리고 +∞쪽 정수 값으로 변환
floor	소수점 이하를 버리고 -∞쪽 정수 값으로 변환

■ MATLAB 연습 02 (기본 함수와 상수) - ex02.m

```
>> pi                    % pi ≒ 3.1416
>> sin(pi/2)             % sin(π/2) = 1

>> sqrt(9)               % √9 = 3
>> 1e1                   % 1x10^1=10
>> 10e-2                 % 10x10^(-2) = 10/100 = 0.1
```

```
>> log10(10000)          % log10(10^4) = 4
>> log10(1e+3)           % log10(10^3) = 3
>> log10(1e-3)           % log10(10^-3) = -3

>> log2(256)             % log2(2^8) = 8
>> exp(1)                % 오일러(Euler)의 수 ☞ e = 2.7183
>> log(exp(3))           % 자연로그 ☞ log(e^3) = 3

>> round(4.5)            % 가까운 정수로 어림셈
>> fix(5.8)              % 0에 가까운 정수로 어림셈
>> ceil(4.1)             % + 방향 정수로 어림셈
>> floor(5.9)            % - 방향 정수로 어림셈
```

〈표 11-4〉 연산자와 연산 명령어

산술연산자			논리연산자		관계연산자	
기호	설명	배열연산	기호	연산명령	기호	연산명령
+	더하기		a&b	and(a,b)	a==b	eq(a,b)
−	빼기		a|b	or(a,b)	a~=b	ne(a,b)
*	곱하기	.*		xor(a,b)	a<b	lt(a,b)
/	우나누기	./	~a	not(a)	a<=b	le(a,b)
₩	좌나누기	.₩			a>b	gt(a,b)
^	거듭제곱	.^			a>=b	ge(a,b)

〈표 11-4〉에 다양한 MATLAB 연산자를 정리해 놓았다. 대개의 프로그래밍 언어와 마찬가지로 MATLAB의 논리연산도 부울대수(Boolean algebra)의 규칙을 따른다. 논리연산의 동작은 0과 1을 다루는 2진 디지털 연산에 맞도록 0이 아닌 모든 수를 1로 취급하여 연산한다.

관계연산의 동작은 연산의 대상을 그대로 취급하여 조건을 판정하지만 연산 결과를 0과 1의 2진 값으로 나타낸다. if 문장 등의 조건문 판정에 관계연산자가 들어가면 관계연산 결과가 0이면 거짓, 0이 아닌 모든 경우를 참으로 취급한다. 명령 창에서 논리연산자와 관계연산자 등에 대해 간단히 연습해보자.

■ MATLAB 연습 03 (연산자) – ex03.m

```
>> 2^10          % 2^10=1024
>> 2^-2          % 2^-2=1/4=0.25
```

```
>> a = [1 0 0 2]
>> b = [0 3 0 -4]
>> ~a                   % not(a)와 같은 명령 ☞ 0과 1로 변환
>> ~~a                  % 아닌 것의 아닌 것 ☞ 0과 1로 변환
>> ~~b                  % 아닌 것의 아닌 것 ☞ 0과 1로 변환
>> a&b                  % and(a,b)와 같은 명령 ☞ 0과 1로 변환
>> a|b                  % or(a,b)와 같은 명령 ☞ 0과 1로 변환
>> xor(a,b)             % 배타적 논리합(Exclusive)

>> a==b                 % eq(a,b)와 같은 명령 ☞ 같으면 1
>> a>b                  % gt(a,b)와 같은 명령 ☞ 크면 1
```

■ MATLAB 연습 04 (10진수와 2진수) - ex04.m

MATLAB에서 제공하는 내장 함수를 이 책에서 모두 설명하는 것은 가능하지 않다. 또 필요해 보이지도 않는다. 그 중에서 디지털 연산에 활용도가 매우 높은 2진수와 10진수 변환에 대한 bin2dec, dec2bin 함수를 연습해 보자.

```
>> bin2dec('10')            % 2진 문자열을 10진 정수로 ☞ 2
>> bin2dec('1 0')           % 띄어쓰기해도 하나의 문자열로 취급 ☞ 2
>> dec2bin(10)              % 10진 정수를 2진 문자열로 ☞ 1010
>> dec2hex(10)              % 10진 정수를 16진 문자열로 ☞ A

>> str2num('10')            % 문자열을 숫자로 변환
>> str2num('1 0')           % 띄어쓰기 하면 다른 숫자 2개로 본다.
>> num2str(10)              % 숫자를 문자열로 변환
```

11.3 행렬과 배열 연산

물리학에서 크기와 방향을 동시에 가지는 양을 벡터(vector)라고 한다. 수학에서 벡터는 행렬을 이루는 하나의 행이나 열을 말한다.

① 배열(array) : 같은 성질의 자료들을 모아 놓은 데이터의 집합, 묶음

② 벡터(vector) : 1차원 배열, 행벡터(row vector) 혹은 열벡터(column

vector)

③ 행렬(matrix) : 2차원 배열, 행벡터와 열벡터가 동시에 존재

MATLAB에서 $(m \times n)$ 행렬의 의미는 식 (11.1)과 같이 (세로×가로) 방향의 원소의 크기(size)를 나타낸다. 즉 행렬의 원소를 이루는 (행의 개수)×(열의 개수)로 표현한다. MATLAB에서 배열 원소의 입력은 띄어쓰기를 하거나 콤마(,) 로 구분한다. 여기서 행렬의 원소를 다루는 명령들을 연습해보자.

$$\begin{bmatrix} & \rightarrow & n \\ \downarrow & & \\ m & & \end{bmatrix} \quad ☞ \ (m \times n) \text{ 행렬} \tag{11.1}$$

■ MATLAB 연습 05 (행렬의 원소) - ex05.m

$$b = \begin{bmatrix} 1 & 2 & 3 \\ 4 & 5 & 6 \end{bmatrix} \quad ☞ \ (2 \times 3) \text{ 행렬} \tag{11.2}$$

```
>> b = [1 2 3; 4 5 6]          % 2x3 행렬의 원소
b =
       1      2      3
       4      5      6
>> whos                         % 2x3 행렬의 크기 보기
>> b(:)                         % 메모리 저장 순서로 모든 원소 보기
ans =                           % 1열부터 열 단위로 저장된다.
       1
       4
       2
       5
       3
       6
>> b(3)                         % 3번째 저장된 원소
ans =
       2
>> b(4:6)                       % 4번째와 6번째 사이 원소들
ans =
       5      3      6
```

```
>> b(2,3)                          % 2행 3열의 원소
ans =
     6
>> b(2,:)                          % 2행의 모든 원소들
ans =
     4     5     6
>> b(:,3)                          % 3열의 모든 원소들
ans =
     3
     6
>> b(3,:) = [7 8 9]                % 3행의 추가
>> b(:,4) = [10; 11; 12]           % 4열의 추가
b =
     1     2     3    10
     4     5     6    11
     7     8     9    12
>> b([1,3],2:4)                    % 1,3행의 2~4열에 위치한 원소들
ans =
     2     3    10
     8     9    12
```

■ MATLAB 연습 06 (행렬의 원소 자동 생성) – ex06.m

```
>> 1:5                     % 1부터 5까지 1씩 증가
>> 0:0.2:1                 % 0부터 1까지 0.2씩 증가 ☞ 시작 : 증분 : 끝
>> linspace(0,1)           % 0~1사이 100개 원소로 균등간격 배열
>> linspace(0,1,11)        % 0~1사이 11개 원소로 균등간격 배열

>> t = linspace(6,16,41);  % 6~16 사이 41개 원소 균등배열
>> length(t)               % 원소의 개수
>> t(1)                    % 첫째 원소
>> t(41)                   % 마지막 원소
>> t(31) - t(30)           % 원소간의 간격 ☞ (16-6)/(41-1) = 0.25

>> ones(3,2)               % 3x2 행렬의 원소가 모두 1
>> zeros(2,3)              % 2x3 행렬의 원소가 모두 0
>> eye(4)                  % 4x4 단위행렬
```

$$\begin{bmatrix}1&1\\1&1\\1&1\end{bmatrix}\quad\begin{bmatrix}0&0&0\\0&0&0\end{bmatrix}\quad\begin{bmatrix}1&0&0&0\\0&1&0&0\\0&0&1&0\\0&0&0&1\end{bmatrix} \tag{11.3}$$

■ MATLAB 연습 07 (전치 행렬, 역행렬) – ex07.m

a. 전치 행렬(transposed matrix)

전치 행렬은 어떤 행렬의 행과 열이 서로 바뀐 행렬을 말한다.

$$S=\begin{bmatrix}a&b&c\\d&e&f\end{bmatrix}\quad ☞\ S'=\begin{bmatrix}a&d\\b&e\\c&f\end{bmatrix} \tag{11.4}$$

```
>> s = [1 2 3; 4 5 6]
s =
         1      2      3
         4      5      6
>> s1 = s'                    % s의 전치 행렬
s1 =
         1      4
         2      5
         3      6
>> s2 = transpose(s')         % s'의 전치 행렬 ☞ 다시 s
>> whos                       % 행렬의 크기 보기
```

b. 역행렬(inverse matrix), 디터미넌트(determinant)

역행렬은 어떤 행렬과 곱해서 단위행렬이 되는 행렬을 말한다. 역행렬이 존재하려면 어떤 행렬 A는 $(n\times n)$ 행렬이고, 디터미넌트가 0이 아니어야 한다.

$$A=\begin{bmatrix}a&b\\c&d\end{bmatrix}\quad ☞\ \det(A)=(ad-bc)\neq 0 \tag{11.5}$$

$$☞\ \mathrm{inv}(A)=\frac{1}{\det(A)}\begin{bmatrix}d&-b\\-c&a\end{bmatrix} \tag{11.6}$$

```
>> a = [1 2; 3 4]          % a는 nxn 행렬이 되어야 한다.
>> det(a)                  % a의 디터미넌트 구하기(matrix determinant)
>> inv(a)                  % a의 역 행렬 구하기(matrix inverse)
```

■ MATLAB 연습 08 (행렬연산과 배열연산) - ex08.m

MATLAB의 행렬연산은 각 행렬간의 연산으로 일반 수학적인 행렬연산과 동일하다. MATLAB의 배열연산은 행렬의 각 원소간의 연산이다. 이 책은 대부분 여러 개의 입력으로 여러 개의 출력을 동시에 구하는 경우로, 많은 데이터를 한 번에 연산하기 위해 주로 배열연산을 이용한다. 배열연산은 행렬연산과 구분하기 위해 (*)나 (/) 같은 연산자 앞에 (.) 표시를 추가한다. 곱셈과 나눗셈에서 MATLAB의 행렬연산과 배열연산의 차이를 예를 들면 다음과 같다.

$$x=\begin{bmatrix}1 & 2\\ 3 & 4\end{bmatrix} \quad y=\begin{bmatrix}5 & 6\\ 7 & 8\end{bmatrix} \tag{11.7}$$

$$x*y=\begin{bmatrix}1 & 2\\ 3 & 4\end{bmatrix}\cdot\begin{bmatrix}5 & 6\\ 7 & 8\end{bmatrix}=\begin{bmatrix}1\times5+2\times7 & 1\times6+2\times8\\ 3\times5+4\times7 & 3\times6+4\times8\end{bmatrix}=\begin{bmatrix}19 & 22\\ 43 & 50\end{bmatrix} \tag{11.8}$$

$$x.*\ y=\begin{bmatrix}1\times5 & 2\times6\\ 3\times7 & 4\times8\end{bmatrix}=\begin{bmatrix}5 & 12\\ 21 & 32\end{bmatrix} \tag{11.9}$$

```
>> x = [1 2; 3 4]
>> y = [5 6; 7 8]
>> x*y              % 행렬 곱
>> x.*y             % 배열 곱 (각 원소간의 곱)
>> x/y              % 행렬 우 나누기 = x*inv(y)
>> x./y             % 배열 우 나누기 (각 원소간의 나누기)
```

■ MATLAB 연습 09 (선형 연립 방정식의 해) - ex09.m

다음과 같은 선형 연립 방정식을 풀어보자.

$$1 \cdot x_1 + 2 \cdot x_2 + 3 \cdot x_3 = 43 \quad (11.10)$$
$$4 \cdot x_1 + 5 \cdot x_2 - 6 \cdot x_3 = 31$$
$$7 \cdot x_1 - 8 \cdot x_2 + 9 \cdot x_3 = 107$$

식 (11.10)의 선형 연립 방정식을 행렬로 표현하면 다음과 같이 된다.

$$\begin{bmatrix} 1 & 2 & 3 \\ 4 & 5 & -6 \\ 7 & -8 & 9 \end{bmatrix} \cdot \begin{bmatrix} x_1 \\ x_2 \\ x_3 \end{bmatrix} = \begin{bmatrix} 43 \\ 31 \\ 107 \end{bmatrix} \text{ 여기서 } x = \begin{bmatrix} x_1 \\ x_2 \\ x_3 \end{bmatrix} \quad (11.11)$$

이 선형 연립 방정식의 해 x_1, x_2, x_3을 행렬로 구한 수식은 다음과 같다.

$$c \cdot x = y \Rightarrow x = \text{inv}(c) \cdot y \quad (11.12)$$

x의 해를 구하기 위해서는 식 (11.12)와 같이 c의 역행렬(3×3)을 구한 후 다시 y와 행렬연산을 해야 한다. 이와 같이 까다로운 행렬연산에 MATLAB을 이용하면 매우 편리하다. 위의 선형 연립방정식을 풀려면 MATLAB 명령 창에 다음 3줄의 명령을 차례대로 입력하고 줄 단위로 엔터 키를 친다. 실행결과로 MATLAB 명령 창에 x의 해 12, 5, 7이 구해지는 것을 볼 수 있다.

```
>> c = [1 2 3; 4 5 -6; 7 -8 9]
>> y = [43; 31; 107]
>> x = inv(c)*y                % inv(c)는 c의 역행렬
```

11.4 기호수학 도구상자

다음의 명령어 연습은 기호수학 도구상자를 이용한 계산으로 기호수학 도구상자가 설치되어 있어야 실행이 가능하다. 기호수학이란 x=3과 같이 x의 값을 미리 정해놓고 y=sin(x)를 구하던 방식과 구별된다. 변수 x를 기호(symbol)로만 정의하고 그대로 계산식에 투입하는 것을 말한다. syms 명령어로 기호수학의 변수

를 선언하여 MATLAB의 기호수학 도구상자를 이용한다는 것을 표시한다. 기호수학의 변수들로 만들어진 새로운 변수들도 역시 기호수학의 변수가 된다. 다음에서 기호수학 도구상자를 이용한 미분, 적분, 방정식의 해 등을 연습해보자.

■ MATLAB 연습 10 (크로네커 곱) - ex10.m

크로네커 텐서 곱(Kronecker tensor product)은 일명 크로네커 곱, 혹은 텐서 곱이라고도 한다. 이전에도 사용되었으나 수학자 크로네커가 사용한 이후 그의 이름이 붙여졌다. 연산기호 ⊗를 사용하며, 일반적인 행렬연산과 다르다. 이 연산은 이 책의 예제에서 배열 데이터를 자동으로 생성하는데 유용하다. MATLAB 내장 함수인 kron(A,B)을 사용하면 A(m×n), B(p×q) 행렬에 대한 크로네커 곱의 연산은 (mp×nq) 행렬이 된다. 이 연산은 예제를 들어야 좀 더 쉽게 이해할 수 있다. 기호수학 도구상자를 이용해 아래의 예제를 연습해보자.

```
>> syms a1 a2 a3 a4 b1 b2 b3 b4
>> A = [a1 a2; a3 a4]
>> B = [b1 b2; b3 b4]
>> kron(A,B)                        % 크로네커 텐서 곱
```

■ MATLAB 연습 11 (기호수학 도구상자를 이용한 미분, 적분) - ex11.m

$$y = 3x^2 + 5\sin x - 10 \quad y1 = y' = \frac{d}{dx}y \quad y2 = y'' = \frac{d^2}{dx^2}y \tag{11.13}$$

$$y3 = \int y\,dx \qquad y4 = \int_0^1 y\,dx \qquad y5 = \int_0^{\frac{\pi}{2}} y\,dx$$

```
>> syms x                    % 기호수학의 변수 선언
>> y = 3*x^2+5*sin(x)-10     % 기호식의 정의
>> diff(y,x)                 % y를 x로 미분
>> diff(y,x,2)               % y를 x로 2번 미분

>> int(y,x)                  % y를 x로 적분
>> int(y,x,0,1)              % y를 x로 0, 1 구간에서 적분
>> int(y,x,0,pi/2)           % y를 x로 0, pi/2 구간에서 적분
```

■ MATLAB 연습 12 (기호수학 도구상자를 이용한 급수 계산) – ex12.m

$$s1 = \sum_{n=1}^{10} n \qquad s2 = \sum_{n=1}^{k} n(n-1)^2 \tag{11.14}$$

$$s3 = \sum_{n=1}^{100} n(n-1)^2 \qquad s4 = \sum_{n=1}^{\infty} \frac{5}{(2n-1)^2}$$

```
>> syms n  k                          % 기호변수의 변수 선언
>> symsum(n,1,10)                     % 기호식의 급수 s1
>> symsum(n*(n-1)^2,1,k)              % 기호식의 급수 s2
>> symsum(n*(n-1)^2,1,100)            % 기호식의 급수 s3
>> symsum(5/(2*n-1)^2,1,inf)          % 기호식의 급수 s4
```

■ MATLAB 연습 13 (기호수학 도구상자를 이용한 근의 공식) – ex13.m

근의 공식 $ax^2 + bx + c = 0$ ☞ $x = \dfrac{-b \pm \sqrt{b^2 - 4ac}}{2a}$ (11.15)

```
>> syms x a b c             % 기호수학의 변수 선언
>> f = a*x^2 + b*x + c      % 기호식의 정의
>> x = solve(f==0,x)        % 방정식 f=0이 되는 해 x를 구해 x에 다시 저장
>> x = solve(f)             % solve(f==0,x)와 같은 뜻
>> pretty(x)                % 보기 좋게 정리하기
```

■ MATLAB 연습 14 (기호수학 도구상자를 이용한 방정식의 해) – ex14.m

방정식의 해 $y^3 - 10y^2 + 31y - 30 = 0$ ☞ $y = 5, 2, 3$ (11.16)

```
>> syms y
>> g = y^3 - 10*y^2 + 31*y - 30      % 기호식의 정의
>> y = solve(g==0,y)    % 방정식 g=0이 되는 해 y를 구해 y에 다시 저장
>> z = solve(g)         % 방정식 g=0이 되는 해 y를 구해 z에 저장
```

■ MATLAB 연습 15 (기호수학 도구상자를 이용한 라플라스 변환) – ex15.m

$f(t) \Leftrightarrow F(s) = \mathcal{L}[f(t)]$에서 몇 가지 라플라스 변환과 역변환을 구해보자. 라플라스 변환에 대한 실제 적용 예와 이에 대한 MATLAB 프로그램 예제는 3장에

설명되어 있다. 여기서는 라플라스 변환쌍을 구하는 연습만 해보자.

$$f_1(t) = u(t) \Leftrightarrow \frac{1}{s} \qquad f_2(t) = t \Leftrightarrow \frac{1}{s^2}$$
$$f_3(t) = e^{-at} \Leftrightarrow \frac{1}{(s+a)} \qquad f_4(t) = te^{-at} \Leftrightarrow \frac{1}{(s+a)^2}$$
$$f_5(t) = \cos at \Leftrightarrow \frac{s}{s^2+a^2} \qquad f_6(t) = \sin at \Leftrightarrow \frac{a}{s^2+a^2} \tag{11.17}$$

```
>> syms a t s                        % 기호수학의 변수 선언
>> f1 = ilaplace(1/s)                % Laplace 역변환
>> F1 = laplace(f1)                  % Laplace 변환
>> f2 = ilaplace(1/(s^2)), F2 = laplace(f2)
>> f3 = ilaplace(1/(s+a)), F3 = laplace(f3)
>> f4 = ilaplace(1/(s+a)^2), F4 = laplace(f4)
>> f5 = ilaplace(s/(s^2+a^2)), F5 = laplace(f5)
>> f6 = ilaplace(a/(s^2+a^2)), F6 = laplace(f6)
```

11.5 데이터 입출력

■ MATLAB 연습 16 (데이터 입출력) – ex16.m

컴퓨터 프로그래밍에서 가장 기본이 되는 입출력 명령은 모니터 화면으로 글자를 출력하거나 사용자의 키보드 입력 값을 읽어오는 것이다. 이를 위한 MATLAB 명령은 disp, sprintf와 input이며 다음과 같은 형식으로 사용한다.

a. 모니터 스크린으로 문자를 출력하기

```
>> disp('데이터 입출력 연습')              % 문자만 출력하기
>> x=3
>> sprintf('x=%d, x^2=%d',x, x^2)      % 문자와 변수 값을 출력하기
```

b. 키보드로 데이터 입력하기

```
>> h=input('당신의 키는 몇 cm 입니까? h = ')        % 키 입력해 보기
당신의 키는 몇 cm 입니까? h =                 % 175를 입력하면 h=175가 된다.
```

■ MATLAB 연습 17 (파일로 데이터 입출력) - ex17.m

MATLAB 실행결과로 생긴 데이터 파일을 저장하고 읽어오기 위한 명령은 save와 load이며 다음과 같은 형식으로 사용한다.

```
>> save + 저장할 파일 이름 + 저장할 변수 + 데이터 파일의 형식
>> load + 확장자를 제외한 데이터 파일 이름(이것이 변수 명이 된다.)
```

a. 데이터를 파일로 저장하기

```
>> x=[1 2; 3 4], z=x'           % 데이터 만들기
>> save data1.dat x -ascii
                   % data1.dat 파일에 변수 x를 아스키 형식으로 저장하기
>> save data2.txt z -ascii
                   % data2.txt 파일에 변수 z를 아스키 형식으로 저장하기
>> whos            % 메모리에 남은 변수명 확인하기
>> dir             % 현재 폴더에 저장된 모든 파일명 보기
```

b. 파일로부터 데이터를 입력하기

```
>> clear                 % 변수 다시 지우기
>> load data1.dat        % data1.dat 파일을 변수 data1로 불러들이기
>> load data2.txt        % data2.txt 파일을 변수 data2로 불러들이기
>> a = data1             % 불러들인 변수 사용하기
>> b = data2             % 불러들인 변수 사용하기
>> whos                  % 메모리에 남은 변수 명 확인하기
```

11.6 그림 창 다루기

MATLAB 명령어 중 figure 명령은 그림 창의 번호를 지정하고, plot 명령은 2차원 그래프를 그린다. subplot 명령은 현재의 그림 창을 몇 개의 구역으로 나누어 그림이 그려질 위치를 결정한다. subplot 명령을 이용하면 [그림 11-1]처럼 하나의 그림 창에 여러 크기의 그래프를 나타내는 것이 가능하다. subplot 명령의 괄호안의 숫자는 순서대로 (그림의 행 분할 수, 그림의 열 분할 수, 좌측상단에서 우측하단으로 이동하면서 매긴 일련번호)를 나타낸다. 그림 창을 다루는 명령에는 〈표 11-5〉 이외에도 3차원 그래프 등 많은 명령들이 있다.

〈표 11-5〉 그림 창을 다루는 명령어

명령	설명	명령	설명
plot	2차원 실선 그래프	figure	그림 창 생성
bar	막대 그래프	title	그림 제목
stem	줄기 그래프	xlabel	x축 제목
stair	계단 그래프	ylabel	y축 제목
plotyy	y축이 양쪽	axis	축 범위 조절하기
loglog	x, y 모두 log scale	grid	격자 표시하기
semilogx	x축이 log scale	subplot	그림 창 쪼개 그리기
semilogy	y축이 log scale	legend	범례 표시

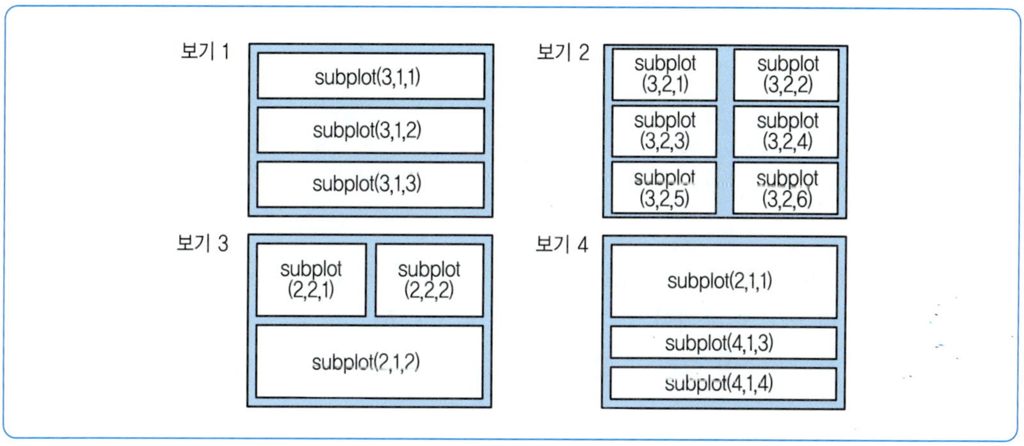

[그림 11-1] subplot 명령과 그림 창의 분할 위치

■ MATLAB 연습 18 (그림 창 다루기) - ex18.m

문서편집기를 이용해 아래의 m 파일 함수를 작성하고 MATLAB 명령 창에서 실행하고 결과를 확인하라.

【 ex18.m 프로그램 】

```
clear                            % 기존의 변수 지우기
x = linspace(0,2*pi,1000);       % x축 데이터 만들기
y = sin(x);                      % y축 데이터 만들기

figure(100)                      % 그림 창 번호를 지정하지 않으면 Figure 1
plot(x,y)                        % 그림 그리기
```

```
xlabel('x')                      % x축의 이름 붙이기
ylabel('y=sin(x)')               % y축의 이름 붙이기
axis([0 2*pi -1.5 1.5])          % x축의 최소 최대 y축의 최소 최대
grid                             % 격자 표시하기
```

■ MATLAB 연습 19 (그림 창을 파일로 출력) – ex19.m

MATLAB의 실행결과로 만들어진 그림 창을 파일로 저장하는 일은 의외로 간단하다. 가장 쉬운 방법은 그림 창의 상단 메뉴에서 [파일] ☞ [다른 이름으로 저장]을 선택한 후 [파일 이름]을 지어주고 [파일 형식]을 골라 저장하는 것이다. 하지만 경우에 따라서는 아래의 명령을 이용해 자동으로 그림 파일을 저장하는 방법이 더 편리할 것이다. MATLAB 명령 중 그림 창의 그림을 파일로 저장하기 위한 명령어는 print이며 다음 형식을 사용한다.

```
>> print + 그림 파일 형식 + 그림 창 번호 + 확장자를 제외한 파일 이름
>> help print                    % print 명령의 도움말 보기
```

help print로 도움말을 찾아보면 그림 파일로 출력할 다양한 형식에 대한 설명이 나온다. 이중에서 몇 가지 형식으로 연습해보자. 우선 아래처럼 그림 창 10번에 사인 함수를 그린 후, 그림 창을 그림 파일로 출력하는 명령들을 실행한다.

a. 그림 창 만들기

```
>> x=0:0.1:10;                   % 그림의 가로축 x
>> y=sin(x);                     % 그림의 세로축 y
>> figure(10)                    % 그림 창의 번호를 10으로 정하기
>> plot(x,y)                     % 그림 그리기
```

b. 그림 창에 나타난 그림을 파일로 출력하기

```
>> print -dbmp -f10 boy          % figure(10)을 boy.bmp 파일로 출력
>> print -dtiff -f10 girl        % figure(10)을 girl.tif 파일로 출력
>> print -djpeg -f10 mom         % figure(10)을 mom.jpg 파일로 출력
>> print -dpng -f10 dad          % figure(10)을 dad.png 파일로 출력
>> print -dsvg -f10 heaven       % figure(10)을 heaven.svg 파일로 출력
>> print -dpdf -f10 earth        % figure(10)을 earth.pdf 파일로 출력
>> dir                           % 현재 폴더에 저장된 모든 파일명 보기
```

c. 래스터와 벡터 그래픽 형식

컴퓨터에 사용되는 그래픽 파일 형식을 둘로 나누어 래스터 그래픽과 벡터 그래픽으로 분류할 수 있다. 래스터(raster) 그래픽은 모니터 화면이나 인쇄 등에서 점으로 이미지를 구성하는 방식이다. 비트맵(bitmap) 이미지라고도 한다. 점으로 구성된 지도라는 뜻이다. 가장 기본적인 *.bmp 형식은 해상도와 색상 비트 수를 바로 곱한 비압축 방식의 생(生) 데이터 크기를 가지므로 용량이 대단히 커진다. 이 용량을 줄이기 위해 다양한 압축 방식들과 그림 파일 형식들이 생겨났다. 인터넷 문서에서 사용되는 *.gif *.jpg *.png 파일 형식이 대표적이다. *.gif 형식은 손실은 없으나 8비트로 색상을 줄이는 방식이다. *.jpg 형식은 그림을 압축하는 대신에 화질에 손실을 감수해야 한다. *.png 형식은 무손실 압축 방법 중 하나로 스캔 문서를 저장하는 등에 종종 선호되며 투명도를 줄 수도 있다.

벡터(vector) 그래픽은 컴퓨터 프로그래밍에서 좌표와 방향으로 만들어낸 도형 이미지다. 파일의 크기는 작고 축소 확대가 자유롭고 깨끗한 형태의 그림이 출력된다. 인터넷 문서용으로는 *.svg(scalable vector graphics) 파일이 대표적이다. W3C에서 개발한 표준 형식으로 확장자명을 직역하면 크기 조절이 자유로운 벡터 그래픽이다. XML 기반의 2D용 벡터 이미지 형식으로 대화형과 애니메이션 등 다양한 기능도 지원한다. MATLAB 사용자 관점에서 가장 권장할 만한 것은 *.svg 형식이다. 벡터 그래픽 형식으로 출판 등 다른 응용프로그램에서 재편집할 때 그림의 후속 작업이 매우 편리하다.

연습문제

※ MATLAB 프로그래밍에 대해 질문에 답하라. 실행결과 화면에 12.5000처럼 표시되어도 답은 12.5처럼 간결하게 적어라.

1. 다음 명령의 실행결과를 적어라.

① 2^7 ② 400e-3 ③ log10(100e-5) ④ log2(1/16)
⑤ round(-4.5) ⑥ fix(-6.8) ⑦ ceil(-7.1) ⑧ floor(-7.9)

2. 다음을 순서대로 실행시킨 결과를 적어라.

```
x = [-4 -1 0 9 0]
y = [-2 0 0 1 7]
```

① ~~x ② ~~y ③ x & y ④ x | y
⑤ ~x ⑥ a = y<~x ⑦ b = ~y ⑧ xor(a,b)

3. 다음을 순서대로 실행시킨 결과를 적어라.

```
b = [1 2 3; 4 5 6; 7 8 9]
b(:,4) = [10; 11; 12]
b(4,:) = [13 14 15 16]
```

① b(7) ② b(9:11) ③ b(3,:) ④ b(:,2)'
⑤ b(4,3) ⑥ b(3:4,2:3) ⑦ b(2:3,[1,4]) ⑧ b(4,3)*4-b(1,3)
⑨ b(3,3)^b(1,2) ⑩ b(2,4)/b(3,2)*3e3

4. 다음 명령의 실행결과를 적어라.

① 10 : 5 : 20 ② 15.7 : 17.7 ③ linspace(0,1,3)

5. 다음을 순서대로 실행시킨 결과를 적어라.

```
t = linspace(10.4, 65, 85);
```

① t(1) ② t(85) ③ length(t)
④ t(46)-t(45) ⑤ (t(48)-t(47))*(2^5) ⑥ (length(t)/5-1)*2e2

6. 다음을 순서대로 실행시킨 결과를 적어라.

① a=[6 7; 8 9] ② b=a'
③ c=a+2*b ④ d=a-b/4+2

7. 다음을 순서대로 실행시킨 결과를 적어라.

① a=[5 7; 8 9] ② b=[1 4; 2 5]

③ c=a.*b ④ d=a./b

8. 다음 명령에 해당하는 수학식을 적어라.

```
syms x
y = int(2*x^3-4*x+5, x, 0, 10)
```

9. 다음 명령에 해당하는 수학식을 적어라.

```
syms n k
s = symsum((n-6)^7*(n-8)^9,1,k)
```

10. solve 명령을 사용해 다음 방정식의 해를 구하는 프로그램을 작성하라.

$$x^3 - \frac{9}{2}x^2 - x + 12 = 0$$

11. 그림 창을 분할할 때 다음 ①과 ②의 위치를 지정하는 명령을 완성하라.

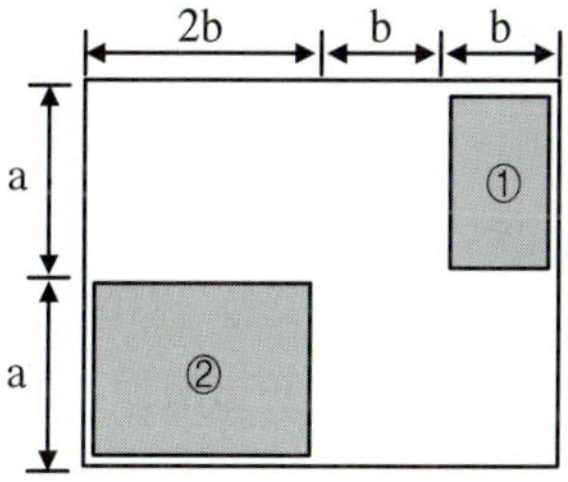

① subplot (,   ,   )

② subplot (,   ,   )

12. 다음 명령으로 만들어지는 파일 이름 3가지를 파일 생성 순서대로 적어라.

```
x=0:0.1:10;
y=sin(x);
figure(200)
plot(x,y)
print -dpng -f200 best
print -djpeg -f200 friend
print -dsvg -f200 korea
```

찾/아/보/기